U0232367

基于国产陆地卫星数据的西天山森林资源环境监测研究

李　虎　陈冬花 等　著

安徽省科技重大专项项目（202003a06020002）
安徽省重点研究与开发计划项目（2021003，202104a07020002，
2022l07020028，2022m07020011）
安徽省第五批“特支计划”（2019）
安徽省高校协同创新项目（GXXT-2021-048）
共同资助

科 学 出 版 社
北　京

内 容 简 介

本书以新疆西天山为研究区域，总结了中巴资源卫星、环境与灾害监测预报小卫星、高分辨率对地观测系统在森林资源环境监测方面的初步研究成果，突出了国产陆地卫星的鲜明特色，根据新疆西天山林区的森林资源环境监测、公益林区划与资源补充调查、护林防火系统构建等业务需求，深入探讨基于系列国产陆地卫星数据的森林资源专题信息提取、云杉林生物量和生产力估算、小班郁闭度估测、小班边界提取、新疆森林资源环境高分载荷遥感监测评价子系统等应用的学术思想与关键技术。

本书可作为高等院校遥感相关专业研究生的参考书，也可供从事林业遥感研究的科技人员阅读参考。

图书在版编目(CIP)数据

基于国产陆地卫星数据的西天山森林资源环境监测研究/李虎等著. —北京：科学出版社，2022.6

ISBN 978-7-03-071180-9

Ⅰ. ①基… Ⅱ. ①李… Ⅲ. ①卫星遥感-应用-森林资源-环境监测-研究-新疆 Ⅳ. ①S757.2

中国版本图书馆 CIP 数据核字(2022)第 009666 号

责任编辑：黄 梅/责任校对：王萌萌

责任印制：师艳茹/封面设计：许 瑞

科学出版社 出版

北京东黄城根北街 16 号

邮政编码：100717

http://www.sciencep.com

北京汇瑞嘉合文化发展有限公司 印刷

科学出版社发行 各地新华书店经销

*

2022 年 6 月第 一 版 开本：787×1092 1/16

2022 年 6 月第一次印刷 印张：18 1/4

字数：430 000

定价：199.00 元

(如有印装质量问题，我社负责调换)

作者简介

李虎，男，1962年生，博士，二级教授，博士生导师，安徽省人民政府参事，安徽省学术技术带头人，福建省百千万人才工程第一层次人选。现任安徽师范大学教授，安徽省高分辨率对地观测系统数据产品与研发中心主任，主要从事资源环境遥感分析方法、国产卫星在资源环境领域应用的教学与科研工作。主持环境一号卫星、CBERS-02B卫星在我国西部地区的应用示范与数据质量评价工作，以及高分辨率对地观测系统重大科技专项项目、国家发改委重大计划项目、国家卫星应用产业专项等国家及省部级项目三十余项。获国家科学技术进步奖二等奖1项，省部级科学技术进步奖一等奖1项、二等奖3项、三等奖1项。出版著作4部，获软件著作权15项，发表论文60余篇，培养博士、硕士30余名。

陈冬花，女，1981年生，博士，教授，享受国务院特殊津贴专家，硕士生导师，中组部“西部之光”访问学者，2018年全国百名优秀科技工作者，安徽省创新创业领军人才，安徽省高校学科（专业）拔尖人才，新疆优秀青年科技创新人才。现任滁州学院教授，安徽省高分辨率对地观测系统数据产品与研发中心首席专家，滁州学院安徽省院士工作站站长，安徽师范大学特聘教授，新疆师范大学、安徽大学、安徽工业大学兼职校外硕导。主要从事资源环境遥感、空间信息应用的教学与科研工作。先后主持高分辨率对地观测系统重大科技专项子课题、国家卫星应用产业专项子课题等国家及省部级项目十余项。获省部级科学技术进步奖一等奖2项、二等奖1项，省青年科技奖1项。出版专著2部，获国家发明专利1项、软件著作权14项，发表论文40余篇。

《基于国产陆地卫星数据的西天山森林资源环境监测研究》

作者名单

李　虎　陈冬花　刘赛赛　刘玉锋
黄万里　张乃明　杨　芳　栗旭升
邢　菲　刘聪芳　许丽敏　邹　陈
叶李灶

前　言

遥感可以支持政府部门实现信息获知精确化、辅助决策精准化和实施治理精细化，也是服务大众消费升级和精致生活的基础性生产资料，对解决我国人民日益增长的美好生活需要和不平衡不充分的发展之间的矛盾具有重要意义，正成为全球发达国家和新兴国家激烈竞争的重要手段。陆地卫星是指以陆表为主要观测对象的遥感卫星，其正向高（空间、时间、光谱）分辨率、高精度等方向发展，在自然资源监管、现代农/林业发展、生态环境保护等多个领域具有不可替代的作用。陆地卫星应用基于天空地一体化数据获取、对地球系统的定量化感知、大数据运营以及多学科交叉、多领域集成，与卫星通信/导航、大数据、物联网、云服务、人工智能、地理信息等手段融合，可及时、精准地提取和反演相关重要参数（如大气/地球物化参数、植被生化参数等）并挖掘其关联性和推导其时空变化规律，是典型的高技术服务业。当前，我国已形成规模位居全球前列的专业卫星星群，如何综合、高效地利用这些卫星获取的数据服务于国土安全、生态安全、资源安全已成为国家科技创新的重大需求。结合重点区域的典型行业，实现综合、高效地利用多源国产陆地卫星数据，对于挖掘和释放国家空间基础设施的应用效能和服务数字中国建设、数字经济发展具有重大意义。

西天山林区位于新疆伊犁境内，其分布范围为80°09′42″～84°56′50″E，42°14′16″～44°55′30″N，林区总面积203.373万hm^2。主要分布于天山西部的阿吾拉勒山、那拉提山、科古尔琴山和伊什格力克山等山脉。林区位于伊犁河谷大小支流的上游，西与哈萨克斯坦共和国接壤。伊犁盆谷和昭特盆谷特有的向西开口的喇叭状地形地貌，使得北大西洋和北冰洋的湿润气流源源而入，形成了丰沛的冷锋雨和地形雨，加之林区的黑钙土和暗栗钙土壤，促进了生产力极高的原始天然云杉林、灌木林、落叶阔叶林、河谷次生林的形成。东起新源、尼勒克，西至察布查尔和霍城，连绵450多千米的山地森林，犹如绿色环带，对新疆地区和中亚区域的水源涵养和生态环境起着关键作用，生态地理区位极为重要。

自“十一五”以来，在民用航天、高分辨率对地观测系统重大专项、国家卫星应用产业专项等重大工程牵引下，本书作者及其研发团队依次利用中巴资源卫星数据、环境一号卫星数据、高分辨率对地观测系统系列数据，面向国家卫星区域应用示范和林业部门实际需求，开展了西天山林区的森林资源环境监测、公益林区划与资源补充调查、护林防火系统构建等工作。在研究实施过程中，研发团队人员克服了工作任务重、经费少、环境条件艰苦等种种困难，利用遥感及地理信息系统技术，结合现有成果、基础工作及新疆的区域特点，对西天山森林资源和环境的总体现状及动态变化情况，以及多重遥感信息特征进行了监测、分析与评价。全面完成了各项研究任务，形成了大量有价值的遥感研发成果。完成的主要研究工作包括以下几点。

1）基于中巴资源卫星数据的森林资源监测评价

利用 CBERS 图像数据，在相关专题数据（如地形图、林相图、前期森林调查成果等）和地理信息系统（GIS）的支持下，依据现有的森林资源调查监测规范和卫星遥感判读区划标准，建立了基于 CBERS 数据的监测指标体系和解译标志，提取了有林地、疏林地、灌木林地、未成造林地等林业用地信息和地形地貌、林分郁闭度等森林立地信息。应用上述成果，对新疆天山西部林区进行了山区国有公益林区划界定和新增林业用地补充调查。共区划林业用地面积 84.33 万 hm^2，其中利用 CBERS 遥感图像区划新增林业用地 45 万 hm^2。以此为基础编制了各类专题图及森林资源分布图。

以应用为目的，结合 1∶5 万地形图、地面调查数据及其他遥感影像等，对 CBERS02B-HR 全色波段图像质量、几何定位与校正、影像空间分辨率、类内与类间方差、纹理、噪声及融合等方面进行分析、比较和评价。在前期研究成果的基础上，针对西天山森林资源监测及森林资源管理业务化信息系统的运行要求，研究基于 CBERS02B-HR 数据的森林资源专题信息提取、林业区划及更新，并对该影像在森林资源监测中的应用进行了分析评价。

2）基于环境一号卫星的森林生物量与生产力监测研究

基于历史、遥感与地面数据，凝聚地学、生态学、林学、空间信息理论、地统计学等学科理论与技术手段，建立了新疆西天山小尺度生物量遥感信息模型（分 4 种情形建立 36 个模型）以及改进的大尺度森林生产力综合模型。反演了新疆西天山云杉林生物量与生产力的时空动态变化，探讨模拟了西天山云杉林生物量与生产力的空间异质性及时空分异规律，并对这种分异规律的驱动要素进行了分析评价。

3）基于国产高分系列卫星的森林资源环境监测研究

开展了新疆西天山山地云杉林林地光谱测定、征占边界测定、移动终端系统测试等野外监测工作，突破了森林遥感图像特征分析、基于多源高分卫星数据的小班郁闭度估测、基于高空间分辨率遥感影像的 SVM 小班界线提取等关键技术；建立了区域数据库；初步形成遥感影像专题产品、样地专题产品、光谱数据专题产品、森林资源专题产品、林地征占监测典型专题产品、生物量/生产力专题产品等 6 类产品；研发了数据管理模块、森林调查因子提取模块、森林资源动态监测模型模块、林地征占监测模块等 11 个模块，建立了新疆森林资源环境高分载荷遥感监测评价子系统。

项目组在完成上述研究工作及任务的基础上，汇聚二十年来利用国产陆地遥感卫星在西天山森林资源环境监测的研究成果，编写《基于国产陆地卫星数据的西天山森林资源环境监测研究》一书。本书不仅是对国产陆地卫星区域遥感应用示范和产业化工作的一个总结，更是全体研究人员共同智慧的结晶。其中，第一章由李虎、陈冬花执笔；第二章由李虎执笔；第三章由陈冬花执笔；第四章由陈冬花、刘赛赛执笔；第五章由陈冬花、杨芳执笔；第六章由李虎、陈冬花、黄万里执笔。

本书的研究工作一直得到张新时院士的关心和支持。张先生不但是我国植物界和生态学领域的学术泰斗，也是本书作者陈冬花的恩师。张先生在新疆工作二十六年，把他最美好的年华都贡献给了祖国边疆的林业建设和生态保护事业。伊犁河谷宏伟壮丽的山地森林，一直是先生魂牵梦绕的所在。在他去世前最后一次和本书主编的见面谈话中，还甚为关心巩留林区的雪岭云杉林保护和新源野果林种群退化及病虫害防治问题。在本书付梓之际，深切悼念张新时院士。作为后辈，唯有栉风沐雨、砥砺前行、踏实勤奋工作，才是对张先生最好的缅怀和纪念。

同时，衷心感谢赵文津、胡如忠、慈龙骏、王承文、田玉龙、李国平、卫征、王金平、杜永频、李新华、方建国、潘嘉川、贺晓江、黄新利、余涛等领导、专家在本书成稿过程中的悉心指导与支持。同时，向支持过本项目的国家国防科技工业局、国家国防科工局重大专项工程中心、新疆天山西部国有林管理局、新疆卫星应用中心以及相关的领导、专家表示衷心的感谢。

限于作者的知识水平，书中疏漏之处在所难免，恳请读者不吝批评指正。

作　者

2021年8月30日

目　　录

第1章 总 论

1.1 研究背景

地球是人类赖以生存的家园，随着全球资源环境问题的日益严峻，地球资源的可持续利用和保护地球环境已成为人类面临的重要问题。运用现代高科技手段，准确查明资源、环境家底，为国民经济建设和社会发展提供科学决策已势在必行。目前，世界上许多国家都在积极地发展和运用以遥感（RS）、地理信息系统（GIS）、全球导航卫星系统（GNSS）为代表的地理信息技术，以数字的方式获取、处理、分析和应用关于地球自然和人文要素的地理空间信息。太空资源将成为继陆地、海洋和石油资源之后的第四大战略资源，在现在和将来，各类航天飞行器与传感器的开发和遥感分析解译技术将成为占领、争夺制高点的最为关键的要素。近年来，由于国土安全和经济发展的双重压力，国家对空间信息资源的需求超过了历史上的任何时期。为了保证国土安全、保持资源与环境的可持续发展、加强国产新型航空航天器的开发利用，建立基于国产卫星系列的空间信息的采集分析平台，准确及时地掌握资源与环境变化状况，进而指导人们正确开发利用自然资源、保护生态环境，已成为国家决策部门和科学界普遍关注的问题。我国目前已形成规模位居全球前列的专业卫星星群，如何综合、高效地利用这些卫星获取的数据服务于国土安全、生态安全、资源安全已成为国家科技创新的重大需求。

包括天然林、人工林和荒漠乔灌木林在内的新疆森林是新疆经济、社会可持续发展的基础。新疆维吾尔自治区（以下简称新疆）的山地森林具有重要的水源涵养、水分调节和水土保持功能，生物多样性保育功能和文化功能，近半个世纪以来曾遭受强度砍伐破坏，其功能严重受损。虽有人工更新，但是恢复缓慢，完全恢复需要2～3个世纪或更长。为使新疆林业可持续发展，以西部大开发为标志，国家特别针对新疆林业发展先后出台了一系列的政策与规划，包括《国有公益林区划与经营》《干旱林业生态建设》《新疆林果业10年发展规划》等。这些新疆林业的重大事件都可以通过国产中高分辨率遥感对地观测系统优质高效地进行精细的判读解译、准确的空间定位、实时的动态监测、确切的定量分析、迅捷及时的预警、客观全面的评估，并提出分区分类指导的适应对策和优化设计的示范。迫切需要建立面向林业政务决策、森林资源管理和林业集约生产的高分辨率林业遥感观测系统，以求能迅捷地提供森林资源环境的现状与动态变化、重大林业生态工程建设效益状况、森林灾害等信息数据及产品。

中巴资源卫星（CBERS-1）于1999年10月14日成功发射，结束了我国依赖国外资源卫星遥感数据的历史，首次直接获取了我国西部边陲地区的遥感图像资料，为国家西部大开发战略的实施提供了良好的空间信息资源。目前，CBERS卫星数据已经广泛地应用于我国环境与灾害监测、资源调查、测绘制图、城市、军事等诸多领域。虽然中巴影像数据与国外高分辨影像数据相比还有许多不尽如人意的地方，但它毕竟是我国具有目主知识产权的地球资源卫星，它可以不受时间、地域的限制，接收任何时相的图像。它的清晰度、波谱分辨率亟待提高，这也必然会促使图像处理方法的不断研发。

环境与灾害监测预报小卫星星座是我国为适应环境监测和防灾减灾新的形势和要求所提出的遥感卫星星座计划。根据灾害和环境保护业务工作的需求，环境与灾害监测预报小卫星星座由具有中高空间分辨率、高时间分辨率、高光谱分辨率、宽观测幅宽性能，能综合运用可见光、红外与微波遥感等观测手段的光学卫星和合成孔径雷达卫星共同组成，以满足灾害和环境监测预报对时间、空间、光谱分辨率以及全天候、全天时的观测需求。2008年9月6日上午11:25成功发射环境与灾害监测预报小卫星HJ-1A星和HJ-1B星，HJ-1A星搭载了CCD相机和超光谱成像仪（HSI），HJ-1B星搭载了CCD相机和红外相机（IRS）。HJ-1A星和HJ-1B星上装载的CCD相机设计原理完全相同，以星下点对称放置，平分视场、并行观测，联合完成对地推扫成像。HJ-1A星和HJ-1B星的轨道完全相同，相位相差180°，两台CCD相机组网后重访周期仅为2天。

高分辨率对地观测系统工程是《国家中长期科学和技术发展规划纲要（2006—2020年)》所确定的16个重大专项之一，由天基观测系统、临近空间观测系统、航空观测系统、地面系统和应用系统5个系统组成。应用系统要充分利用我国各行业、高校和研究机构在遥感应用领域的技术成果、运行系统和基础设施，针对高分专项民用卫星、航空等数据组织开展应用技术研究、行业区域示范应用以及产业化示范，促进形成空间产业链。"十二五"以来，我国陆地卫星已基本实现了高分辨率对地观测数据自给和在行业部委、省等总部级政府部门的工程化、业务化应用，亟待推进深化产业化应用，尤其是向中、基层政府部门和大众扩展。在此情况下，结合重点区域的典型行业，实现多源国产陆地卫星数据综合、高效地利用，对挖掘和释放国家空间基础设施的应用效能和服务数字中国建设、数字经济发展具有重大意义。

新疆维吾尔自治区是我国陆地面积最大的省份，更是国家能源、矿产、粮油等重要生产基地，在国家西部大开发中占有举足轻重的地位。而且，新疆地处西部干旱地区，是中亚干旱区的主要组成部分和世界典型的荒漠分布地区，其生态环境相对比较脆弱，面临许多重大生态环境问题，新疆生态与环境安全直接关系到区域经济发展格局。新疆干旱的气候、辽阔的地域、独特的地理景观给遥感技术提供了优越的应用空间。同时，新疆生态与环境条件复杂、区域广阔、人烟稀少，现代空间技术的应用又面临许多新的问题与技术难点。因此，在新疆建立实验区开展森林资源监测与评估研究，不仅为遥感技术应用提供了极大的发展空间，还有助于形成生态环境研究新的生长点。但由于受各种条件的限制，目前在新疆还未系统地利用国产卫星系列数据开展森林资源监测与评估研究。高分专项的启动和实施，必将获得大量宝贵的高分数据，这些高分数据需要尽快进入实际应用领域，为中国和全球的社会发展与科学研究提供服务。国产中高空间分辨率、高时间分辨率、高光谱分辨率等新型卫星遥感数据的应用，必将推动林业遥感监测与应用的发展，使国产系列卫星在资源环境变化的遥感动态监测和网络服务中替代国外同类产品，产生巨大的经济效益和生态效益。

1.2 国内外研究现状和发展趋势

1.2.1 国内外技术发展及应用现状

目前来看，国家森林资源调查方法可以分为 3 种：①森林资源连续清查（CFI）；②利用各省（州）的森林资源调查信息统计全国的方法；③根据森林经理调查（森林簿）结果累计全国的方法。法国和北欧各国采用第 1 种方法；美国、加拿大、德国、奥地利等国采用第 2 种方法；日本、俄罗斯及东欧各国采用第 3 种方法。

从国家森林资源调查体系的特征来看，森林资源调查体系有以下特点：①抽样技术与 CFI 高度结合；②重视森林环境信息和森林环境监测；③重视 GNSS、GIS 和 RS 等高新技术的综合利用；④强调成果公开和面向用户。

世界各国研建了各种各样的林业数据库管理系统（FRDMS）。美国东部森林清查数据库 EWDB 和西部的 WWDB，不但包括了森林资源连续清查数据，还包括了统计分析数据，如各种森林类型的面积、各个州的地理分布、木材计划和消耗情况等，能够满足各层次人员需要。加拿大建立的森林资源数据库系统 CFRDS 是一个集成化的森林资源信息库，存储着森林蓄积、运输途径、木材需求等信息，可提供林区现有的铁路、公路和水路运输途径，森林蓄积图表和需材企业图表等信息，成为森林经营规划的有力助手。

我国森林资源调查中曾使用过 9 类卫星 25 种传感器的数据，今后会有更多的卫星和传感器数据供森林调查监测实际应用，特别是小卫星所获取的高分辨数据。利用遥感可以快速、低成本地得到地面物体的空间位置和属性数据。随着各种新型号传感器的研制和应用，遥感特别是航天遥感有了飞速的发展，遥感影像的分辨率大幅度提高，波谱范围不断扩大。星载和机载成像雷达的出现，使遥感具有了多功能、多时相、全天候能力。在林业中，遥感技术被应用于土地利用和植被分类、森林面积和蓄积估计、土地沙化和侵蚀监测、森林病虫害和水灾监测等方面。全球导航卫星系统（GNSS）是利用地球通信卫星发射的信息进行空中或地面的导航定位，它具有实时、全天候等特点，能够及时准确地提供地面或空中目标的位置坐标，定位精度最高能达到毫米。森林资源调查监测中，GNSS 可用于遥感地面控制、伐区边界量测、森林灾害评估等诸多方面。今后，随着 GNSS 精度的不断提高，其在林业调查监测中的应用将会日益增加。在森林资源调查中，遥感、地理信息系统、全球导航卫星系统这 3 个技术系统各有侧重，互为补充。

欧美等林业发达国家在森林资源监测上不断增加其信息量与科技含量，形成了新的森林资源监测体系：除了有定期连续性的全国性的森林资源清查（CFI）外，还有一些地方性或区域性的监测调查和跨国合作监测项目。在传统的森林木材资源监测和评价体系上又增加了以森林质量和环境为主要对象的监测和评价系统，形成了一个完整的森林资源、森林状态和森林环境的监测与评价体系。这个体系除了定期报告森林资源外，还报告森林健康、森林环境等状况。

近几十年来，国际森林资源与环境监测不仅拓宽了监测内容，在监测仪器和分析手段上也有了长足的讲步。在样地布设上，设立了许多定位或半定位的样地，采用自动和连续观测设备；在野外观测和室内分析中使用了冠层图像分析系统（SCANOPY）和年轮图像分析系统（DENDRO），加大了可视化程度，实现了年轮自动探测；此外，还采用了根系图像分析系统（RHIZO）和激光测树仪（LEDHA-GEO）等。许多观测数据可以被直接输入计算机中进行数据处理，从而节省了大量人力、物力，提高和保证了观测数据的准确性和连续性。

随着林业事业的发展和科学技术的进步，森林资源调查技术在基本理论、技术水平、技术手段、工艺操作、规范标准等方面都有较大发展。20 世纪 50 年代初期，森林资源调查主要采用经纬仪或罗盘仪进行测量，控制调查面积；利用方格法区划林班、小班，设置带状标准地，进行每木检尺以计算森林蓄积量；对地形复杂地区采用自然区划和人工区划相结合的方法进行调查。森林航空调查技术在 20 世纪 60 年代中期和 20 世纪 80 年代后期大兴安岭森林火灾调查中得到了应用。森林航空调查技术于 1978 年先后在全国各省（区、市）全面用于森林资源连续清查。这种清查是以省（区、市）为总体，以数理统计理论为基础，根据预定精度要求，按系统抽样原则，在地面设置固定样地，进行精确测定。每 5 年为一间隔期，进行重复调查，能准确获得森林资源现状和森林资源消长变化的动态信息，掌握资源变化规律，分析林业经营效果，预测森林资源变化趋势。到目前为止，我国森林资源连续清查体系已建成，并日趋完善。

20 世纪 80 年代到 90 年代初，全国各省（区、市）在初建体系的基础上，已先后进行了两期复查，每期复查均获得全国最新森林资源信息。由于各地复查固定样地的复位率较高，增强了前后期调查成果的可比性，从而为准确掌握森林资源消长变化规律奠定了可靠基础，为宏观监测全国森林资源动态起到保障作用。我国在全国范围内建立了 25 万个固定样地的森林资源连续清查体系，这是对森林资源调查技术的提高和发展，无论在技术上、规模上和组织体系方面均属世界首创。

随着科学技术的发展，新技术在森林资源调查领域得到不断引进和应用，如“3S”技术、电子计算机技术等已被广泛运用于森林资源调查、规划设计和资源管理工作中，并取得较好成效。林业部门应用中低分辨率遥感数据进行森林灾害调查和实时动态监测，还利用 Landsat-ETM 和 SPOT 等中高分辨率的遥感数据对森林病虫害、风灾、火灾等进行灾情监测评估，取得了大量的监测数据，为林业决策提供了数据依据。自 2003 年起，广东、海南、云南、陕西、贵州、甘肃、宁夏、内蒙古、新疆等省份已相继应用 SPOT-5 数据进行森林资源二类调查与试点应用，并更新了林相图。

目前，国家对林业生态建设高度重视，启动了若干国家重点生态建设工程，其中退耕还林工程和天然林保护工程是我国涉及面最广、政策性最强、群众参与度最高的生态建设系统工程。高分辨率遥感数据在成活率和保存率调查、生长状态评估中发挥了重要作用。2004 年启动的“国家林业生态工程重点区遥感监测评价”项目，利用多种空间分辨率的卫星遥感数据为信息源，对林业生态工程重点区进行遥感监测评价，应用的高分辨率遥感数据包括 SPOT-5、QuickBird 等。

1.2.2 国内外应用发展趋势

现代化的森林调查监测技术不是一种单一的技术，其发展也不会是单科独进的发展，而是多种技术乃至多种学科的综合和集成。林业信息化技术体系以 GNSS、遥感、地理信息系统为主体，结合网络技术、多媒体技术、数据库技术等，系统地研究林业综合空间信息获取、表达、管理、分析和应用技术体系，研究森林资源与生态环境的空间格局、相互作用机制和动态变化规律，并以此为基础进行预测。具体内容包括：

（1）林业数字测绘技术：将数字摄影测量技术、GNSS、全站仪测量理论与技术有机集成，形成区域、流域、森林、林班、小班到单木层次上的精准测量、制图和数字化表达，从整体上解决与生态环境建设相关的数字测绘系统的问题，为数字林业、精准林业提供基础技术和空间信息。

（2）遥感信息传输机理和森林资源与环境信息提取技术：研究地球资源卫星、微波遥感、成像光谱技术及三维遥感的信息传输机理，以及在林业信息提取中的主要技术和方法。提供从宏观、中观到微观多层次的林业信息遥感获取方法和技术，如小波变换、分形与分维技术、智能分类、多源信息融合技术、光学遥感与激光测距、数字成像技术的集成等。

（3）森林资源与环境空间信息系统的开发：研究森林资源调查与监测中的空间数据质量、信息系统开发、信息共享、信息更新与维护、知识发现与数据挖掘等技术和方法，逐步建立完整的信息系统平台，实现森林资源与环境监测、管理的自动化，并以此为基础建立智能化空间决策支持系统。

（4）基于“3S”技术的森林资源与环境定量估测：应用 DGPS、高光谱以及三维遥感技术，结合现代数学方法，研究和建立森林、林班、小班以及单木等不同层次的森林蓄积量、生物量、碳储量、树高、冠形等定量估测方法和模型，改善传统的测树因子获取方法，提高定量估测精度。

（5）森林与环境可视化技术：研究森林植被及其环境的视景仿真、体视图像的生成技术、森林植被的生长模拟等，针对林业对图形图像处理技术的需求和计算机新技术的发展，将林业与虚拟现实技术密切结合，在为虚拟林业开展基础和应用研究的同时，将相关技术推广应用。

我国在资源环境遥感监测方面做了大量研究和应用示范工作，主要体现在：

1）应用卫星遥感技术进行森林资源调查

目前，各种分辨率的卫星遥感影像已成为森林资源调查的主要数据源。针对遥感技术在林业中的应用问题，业界进行了大量研究工作，如森林覆盖度、郁闭度、树高的遥感反演，森林植被遥感分类，森林蓄积量遥感估测等。在 20 世纪 90 年代第 6 次全国森林资源清查中，全面应用了遥感技术，实现了森林资源清查全覆盖的目标。在森林资源调查中，国产陆地卫星影像数据得到了深入应用。利用国产陆地卫星，配合航空和地面资料，可用两年左右的时间，调查一次森林资源数量、质量、分布及植树造林后效，可满足国家、省（区、市）编制中长期规划和宏观指导管理的需要。建立全国和省（区、市）的森林资源监测体系，利用这种监测体系，可减少地面工作量 40%，周期可由 5～10 年缩短到 2～3 年。

2）碳循环研究

遥感技术已成为全球陆地生态系统碳循环宏观研究的重要手段。在碳循环研究中，主要运用遥感技术估算全球生态系统的初级净生产力，遥感技术也成为提取大尺度范围植被动态信息（如叶面积指数、生物量等）研究植被碳库变化的重要手段。

3）湿地资源动态变化监测

国产高分卫星数据已广泛用于湿地资源监测中，遥感结合地面调查，建立湿地资源空间数据库。我国在东北、青藏高原、长江和黄河沿岸的主要河湖湿地，已经建立了若干个湿地分类和湿地生态系统植被参数反演的遥感模型。

4）水土流失和土地荒漠化遥感监测与评价

国产高分卫星数据在水土流失和土地荒漠化（土地沙化）监测和评价中发挥了关键作用。运用遥感技术结合地面调查的方法，我国已成功进行了多次全国性的荒漠化与土地沙化监测，获得了准确的荒漠化动态数据，为荒漠化和土地沙化防治决策提供了科学依据。

5）基于遥感的重大工程生态效应评价

在实施的“三北”防护林工程的监测与评价、京津风沙源治理工程、退耕还林（草）工程、天然林保护工程和自然保护区建设工程等重大生态工程的规划和实施过程中，遥感数据作为基础数据发挥了至关重要的作用。目前国内部分行业主管部门和省份已经实现了可运行的覆盖重点地区资源环境变化的遥感动态监测和服务网络，同时能够在资源区划与规划、资源开发与保护、资源与环境、社会经济及可持续发展等方面，为政府提供可靠的决策服务。

1.3 需求分析

1.3.1 需求总体分析

今天，国家对空间信息资源的需求超过了历史上的任何时期。随着科技的日益进步，开发应用新型航空航天遥感传感器，服务于我国的国土安全、粮食安全、资源安全成为国家科技创新的重大需求。目前遥感信息已成为资源环境研究的主要信息源，为大范围、动态、周期性的区域资源环境监测评估提供了数据、技术支持和成果精度保证。如何进一步加强国产新型航空航天对地观测数据的开发利用，开拓国产遥感卫星应用新领域，建立基于国产遥感卫星的对地观测信息采集与分析平台及其业务运行系统，准确及时地掌握资源与环境变化状况，进而指导人们正确开发利用国土资源、保护生态环境，已成为国家决策部门和科学界普遍关注的问题。

1.3.2 主要应用描述与业务需求

1.3.2.1 主要应用描述

1. 森林资源调查

对森林资源环境类型进行科学的划分与界定，确定各类指征因子的监测尺度，建立监测指标体系，同时，完成森林资源二类调查任务和森林资源三类调查任务。通过模型构建和功能模块开发设计，研制基于高空间分辨率卫星数据的森林作业调查处理分析软件。

在业务上，森林资源调查以多源、多时相影像数据为基础，结合地面调查数据、相关辅助数据，综合利用数理统计等方法，进行森林资源调查，具有科学有效、成本低廉的业务特点。

2. 森林资源环境监测

对森林生物量与生产力的计算与分析，同时结合土地利用变化信息和区域社会经济发展状况，研究分析西天山森林生物量与生产力时空格局动态变化的驱动力及其机制。对荒漠地区杜加依林植被群落进行遥感监测，推算各类森林蓄积和编制林分调查表。对山地森林火灾/病虫害进行监测，开展林业有害生物灾害和森林火灾预警因子反演模型研究，建立灾害预警模型和火险指数监测模型。

3. 基于国产高分辨率卫星数据的遥感业务化监测

利用GIS软件对采集的各类高分遥感信息数据进行输入、编辑处理及业务化功能开发，将不同时期监测的数据在统一的GIS与地理基础平台上集成，构建统一的遥感监测业务化系统。按照对地观测元数据标准，基于面向空间实体及其相互关系的智能化关系对象模型，建立元数据库。建立国产遥感卫星影像库、数字高程模型（DEM）库和矢量数据库，汇总集成地图数字化成果、野外实测数据、试验数据、历史数据、统计普查数据、分析成果数据和成果专题图等，建立空间数据库模型。通过模块设计和功能开发，实现森林资源的监测与管护、森林草原火灾监测评价、天然林保护工程与山区国有公益林的监测评价等业务化功能。

4. 重大林业生态工程监测

以高分辨率遥感数据和地面调查本底数据为基础，开展基于高分遥感数据的天然林资源空间分布现状监测、天然林资源定量估测和天然林资源变化监测，形成技术标准和规范。将遥感与地面样地调查相结合，对同地不同时和同时不同地的各种工程进展动态、天保工程区内森林资源消长情况、森林资源健康状况进行监测，对森林经营的类型和作业方式的实施效果进行定性和定量的分析评价，从生态和经济效益角度对天然林的现状进行分析和评价，对其发展趋势进行预测。采用遥感数字图像处理与地面调查相结合的技术路线，对国家、地方重点公益林管护的现状和动态变化进行监测评价。

5. 国产高分辨率卫星评价应用

以国产高分辨率影像数据和地面调查数据、GPS 数据为基础，通过各种分析和处理方法，进行森林资源调查应用评价，实现林业区划更新、资源环境调查以及业务化系统应用。

1.3.2.2 业务需求

1）遥感信息提取的模型算法多而复杂

国产陆地分卫星的载荷涉及的类型多、应用面广、技术综合性强，在森林资源调查、森林资源环境监测、林业生态工程监测评价等方面，需要在现有模型基础上，针对高分数据特点，进一步完善各种模型。

2）对现有基础数据的依赖度高

开展森林资源调查、森林环境监测、林业生态工程监测评价、卫星应用评价分析等，需要大量基础性的 DEM 数据、地面调查数据，业务应用对基础数据的依赖度高。

3）业务应用所需数据类型多

在业务应用时，不仅需要各种载荷的高分卫星，同时也需要大量的地面调查数据、GPS 数据、DEM 数据等不同类型的数据。需要建立每一种数据的制作标准并规范入库，工作量大、技术复杂。

4）软件定制开发工程量大

需要针对卫星数据特点以及现有的基础数据和模型，定制和开发基于中高空间分辨率遥感数据的森林作业调查处理分析软件，建立林业区划更新和资源环境调查、森林资源的监测与管护、森林草原火灾监测评价、天然林保护工程与山区国有公益林的监测评价等业务化系统。业务化应用系统多，模型算法复杂，软件开发工作量大。

1.3.3 功能与性能需求分析

（1）指标体系的建立：在前期调查研究成果的基础上，根据高分卫星发射进度和载荷研发状态，研究基于不同性能载荷卫星的森林指征因子与监测评价尺度的确定、调查分析与数据处理方法标准规范的确立等关键技术问题。最终根据森林资源调查的需要和高分系统的特征建立森林资源调查指标体系。利用高分遥感数据，结合地面调查数据，完成林业小班区划、林相图属性更新、森林分布图制作等森林资源二类调查任务。将各种高分相关的森林资源信息提取技术综合应用于森林资源作业设计工作中，包括天保工程区管护、林火管理。

（2）森林资源环境监测评价：建立尺度分析指标体系；提出从叶片、冠层、种群、群落到区域的尺度转折点上的要素指标转换关系模型。利用森林生物量模型和森林生态系统生产力模型、地面调查资料与遥感数据反演森林生物量和森林生态系统生产力，研究森林生物量和森林生态系统生产力的时空动态变化。在《新疆国土资源环境遥感综合调查研究》一书地面调查样地的基础上，参照历次遥感调查成果，利用宽覆盖光学成像卫星、1 m 全色/4 m 多光谱光学成像卫星进行小班区划和判读，提取地类、树种组成、龄级、地位级、荒漠化程度和保育措施等因子，设置超大比例尺卫星照片样地，测量树高和郁闭度等因子，结合地面样地调查推算各类森林蓄积和编制林分调查表。对山地森林、以荒漠胡杨为主的杜加依林群落、人工林进行监测评价，提供森林资源环境的动态变化。

（3）森林病虫害与重大林业生态工程监测评价：针对新疆森林分布及森林灾害发生特点，形成规范的、系统的森林灾害监测技术体系，构建遥感数据库和地面观测资料支持下的林业有害生物灾害预警模型和火险指数监测模型。利用 1～16 m 的高、中分辨率的光学成像卫星图像，与地面调查相结合获得灾害区，并利用森林分布图、林相图等背景数据，构建森林受害面积、林木受损率、受损强度和经济损失等灾情评估模型，建立林业灾害专题数据库。建立基于多源数据的新疆天然林资源保护工程监测技术体系，将遥感与地面样地调查相结合，对同地不同时和同时不同地的林业工程各种变更情况进行监测，以掌握工程进展动态；对森林经营的类型和作业方式的实施效果进行定性和定量的分析评价；从生态和经济效益角度对天然林的现状进行分析和评价，对其发展趋势进行预测。

（4）森林资源环境高分载荷业务化观测系统：采用面向对象-关系模型，分别建立国产遥感卫星影像库、DEM 库和矢量数据库。数据库遵照建立的对地观测元数据标准，建立元数据库，采用国际标准的商用对象-关系型数据库管理系统来存储空间数据和专题数据，实现森林资源的监测与管护、森林草原火灾监测评价、天然林保护工程与山区国有公益林的监测评价等业务化功能。

（5）国产高分卫星数据应用评价分析：根据提供的遥感反演算法，对宽覆盖光学成像卫星、高分辨率国土测绘卫星、1m C-SAR 国产雷达卫星、高光谱观测卫星等国产高分卫星在不同时间和空间的反演规律进行分析研究，得出反映森林资源要素（林业用地、林种、立地类型、森林生物量、界定属性等）的最佳遥感参数。对比前期使用的 TM、CBERS、SPOT 卫星遥感数据，对国产高分卫星在森林资源监测中的性能和应用前景进行界定和评价。

1.3.4 主要技术需求分析

1. 森林资源调查指标体系

建立基于高分应用系统的森林资源调查指标体系是新疆高分对地观测重大专项林业课题的重要研究内容。中华人民共和国成立以来，森林资源调查已经形成了完整系统的指标体系。随着时间的推移和科技的发展，这一体系也呈现了诸多需要改进之处，特别是在高（光谱、空间）分辨率的卫星应用方面迫切需要由国产高分应用系统替代国外同类产品。森林资源调查指标体系的关键问题是基准，它是用来确定不同参数之间的相关性，并提供在地方、国家和区域尺度上监测的基线（如一类、二类森林资源调查）；关键技术是卫星遥感数据与地面观测之间的匹配、尺度转换及不同指标的定量化。由于各类高分应用系统用于森林资源调查的工作起步不久，完全可以在国产高分应用系统的立项研发阶段，在多年前期调查研究成果的基础上，根据卫星发射进度和载荷研发状态，研究基于不同性能载荷卫星的森林指征因子与监测评价尺度的确定、调查分析与数据处理方法标准规范的确立等关键技术问题。最终根据森林资源调查的需要和高分系统的特征重新建立一套多层次、多方面因素组合的森林资源调查指标体系。

2. 森林资源因子信息识别

限于信息源、经费等原因，新疆森林资源调查采用的卫星数据大都为国外中低分辨率卫星数据，国产卫星数据多以中巴卫星数据为主，极少数局部区域采用了国外高分数据如 IKONOS、QuickBird 等，难以满足现代林业集约高效发展的要求。尽管近期新疆开展的森林资源二类调查采用了法国高分辨率 SPOT 卫星数据，然而不包括调查费用，仅全疆尺度的卫星数据费用即达到上千万元，且数据更新与共享受到诸多限制。国产高空间分辨率和多光谱分辨率遥感数据为新疆森林资源调查提供了丰富可靠、高精度的基础数据源，通过从国产宽覆盖光学成像卫星、1 m 全色/4 m 多光谱光学成像卫星等高分卫星数据中提取像素值参与建模，可以有效地提高林木（分）高度、冠幅、郁闭度、树（林）种等森林调查因子的信息识别精度。同时由于室内判读精度的提高，有助于减少外业工作量，节省人力物力。

利用日益成熟的国产遥感卫星系列数据，依靠遥感信息处理、地理信息系统、定位导航系统、空间分析、数据库与网络通信技术，建立一套适合干旱区林业生态与环境监测的高分辨率遥感技术指标体系和监测运行服务平台。充分发挥高分辨率遥感数据的应用领域，客观评价地区资源与环境发展状况，服务区域生态环境建设，促进社会经济可持续发展和资源有效配置，准确模拟未来发展趋势，为国家和自治区政府国民经济发展决策提供科学技术保障，是事关新疆乃至国家可持续发展的重大问题，具有重大的政治、经济和社会意义。

第2章　基于中巴资源卫星数据的森林资源监测研究

2.1　中巴资源卫星遥感影像数据库的开发

2.1.1　数据情况

1999年10月14日11时16分，在我国太原卫星发射中心，长征四号乙运载火箭顺利升空，将我国和巴西联合研制的第一颗地球资源卫星送入轨道（武轩，1999）。资源卫星的发射成功，不仅结束了我国依赖国外资源卫星遥感数据的历史，而且可以直接获取我国西部边陲地区的遥感图像资料。

2.1.1.1　中巴地球资源一号卫星概况及与国外同类卫星的比较

中巴地球资源卫星的国内名称为中巴地球资源一号卫星，早在1987年可行性论证时就以当时先进的地球资源卫星，即法国SPOT-3和美国Landsat-5的技术指标为设计依据，汲取了它们的优点，在遥感谱段设置上与陆地卫星相近但空间分辨比Landsat-5高，空间分辨率上与SPOT-3相近（全色谱段我们较低），但谱段比SPOT-3多。资源卫星设计的另一指导思想是建设高水平的卫星平台，以及卫星的重要部件由国内研制并国产化，改变某些航天关键部件必须进口受制于人的局面。巴西空间研究院在1987年了解到中国空间计划后，提出希望进行地球资源卫星方面的合作。1988年7月6日两国政府签署联合议定书。议定书规定：在中国资源卫星设计方案的基础上，中国空间技术研究院（CAST）与巴西空间院（INPE）联合研制中巴地球资源一号卫星（CBERS-1），中方承担总经费的70%，巴西承担30%，卫星发射运行后由两国共同使用。1989年两国技术人员对中国资源卫星方案进行讨论和补充，形成了现今发射的中巴地球资源一号卫星的方案（张庆君和马世俊，2008）。

这是中国在空间技术领域进行的首次全面国际合作。在合作中遇到许多新问题，包括两国研制经费短缺（巴西承制卫星项目的ESCA公司破产），以及两国相距太远，技术协调、语言障碍等许多困难，致使1990～1994年合作处于停顿状态。两国政府后来分别在1993年、1996年签订补充协议，一再重申“中巴地球资源一号卫星”合作的重要意义，坚持合作，克服困难，这种合作被两国领导人誉为“南南高技术领域合作的典范”。但由于进度推迟，广大用户受到影响，卫星赶超世界先进水平步伐受到影响。中巴地球资源一号卫星没有经过试验星阶段，首发成功，首发即能有效使用，使国内外同行专家认为这代表中国卫星研制水平上了一个新台阶（王怀义，2003）。

2.1.1.2　卫星在轨测试及运行情况

卫星入轨后第二天，北京密云中国科学院遥感卫星地面站获得了CCD相机5个谱段的图像数据以及红外扫描仪的第 6 谱段数据，经资源卫星应用中心处理后，图像质量良好。1999 年 10 月 21 日宽视场成像仪投入使用，巴西和中国均获得满意的图像，巴西立即向总统汇报并投入应用。同时星上数据收集转发器正常工作。巴西应用数据收集系统已多年，巴西第一颗卫星就是 130 kg 重的数据收集卫星，目前已在亚马孙河以及西部地区有近千个地面数据收集平台（大部分为无人值守站），将收集到的水文、气象等数据向中心站发送。

卫星于 1999 年 11 月 5～9 日进行了轨道调整，共进行了 7 次变轨，其中半数以上在国外变轨，高精度地实现了太阳同步回归冻结轨道。今后将定期调整使卫星整个运行期内，星下点轨迹与标准轨道在东西方向的偏移小于 10 km，卫星轨道设计和调整实施达到了世界领先水平。1999 年 11 月 7 日红外扫描仪辐射制冷器打开防污罩，11 月 12 日停止加热，去污，辐冷器一级温度 160 K（–127℃），二级温度 96 K（–177℃），远远优于设计指标，红外扫描仪获取了良好的图像；11 月 14 日星上磁带机在国外记录图像数据并在国内地面站作用范围内回放，获得清晰的图像。在此期间还进行了 CCD 相机的侧摆镜功能试验、内定标和增益调整试验、红外扫描仪的工作点和增益调整试验、北极太阳定标试验等。

1999 年 11 月 15 日总装备部 26 基地、资源卫星应用中心、空间技术研究院三方代表举行会议，总结在轨测试第一阶段工作，一致认为测试证明卫星各种功能正常，星上各设备性能参数均符合或优于规范要求。在轨测试的第二阶段是以资源卫星应用中心为主的图像质量评定阶段，由于遥感卫星传感器是首次研制，缺乏与地面处理系统的试验与应用开发研究，因此需要二者之间相互研究协调的时间，通过资源卫星应用中心的艰巨努力，CCD 相机的遥感数据已能快速、批量处理出较好的图像（陈宜元，2000）。

对于五谱段 CCD 相机，其中 B1 谱段因大气透过率较低，用户使用前应做好大气修正；性能较好的是 B2、B3、B5 谱段；B4 谱段在装机后发现集中偏离，致使 MTF 值较低。五谱段 CCD 相机视频信号分成二组传输，即：CCD-1 和 CCD-2，它们分别由两个不同的射频载波（X 频段）传到地面。每一组 CCD 视频信号有不同的增益档，由地面指令控制，见表 2-1。

表 2-1 不同通道增益调整参数

通道	谱段/μm	不同增益档			
		1.3^{-2}	1.3^{0}	1.3^{2}	1.3^{4}
CCD-1	B2 0.52～0.59 B3 0.63～0.69 B4 0.77～0.89	0.59	1	1.69	2.86
CCD-2	B1 0.45～0.52 B3 0.63～0.69 B5 0.51～0.73	0.59	1	1.69	2.86

CCD-1 的 3 个谱段和 SPOT 卫星的 3 个谱段类似，应用较为普遍。B5 谱段是全色谱段，与其他 4 个谱段不是同一视场、不是靠视场分割分光，因此它们之间在沿轨迹方向不是重合在一起的，在拼图时需要校正。CCD 相机 5 个谱段的配准在推扫方向（即横向）

配得很准，但在飞行方向（纵向）需地面校正。

4 个谱段红外扫描仪，B6 信噪比在 440 以上（指标为 300），B7 信噪比在 150 以上（指标为 100），B8 信噪比在 100 以上（指标为 50），B9 温度分辨率低于 0.3 K（指标为 1.2 K）。扫描仪整体性能均高于设计指标，其中 B6、B9 性能优秀，B7、B8 在今后研制中需进一步提高指标。此外，B7 谱段第 2 元存在干扰，B8 谱段在卫星飞行 1700 圈后其第 2 元和第 5 元输出信号降到接近于零。这些缺陷，提请图像处理时予以弥补，弥补后仍可获得较满意的多谱段合成图像。

卫星在轨测试中存在以下 3 个问题：

（1）超短波测控上行受我国地面电磁环境干扰（主要是地面电视台），致使卫星在我国东部和中部上空地面上行指令和数据注入不能顺利完成。目前卫星主要在我国西部地区及我国南部邻近国家（柬埔寨、老挝、缅甸等）可完成卫星测控任务。

（2）姿轨控计算机多次复位，一是软件不够完善，二是卫星内部和外部的电磁环境影响，三是空间高能粒子效应。分析最主要原因是软件不够完善。虽然多次复位，不影响卫星的正常姿态，不影响卫星遥感信息的获取和传输。并且每次复位后，姿轨控计算机所注入的程序均保留，无需重新注入。通过近期软件修改，复位次数已大大减少。

（3）CCD 传射频电平起伏。初步统计 CCD 数据通道 1 和通道 2 在整个地面站接收段部分区段电平较弱，一定程度影响到图像数据的接收，但由于卫星地面接收站情况不同，卫星地面接收站国内覆盖重叠度大，估计不至于会丢失选定地区的图像数据。红外扫描仪数传射频电平稳定，二者是采作不同的发射器件，不同的星上天线。我们正在进一步提高天线辐射性能，采取改进措施。

CBERS-1 共正常工作三年多，接收的无云数据覆盖了全国陆地面积 99%以上，大部分地区无云数据覆盖了 5～6 遍，2003 年 10 月 21 日又成功发射了中巴资源 2 星（CBERS-2），该星的主要参数与 1 星（CBERS-1）基本一致。CBERS-2 卫星针对 CBERS-1 卫星出现的问题进行了改进。尤其对 19.5 m CCD 相机，各谱段的增益设置进行了调整；在地面增加了整星状态的半积分球定标测试项目，为 CCD 相机的辐射校正提供了很重要的数据；决定采取去除 CCD 相机摆镜弹簧的措施来解决 CCD 相机由于受外来干扰产生图像扰振问题（宋月君等，2006）。针对 1 星 CCD-2 数传通道数据传输稳定性差的问题，调整了星上天线，提高了地面接收数据的稳定性。为了满足 CBERS-2 卫星数据处理的要求，地面应用系统进行了重大技术改造。

2.1.2　影像处理

2.1.2.1　主要目标

以 CBERS CCD 相机数据为主要数据源进行几何校正及镶嵌，以全国 1∶25 万地形图电子数据中的地形等高线及高程点生成 DEM 数据，编制应用管理程序，最终在 PC 机的环境下形成一个能自由浏览并能叠加矢量专题图、查询专题图中图元属性的电子沙盘。

2.1.2.2 影像选取原则

CBERS-1 于 1999 年发射，接收数据已覆盖全国，仅缺一景，不少地区有多景覆盖，但由于覆盖全国的 CBERS CCD 相机数据有 1200 余景，要想挑出时相一致或接近的数据是一件几乎不可能的事，因此特确定以下挑选数据的原则：

（1）数据 4、3、2 波段齐全；

（2）数据尽可能无云；

（3）数据的时相尽可能向夏季靠拢；

（4）数据经校正镶嵌后存在补充部分数据的可能。

2.1.2.3 影像处理步骤

（1）将全国 1∶25 万地形图电子数据投影转换成兰勃特等角圆锥投影（中央经线：105°；第一标准纬线：47°；第二标准纬线：25°；椭球体参数：克拉索夫斯基 1940）。

（2）影像几何校正：以 1∶25 万地形图电子数据为依据，用人工寻找同名点的方法获取每一景数据的校正控制点，一般每景数据采集不少于 20 个控制点，用一到五次多项式逐一试探校正控制点残差，选用残差最小的多项式进行校正。

（3）某些可采控制点极少的影像放在后面校正，可用周围校正好的影像校正这些影像。

（4）影像分区：以影像接收季节、地形地貌状况对数据进行分片。对同一片数据进行直方图匹配试镶嵌，观察镶嵌的图像质量是否比单景数据的质量有明显的下降，如果有则删除其中直方图差异过大的单景数据。

（5）对经初步镶嵌差异较大的数据块进行自然景观边界接边或重叠边羽化处理。

（6）数据入库。

2.1.3 工作流程

2.1.3.1 遥感影像入库

1. 图像去噪声

CBERS 数据影像主要有两种噪声：掉线噪声和斑点噪声。

1）掉线噪声

CBERS 数据影像的掉线噪声较多（图 2-1），在我们使用的约 1200 景数据中有 100 多景有这种现象。这种噪声产生的原因是连续一行或几行数据的丢失，由于进行数据处理时数据已经过粗校正，故数据丢失行与处理时的数据行有一个夹角，这个夹角在每一景数据中并不一致。得到的数据一般在几个波段中会同时发生这种掉线情况，但掉线的位置有的会相差几个像元。处理这种噪声的方法是用其上下的数据行替代该行。为处理掉线的缺陷，我们专门开发了掉线处理程序。其工作过程是人工交互获得掉线位置的头尾像元坐标，计算掉线斜率，取上下行数据的均值替代缺失行数据，多数情况下处理效果较好，但也有个别情况下地物变化较快，使得处理后的图像不能达到满意的效果，这主要是在农田密集及地物清楚的地区。在少数情况下会出现连续数据行丢失，在算法中却保留了此丢失数据行的参数。在一些情况下需要多次替换方能将丢失行数据处理好。

图 2-1　CBERS 影像数据的掉线现象

2）斑点噪声

CBERS 数据影像的斑点噪声较少，我们使用的数据中只有两景有这种情况（图 2-2），我们是直接使用 ERDAS 中去斑点噪声的功能处理这种噪声，处理的效果比较明显，根据 ERDAS 中去斑点噪声功能的效果分析看，其算法是用数据中噪声点的值与周围值的平均值替代噪声点值，这种算法对有噪声图像一次处理一般不能达到理想效果，一般要两次以上处理方能达到较好的效果，如果在算法中噪声点的值不参与平均，可能一次就会达到较好的结果（曾湧等，2004）。由于本次使用的 CBERS 数据影像含斑点噪声的数量不多，因此没有单独开发算法。

2. 几何校正

本书用于几何校正的地理地图是国家测绘局提供的 1∶25 万地形图电子数据。原始 1∶25 万地形图数据为 ARCINFO 格式，高斯分带投影。我们首先将所有的数据投影转换为兰勃特等角圆锥投影。投影参数为第一标准纬线 47°，第二标准纬线 25°，中央经线 105°，最低纬线 17°，单位为 m。采用电子数据形式的 1∶25 万地形图的主要优点是：①采集控制点的操作相对容易，②采集控制点样本的质量误差相对较小，③较容易控制整体图像的校正精度。

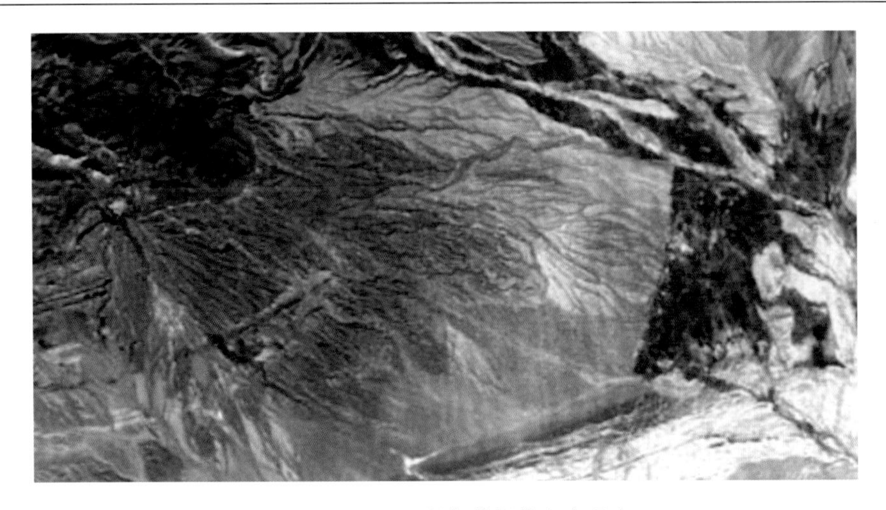

图 2-2　CBERS 影像数据的斑点噪声

进行影像精校正的软件有许多，本书采用 PCI、ERDAS 影像专业处理软件。

矢量校正法校正步骤如下：

（1）在 PCI 软件的 GCPWorks 模块中，加载未校正的影像数据，利用头文件中所给影像 4 个角的坐标对影像先进行粗校正。随 CBERS 数据影像一同提供的说明文件中的控制坐标一般与实际位置的误差在 5 km 以内，少数情况会超出 10 km，个别情况下完全错误。

（2）将 e00 格式 1∶25 万地形数据加载到影像图中，这时可以初步判断矢量地形与影像之间相应位置关系。利用矢量数据中的水系、人工渠、公路及具有明显特征标志的地物及影像中同名地物点采校正控制点，校正点应均匀分布，校正点数目一般在 20～30 个，在采校正点时有些残差偏大的点应剔除，重新采点，直到符合精度要求。一般在山区、水系发育地区及具有明显标志物的地区采校正点比较容易，而且校正点比较均匀；沙漠地带、水系不发育地区采校正点较困难，我们利用仅有的水系、公路，个别地方用了地形特征点作为校正控制点，在沙漠腹地甚至一个校正点都采不上，所以只好利用与它相邻的已作过精校正的并且具有重叠部位的影像进行影像对影像采校正控制点。对于不同的影像其采用的校正拟和多项式要经过反复的试探，用一次多项式校正效果不理想，就采用两次或三次、甚至四次，最终选择其中误差最小的多项式校正模式。多数影像经过校正后，总体效果良好。但也有部分影像的局部地区校正效果不好，很难达到理想效果，我们判断使用的 1∶25 万地形图数据或许存在着某些错误，另外由于地形图使用的资料来自 20 年以前，沙漠中的一些河流发生了较大的变化，例如克拉玛依东北轨道号为 48/35，文件名为 491，水系矢量与影像图吻合得就不太好，进行反复多次采点校正都没有达到理想的效果（图 2-3）。

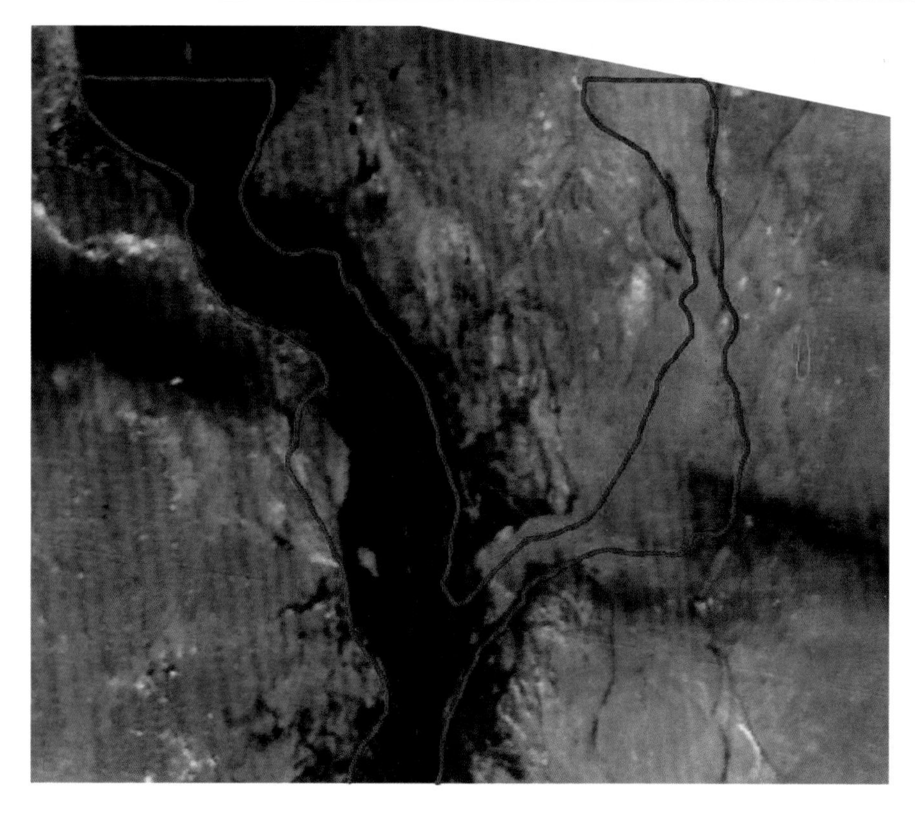

图 2-3　影像与矢量数据的变化情况

中国疆域辽阔，拥有多样的地形地貌，使用地貌特征对遥感影像数据进行几何校正也表现出不同的特征，可以分为以下类型。

（1）低山丘陵区：中国中西部地区、南部山区等广大区域，这些地区一般水系较为发育，地形高差中等，影像与电子地形图的同名点比较好找，这一类地区是几何校正工作最容易的地区，约占全国总面积的三分之一。

（2）高山区：主要分布在西藏、云南地区。这个区域里影像与电子地形图的同名点也比较好找，但该区的最大难点在于地形高差大造成的影像几何畸变严重。影像经校正后局部空间位置仍有一到几个像元差别，这样的数据直接镶嵌会出现重影，在图 2-4 中可以明显看出其中的河流呈现出重影的情况。在比较特殊的情况下不同景影像的重叠区会出现四周套合较好，中间一个区域套合不上的情况，虽经反复采集控制点，有时一景的采集控制点多达 80～90 个仍然不能解决问题，这种情况下只有采取把该区域抠除的办法解决。这种区域面积虽然不大，但是本次工作中最困难的区域。

（3）沙漠干旱区：在这样的地区地面罕有水系、公路等可用做同名点的地物标志，这种情况下主要采用两种措施进行补救，一是用周围已校正好的影像找控制点，二是使用地形等高线的特征点作为同名点，如图 2-5 可以看出沙丘与等高线的形态吻合得较好。

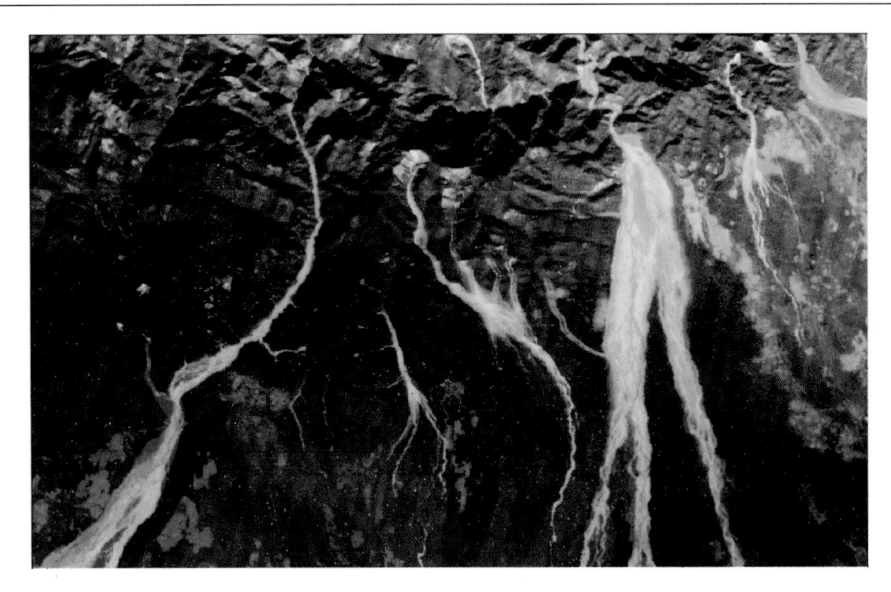

图 2-4　河流呈现重影现象

图 2-5　影像沙丘与矢量等高线形态的套合图

（4）平原区：平原区在我国东北、华北、华南广为分布，这类地区在地形图中能找到较多的同名点。但是这样的地区人类活动频繁，许多的道路、人工水系、地块界线变化较大（图 2-6），判断哪些地物已发生变化、哪些地物未发生变化需要认真判读，判读错误时会改变影像的总体几何形态。

图2-6　人类活动频繁地区影像图

除了对每一景数据按地形图进行影像几何校正外，更重要的是对各景影像之间的重叠部分采集同名点，这项工作的工作量更大，也更能提高镶嵌图的质量，若不经过该道工序，影像发生重影是非常普遍的事。本书的所有影像均经过该道工序，基本不存在重影现象。

3. 色彩匹配及接边处理

对于各专题图的解译来说最好不进行色彩匹配及接边处理，但对于一个影像库及全疆的卫星影像镶嵌图而言进行色彩匹配及接边处理则是必不可少的。

本次CBERS影像镶嵌图的接边处理是在ERDAS中完成的，对不同数据的直方色彩匹配是由系统自动完成，人工进行干预主要是选择适当的基准图，一般要进行反复试验才能找到合适的基准图，如果使用不合适的基准图会使图像产生成片的饱和区，一般出现在有云、雪盖区，以及对各波段光谱高吸收地质体的区域。寻找合适的自然界线作为不同幅数据间的接边也能在很大的程度上改善镶嵌图的质量，完成该项工作也是在ERDAS中用其提供的AOI选取功能完成。

完成本次镶嵌图工作的主要困难在于：①使用数据的景数多，共使用CBERS影像数据1200多景；②数据量大，全疆镶嵌图分成了近50块，每一块的数据都超过1 GB，总数已超过60 GB；③CBERS数据的接边重合量参差不齐，有的数据间的接边非常少。在此情况下经过不断的努力与反复的修改最终完成了CBERS影像镶嵌图的接边处理，接边和色彩匹配基本使人满意。

4. 模拟真彩

本书使用的模拟真彩转换是用ERDAS完成的，ERDAS的转换参数是针对TM数据的 4、3、2 波段设计的。TM 数据的 4、3、2 波段波长范围与 CBERS 4、3、2 波段波长范围比较如表 2-2。

表 2-2 TM 数据 4、3、2 波段与 CBERS 4、3、2 波段波长对比表 （单位：μm）

CBERS	TM
B2 0.52～0.59	B2 0.52～0.60
B3 0.63～0.69	B3 0.63～0.69
B4 0.77～0.89	B4 0.76～0.90

从表 2-2 中可以看出两种卫星之间的相同波段的波长范围相差不大。从我们实际转换的结果来看，80%以上的区域转换的结果是可以接受的，主要的植被、裸露山体、雪山基本接近真彩的色调。但也有部分地物颜色的转换结果不能令人满意，其中最不能让人接受的是出现了较多的玫瑰红色系斑块，在自然界中玫瑰红色系斑块不可能大片出现。我们对转换结果为玫瑰红色系斑块进行了大致的判读和分类，基本上可分为以下 3 种情况：

（1）大片的水面，如我国东部河流湖泊这样的情况较为普遍。图 2-7 是未经任何处理的 CBERS 原始数据 4、3、2 波段合成的 RGB 影像，图 2-8 是经模拟自然转换后的影像。

图 2-7 CBERS 原始数据 4、3、2 波段合成的 RGB 影像（水面）

在原始影像中水面的各波段的数值范围分别是：第 4 波段 110～170 nm、第 3 波段 210～255 nm、第 2 波段 170～190 nm，其明显的特征为第 3 波段的值高于其他两个波段，第 2、第 4 波段的值差别不大，3 个波段的值相对都较高，水面在原始图像中呈现出翠绿色。经模拟真彩转换后这些水面变成了玫瑰红色系。水面的形态特征比较容易判读，本书在经过模拟真彩转换后又将这类水面替换成淡蓝色或灰色（图 2-9)。

图 2-8　经模拟自然色转换后的影像（水面）

图 2-9　替换色彩后的影像（水面）

（2）城市街区，图 2-10 是未经任何处理的 CBERS 原始数据 4、3、2 波段合成的 RGB 影像，图 2-11 是经模拟自然转换后的影像。

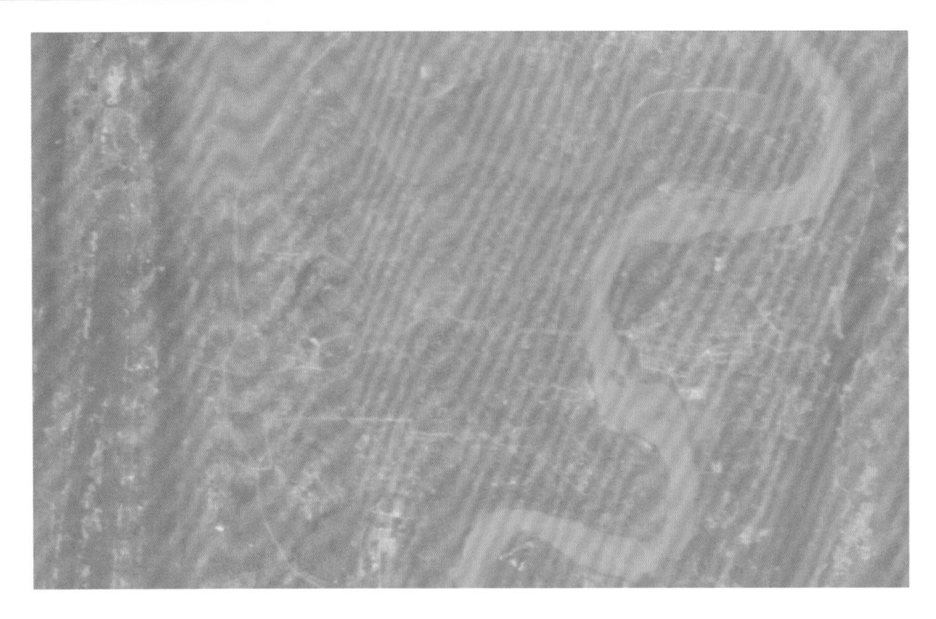

图 2-10　CBERS 原始数据 4、3、2 波段合成的 RGB 影像（城市街区）

图 2-11　经模拟自然转换后的影像（城市街区）

这类区域在原始数据中的数字特征与水面类似，只是相对水面表现为 3 个波段的值都小些，在原始图像中城市街区比水面的颜色略暗。这类区域判读相对也不太难，但这类区域的边界不是特别清晰，区域也比较分散，因此准确地选择这类区域比较困难。本书中较为粗略地选择了这些区域，并将其换成了灰色（图 2-12）。

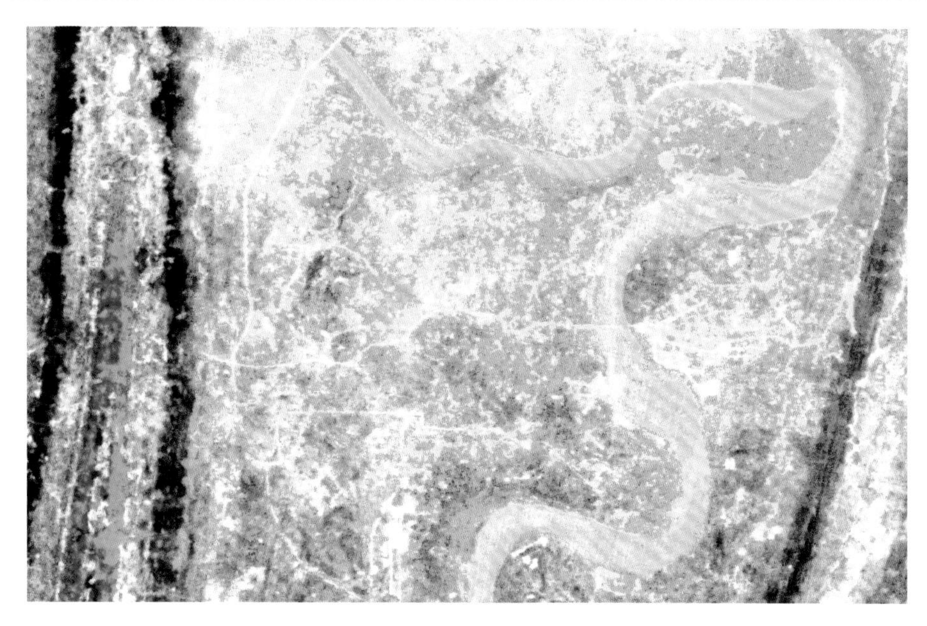

图 2-12　替换色彩后的影像（城市街区）

（3）雪山阴影区，图 2-13 是未经任何处理的 CBERS 原始数据 4、3、2 波段合成的 RGB 影像，图 2-14 是经模拟自然转换后的影像。

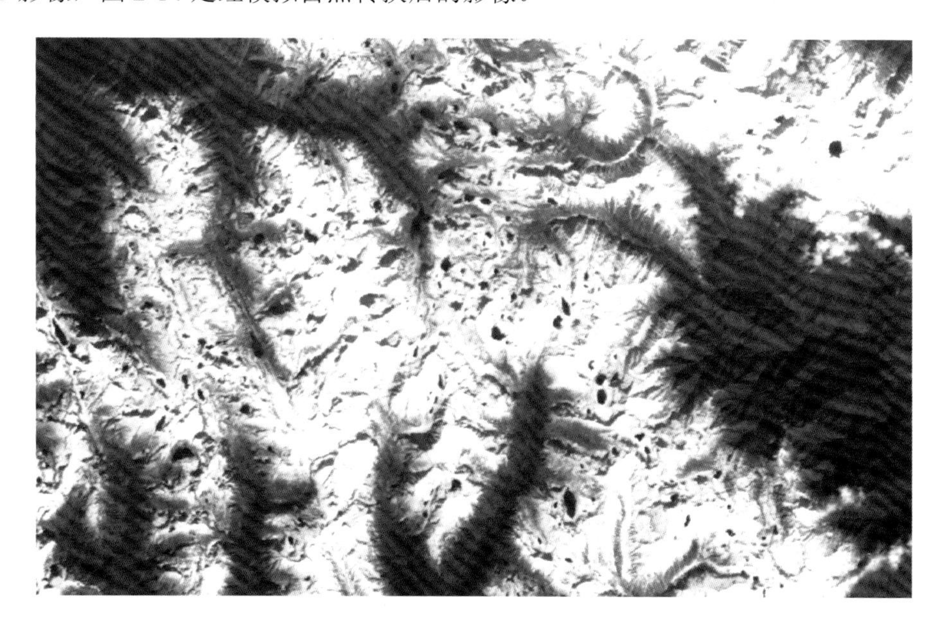

图 2-13　CBERS 原始数据 4、3、2 波段合成的 RGB 影像（雪山阴影区）

这部分区域在原始数据上的基本特征是：第 4 波段的值域范围为 60～70 nm，第 3 波段的值域范围为 60～80 nm，第 2 波段的值域范围为 70～80 nm，在原始图像中表现为黑色或深红色。我们通过判断其所处的位置以及其值域将其替换成了灰色或灰白色（图 2-15）。

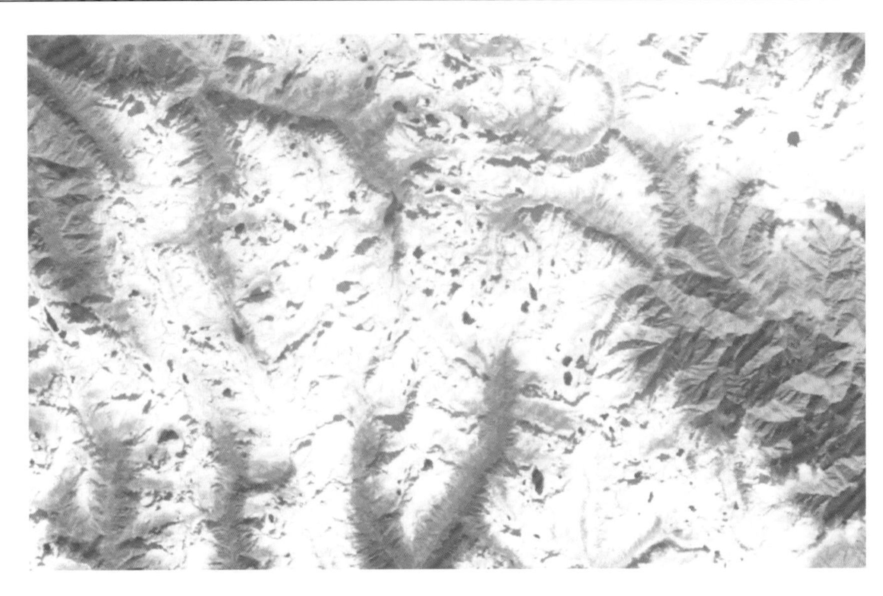

图 2-14　经模拟自然转换后的影像（雪山阴影区）

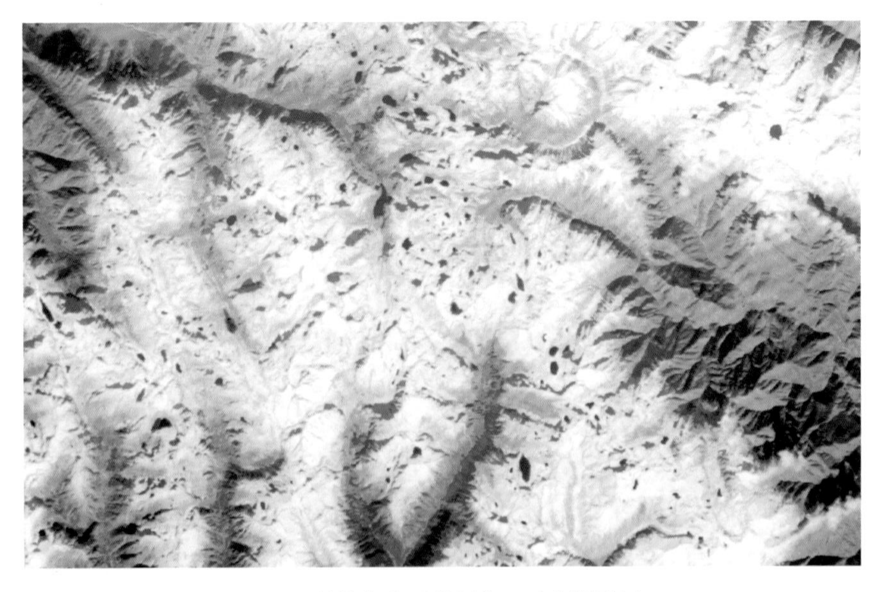

图 2-15　替换色彩后的影像（雪山阴影区）

通过对全国数据的模拟真彩转换后，我们发现 ERDAS 的模拟真彩转换数据表对中巴CCD相机数据的模拟真彩转换存在一定的问题，当然如果总结一套完全符合中巴CCD相机的模拟真彩数据转换表，还需要更大量细致的数据对比，我们准备后续开展这项工作。

5. 数据入库

经以上处理后的影像数据经分割压缩存入 SQL SERVER 数据库中，其中分块的大小以及存储的级别等在影像的管理系统中录入。

2.1.3.2　矢量数据的整理过程

电子沙盘在不同的显示比例下需要详细程度不同的矢量数据，在本书中最底层的矢量数据是全国 1∶25 万电子地形图，该数据中本身没有矢量分级的分类，我们不得不又使用了全国 1∶100 万和全国 1∶400 万的矢量电子地图。矢量数据为国家测绘局制作，其中也存在一些问题，但由于工作时间以及资料来源等问题，未对矢量数据存在的问题进行修改。

2.1.3.3　DEM 数据生成

一般以百万分幅为单位生成的 DEM 数据块，每个数据块之间保持有一定的重叠，以保证数据块之间的平滑过渡。本书以国家测绘局制作的 1∶25 万电子地形图的等高线及高程点为基础，使用 ERDAS 软件生成了 DEM 数据，我们发现其中有少量的数据存在错误，我们将有明显错误的数据剔除重算。DEM 数据入库时进行了压缩处理。

2.2　基于中巴资源卫星数据的森林资源监测研究

2.2.1　概述

2.2.1.1　背景分析

森林既是历史自然环境的反映者，又是生物圈中最富有生机和巨大生产力的生态系统。森林拥有弥足珍贵的生物资源，也是生物多样性的庇护所、水分的调节者、局地气候的改善者、荒漠化的控制者，以及人类美好感情的培育者，已成为现代人类社会和自然界不可缺少的部分。森林资源监测与评价既是林业可持续发展的基础性工作，也是生态环境建设必需的技术手段。

森林作为陆地系统中最大的生态系统，由于其地域辽阔、系统结构多样和自然条件复杂，传统调查方法不适用。遥感方法在森林资源的调查规划中的应用已具有半个多世纪的历史，早在 20 世纪 50 年代，航空遥感即已应用于森林经理调查和森林资源连续清查。目前，利用“3S”技术开展森林资源的监测评价已经形成较为完善的技术体系。利用 CBERS 图像数据，在必要的辅助数据（如地形图、林相图、行政区划图等）和地理信息系统（GIS）的支持下，调查有林地、疏林地、灌木林地、未成林造林地的面积；监测各种林地的动态变化及其覆盖率。可制作最有利于各地类、森林类型分类识别的 CBERS 影像图（比例尺为 1∶25 万、1∶10 万各一套）和森林蓄积估测模型及森林资源分布图。利用 CBERS-l 卫星，配合航空和地面资料，可用两年左右的时间，调查一次森林资源数量、质量、分布及植树造林后效，可满足国家、省（区、市）编制中长期规划和宏观指导管理的需要。建立全国的和省（区、市）的森林资源监测体系，利用这种监测体系，可减少 40%的地面工作量，周期可由 5～10 年缩短到 2～3 年。但在 21 世纪初，存在的主要问题是上述的应用还多在规划中，缺乏实际应用。在专业的调查规划（如分类经营、重点生态工程区调查等）中很难看到 CBERS 数据的影子，本书利用 CBERS 数据辅以航空相片和地面调查，建立指标体系，以前期森林资源调查数据、专题图为本底，利用遥感图像的处理与识别等技术，从遥感图像上提取森林类型、地类与森林立地信息。在地理信息系统和统一的基础地理数据库支持下，建立森林资源数据库。本书的研究目的是在为森林资源的永续经营和合理开发利用提供决策依据的同时，摸索出一整套针对CBERS遥感图像的色调和纹理特征，解译各类森林资源及其立地环境的技术方法。

2.2.1.2　研究区域概况

天山西部林区位于新疆伊犁哈萨克自治州（以下简称伊犁）境内，其分布范围为80°09′42″～84°56′50″E，42°14′16″～44°55′30″N，森林经营和管护范围包括伊犁八个县的九个山区国有林场，是新疆最大的天然林区。以雪岭云杉为主的天西森林主要分布于伊犁河谷大小支流的上游，一般在海拔 1200～2900 m 的坡地上。伊犁盆谷和昭特盆谷特有的向西开口的喇叭状地形地貌，使得北大西洋和北冰洋的湿润气流源源而入，形成了丰沛的冷锋雨和地形雨，加之林区的黑钙土和暗栗钙土壤，形成了生产力极高的原始天然云杉林、灌木林、落叶阔叶林、河谷次生林。这样，东起新源、尼勒克，西至察布查尔和霍城，东西连绵450多千米的山地森林，犹如绿色环带，对该区域的水源涵养和水土保持起着重要作用，是影响流域和环境的重要因素（陈冬花等，2007）。

2.2.1.3　技术方法

1. 技术思路

基于中巴资源卫星数据的森林资源监测研究流程图见图 2-16。

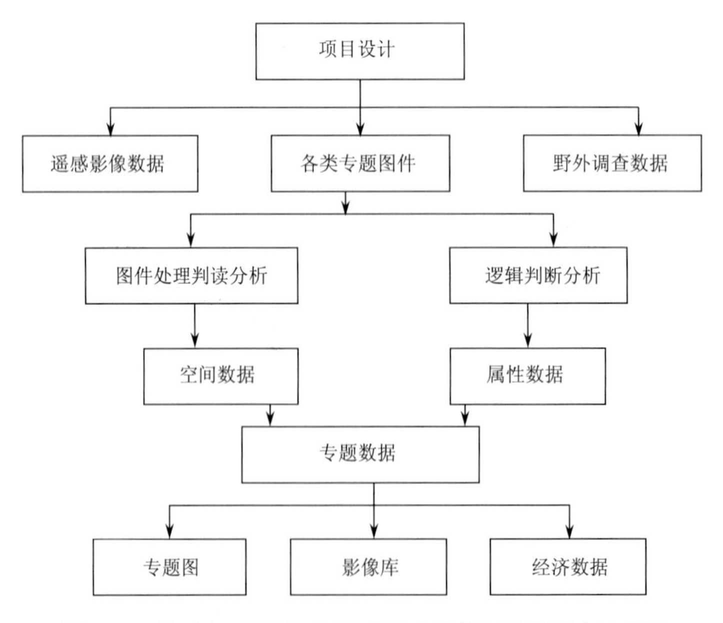

图 2-16　基于中巴资源卫星数据的森林资源监测研究流程图

2. 研究方法

本章内容研究，将在 3 个技术平台的支撑下展开：

（1）由历史资料构成的森林资源监测评价的历史过程信息采集系统；

（2）由野外调查、遥感与 GPS 监测构成的现代资源环境过程数据采集系统；

（3）由地理信息系统、数学模型系统和有关的社会、经济、环境、生态理论方法构成的定量分析与评价系统。

在上述技术系统的支撑下，通过对前期相关及专业调查数据的系统分析，利用中巴遥感图像的色调和纹形特征，解译各类森林监测调查因子的发生区域，圈定其分布范围，计算其分布面积。利用地形地貌、植被的覆盖程度等景观特征，对各类森林立地环境进行解译研究，提取特征信息。并利用定位观测、实地调查进行验证。将遥感调查的成果输入 ArcGIS，形成带有属性信息的地理空间数据，通过系统分析与模型分析，评价森林资源环境的现状及动态变化。

2.2.2　监测调查依据与指标体系

2.2.2.1　监测调查依据

《森林资源规划设计调查主要技术规定》国家林业局 2003 年

《国家森林资源连续清查主要技术规定》国家林业局 2014 年

《遥感图像处理与判读规范（试行）》国家林业局森林资源管理司 1999 年

《全国重点生态工程区森林资源现状调查技术规定》国家林业局 1999 年

《全国重点天然林保护工程区森林资源现状调查技术规定》国家林业局 1999 年

《土地利用现状调查技术规程》国家农业区划委员会 1984 年

《土地利用动态遥感监测规程》（TD/T 1010—2015）

《基于坐标的地理点位置标准表示法》（GB/T 16831—2013）

《中华人民共和国行政区位代码》（GB/T 2260—2007）

《县级以下行政区划代码编制规则》（GB/T 10114—2003）

《地理格网》（GB/T 12409—2009）

2.2.2.2　指标体系

1. 监测尺度与方法

对于森林资源监测而言，监测的尺度是关键性的。尺度通常是指观测和研究的物体或过程的空间分辨率和时间单位。森林资源及其立地环境在不同的时空尺度上，表现形式是不一样的，特别是空间尺度上更加明显。例如区域尺度（林场）上，表现为大地貌类型、森林或草地类型，植被覆盖度等；在低尺度（林班）上，则表现为森林类型和立地类型组；在更低级的尺度（小班）上，表现为群落组成的变化、植物生长量的变化、土壤特征变化等。由于在不同的尺度上森林资源表现的范围、因子各不相同，森林资源的区划信息源和调查评价的方法也不同，如表 2-3。

表 2-3 不同尺度森林资源监测调查方法

尺度等级	空间尺度范围	监测方法
区域尺度（林场）	10^2～10^5km^2	卫星数据监测（CBERS +MODIS）
三级景观（营林区）	10^1～10^2km^2	卫星数据监测（CBERS-1+IRS）
二级景观（林班）	1～10^1km^2	卫星数据监测（CBERS）+航片监测
一级景观（小班）	10^2～10^3m^2	航片监测+样地调查
群落尺度（实测样地）	10^1～10^2m^2	样地调查+定位观测

2. 监测因子与指标体系的确定

一个可供操作的监测指标起码应该包括地表形态构成、地表植被及盖度、地面及土壤组成结构、气候动力因素 4 大指标因子，由此反映出林业用地类型、森林类型、立地类型、林种等森林调查指标。指标因子的选择应本着具有代表性、实用性、科学性和操作性的原则，既易于地面观测确定，也便于遥感图像解译。同时，几个因子的不同方法叠加可以产生新的评价因子。例如，地表形态因子与森林类型因子、土壤类型叠加，可得出森林立地类型；坡度、坡向因子与土壤厚度、树高叠加，可得出森林等级等。这些指标因子综合就可以判别林地的立地类型和等级。

本书采用了“指标因子权重—划定因子等级值—将因子指标等级数量化—建立森林立地得分公式—依得分在不同区划的数量化表中得出立地评价”的思路，即“多因子指标分级数量化法”，通过对各项监测指标因子的筛选和得分值计算，确定各监测评价因子指标（表 2-4）。

表 2-4 基于 CBERS 数据的森林资源监测指标表

监测评价类型	监测指征因子与调查方式	
	航空相片判读与地面样地调查	卫星数据解译
林业用地类型	植被盖度、地表形态、土地利用/覆盖变化	植被类型（森林或其他地类）、地表形态、土地利用/覆盖状况
森林类型	植被类型、林型、地形因子、沟壑密度	植被盖度、海拔、坡向、沟壑密度
立地类型	海拔、坡度、坡向、坡位、土壤类型、植被类型与盖度、森林类型、树高、土壤厚度	坡向、坡位、植被类型与盖度、森林类型，土地利用程度、林相
林种	森林类型、地理位置、海拔高度、林业用地类型	地理位置、地表形态、海拔高度、林业用地类型

根据数量化理论方法，各指标因子又划分为不同的项目与类目。因篇幅限制，在此不再赘述。

2.2.3　基于 CBERS 数据的森林资源信息提取

2.2.3.1　数据与遥感处理软件的选取

为了保证此次调查成果和数据的准确性，采用了 2004 年 6～9 月 CBERS 数据（该类数据星下点空间分辨率为 19.5 m）。此外，还收集了天西林业局历次的森林资源调查数据、部分林场的航空相片、TM 影像数据及相关专题图件。

本章采用了目前较为先进的 ERDAS IMAGINE 遥感图像处理软件。该软件是美国 ERDAS 公司开发的专业遥感图像处理与地理信息系统软件。该软件以其先进的图像处理技术，友好、灵活的用户界面和操作方式，面向广阔应用领域的产品模块，服务于不同层次用户的模型开发工具以及高度的 RS/GIS 集成功能，为遥感及相关应用领域的用户提供了内容丰富而功能强大的图像处理工具，代表了遥感图像处理系统未来的发展趋势。

ERDAS IMAGINE 是以模块化的方式提供给用户的，用户可以根据自己的应用要求、资金情况合理地选择不同功能模块及其不同组合，对系统进行剪裁，充分利用软硬件资源，最大限度地满足自己的专业应用要求，其界面如图 2-17。

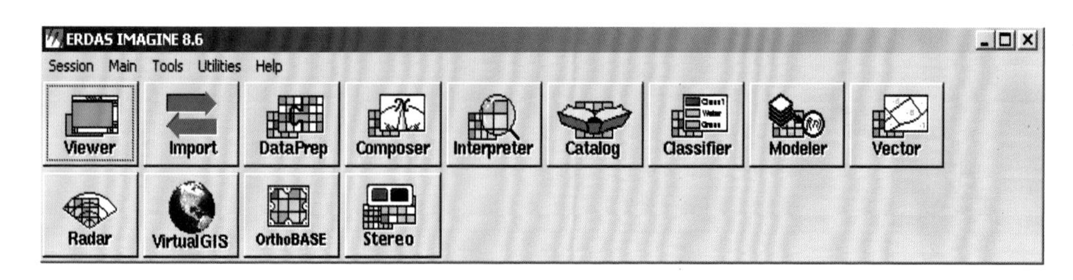

图 2-17　ERDAS IMAGINE 界面

2.2.3.2　图像处理过程

1. 影像校正

利用矢量数据中的水系、人工渠、公路及具有明显特征标志的地物及影像中同名地物点采校正控制点，校正控制点应均匀分布，校正点数目一般在 20～30 个，在采校正点时误差偏大的点应剔除，重新采点，直到符合精度要求。一般在山区、水系发育地区及具有明显标志物的地区采校正点比较容易，而且校正点比较均匀；对无法取得校正点的区域，利用与它相邻已作过精校正并具有重叠部位的影像进行影像对影像来取得校正控制点，有些影像由于当时拍摄时角度较大，用二次多项式校正效果不理想，就多采用几次，最终选择其中误差最小的多项式校正模式（王峰等，2004）。下面以第一种采点方式为例说明应用 ERDAS 进行此次图像几何校正的过程，如图 2-18。

第一步：显示图像文件。首先，打开两个 ERDAS 视窗（Viewer#1/Viewer#2），并将两个视窗平铺放置。然后在 Viewer#1 中打开需要校正的原始图像，在 Viewer#2 中打开作为地理参考的校正过的图像。

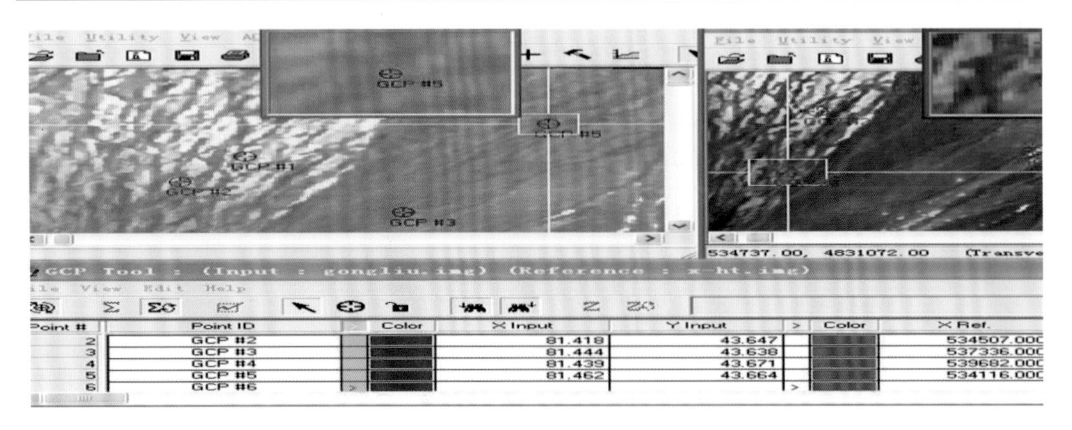

图 2-18　影像校正

第二步：定义校正模式。以下操作都在显示需要校正的原始图像窗口进行。启动几何校正模块→选择多项式几何校正模型→定义多项式模型参数→定义图像投影参数→确定参数设置，进入下一步。

第三步：设置控制点模式。打开 GCP 参考设置对话框→选择视窗采点模式并确定在显示校正过图像的窗口中采集控制点→打开 GCP 工具对话框、两个放大窗口（Viewer#3/Viewer#4）和关联方框→进入下一步 GCP 采集过程。

第四步：采集地面控制点。在图像几何校正过程中，采集控制点是一项非常重要且相当繁重的工作，具体过程如下：①在 GCP 工具对话框中点击 Select GCP 图标，进入 GCP 采集状态；②在 Viewer#1 中移动关联方框位置，寻找明显的地物特征点作为输入 GCP；③在 GCP 工具对话框中点击 Create GCP 图标，并在 Viewer#3 中点击左键定点，GCP 数据表将记录一个输入 GCP，包括其编号、标识码、*X* 坐标、*Y* 坐标；④在 GCP 工具对话框中点击 Select GCP 图标，重新进入 GCP 采集状态；⑤在 Viewer#中移动关联方框位置，寻找对应的地物点，作为参考 GCP；⑥在 GCP 工具对话框中点击 Create GCP 图标，在 Viewer#4 中点击左键定点，系统将自动把参考点的坐标显示在 GCP 数据表中；⑦在 GCP 工具对话框中点击 Select GCP 图标，重新进入 GCP 选择状态，并将光标移回到 Viewer#1，准备采集另一个输入控制点；⑧不断重复①～⑦采集若干 GCP，直到满足所选定的几何校正模型为止；而后，每采集一个输入 GCP，系统就自动产生一个参考 GCP，通过移动参考 GCP 可以逐步优化校正模型。

第五步：采集地面检查点。以上所采集的 GCP 的类型均为控制点（Control），用于控制计算，建立转换模型及多项式方程。下面所要采集的 GCP 的类型就是检查点（Check），用于检验所建立的转换方程的精度和实用性，在 GCP 工具对话框状态下的操作步骤为：在 GCP 工具菜单条中确定 GCP 类型（Check）→在 GCP 工具菜单条中确定 GCP 检查参数（匹配参数：最大搜索半径和搜索窗口大小；约束参数；相关阈值和删除不匹配的点，匹配所有/选择点，从输入到参考或从参考到输入）→确定地面检查点→计算检查点误差。

第六步：计算转换模型。在控制点采集过程中，一般是设置为自动转换计算模式，所以，随着控制点采集过程的完成，转换模型就自动计算生成，可通过对话框查阅转换模型。

第七步：图像重采样。打开图像重采样对话框→定义图像重采样参数（输出图像文件名，选择重采样方法，定义输出图像范围，定义输出像元大小）→执行图像重采样操作。

第八步：保存几何校正模式。在 Geo Correction Tools 对话框中点击 Exit 按钮，退出图像几何校正过程，按照系统提示选择保存图像几何校正模式，并定义模式文件(*.gms)，以便下次直接使用。

2. 图像拼接处理

图像拼接是将具有地理参考的若干相邻图像合并成一幅图像或一组图像，需要拼接的输入图像必须含有地图投影信息，即输入图像必须经过几何校正处理或进行过校正标定。虽然所有的输入图像可以具有不同的投影类型、不同的像元大小，但必须具有相同的波段数。在进行图像拼接时，需要确定一幅参考图像，参考图像将作为输出拼接图像的基准，决定拼接图像的对比度匹配以及输出图像的地图投影、像元大小和数据类型。

(1)图像拼接功能。图像拼接处理工具启动以后进入相同的 Mosaic Tool 视窗。Mosaic Tool 视窗由菜单条、工具条、图形窗口和状态条 4 部分组成，其中菜单条中包含了文件操作、编辑操作、处理操作等 3 类 18 项菜单命令，工具条中包含了 20 多个常用的图像拼接图标。

（2）图像拼接过程。启动图像拼接工具→确定加载图像文件，设置拼接区域，完成拼接图像加载→进入设置图像组合模式，调整图像叠置组合次序→进入图像重叠匹配设置状态，选择图像重叠匹配方法，设置图像重叠匹配参数→保存设置参数→打开运行图像拼接对话框，设置拼接图像参数→执行图像拼接操作→退出图像拼接工具。

3. 图像融合

由于 CBERS 影像在个别区域存在影像失真等现象，在选取中巴数据的基础上，又选用了部分美国陆地卫星 ETM 数据。将 CBERS 的几个波段（20 m×20 m）与 ETM 的 8 波段（15 m×15 m）进行融合，融合后的图像色调纹理清晰、各类地物的边界明显，特别是地类的信息被突出，局部地物的解译程度提高。此外，还在灰度拉伸上采用线性拉伸，以森林植被类型为主体进行了图像增强，如图 2-19。

多源遥感数据融合的优势，已经被许多事实所证明，融合目标在于提高图像空间分辨率，增强特征显示能力，改善分类精度，提供变化监测能力，替代或修补图像数据的缺陷等（刘纯平，2002；王惠，2001；李小春，2005）。

ERDAS 图标面板菜单条：Main→Image Interpreter→Spatial Enhancement→Resolution Merge→Resolution Merge 对话框。

在 Resolution Merge 对话框中，需要设置下列参数：

—确定高分辨率输入文件（High Resolution Input File）：gl1.img。

—确定多光谱输入文件（Multispectral Input File）：gl2.img。

—定义输出文件（Output File）：merge.img。

—选择融合方法（Method）：Principle Component（主成分变换法）。

—选择重采样方法（Resampling Techniques）：Bilinear Interpolation。

—输出数据选择（Output Option）：Streth Unsigned 8 bit。

—输出波段选择（Layer Selection）：Select 1：7。

—单击 OK 按钮（关闭 Resolution Merge 对话框，执行分辨率融合），结果如图 2-20。

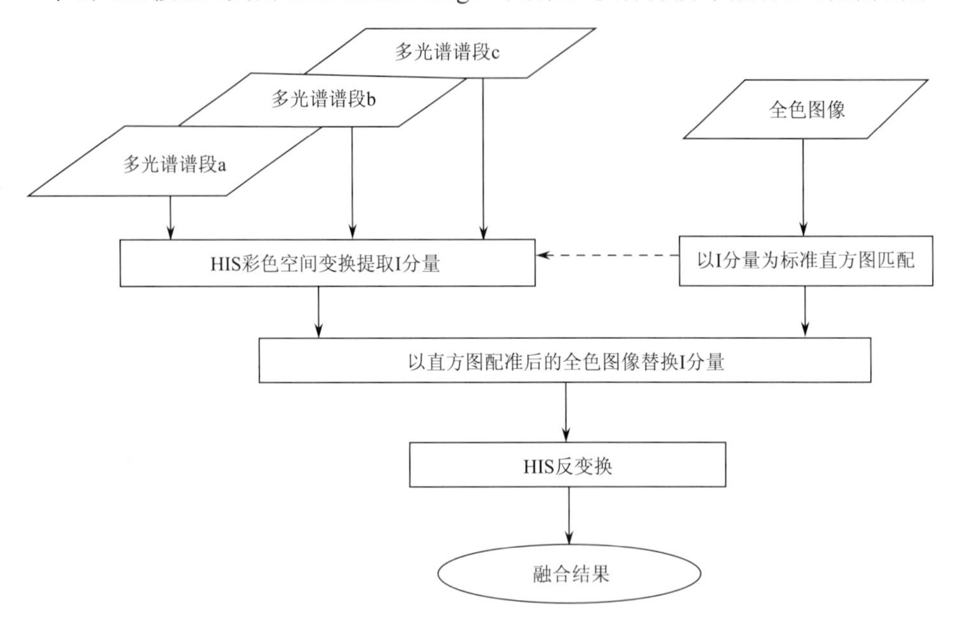

图 2-19　HIS 变换流程图

图 2-20　图像融合

2.2.3.3　矢栅叠加

把处理好的影像进行投影转换，使影像与矢量具有相同的投影，从而将矢量与影像叠和在一起。其中投影转换在 ERDAS 中是这样实现的：

在 ERDAS 图标面板工具条单击 DataPrep 图标→Reproject Images 命令，打开 Reproject Images 对话框，然后在 Reproject Images 对话框中添上相应的参数，结果如图 2-21。

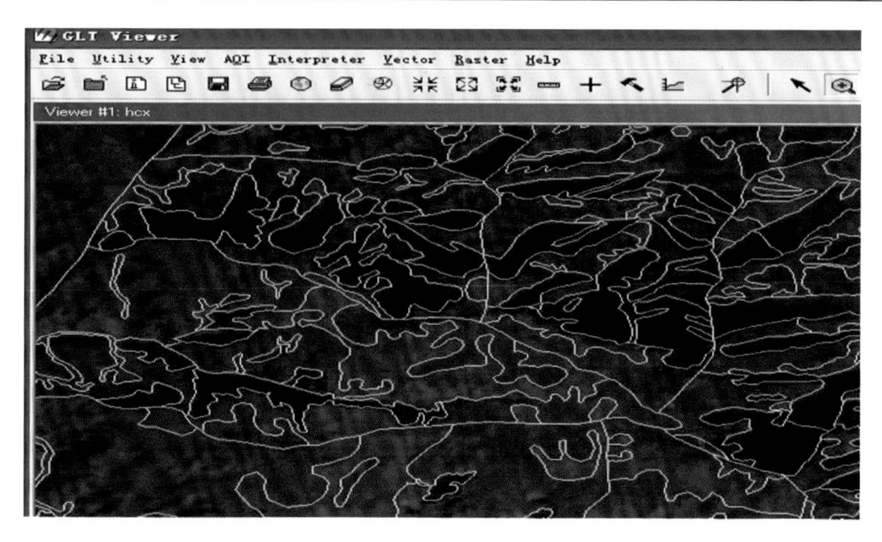

图 2-21　矢栅叠加

2.2.3.4　建立解译标志

根据野外踏查所确定的影像和地物的对应关系，借助辅助信息，建立遥感影像上反映的色彩、形态、结构、地域分布、立地条件等与判读因子之间的相关关系。利用 GPS 野外踏查，拍摄地面实况照片并进行室内分析，建立起直观的影像与地面特征的对应关系，对各类型在遥感数据影像上的特征进行描述形成判读标准，建立判读解译标志（赵文慧等，2007）。其中在 ERDAS 中将实地采点布在影像上，综合各因素裁剪影像制作典型地类的解译标志，如表 2-5 和图 2-22。

表 2-5　CBERS 森林资源遥感解译标志表

类型	色调	形态	结构（纹理）	位置及相关分布
山地阔叶树	黑绿色、绿色	不规则大面积块状	颗粒状、质感强	河谷两岸、下坡位
山地阔叶灌木林	黄绿色、深绿色	不规则大面积块状、片状	颗粒状、质感强	阳坡、中下坡
山地柏类灌木林	黄绿色、淡绿色	不规则面状、片状	颗粒状、质感较强	阳坡、中下坡
云杉林	深黑色	不规则大面积块状、片状	颗粒状、质感较强	阴坡
山地草地	红色、黄红色、褐红色（以上为杂草地）	不规则大面积块状、片状	均匀，光滑，略有绒状质感	多位于阳坡、半阴坡
草地	红色、黄红色	边界极为清晰，有直角（围栏）边界，大面积规则几何形或小面积串珠状	均匀，极光滑	针叶林下林缘平缘部位，或山间河流沿线。周边为草地，有明显区别
山区宜林地	红色、黄红色或其他颜色	不规则小块状或带状	光滑	不足 20 hm^2 的林空地（草地）或针叶林下林缘 150 m 范围内草地
苗圃	红色	规则斑块状具有直角边界	均匀，光滑	多分布于中山带林场老场部或作业工队附近
疏林地	黄绿色、淡绿色	不规则大面积块状、片状	颗粒状、质感强	阳坡、全坡
未成林造林地	红色	规则斑块状具有直角边界	均匀，光滑	针叶林部位，周边有明显区别
采伐迹地	红色	规则斑块	均匀，光滑	针、阔叶林部位
火烧迹地	淡红色	规则斑块	均匀，光滑	下坡位

ZB：571465，4814370；LB：49林班；YSSZ：蔷薇；YBD：0.5；PD：陡坡；PW：中坡；PX：西北；TRMC：栗钙土；ZD：沙壤土；HD：薄；DL：灌木林；HB：1412 m

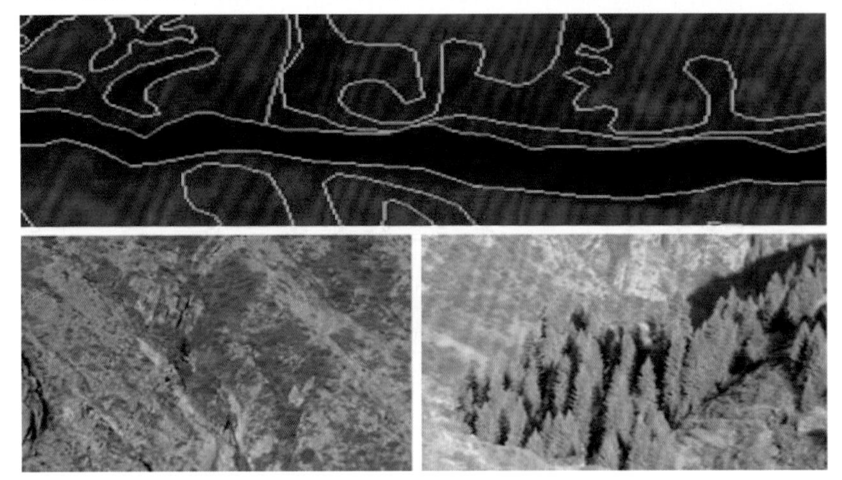

ZB：583504，4764831；DL：灌木、云杉混生林；TRMC：灰褐色森林图；ZD：壤土；HD：厚；
西南坡——YSSZ：蔷薇、锦鸡儿；YBD：0.4；PD：急；PW：上坡位；
西北坡——YSSZ：云杉、荀子、蔷薇、锦鸡儿

ZB：658490，4772162；LB：27林班线特性属性表(AAT)；PD：15°；PX：西南坡；YSSZ：云杉；TRMC：黑钙土；ZD：森林土；HD：0.8~1 m

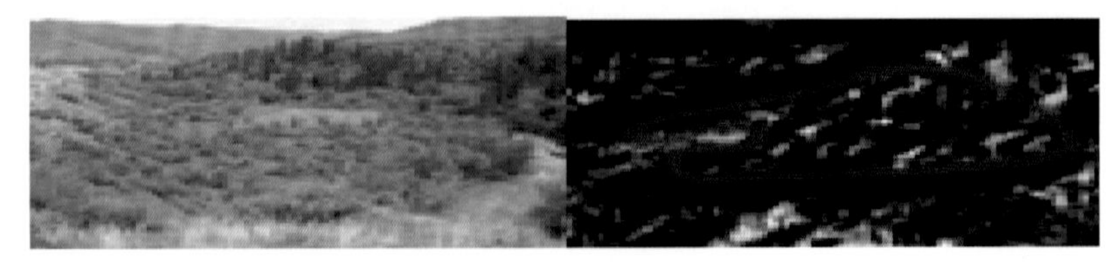

ZB：652839，4785998；LB：44林班；YSSZ：野苹果；YBD：0.4；PD：平；PW：下坡；PX：北；TRMC：黑钙土；ZD：疏林地；HD：1 m以上

图 2-22　CBERS 遥感解译标志

2.2.3.5　区划界定

1. 属性结构的建立

矢量数据是 Arc/INFOe00 的格式，以多层面管理。分点、线、面 3 种单元，每一种再分若干层。数据库数据采集包括要素图形定位信息和属性信息，涉及点、线、面和多边形，ERDAS 软件对上述属性信息的管理是将线状要素属性放于特性属性表（AAT）中，点和多边形要素属性信息存储于 PAT 表中。对于区文件建立了十几个字段，它们是林场名、营林区、林班号、小班号、地类、林种、优势树种、坡度、坡向、坡位、土壤名称、质地、面积等。

2. 目视解译及属性的录入

判读人员利用数字图像在计算机前直接目视判读解译。首先，利用 ERDAS 软件将判读解译的位置进行显示或放大；然后利用自己的专业知识，将判读标志与显示状态（色彩、色调、纹理、形状、分布等）有机结合起来，准确区分判读因子；最后利用 ERDAS 软件矢量编辑功能，完成图形数据的录入，同时点击图班录入属性数据，形成带有属性数据的地理信息数据（梅安新等，2001），结果如图 2-23。

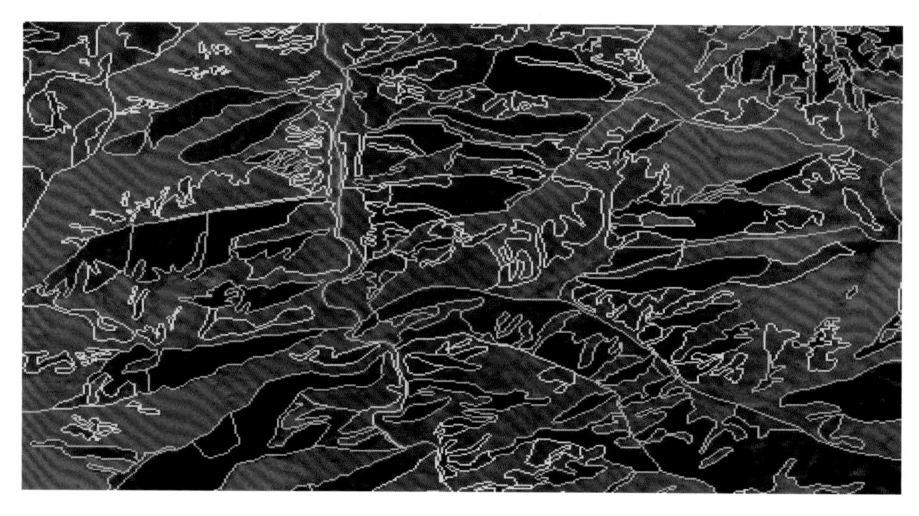

图 2-23　地理信息数据

3. 拓扑查错

区划后进行拓扑，此时空间数据会有微短弧、悬挂弧等错误，这时还要查错。在 ERDAS 中可以实现拓扑和指示错误的功能。此过程反复几次直到没有错误再求积。具体步骤如下：

ERDAS 图标面板工具条→Vector 图标→Vector Utilities 菜单→Clean Vector Layer→在 Input coverage 中输入（或者浏览选取）要处理的矢量图层名字→在 Feature 下拉框中

选择要处理的图层的类型，即是弧段图层还是多边形图层，Clean 不处理点状图层→处理 write to New OutPut 复选框，设置好参数→单击 OK 按钮。

2.2.3.6　数据的导出

在 ERDAS 中将属性表导成*.dat 的文件形式，再利用 EXCEL 软件进行汇总，调查出巩留林场各地类的林地面积。空间数据导成*.E00 格式进入 MapGIS 中编制森林专题图。

2.2.4　成果应用

2.2.4.1　山区国有公益林区划

天西局林区生态公益林是以发挥其水源涵养、水土保持、防风固沙、净化空气、调节气候、美化环境、保护生物多样性为主体功能，主要提供公益性、社会性产品或服务的森林、林木、林地。主要包括防护林、特用林。

1. 公益林面积状况

天西局林区总面积为 203.37 万 hm^2，其中，林地面积 83.89 万 hm^2，占林场总面积的 41.25%，全部划为生态公益林。

2. 公益林结构

1）公益林权属结构

天西局林区生态公益林面积为 83.89 万 hm^2，全部为国有。

2）公益林林种结构

天西局林区生态公益林中，水源涵养林 52.95 万 hm^2，占公益林面积的 63.11%；水土保持林 15.98 万 hm^2，占公益林面积的 19.05%；护岸林 11.21 万 hm^2，占公益林面积的 13.36%；自然保护区林 2.31 万 hm^2，占公益林面积的 2.76%；国防林 1.44 万 hm^2，占公益林面积的 1.72%。

3）公益林地类结构

天西局林区生态公益林中，有林地为 35.67 万 hm^2，占林业用地的 42.52%；疏林地 3.56 万 hm^2，占林业用地的 4.25%；灌木林地 22.15 万 hm^2，占林业用地 26.40%；灌丛地 15.75 万 hm^2，占林业用地 18.78%。未成林造林地 0.73 万 hm^2，占林业用地的 0.87%；苗圃地 0.02 万 hm^2，占林业用地 0.01%；宜林地 6.01 万 hm^2，占林业用地的 7.17%。

3. 公益林划分

在林地面积中，已纳入天然林保护工程拨款补助范围的林业用地为 32.68 万 hm^2，占林业用地总面积的 38.96%；未纳入天然林保护工程拨款补助范围的林业用地面积为 51.21 万 hm^2，占林业用地总面积的 61.04%。

依据《新疆山区国有公益林区划界定办法》，将未纳入天然林保护工程建设资金补助的森林资源 51.21 万 hm²，划为山区国有公益林（表 2-6～表 2-8）。

表 2-6　天西局林区公益林划分地类面积结构总表

		总计	有林地	疏林地	灌木林地	灌丛地	未成林地	宜林地	苗圃地
公益林	面积/hm²	838940.20	356736.54	35626.47	221482.07	157548.86	7262.47	60123.46	160.33
	占比/%	100	42.52	4.25	26.40	18.78	0.87	7.17	0.01
纳入天保公益林	面积/hm²	326847.01	297897.67	6263.87	22685.47	—	—	—	—
	占比/%	100	91.14	1.92	6.94				
山区国有公益林	面积/hm²	512093.19	58838.87	29362.60	198796.60	157548.86	7262.47	60123.46	160.33
	占比/%	100	11.49	5.73	38.82	30.77	1.42	11.74	0.03

表 2-7　山区国有公益林按林种地类面积结构表　（单位：hm²）

地类	合计	水源涵养林	水土保持林	护岸林	自然保护区林	国防林
	512093.19	323269.39	102105.94	69319.32	8634.27	8764.27
有林地	58838.87	37199.07	19048.27	2591.53	—	—
疏林地	29362.60	15224.8	9394.47	2267.53	2057.13	418.67
灌木林地	198796.60	122974.33	33937.07	35394.87	2167.60	4322.73
灌丛地	157548.86	102060.33	26228.60	22568.93	3291.00	3400.00
未成林地	7262.47	4029.73	1302.67	1770.60	10.60	148.87
宜林地	60123.46	41693.13	12187.53	4686.53	1082.27	474.00
苗圃地	160.33	88.00	7.33	39.33	25.67	—

表 2-8　纳入天然林保护工程建设资金补助的公益林按林种地类面积结构表　（单位：hm²）

地类	合计	水源涵养林	水土保持林	护岸林	自然保护区林	国防林
	326847.01	206188.54	57730.14	42765.40	14507.53	5655.40
有林地	297897.67	181155.67	54869.40	41709.67	14507.53	5655.40
疏林地	6263.87	4073.87	1134.27	1055.73	—	—
灌木林地	22685.47	20959	1726.47	—	—	—

4. 山区国有公益林区划结果

1）山区国有公益林地类结构

天西局山区国有公益林中，有林地面积约 5.88 万 hm²，占山区国有公益林面积的 11.49%；疏林地面积 2.94 万 hm²，占山区国有公益林面积的 5.73%；灌木林地面积约 19.88 万 hm²，占林业用地面积的 38.82%；未成林造林地约 0.73 万 hm²，占山区国有公益林面积的 1.42%；灌丛地约 15.75 万 hm²，占山区国有公益林面积的 30.77%；苗圃地面积约 0.02 万 hm²，占山区国有公益林面积的 0.03%，宜林地面积约 6.01 万 hm²，占山区国有公益林面积的 11.74%。共区划了 1190 个林班，小班 15923 个。

2）山区国有公益林林种结构

天西局全林区山区国有公益林面积约为51.21万hm^2，其中，水源涵养林约32.33万hm^2，占山区公益林面积的63.13%；水土保持林约10.21万hm^2，占山区公益林面积的19.94%；护岸林约6.93万hm^2，占山区公益林面积的13.53%；自然保护区林约0.86万hm^2，占山区公益林面积的1.69%；国防林约0.88万hm^2，占山区公益林面积的1.71%。

3）山区国有公益林权属结构

天西局全林区山区国有公益林面积约为51.21万hm^2，全部为国有。

4）山区国有公益林区划界定范围及结果

（1）依据《新疆山区国有公益林区划界定办法》第七条第一款的要求，将天西局林区未纳入天然林保护工程建设资金补助的公益林32.33万hm^2界定为江河源头范围的山区国有公益林，占未纳入资金补助公益林的63.13%。

主要分布在720个林班，共8947个小班；除蒙玛拉林场外，其他林场均有分布。其中，察布查尔林场4.40万hm^2，包括148个林班，共1526个小班；尼勒克林场有6.54万hm^2，包括63个林班，共1224个小班；巩留林场有2.78万hm^2，包括63个林班，共898个小班；霍城林场有1.51万hm^2，包括40个林班，共533个小班；特克斯林场有6.09万hm^2，包括147个林班，共1270个小班；新源林场有4.78万hm^2，包括163个林班，共2220个小班；伊宁林场有0.77万hm^2，包括28个林班，共379个小班；昭苏林场有5.46万hm^2，包括68个林班，共897个小班。

（2）根据《新疆山区国有公益林区划界定办法》第七条第二款，“重要江河干流两岸河长在150km以上、且流域面积在1000km^2以上的二、三级支流两岸，以及河长在50km以上的内陆河流及其大于50km的一、二级支流的两岸，干堤以外2km以内从林缘起，为平地的向外延伸2km、为山地的向外延伸至第一重山脊的林地”的规定，将天西局林区未纳入天然林保护工程建设资金补助的公益林11.21万hm^2界定为山区国有公益林，二级林种为护岸林，占未纳入资金补助公益林的13.53%。

主要分布在尼勒克、特克斯、新源、昭苏4个林场共185个林班，共2715个小班。其中，尼勒克林场有2.18万hm^2，包括31个林班，共1135个小班；特克斯林场有1.38万hm^2，包括26个林班，共434个小班；新源林场有1.38万hm^2，包括37个林班，共572个小班；昭苏林场有1.99万hm^2，包括91个林班，共574个小班。

（3）依据《新疆山区国有公益林区划界定办法》第七条第三款的要求，将巩留林场未纳入天然林保护工程建设资金补助的公益林0.86万hm^2界定为自然保护区范围的山区国有公益林，占未纳入资金补助公益林的1.69%。主要分布在库尔德宁自然保护区的16个林班，共287个小班。

（4）根据《新疆山区国有公益林区划界定办法》第七条第五款，“边境地区陆路、水陆接壤的国境线以内20km的林地”之规定，将昭苏县与哈萨克斯坦接壤的国境线以内20km未纳入天保工程建设资金补助的公益林界定为山区国有公益林，二级林种为国防林，面积0.88万hm^2，占山区国有公益林面积的1.71%。

（5）根据《新疆山区国有公益林区划界定办法》第七条第六款，“荒漠化严重地区；水土流失严重地区（伊犁河谷以及前山黄土区，天山南、北坡，昆仑山北坡，阿勒泰山南坡坡度大于36度的区域）”的规定，界定为荒漠化和水土流失严重地区范围的山区国有公益林。界定面积10.21万hm^2，占山区国有公益林面积的19.94%。主要分布在巩留、霍城、蒙玛拉、特克斯、伊宁五个林场，总计245个林班，3760个小班。其中，巩留林场有1.91万hm^2，包括41个林班，共370个小班；霍城林场有1.94万hm^2，包括71个林班，共767个小班；蒙玛拉林场有1.94万hm^2，包括31个林班，共824个小班；特克斯林场有2.37万hm^2，包括55个林班，共507个小班；伊宁林场有2.05万hm^2，包括47个林班，共1292个小班。

2.2.4.2 森林资源补充调查

1. 新增林地地类及面积

本次补充调查：天西局全林区新增小班9817个，新增林业用地面积约38.64万hm^2，占全场林业用地面积的46.05%，其中有林地约2.71万hm^2，占全场林业用地面积的3.24%，占新增林业用地面积的7.02%；疏林地约0.48万hm^2，占全场林业用地面积的0.57%，占新增林业用地面积的1.23%；灌木林地约19.09万hm^2，占全场林业用地面积的22.75%，占新增林业用地面积的49.40%；未成林造林地约0.14万hm^2，占全场林业用地面积的0.15%，占新增林业用地面积的0.36%；灌丛地约15.84万hm^2，占全场林业用地面积的18.88%，占新增林业用地面积的40.99%；宜林地约0.39万hm^2，占全场林业用地面积的0.46%，占新增林业用地面积的1.00%（表2-9）。

表2-9 天西林区新增地类状况表

地类	面积/hm^2	占全区林业用地比例%	占新增林业用地比例%
有林地	27142.20	3.24	7.02
疏林地	4767.80	0.57	1.23
灌木林地	190859.93	22.75	49.40
灌丛地	158371.20	18.88	40.99
未成林造林地	1374.53	0.15	0.36
宜林地	3856.60	0.46	1.00
合计	386372.27	46.05	100

2. 新增林地林种分布

新增林业用地全部为公益林，其中水源涵养林约24.82万hm^2，占全区林业用地面积的29.59%，占新增林业用地面积的64.24%；护岸林约5.84万hm^2，占全区林业用地面积的6.95%，占新增林业用地面积的15.11%；水土保持林约6.65万hm^2，占全区林业用地面积的7.93%，占新增林业用地面积的17.22%；自然保护区林约0.67万hm^2，占全区林业用地面积的0.80%，占新增林业用地面积的1.75%；国防林约0.65万hm^2，占全区林业用地面积的0.78%，占新增林业用地面积的1.68%（表2-10）。

表 2-10 新增林业用地结构及林种分布 （单位：hm^2）

公益林	各林种面积					
地类	合计	水源涵养林	水土保持林	护岸林	自然保护区林	国防林
	386372.26	248207.33	66542.53	58375.66	6743.47	6503.27
有林地	27142.20	13174.33	11303.60	2304.40	357.80	2.07
疏林地	4767.79	2330.60	1383.93	134.53	918.73	—
灌木林地	190859.94	125413.67	27512.13	32736.40	2162.87	3034.87
灌丛地	158371.20	103753.80	25449.20	22568.93	3199.27	3400
未成林造林地	1374.53	572.73	115.20	620.27	—	66.33
宜林地	3856.60	2962.20	778.47	11.13	104.80	—

3. 新增林业用地调查增补区划分析

本次区划，新增了 38.64 万 hm^2 林业用地。增补区划是基于如下理由：

（1）调查手段的原因。本次调查采用了卫星遥感、地理信息系统、卫星定位技术等先进技术手段，使得原有可及度较低、林场与林区边缘交错地带的大片落叶阔叶林和灌丛地、灌木林地被区划为林业用地。

（2）自 1998 年国家实施天然林保护工程和分类经营以来，天西林区的森林资源得到了良好的管护。加之近年来大气降水的增加，尼勒克林区的森林资源恢复和增加得较快，特别是灌丛地、灌木林地增加较多。

（3）由于区划规范的完善和森林管护理念的转变，森林经营中原来属于从属地位的宜林地、灌丛地、灌木林地得到了重视，很多与乔木林地插花分布及林区边缘交错地带的、在原来各类调查中被忽略与漏划的大片宜林地、灌丛地、灌木林地被区划为林业用地。

2.2.4.3 森林经营管护意见

该林区全部为国有公益林，担负着重要的水源涵养和水土保持重任，对该地区的生态平衡和环境改善具有不可替代的重要作用，因此提出以下建议。

1）建章立制

制定《天西局山区国有公益林保护实施办法》及《天西局山区国有公益林保护森林管护管理办法》，制定各职能办公室职责范围，管护所、站规章制度、职责范围，管护工程验收办法、评分标准，做到工作有章可循、责任明确、奖罚分明。

2）建立生态公益林经营管理的基本框架

（1）在管理体制上明确生态公益林的经营主体，建立生态公益林的配套制度、管理办法，确定新的林业经营管理体制和发展模式。在经营体制上，要使生态公益林得到合理的补偿。

表 2-11　二级产品的定位统计表

点名	采集值		参考值		偏差值	
	横坐标/m	纵坐标/m	横坐标/m	纵坐标/m	横坐标/m	纵坐标/m
GCP #1	634388.3	4792395.5	634700.4	4795517.5	–312.0	–3122.0
GCP #2	656202.9	4788439.9	655831.5	4791612.7	371.4	–3172.8
GCP #3	655218.8	4785967.1	654865.4	4789258.8	353.4	–3291.7
GCP #4	658299.3	4785678.4	657856.0	4788916.7	443.2	–3238.3
GCP #5	658164.5	4781163.6	657675.5	4784424.5	489.1	–3260.8
GCP #6	656000.8	4789511.2	655636.3	4792732.0	364.5	–3220.8
GCP #7	659126.5	4785099.2	658729.1	4788397.8	397.4	–3298.6
GCP #8	637310.3	4789100.4	637581.7	4792423.4	–271.4	–3323.0
GCP #9	641108.0	4780852.9	641168.8	4784030.9	–60.8	–3178.1
GCP #10	636930.5	4771531.4	637057.8	4774782.9	–127.3	–3251.6
GCP #11	638009.6	4770183.2	638058.2	4773462.0	–48.6	–3278.8
GCP #12	640644.1	4769110.1	640683.9	4772243.7	–39.8	–3133.5
GCP #13	640502.4	4767571.0	640478.7	4770731.9	23.7	–3160.8
GCP #14	636664.3	4767286.4	636807.2	4770499.3	–142.9	–3212.9
GCP #15	640870.8	4777731.9	640926.0	4780891.6	–55.1	–3159.7
GCP #16	643761.3	4777757.2	643693.5	4780933.8	67.8	–3176.6
GCP #17	641343.0	4776034.2	641337.1	4779253.0	5.8	–3218.8
GCP #18	652075.8	4777081.8	651699.7	4780333.7	376.2	–3251.8
GCP #19	649487.2	4776332.1	649136.3	4779464.9	350.9	–3132.8
GCP #20	651824.1	4773186.2	651485.2	4776370.9	338.9	–3184.7
GCP #21	651693.3	4772935.2	651383.6	4776212.0	309.8	–3276.8
GCP #22	656307.6	4768108.3	655845.2	4771430.1	462.4	–3321.9
GCP #23	655673.7	4768082.7	655236.7	4771371.5	437.0	–3288.8
GCP #24	656784.2	4766607.4	656277.5	4769964.2	506.7	–3356.8
GCP #25	656444.0	4765813.6	655894.9	4769133.1	549.1	–3319.6
GCP #26	656197.1	4765364.5	655690.6	4768742.6	506.5	–3378.1
GCP #27	655722.6	4784442.5	655322.7	4787711.8	399.9	–3269.2
GCP #28	636873.7	4769619.0	636995.6	4772775.9	–121.9	–3156.9
GCP #29	633348.6	4776684.4	633624.0	4779869.2	–275.4	–3184.8
GCP #30	641155.2	4768762.4	641136.9	4771956.3	18.4	–3193.9
统计信息				最大值/m	549.1	–3122.0
				最小值/m	–275.4	–3378.1
				均值/m	200.2	–3235.9
				绝对偏差均值/m	274.2	3233.8
				标准偏差	276.5	70.2

2. 二次多项式几何校正分析

利用二次多项式校正方法，利用 1∶5 万地形图选取参考点，采用不同的控制点及检查点数量进行几何校正，对比分析其精度及所需的控制点数量。

表 2-12 和表 2-13 为利用 20 个同名点作为控制点，10 个同名点作为检查点得到的精度统计信息（表 2-12～表 2-17）。

表 2-12　控制点拟合的精度统计

统计信息	*X* 残差	*Y* 残差	均方根误差	贡献
最大值/m	52.6	133.9	143.8	2.5
最小值/m	–84.4	–86.9	5.0	0.1
均值/m	0.0	0.0	47.1	0.8
绝对值均值/m	24.4	36		
标准偏差	33.9	49.7	35.8	0.6

表 2-13　检查点精度统计

统计信息	*X* 残差	*Y* 残差	均方根误差	贡献
最大值/m	86.5	88.8	101.4	1.5
最小值/m	–49.0	–61.1	33.3	0.5
均值/m	16.1	20.8	63.0	0.9
绝对值均值/m	31.2	48.9		
标准偏差	38.0	52.6	24.0	0.4

表 2-14 和表 2-15 为利用 15 个同名点作为控制点，15 个同名点作为检查点得到的精度统计信息。

表 2-14　控制点拟合的精度统计

统计信息	*X* 残差	*Y* 残差	均方根误差	贡献
最大值/m	51.7	134.4	143.3	2.4
最小值/m	–84.8	–83.2	8.3	0.1
均值/m	0.0	0.0	45.9	0.8
绝对值均值/m	21.0	38.4		
标准偏差	32.8	53.5	41.0	0.7

表 2-15　检查点精度统计

统计信息	*X* 残差	*Y* 残差	均方根误差	贡献
最大值/m	83.6	90.6	104.2	1.5
最小值/m	–41.3	–67.3	13.6	0.2
均值/m	23.0	18.4	65.4	0.9
绝对值均值/m	37.5	46.8		
标准偏差	40.2	51.2	24.3	0.34925

表 2-16 和表 2-17 为利用 9 个同名点作为控制点，21 个同名点作为检查点得到的精度统计信息。

表 2-16　控制点拟合的精度统计

统计信息	*X* 残差	*Y* 残差	均方根误差	贡献
最大值/m	42.9	123.3	130.6	2.3
最小值/m	–35.5	–80.5	7.4	0.1
均值/m	0.0	0.0	40.9	0.7
绝对值均值/m	18.5	33.1		
标准偏差	25.0	54.7	41.6	0.7

表 2-17　检查点精度统计

统计信息	*X* 残差	*Y* 残差	均方根误差	贡献
最大值/m	91.4	99.2	139.8	1.9
最小值/m	–90.9	–106.2	12.5	0.2
均值/m	9.9	6.9	65.5	0.9
绝对值均值/m	40.6	44.0		
标准偏差	49.9	53.7	32.1	0.4

从表 2-12～表 2-17 看出，二次多项式的几何校正对二级产品的几何绝对精度有较大的提高，但精度不够理想，纵横坐标检查点的偏差都还在±100 m 左右，这其中包括同名点位置确定和同名点参考坐标精确度的影响。

从以上的统计可看出，在进行多项式校正时，控制点数量达到一定数目时，只要其分布合理，增加控制点数量对精度的提高并不明显。

3. 直接线性变换（DLT）几何校正分析

利用 17 个同名点作为控制点，11 个同名点作为检查点，并利用 1∶5 万地形图数据生成的 DEM 数据进行正射校正，其精度统计信息如表 2-18、表 2-19 所示。

表 2-18　控制点拟合的精度统计

统计信息	*X* 残差	*Y* 残差	均方根误差	贡献
最大值/m	55.7	75.6	164.1	2.1
最小值/m	–82.7	–163.7	13.2	0.2
均值/m	7.4	–28.5	69.9	0.9
绝对值均值/m	30.5	58.2		
标准偏差	37.6	65.9	38.6	0.5

表 2-19　检查点精度统计

统计信息	*X* 残差	*Y* 残差	均方根误差	贡献
最大值/m	78.8	138.9	364.9	2.2
最小值/m	–61.6	–364.9	42.0	0.3
均值/m	12.0	–62.6	132.6	0.8
绝对值均值/m	29.4	124.0		
标准偏差	36.4	157.3	105.8	0.6

4. 局部区域校正模型校正分析

采用 15 个同名点作为控制点和 15 个同名点作为检查点并利用局部区域校正模型校正的精度统计信息如表 2-20 所示。

表 2-20　检查点精度统计

统计信息	*X* 残差	*Y* 残差	均方根误差	贡献
最大值/m	72.3	78.7	96.0	1.29
最小值/m	–55.9	–91.6	40.9	0.55
均值/m	11.4	14.0	72.1	0.97
绝对值均值/m	31.3	61.4		
标准偏差	38.0	65.8	19.3	0.26

5. 影像相对定位精度分析

为了分析对比二级产品、各种校正方法校正后的影像数据的相对定位精度，我们分别对从影像上量测距离与地形图上观测距离做相对定位精度分析（以 1 号点到其他各点的距离为样本数据作分析），其绝对误差及其相对误差如表 2-21 和表 2-22 所示。

表 2-21　各个控制点之间的绝对误差与相对误差

起点	终点	地形图距离/m	影像距离与地形图距离误差							
			原始影像		多项式校正		DLT 正射校正		局部区域校正	
			绝对误差/m	相对误差倒数	绝对误差/m	相对误差倒数	绝对误差/m	相对误差倒数	绝对误差/m	相对误差倒数
1	2	22170.3	681.4	33	709.5	31	67	331	28.1	791
	3	21799.9	685.9	32	689.1	32	69.9	312	12.5	1748
	4	24836.5	758.4	33	786.1	32	43	579	27.7	897
	5	26295.7	782.7	34	789.5	33	18.2	1442	6.8	3862
	6	21804.0	683.7	32	696.1	31	64.8	337	29.2	748
	7	25791.7	730.4	35	815.9	32	33.1	782	33.9	764
	8	4404.1	176.1	25	79.9	54			96.2	45

续表

起点	终点	地形图距离/m	影像距离与地形图距离误差							
			原始影像		多项式校正		DLT 正射校正		局部区域校正	
			绝对误差/m	相对误差倒数	绝对误差/m	相对误差倒数	绝对误差/m	相对误差倒数	绝对误差/m	相对误差倒数
1	9	13356.2	173.5	77	149.9	89	34.5	387	23.6	564
	10	21018.5	150.3	140	14.4	1454	8	2604	135.9	154
	11	22505.6	195.9	115	24.3	917	18.8	1190	97.2	230
	12	24111.1	80.4	300	74	326	34.9	691	6.4	3760
	13	25566.4	116	220	61	418	62.1	411	55.0	464
	14	25212.1	105.3	240	5.1	4932	43.3	580	110.4	227
	15	16032.6	136.8	117	123.7	129	7.7	2080	63.6	252
	16	17382.0	248.3	70	221.1	78	18.3	951	27.3	637
	17	17778.1	211.6	84	128	138	9.1	1940	83.5	212
	18	23395.7	602.6	39	541.9	43	2.4	9643	60.7	384
	19	22045.6	456.7	48	428.5	51	11.8	1863	28.2	782
	20	25942.3	480.1	54	502.2	52	0.7	35568	28.6	909
	21	26041.6	526.3	49	496.6	52	2.4	10749	29.7	877
	22	32715.8	664.2	49	651.6	50	45.2	723	12.7	2583
	23	32313.8	615.6	52	624.3	52	42.9	754	31.8	1018
	24	34155.5	710.9	48	659	52	57	598	27.9	1221
	25	34540.6	697.6	50	635	54	66.8	516	62.6	550
	26	34731.8	710	49	622.6	56	70.2	494	81.0	428
	27	22768.4	718.2	32	706.9	32	59	386	11.3	2016
	28	22911.7	54.6	419	6.5	3545	23.4	977	121.6	188
	29	15745.5	60.2	261	10	1563	18.5	850	50.2	313
	30	24582.8	158.3	155	84.2	291	36.6	669	74.1	331

表 2-22　影像距离与地形图距离误差统计

统计指标	影像距离与地形图距离误差							
	原始影像		多项式校正		DLT 正射校正		局部区域校正	
	绝对误差/m	相对误差倒数	绝对误差/m	相对误差倒数	绝对误差/m	相对误差倒数	绝对误差/m	相对误差倒数
最大值	782.7	419	815.9	4932	70.2	35568	135.9	3862
最小值	54.6	25	5.1	31	0.7	312	6.4	45
平均值	412.4	100	377.9	504	33.4	2704	48.6	898
标准差	278.1	98	306.7	1124	27.8	6700	26.8	[illegible]

从上述相对误差表可看出，系统几何校正的二级影像产品定位精度较差，多项式法、局部区域校正法和 DLT 正射校正法的相对定位精度依次提高。但由于同名点选取误差等因素的影响，模型对地形起伏校正不理想，校正精度不够稳定。因此，要达到较好的几何精校正效果，需要采用精确的有理多项式模型或共线方程模型校正。

6. 小结

通过以上的分析对比，对 CBERS02B-HR 影像数据的几何校正方法和定位精度小结如下：

（1）二级产品的绝对定位精度还有待提高。横坐标偏差为±500 m 左右，纵坐标偏差为–3400 m 左右，其中纵坐标存在系统性的偏差，纵坐标比横坐标的标准偏差值小。

（2）二次多项式校正后的绝对精度有较大提高，但不够理想，纵横坐标检查点的偏差都还在±100 m 左右，这主要受同名点位置确定精度及 1∶5 万地形图中参考坐标确定精度的影响。在进行多项式校正时，控制点数量达到一定数目时，只要其分布合理，增加控制点数量对精度的提高并不明显。

（3）受条件的限制，本次的正射校正采用直接线性变换（DLT）模型，由于控制点精度受限，与多项式校正比较，利用该模型进行正射校正的效果甚微。建议采用能够消除地形起伏的影响有理多项式模型或共线方程模型进行正射精校正。

（4）在没有 DEM 数据，影像的控制点能够准确选取的情况下，采用局域校正模型进行不同地形起伏区域的分区校正可达到较好的效果。

2.3.2.2 影像分析与处理

1. 空间分辨率分析

从一种地物过渡到另一种截然不同的地物时，中间的过渡带越短，即图像灰度值的变化距离越短说明图像的空间分辨率越高。本研究区云杉林和雪地与周围地物的反差都很大，因而云杉林与周围地物，雪地与周围地物的剖面线可以用来反映图像空间分辨率的大小。由于研究区的主要地物类型为云杉，我们在云杉林与周围雪地的过渡带中选取三条剖面线，并取平均值（图 2-26），从其灰度值剖面（图 2-27）可以看出，图像云杉林与边缘地物的过渡距离为 8.2 m，云杉林的反射率很低，雪地的反射率高，地物间的边界轮廓十分清楚，表明该影像具有较好的空间分辨率。

为了进一步测算空间分辨率，在 HR 影像与地形图中选取同名地物点，该地物点成像时间和地形图成图时间之间没有发生空间位置和距离的变化，在地形图中量取两点间的距离（图 2-28），选择同名点并计算像元数，从而计算出像元的地面分辨率，结果见表 2-23。

CBERS02B-HR 全色单波影像的空间分辨率为 2.36 m，从以上测算结果可知，影像像元的分辨率实际为 2.52 m，考虑到研究区为山区地形，地物点的控制精度相对较低，因此，研究区影像的分辨率还是相当高的。影像中云杉林、耕地、水体和居民点地物易

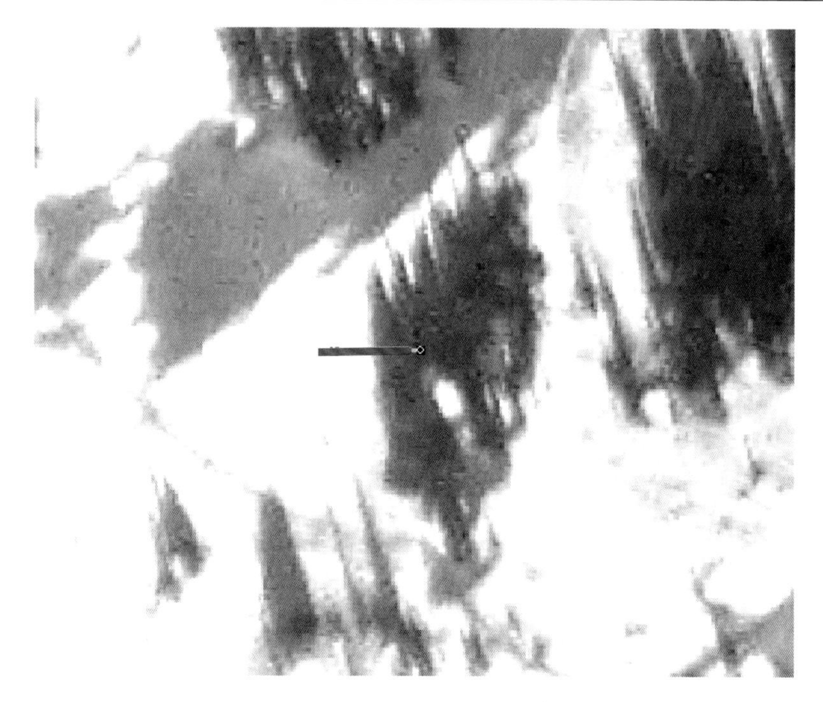

图 2-26　云杉林边缘的剖面线示意图

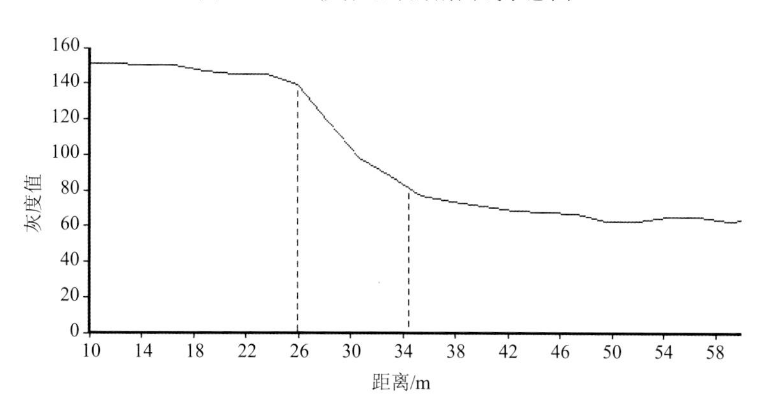

图 2-27　云杉林边缘灰度剖面图

表 2-23　CBERS-02B HR 像元地面分辨率测算

CBERS02B-HR 影像像元距离/个		1∶5 万地形图距离/m		CBERS02B-HR 影像分辨率/m		
X：像元数	*Y*：像元数	*X*：长度	*Y*：长度	*X* 方向	*Y* 方向	平均分辨率
1070	331	2562.409	875.497	2.395	2.645	2.52

于判读并可精确定位和进行面积统计，制作精确的专题图，在国土资源调查的应用中有一定潜力。但图像有些模糊，仿佛有薄雾，影响了图像的分辨率和清晰度，因此在反映地物细节信息方面，清晰度有待进一步提高。

(a) 影像像元距离量算

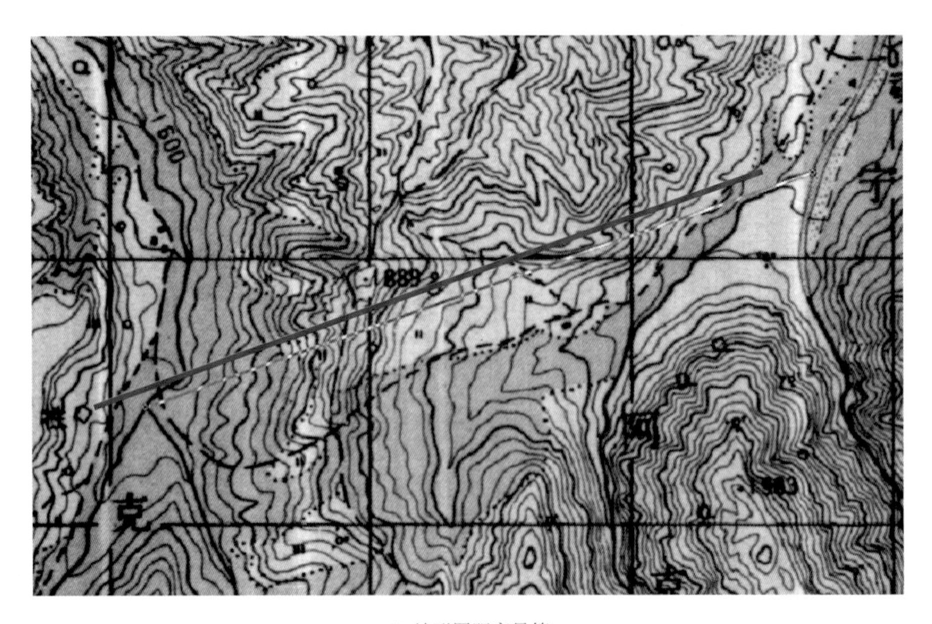

(b) 地形图距离量算

图 2-28　距离量算

2. 类内和类间方差分析

分别选取研究区水体、云杉林、耕地、居民地和雪地 5 个地类各 144 个样本点，计算各地类的类内方差值和类间方差值。不同地物类型的类内方差值越小越好，类内方差越小，类别内部数据越集中。不同地类之间的类间方差值越大越好，类间方差越大，越有利于类别之间的分离和识别。

表2-24为通过样本点计算的各地类样本点均值和方差。图像的整体方差可以反映出信息量的大小，整体方差越大说明图像所含的信息量越多，图像中各种地物本身的方差则越小越好，说明同种地物之间灰度值的差异不大，有利于地物的分类和定量研究。从表2-24可以看出，研究区居民地和雪地两种地类灰度变化较大。

表2-24 各地类样本均值和方差分析

	水体（A）	云杉（B）	耕地（C）	居民地（D）	雪地（E）
均值	71.708	57.486	79.639	89.542	169.417
方差	3.151	7.000	4.786	31.651	10.481

表2-25为图像中5个地类样本点的类间协方差分析，类间方差越大表明越容易区分两种地类。在选用图像进行分类时，必须了解图像的不同地物类间方差与类内方差的特性。从表2-25可看出研究区水体-云杉（A-B）、水体-耕地（A-C）、耕地-居民地（C-D）几种地类间容易混分。

表2-25 各地物类间协方差分析

	A-B	A-C	A-D	A-E	B-C	B-D	B-E	C-D	C-E	D-E
协方差	0.183	0.290	−0.661	−5.809	−1.060	0.410	−7.063	−0.193	5.803	23.364

3. 纹理特征分析

全色波段CBERS02B-HR影像的空间分辨率为2.36 m，影像中细节地物的纹理表现得较为细腻，从成图效果上看，只要进行了较严格几何校正就可以达到1∶5万甚至更高比例尺制图的要求。

纹理是遥感影像的重要信息，不仅反映影像的灰度统计信息，而且反映地物本身的结构特征和地物空间排列的关系，是进行目视判读的重要标志之一。基于灰度、纹理和边缘3个要素，选取均值（mean）、方差（variance）、对比度（contrast）、信息熵（entropy）和角二阶矩（sencond moment）等影像质量评价参数对CBERS02B-HR数据进行定量分析。表2-26为各评价参数（设定的移动窗口为3×3，移动步长为1，移动方向为0）。

表2-26 CBERS02B-HR影像评价参数

评价参数	最大值	平均值	标准差	评价参数	最大值	平均值	标准差
均值	63	21.12	9.33	信息熵	2.2	1.95	0.28
方差	166.91	3.04	3.41	角二阶矩	1.0	0.16	0.07
对比度	424.78	6.70	6.91				

其中，均值反映影像灰度的平均情况。方差反映了灰度变化的大小，方差越大说明图像所含的信息量越多。对比度反映影像纹理的清晰度，纹理的沟纹越深，其对比度越大，影像的视觉效果越清晰。信息熵值是影像所具有的信息量的度量，若影像没有任何纹

理，则熵值接近零；若影像充满着细纹理，则影像的熵值最大；若影像中分布着较少的纹理，则该影像的熵值较小。角二阶矩反映影像灰度分布的均匀性，粗纹理的角二阶矩较大，细纹理的角二阶矩较小。

由于缺少相对应的影像，本书没有进行与其他影像的对比分析。HR 影像居民地各参数特征影像见图 2-29，耕地各参数特征影像见图 2-30，云杉林地各参数特征影像见图 2-31，雪地各参数特征影像见图 2-32。

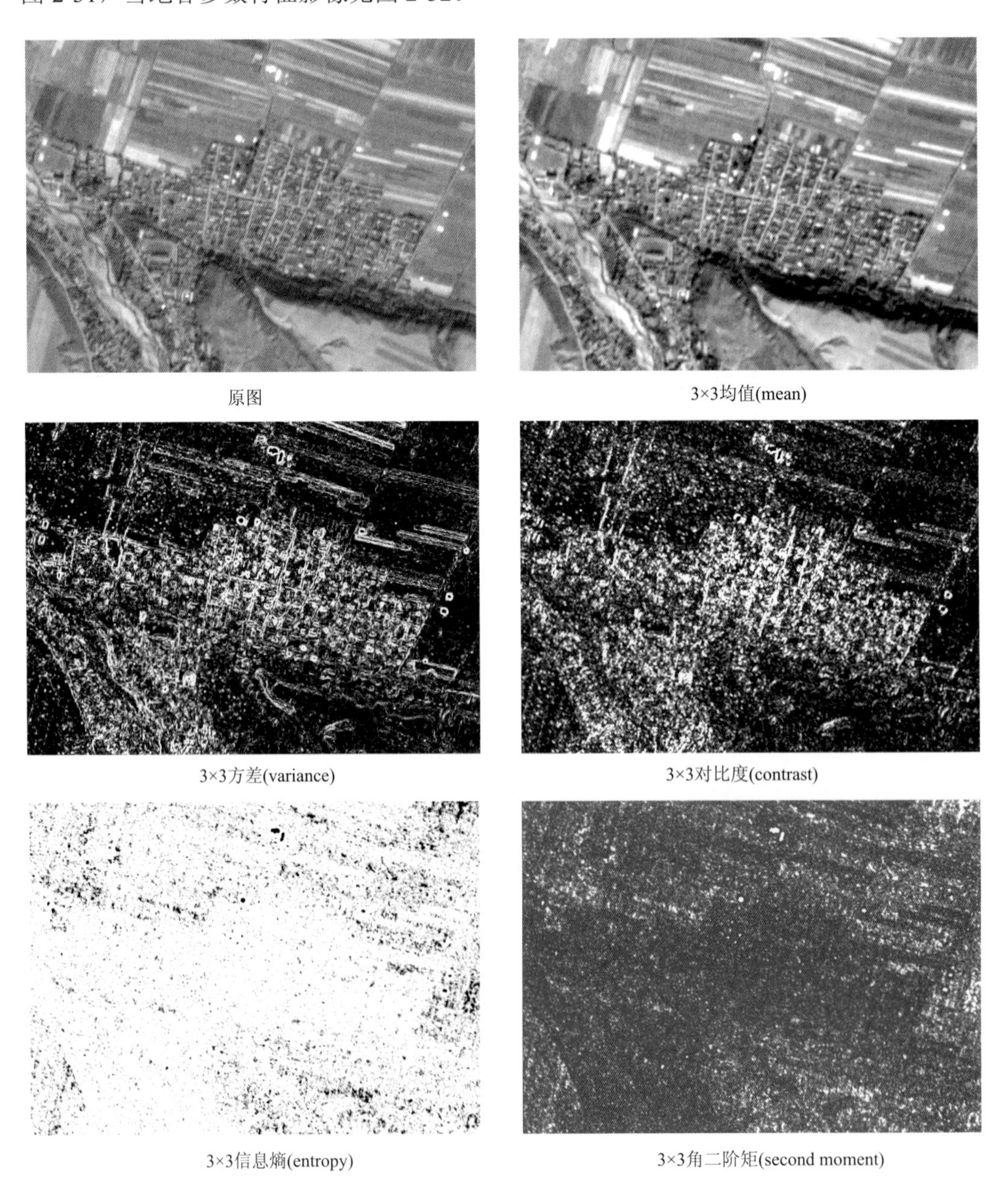

图 2-29 居民地纹理信息图

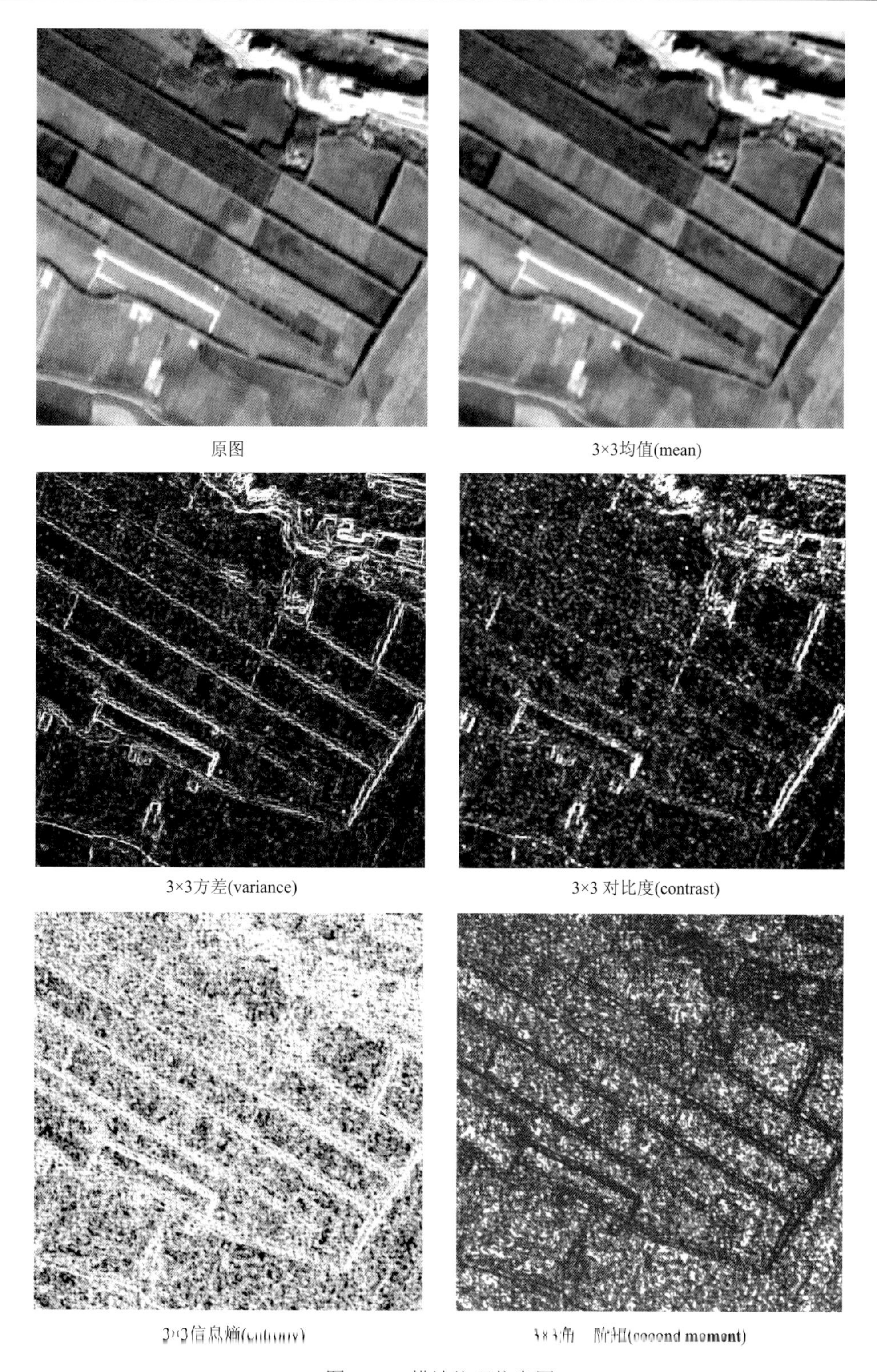

图 2-30　耕地纹理信息图

图 2-31　云杉林纹理信息图

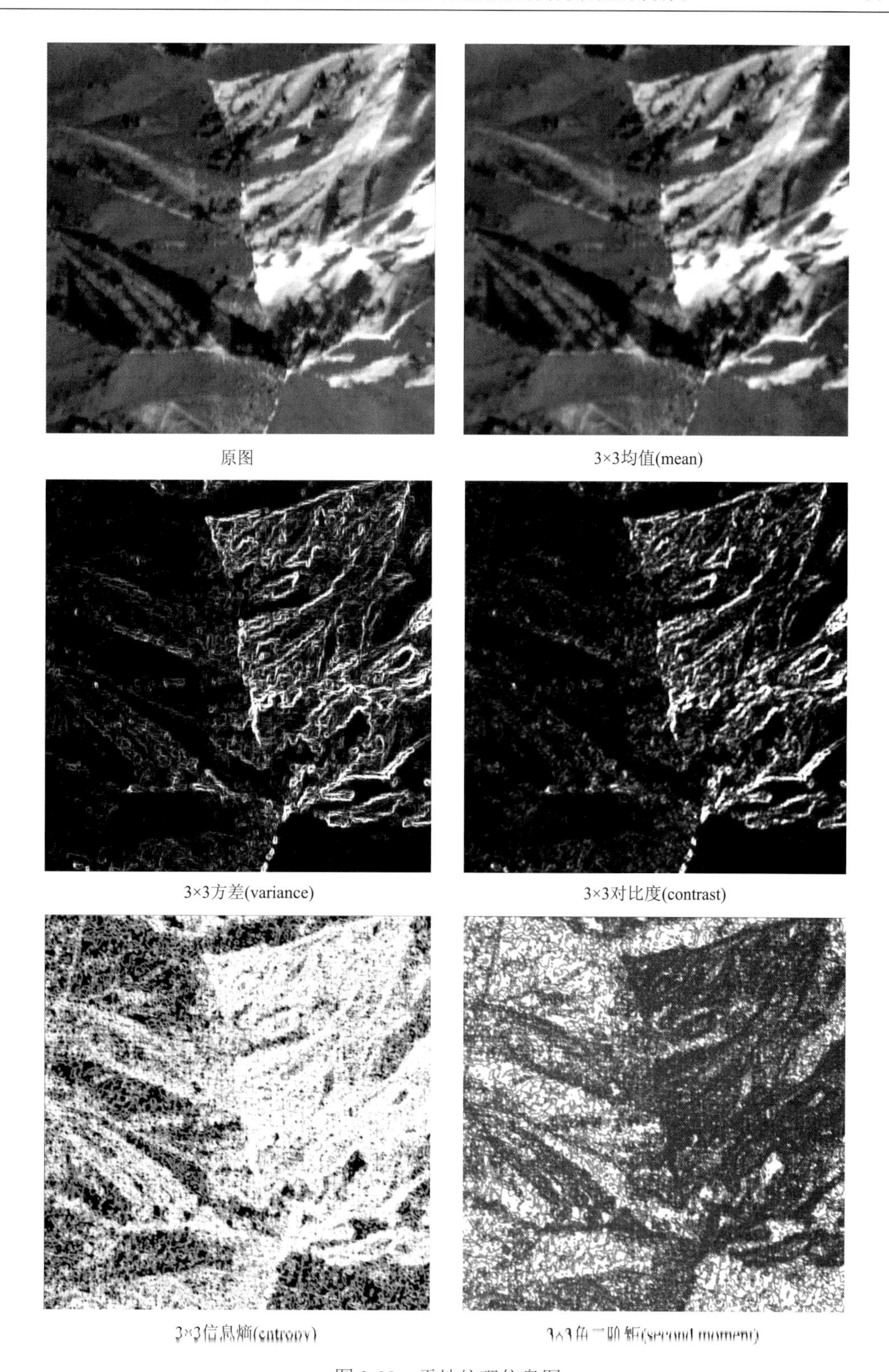

原图　3×3均值(mean)

3×3方差(variance)　3×3对比度(contrast)

3×3信息熵(entropy)　3×3角二阶矩(second moment)

图 2-32　雪地纹理信息图

各地物的纹理统计特征存在差异，总体来说，研究区各类地物在均值纹理统计特征上都具有较好的可分性。云杉林地的分布状况决定了其在纹理统计特征上对比性不好；居民地在方差和对比度纹理统计特征上对比性较好，与其他地物的差异都较大；雪地在各纹理特征上对比性均较好，尤其是光照条件较好情况下的对比性更好；耕地的均值、方差纹理特征对比性好、边界清晰，在信息熵、角二阶矩纹理特征上也能较容易识别不同地块的边界。从图 2-29～图 2-32 中可看出居民地、耕地与其他地物的纹理特征差异较明显。

4. 影像噪声及去除分析

CBERS02B-HR 影像噪声主要是斑点噪声，条带噪声较少。采用自适应中值滤波方法去除影像中的斑点噪声，图 2-33（a）和（b）分别为去噪声前后图像对比图，通过对比可看出斑点噪声得到很好的去除，提高了图像的清晰度，同时较好地保持了原图像的特征。

对条带噪声进行 3 次卷积处理，其结果见图 2-33（c），从图中可看出该条带噪声没有得到很好的剔除。影像中的条带噪声可能是传感器间灵敏度差异造成的。

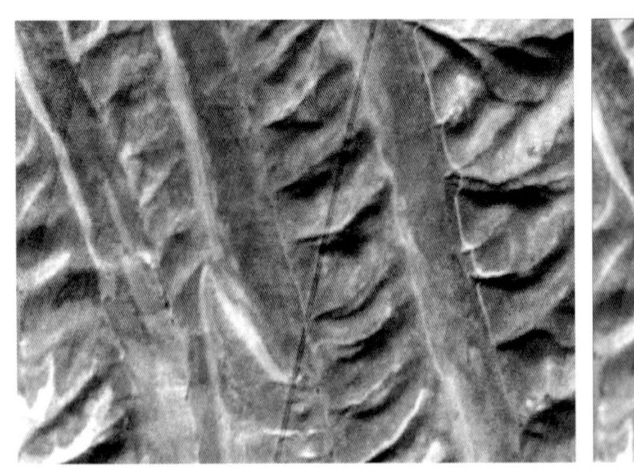

(a) 原图

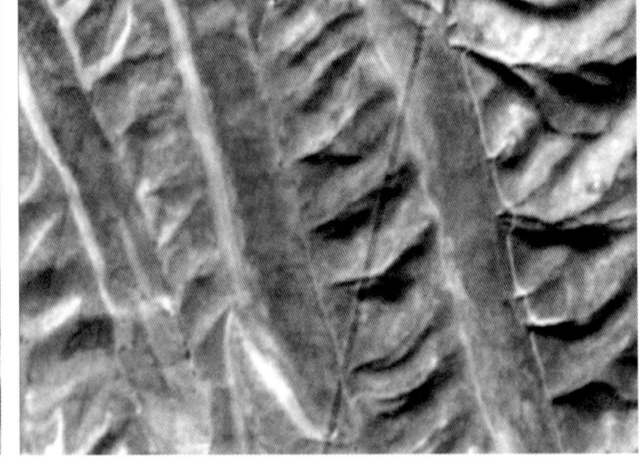

(b) 噪声去除

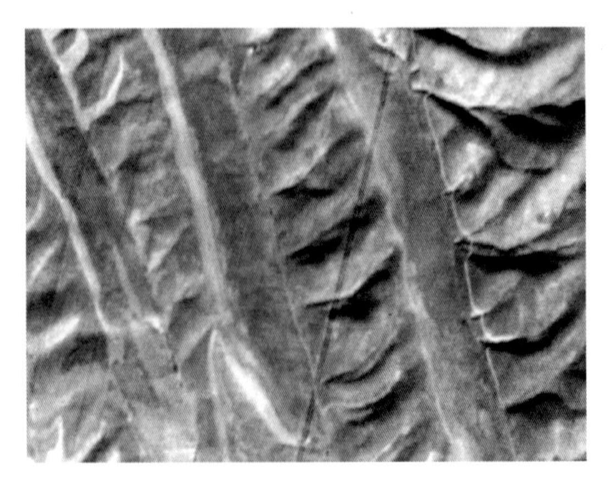

(c) 卷积处理

图 2-33　CBERS02B-HR 影像噪声分析

噪声的存在影响了影像的分辨率和清晰度，进而影响影像解译精度。噪声分析表明，与 Landsat ETM+影像相比，CBERS02B-HR 影像数据的稳定性和数据质量有待进一步提高。

5. 影像融合分析

遥感图像融合就是将多个传感器获得的同一场景的图像或同一传感器在不同时刻获得的同一场景的图像数据或图像序列数据进行空间和时间配准，然后采用一定的算法将各图像数据或序列数据中所含的信息优势互补性地有机结合起来产生新图像数据或场景解释的技术。这种新的数据同单一信源相比，能有效减少或抑制被感知目标或环境解释中可能存在的多义性、残缺性、不确定性和误差；能增强有效信息，克服单一传感器获取图像的限制；最大限度地提高各种图像信息的利用率，提高影像分类精度和对地物变化的监测能力。从而更有利于对物理现象和事件进行正确的定位、识别和解释。

CBERS02B-HR 影像为全色波段，其光谱范围是 0.5～0.8 μm，空间分辨率为 2.36 m，是目前国内分辨率最高的民用卫星。地物易于判读，然而由于是单波段黑白图像，无法呈现真实世界丰富的地物光谱信息，限制了其更广泛的应用。而 CBERS02B 星 CCD 遥感影像为多光谱影像，空间分辨率为 20 m，适用于宏观判读和分析，难以提取城市的细节信息。如果将二者不同空间分辨率遥感影像进行融合处理，处理后的遥感影像既具有较好的空间分辨率，又具有多光谱特征和丰富的色彩信息，两者取长补短，可以更大限度地发挥资源卫星的作用。本书没有 CCD 数据，因此采用研究区 2002 年 8 月 16 日成像，具有 23 m 空间分辨率的印度卫星 IRS 多光谱影像数据代替 CBERS02B-CCD 数据进行融合分析。

图 2-34～图 2-37 是研究区同一区域的 HR 相机影像和 IRS 多光谱影像通过 HIS 变换融合的图像，单色调的 HR 相机遥感影像变成了信息量丰富的假彩色影像，提高了影像的解译精度，可制作细节信息准确的专题图。从图像上可以看出，研究区的云杉、水体、居民区和公路位置一目了然，可以精确统计出面积；道路和街区清晰可见；农田具有明显的纹理，田埂可精确定位。融合影像对居民地、道路、森林、山地、河流和独立地物

(a) CBERS02B-HR全色波段影像

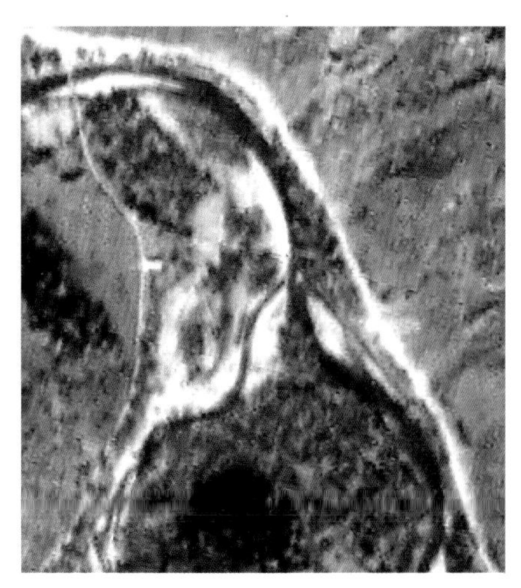

(b) IRS多光谱影像

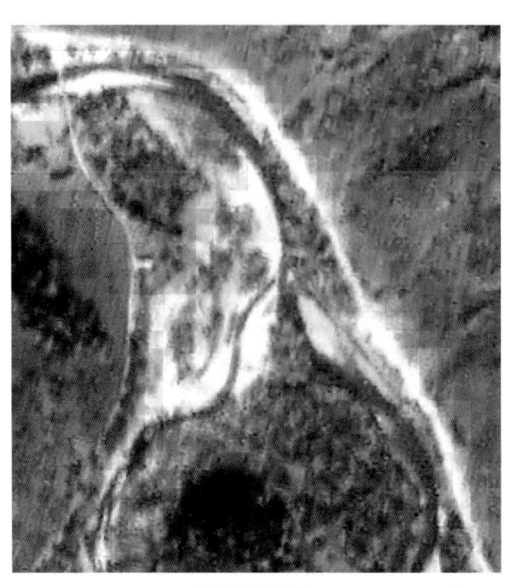

(c) 融合影像

图 2-34　河流、公路融合效果

等地物地貌的识别和判读较准确，可监测城区的扩展，为城市建设和规划提供决策依据，也可对精准农业提供决策支持，制作细节信息准确的专题图（如土地利用动态变化图），进行大比例尺地形图的更新。

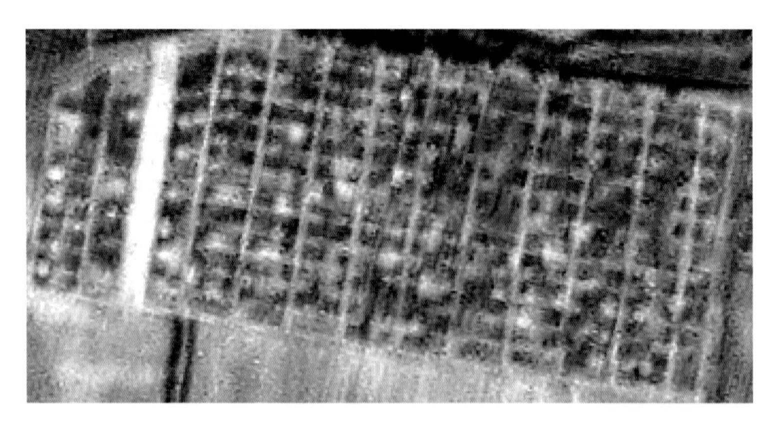

(a) CBERS02B-HR全色波段影像

(b) IRS多光谱影像

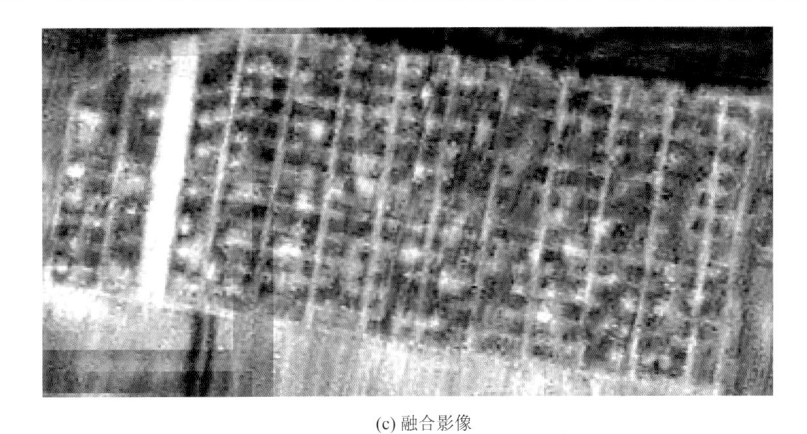

(c) 融合影像

图2-35　居民地融合效果

(a) CBERS02B-HR全色波段影像

(b) IRS多光谱影像

(c) 融合影像

图2-36　耕地融合效果

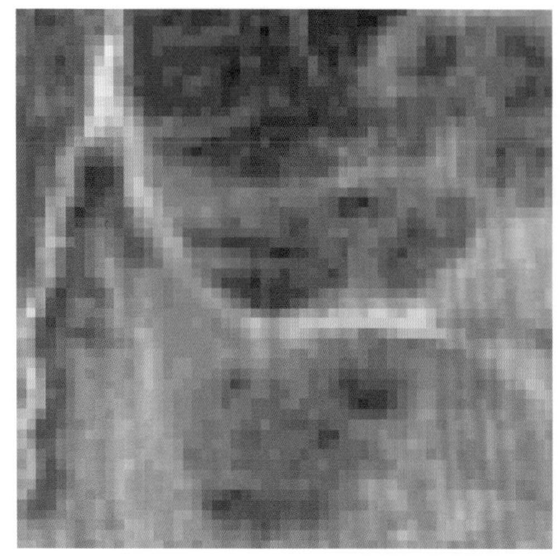

(a) CBERS02B-HR全色波段影像

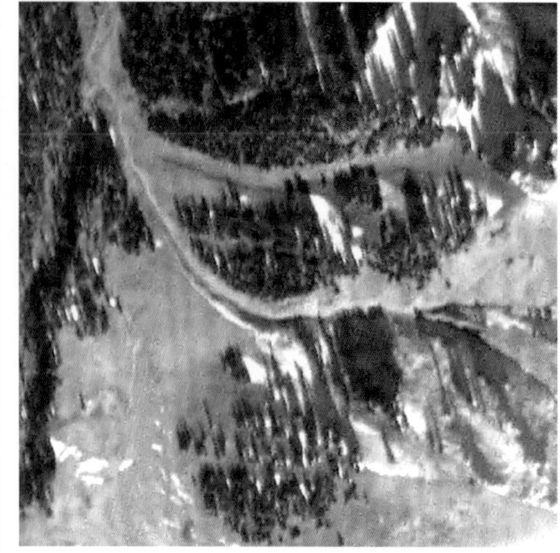

(b) IRS多光谱影像

(c) 融合影像

图 2-37　云杉林、雪地和草地融合效果

融合影像中也有轻微的马赛克现象，这一方面可能是由 CBERS02B-HR 全色波段影像中的斑点噪声造成的，另一方面可能是由 IRS 多光谱影像空间分辨率（23 m）与 HR 全色波段的空间分辨率（2.36 m）相差过大造成的。因此，采用 CBERS02B 星 CCD 与 HR 影像融合的效果应该更好。

2.3.3　CBERS02B-HR 影像森林资源监测评价

2.3.3.1　研究区森林资源分布特征

研究区的森林资源大多分布在海拔 1500～2800 m 的山地阴坡、半阴坡，且林地和牧草地插花分布（图 2-38）。林龄分布结构不均衡，成熟林、过熟林比重大，中幼林资源较少，其各个林龄比例大致是幼林∶中幼林∶近熟林∶成熟林∶过熟林为 1∶2∶4∶11∶1，蓄积结构为 1∶7∶18∶57∶7。林型简单，树种单纯，云杉林面积占 98.7%，蓄积占 99.6%，其他树种的面积占 1.3%，蓄积仅占 0.4%；林型上以云杉纯林为主，较低海拔及半阳坡有少量针阔混交林和阔叶林。

图 2-38　试验区典型的云杉林景观

主体是云杉林，左下角夹杂阔叶树，上方远处是牧草地；拍照时间为 2006 年 7 月

2.3.3.2　CBERS02B-HR 影像包含的森林资源环境信息分析

从目视判读效果来看，CBERS02B-HR 影像包含了细致丰富的森林资源环境信息。可获得的森林资源信息包括云杉林的空间分布特征、河谷林和灌木林地的不同纹理特征、林分的疏密度等（图 2-39）；在试验评价用的影像内，可准确获取的环境信息包括积雪（图 2-39）、耕地、居民地、道路、水系的空间分布等。

图 2-40～图 2-42 说明对云杉林的阈值分割试验的过程。获取原始图像（图 2-40），然后统计云杉林与其他类型地物在影像灰度值上的最大分界点，然后以此为分割依据（图 2-41）。然后把云杉林提取出来作进一步的拉伸处理，从而更清晰地显示出内部的细节特征（图 2-42）。

图 2-39　CBERS02B-HR 全色波段影像中丰富细致的森林资源环境信息

深色为云杉，高亮度白色为积雪

图 2-40　阈值分割前的原始影像

图 2-43～图 2-46 说明了通过纹理分析方法来增强居民地细节信息并进一步为居民地的目标识别提供基础。原始图像（图 2-43）在直接目视观察的情况下，可以达到目标识别的要求，如辨别出单幢房子的轮廓并在此基础上进一步计算房屋的数量。

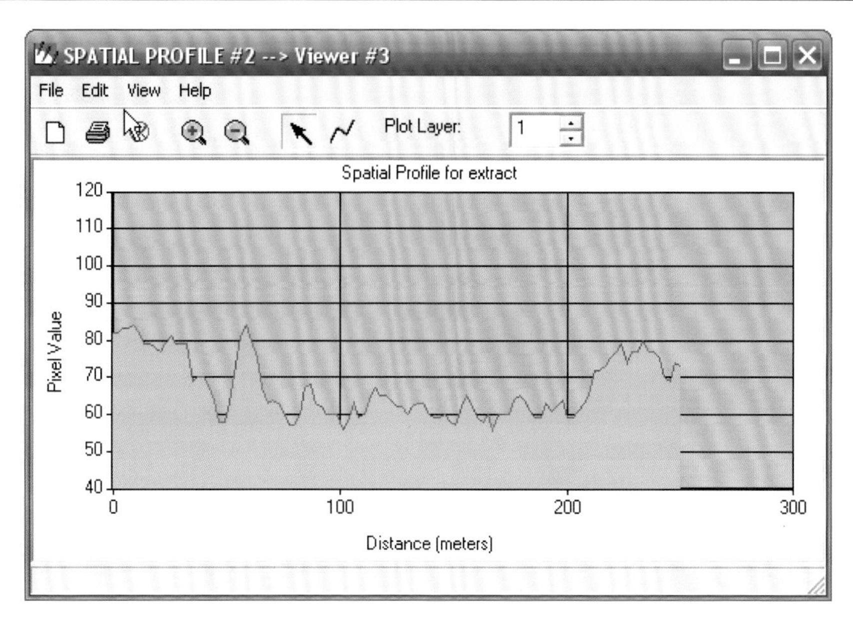

图 2-41　云杉林及其周围地物的灰度剖面图

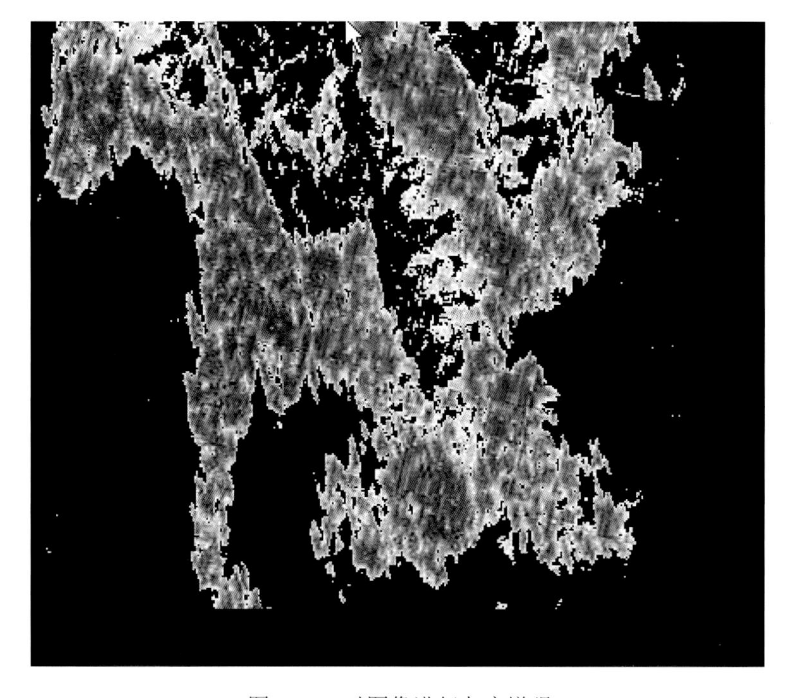

图 2-42　对图像进行灰度增强

对图像进行线性拉伸使得图像能够充分利用 0～255 之间的灰度级，显示更丰富的细节特征

图 2-43　耕地、居民地、道路、水系的分布
其中的房屋颗粒度很清楚

该试验首先对居民地图像进行线性拉伸（图 2-44），然后在 MATLAB 软件中提取的影像中的 Canny 边缘（图 2-45），并增大其灰度级为 255，最后把获得的以单幢房子为颗粒的纹理重新叠加到原影像上（图 2-46）。重复该过程，最终可以获得比较完整的房屋轮廓线矢量多边形，最后可以计算出房屋的数量。

图 2-44　线性拉伸后的图像

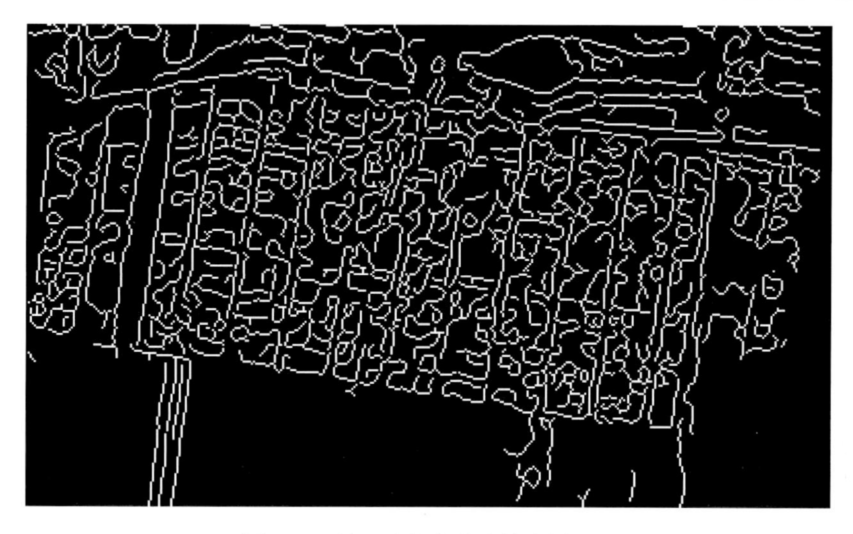

图 2-45　第一次迭代提取的房屋纹理

图 2-46　原始图像与 Canny 边缘叠加后的居民房影像图

2.3.3.3　CBERS02B-HR 影像在森林资源监测中的应用

1. 森林资源专题信息提取

为了评价 CBERS02B-HR 影像数据在森林资源专题信息提取中的潜力，本书对经过几何校正的数据作了非监督分类试验。为了充分区分各个类别，首先将影像分为 20 类，再进一步目视对照判别非监督分类结果和原始影像，将 20 类划归为 3 类（图 2-47）。

由于只有一个全色波段的数据，分类是单纯地基于像元灰度值来进行的，难免有较多混分的现象，如收割后的干旱耕地和沙地混在一块，林地和山坡阴影混在一起等。如果进一步结合多光谱的数据和地形 DEM，可以大大提高信息提取的精度，如对于林地

Raster Attribute Editor - ijz_unsuprcls_20.img(:Layer_1)

File Edit Help

Layer Number: 1

Row	Class Names	Color	Opacity	Red	Green	Blue	Histogram
0	Unclassified		0	0	0	0	64007652
1	Forest		1	0	1	0	11935708
2	Forest		1	0	1	0	8855549
3	Forest		1	0	1	0	4745561
4	Forest		1	0	1	0	4772347
5	Forest		1	0	1	0	7448823
6	Forest		1	0	1	0	5371360
7	Bare land		1	0.91	0.88	0.89	5839541
8	Bare land		1	0.91	0.88	0.89	9818967
9	Bare land		1	0.91	0.88	0.89	7315543
10	Bare land		1	0.91	0.88	0.89	7833434
11	Bare land		1	0.91	0.88	0.89	12387035
12	Bare land		1	0.91	0.88	0.89	8225296
13	Bare land		1	0.91	0.88	0.89	7575828
14	Bare land		1	0.91	0.88	0.89	9579252
15	Bare land		1	0.91	0.88	0.89	5080401
16	Bare land		1	0.91	0.88	0.89	4070657
17	Bare land		1	0.91	0.88	0.89	4365638
18	Bare land		1	0.91	0.88	0.89	1947825
19	Bare land		1	0.91	0.88	0.89	6016367
20	Snowfield		1	1	1	1	5001306

(a) 分类模板

(b)分类结果

图 2-47　森林资源专题信息提取试验

的提取，结合多光谱数据，可以用 NDVI 进行提取，这样可以把林地与山坡阴影区分开；由于耕地相对较规则，可以考虑用形状指数将其从裸地类中提取出来；根据分类后斑块的周长和面积，用形状指数可以把雪地中的高反射率的干旱板结耕地去除掉；根据林地基本上分布在阴坡及海拔区位，也可以通过基于知识的分类提高精度等。

2. 林业区划更新调查

经过试验研究认为，CBERS02B-HR 影像可以在林业区划更新调查中发挥巨大的作用，特别是在新疆这种自然、交通条件恶劣的地区，将产生不可估量的经济效益（徐春燕和冯学智，2007；韩爱惠等，2004）。

试验选择了林相图中 15 个小班作为样地，图 2-48 中，第一列是 1995 年区划林相图中的小班，第二列是根据 CBERS02B-HR 影像直接勾画的小班图。根据林相图原有的小班属性数据库（图 2-48、图 2-49），结合多光谱数据和深入的影像分析结果，可以进一步对更新后的小班的属性特征进行分析计算（表 2-27）。由于 1995 年区划数据是以现地调查结合地形图调绘得出，在空间位置、林分边界、林地属性等方面均存在一定误差。以前受到各种因素限制，这些误差往往难以察觉。由于 CBERS02B-HR 数据具有较高的空间分辨率，可以很好地修正前期森林资源的区划界定错误，获得正确的判读结果。这对森林资源监测的动态数据更新具有重要意义。

1995年区划林相图小班　　根据CBERS02B-HR影像更新的林相图小班

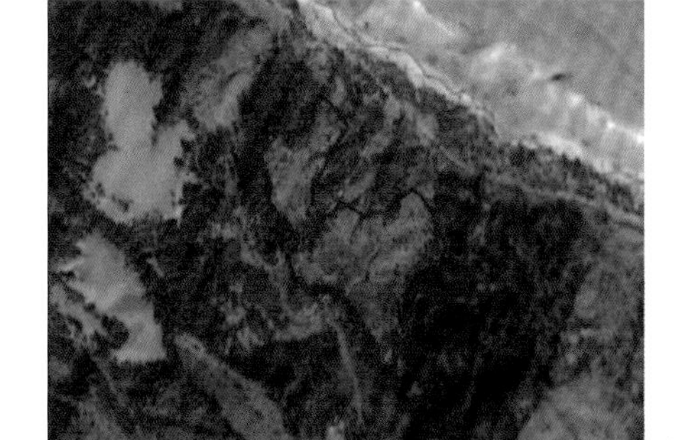

1

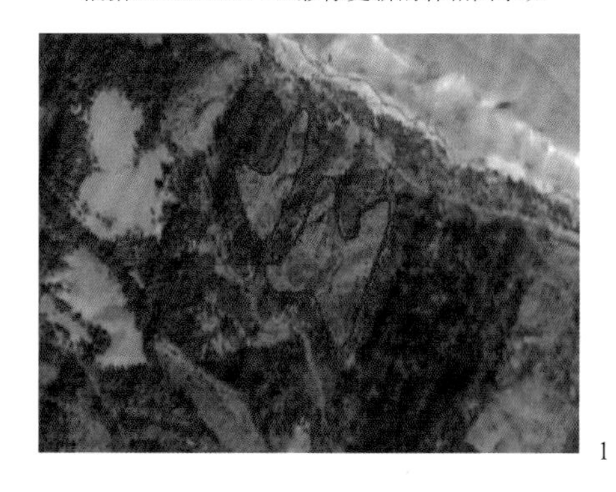

1

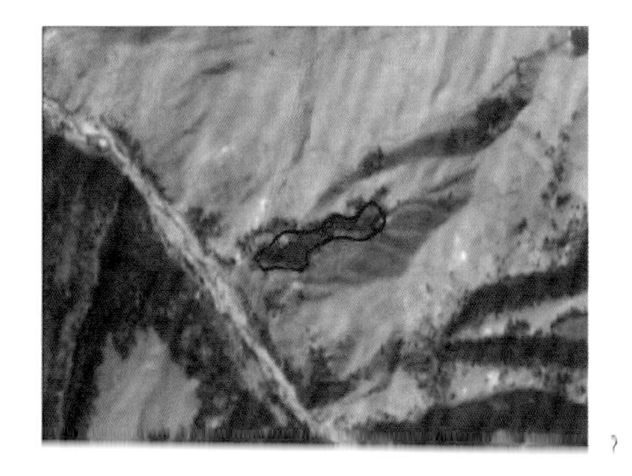

2

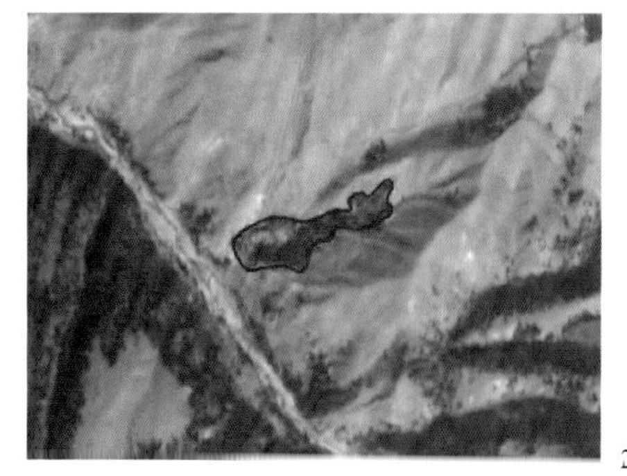

2

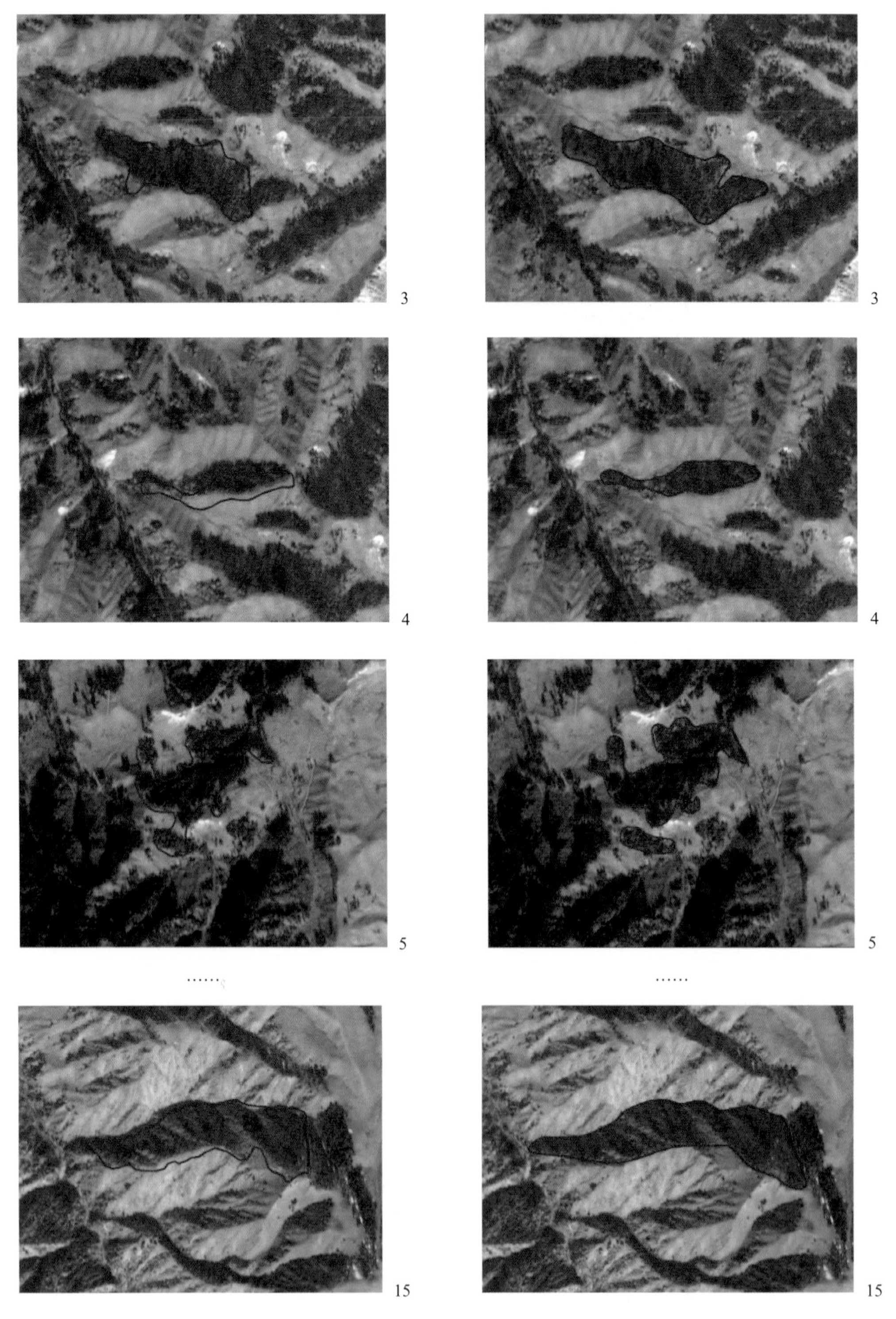

图 2-48　应用 CBERS02B-HR 影像于林业区划更新调查示例

Identify Results

1: Nl_jinr.shp - 2（恰西）
2: Nl_jinr.shp - 2（恰西）
3: Nl_jinr.shp - 4（库尔德宁）
4: Nl_jinr.shp - 4（库尔德宁）
5: Nl_jinr.shp - 2（恰西）
6: Nl_chengr.shp - 3（莫合）
7: Nl_chengr.shp - 4（库尔德
8: Nl_chengr.shp - 4（库尔德
9: Nl_chengr.shp - 4（库尔德
10: Nl_chengr.shp - 3（莫合）
11: Nl_chengr.shp - 2（恰西）
12: Nl_guor.shp - 2（恰西）
13: Nl_zhongr.shp - 2（恰西）
14: Nl_zhongr.shp - 2（恰西）
15: Nl_your.shp - 4（库尔德宁
16: Nl_your.shp - 4（库尔德宁

Shape	Polygon
营林区	4（库尔德宁）
龄级	幼龄林
年龄	50
林班号	48
小斑号	3-1
小斑面积	30
起源	1
优势树种	2
树种组成	10
平均胸径	10
平均高	6
郁闭度	0.4
疏密度	0
公顷蓄积	40
坡位坡向	44
坡度	50
海拔	1500-2100
土壤	1/412
立地类型	Ac14
B1	0.011952293516159
B2	0.020827028640702
B3	0.024260886169532
B4	0.096943885840242
B5	0.086022557199783
B7	0.048751163986498
Ndvi	0.680522312554555
Rvi	3.995892201249868
Tvi	1.086518436362014
Dvi	0.072682999670711
Pvi	0.006422222317286
Gvi	0.050137278829679
Bvi	0.116108357557482
Wvi	-.060764816482756
生物量	66.06700000000001
Y_swl	66

图 2-49　林业区划统计数据库

该记录与上图中的 15 号图斑对应

表 2-27　林业区划更新林相图数据库

ID	龄级	营林区	林班号	小班号	图斑面积/m^2	原区划面积/hm^2	HR 面积/m^2	与区划差值/hm^2	与图斑差值/hm^2
1	中龄林	恰西	3	2	31427.95252	5	32717.84607	1.7282	−0.1290
2	近熟林	恰西	24	7	216474.6149	13	268592.3	−13.8592	−5.2118
3	中龄林	恰西	24	3	231234.3792	33	354527.9976	−2.4528	−12.3294
4	成熟林	恰西	25	6	78363.99234	5	78935.04948	−2.8935	−0.05711
5	过熟林	恰西	27	10	363331.3423	61	526068.3389	8.3932	−16.2737
6	近熟林	恰西	27	6	231512.6563	33	195379.7	13.4620	3.6133
7	近熟林	恰西	29	1	43902.82354	15	68160.00139	8.1840	−2.4257
8	成熟林	莫合	30	19	82971.66582	6	69312.80372	−0.9313	1.3659
9	成熟林	莫合	40	8	192742.8631	36	210379.5456	14.9620	−1.7637
10	近熟林	库尔德宁	42	14	186582.2307	19	247744.9905	−5.7745	−6.1163
11	近熟林	库尔德宁	42	13	84928.00324	10	91813.66239	0.8186	−0.6886
12	成熟林	库尔德宁	47	3	626773.2696	71	561038.3273	14.8962	6.5735
13	成熟林	库尔德宁	48	8	1344994.118	129	1580397.719	−29.0398	−23.5404
14	幼龄林	库尔德宁	48	3	259392.6089	26	2685[illegible].3064	−0.8522	−0.9130
15	幼龄林	库尔德宁	48	3-1	304604.9122	30	327377.374	−2.7377	−2.2772

3. 森林资源管理业务化信息系统

本书作者团队与新疆天山西部林业局合作，于 2006 年 7 月开发完成了基于中巴资源一号卫星遥感影像的“天山西部林业局护林防火信息管理系统”，并交付安装使用（图 2-50）。至今，该系统已经在当地的森林火灾预警、辅助决策与快速反应中多次发挥作用。

图 2-50　天山西部林业局护林防火信息管理系统

现在，该系统拟进一步升级为包含天然林保护工程等多个部门业务工作的林政管理业务化系统。根据前面的分析，该系统的重要功能之一就是把林业区划更新调查、火险等级动态划分、云杉蓄积量与生物量估算等业务集成在一起。

天山地区非常单一的云杉林以及该树种独特的冠形、干形等结构特征，再加上 CBERS02-HR 高达 2.36 m 的空间分辨率，为基于遥感方法的云杉蓄积量估算提供了技术和数据基础（陈良富等，2005；黄妙芬等，2004）。例如，从影像中可以测量出从云杉根部到树梢（或阴影顶端）的直线距离、树冠的直径等（图 2-51），根据前期调查获得的林龄、林分郁闭度、云杉林材积表等数据资料可以建立林分蓄积量数量化遥感估测模型（图 2-52）。

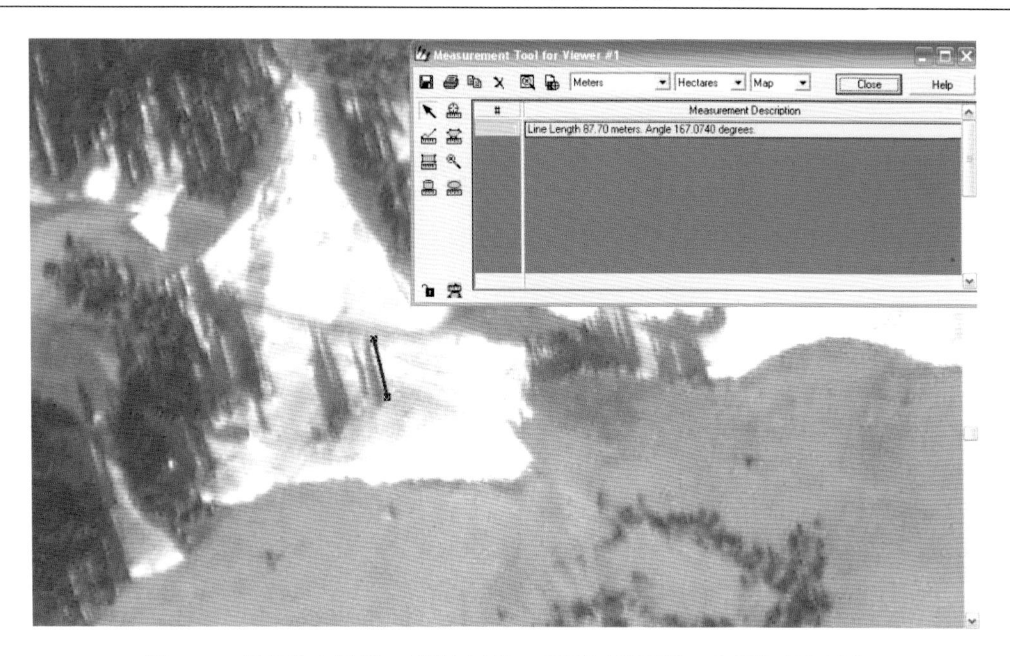

图2-51　测量单木冠幅、“准树高”，可通过模型进一步解算真实树高

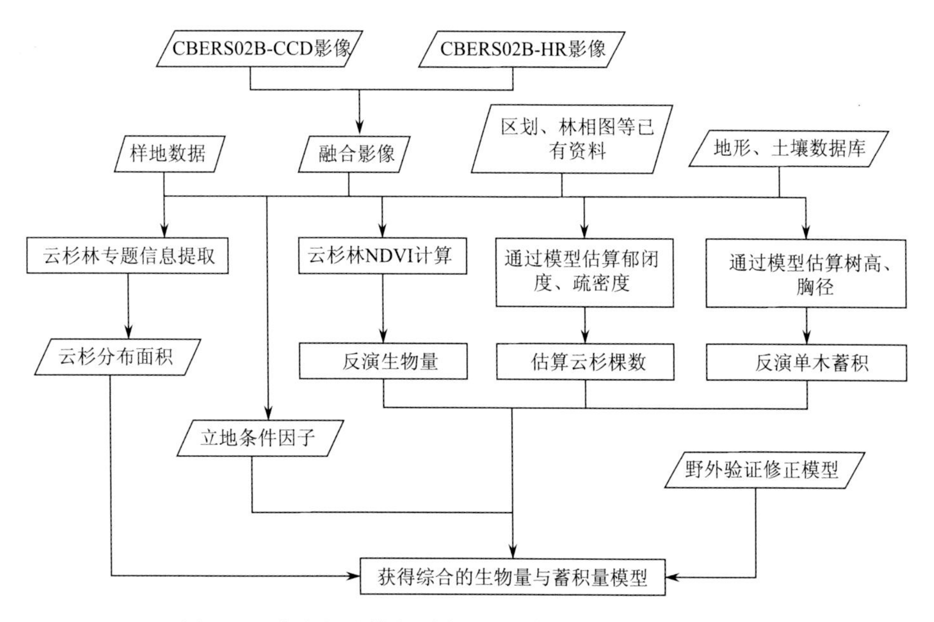

图2-52　高空间分辨率遥感影像估算云杉林蓄积技术流程

第3章　基于HJ-1数据的西天山云杉林生物量/生产力反演与时空分析

生物量以及生产力（NPP）是陆地植被碳固定能力的重要表征，这两个指标同样也是全球碳循环研究中的重要环节。要了解全球碳循环，对生物量以及NPP的变化监测可以为之提供最基本的信息。目前森林生物量以及生产力研究方法及手段有很多，以定位观测、模型估算、遥感估算等技术手段为主，但对于某一区域环境过程如何选择合适的生物量模型，目前还没有形成完整的理论和方法体系。并且对森林这种复杂的生态系统建立遥感生物量、生产力模型，需要有新的建模思想和策略来解决其估算模型结果的确定性与不确定性以及尺度转换等问题。针对这种研究现状，本章拟利用国产卫星数据构建伊犁不同尺度的云杉林生物量/生产力模型体系，估算并分析伊犁云杉林生物量时空变化的规律及对全球气候变化的响应。

随着我国航天遥感技术的高速发展，我国陆续发射了气象卫星、资源遥感卫星、导航定位卫星、通信广播卫星、返回式遥感卫星等50多颗卫星，已跨入了世界航天大国的行列。随着我国国产遥感卫星系列日益成熟，2008年9月6日上午11点25分我国成功发射环境与灾害监测预报小卫星星座A、B星（HJ-1A /1B星），环境与灾害监测预报卫星是新型的“百家星”，为我国及各领域应用提供遥感数据的同时，也为我国国产卫星数据的应用及推广示范开辟了一个新的领域。本书的研究旨在促进新疆多源多分辨率国产卫星遥感数据共享平台建设事业的发展，提高新疆乃至全国国产卫星数据的处理水平和应用水平。

3.1　概　　述

本章研究区地处西天山中段，是山地-绿洲-荒漠封闭式生态系统的典型代表区域，蕴藏着连绵浩瀚的雪岭云杉，是雪岭云杉的集中分布区。云杉林总面积占新疆山地森林的54%，蓄积量占全疆山地森林的62%，是中亚山地森林的典型代表区。雪岭云杉是天山山地森林的特有树种，对天山的水源涵养、水土保持、生态环境起着重要作用，生态地理区位极为重要。开展以云杉林为主的天山山地生态系统生物量与生产力的研究，将为中亚山地森林生态系统的碳循环研究奠定基础，进而用以反演中亚地区陆地生态系统的演化、区域气候和中国温室气体源汇总量，具有重要的科学意义。

选取西天山林区为研究区。在遥感及地理信息系统的支持下，综合地学、林学、生态学信息，在三级网格的基础上，利用分层抽样原理采样并分析气温、水分等水热因子团，坡度、坡向、海拔等地形因子团，龄级、年龄等森林特征因子团，各波段值、各植被指数等遥感因子团与生物量关系，建立全林不分垂直带不分龄级、分垂直带不分龄级、

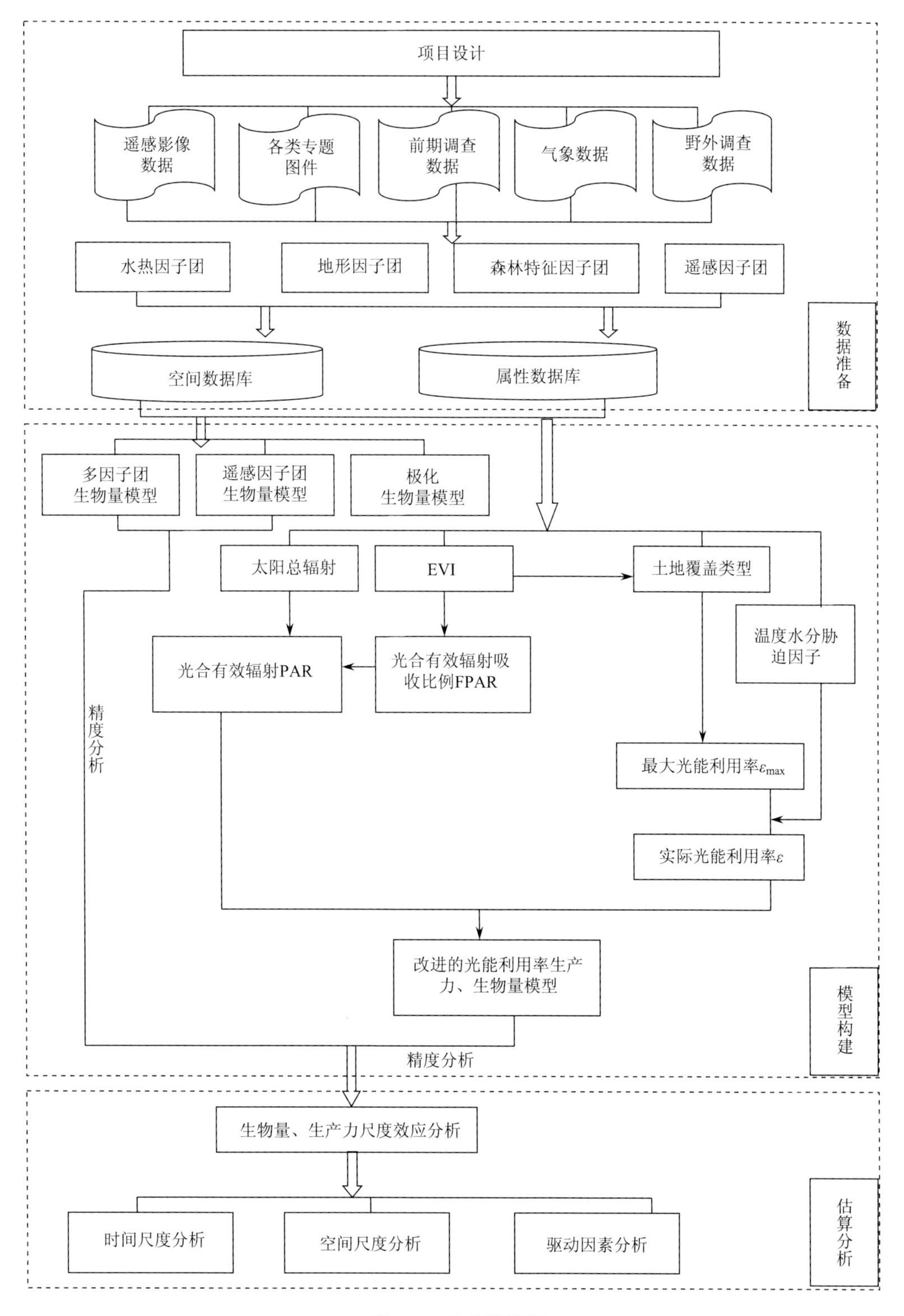
项目设计
遥感影像数据
各类专题图件
前期调查数据
气象数据
野外调查数据
水热因子团
地形因子团
森林特征因子团
遥感因子团
空间数据库
属性数据库
数据准备
多因子团生物量模型
遥感因子团生物量模型
极化生物量模型
太阳总辐射
EVI
土地覆盖类型
温度水分胁迫因子
光合有效辐射PAR
光合有效辐射吸收比例FPAR
精度分析
最大光能利用率ε_{max}
实际光能利用率ε
改进的光能利用率生产力、生物量模型
模型构建
精度分析
生物量、生产力尺度效应分析
时间尺度分析
空间尺度分析
驱动因素分析
估算分析

图 3-1　技术路线图

不分垂直带分龄级、分垂直带分龄级这 4 种情况下的多因子团模型、遥感因子团模型、极化生物量模型；在光能利用率模型的基础上，结合极化生物量模型建立综合的生产力/生物量模型；对不同尺度的云杉林生物量以及生产力选取合适的模型模拟生产力、生物量的时空变化，并探讨西天山云杉林生物量与生产力变化影响因子及其对全球气候变化的响应（图 3-1）。

3.2　数据源及数据处理

本章选用数据主要包括：HJ-1 卫星数据、森林资源数据、地理基础数据及气象数据。

3.2.1　HJ-1 数据预处理

3.2.1.1　相对辐射校正

进行辐射校正是因为遥感器接收到的是地物反射或者辐射的电磁能量，由于遥感器本身光电系统特征、太阳高度、地形起伏以及大气条件等因素的影响，其接收的能量往往与目标反射或发射的能量不一致，即光谱失真，辐射校正就是一个将依附在影像中的光谱失真消除的过程。

通常地面站提供给用户的数据已经进行了初步的辐射校正，但是要进行更深一步的应用研究还需要进一步的校正。辐射校正中大气校正是关键，但由于实时大气条件不易获得，也是校正的一个难点。大气校正的方法有很多种，如暗目标法、线性回归法、平均场法、直方图均衡化法等，这些方法大多都是基于影像本身的大气校正，并非绝对的大气校正，对于一般的研究已经能够满足要求。另外，国内外学者同样开发了基于辐射传输模型的校正算法和软件，如 5S、6S、LOWTRAN、MODTRAN 等。

对于 HJ-1 星的辐射校正算法，国内研究很少，本书采用直方图均衡化算法对其影像数据进行相对辐射校正，具体的校正算法流程如图 3-2。

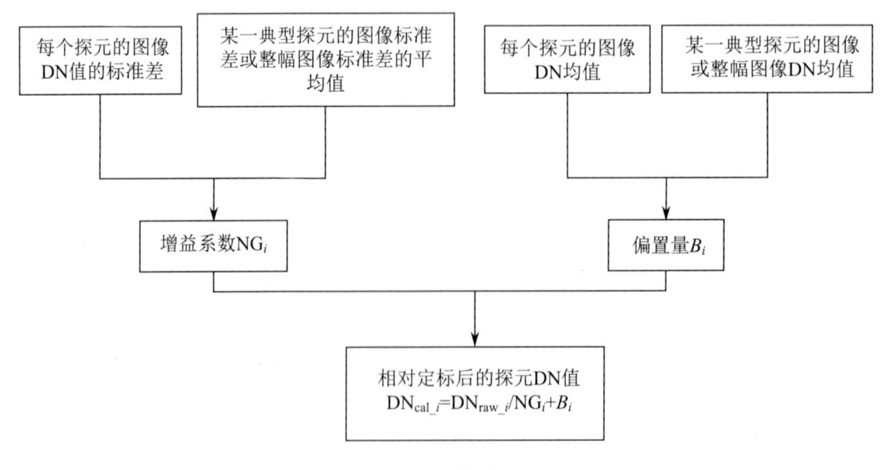

图 3-2　相对辐射校正流程图

3.2.1.2　几何精校正

地图使用 1∶50000 高精度地图，为 1976 年 10 月航空摄影制图，1954 北京坐标系。利用 ERDAS 软件中的图像几何校正模块，选择多项式模型作为几何精校正计算模型和最临近点重采样法。

通常中等几何畸变的影像利用一次线性多项式就能校正平移、倾斜、旋转或比例尺变形，而对校正精度要求较高或影像畸变严重的影像则要求进行二次或三次多项式校正：

$$x = F_x(u,v) = a_{00} + a_{10}u + a_{01}v + a_{20}u^2 + a_{11}uv + a_{02}u^2 + a_{30}u^3 + a_{21}u^2v + a_{12}uv^2 + a_{03}u^3$$

$$y = F_y(u,v) = b_{00} + b_{10}u + b_{01}v + b_{20}u^2 + b_{11}uv + b_{02}u^2 + b_{30}u^3 + b_{21}u^2v + b_{12}uv^2 + b_{03}u^3$$

设定多项式阶数为 3 项；建立投影类型为高斯-克吕格投影（横轴椭圆柱等角投影），克拉索夫斯基椭球体，中央经线为 81°，1954 北京坐标系；共采集了 150 个 GCP（ground conrtol points），其中 GCP 的实地坐标是通过对地图点和已校正的图像交互采集完成的，并使用 GPS 对部分点进行实地测量验证。利用最小二乘法来求取转换矩阵，根据所建立的一组控制点对遥感影像进行几何校正，流程如图 3-3。

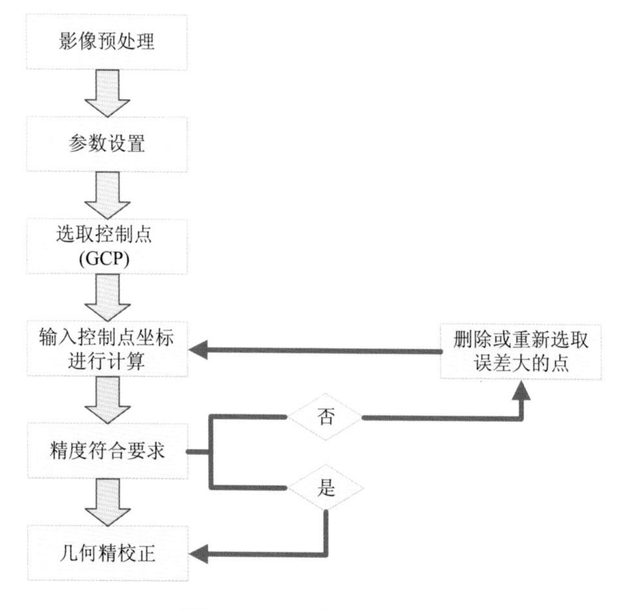

图 3-3　几何精校正流程图

3.2.1.3　去云

云像元的识别主要是利用云在可见光和红外波段与植被、土壤、雪和水域等不同下垫面在反射和辐射亮温值存在差异进行检测的。云在可见光波段表现为较高的反射率值，在热红外波段则表现为较低的亮温值。在 0.58～0.68 μm 的短波波段，下垫面介质的类型不同，反射率也不同，绿色植被最低，水体其次，土壤和城镇反射率最高，但是不超过 16%（周红妹等，1995）。云的反射率明显高于下垫面，并随着厚度、高度的变化而变化（谈建国等，2000）。在近红外波段云依然具有较高的反射率，热红外波段因为云顶温度较低，在遥感图上具有较低的亮温值。

HJ-1A 星 CCD 传感器以及高光谱传感器（HIS）波段设置在红外与近红外波段范围，两类数据的云识别便是根据云在可见光和近红外波段的反射率明显高于植被、土壤、水体等下垫面的特征，从反射率的差异出发识别云。对于 HJ-1B 星数据而言，第 3 波段（0.63～0.69 μm）以及第 3 波段与第 4 波段（0.76～0.90 μm）的比值可以较好地检测出影像上的云像元。

本章采用的 HJ-1A 星环境星云检测方法，来自韩春峰（2010）的研究，从云检测原理出发，采用可见光识别云的方法对 HJ-1A 星 CCD 数据进行云像元的识别、剔除处理；结合 HJ-1B 星的 CCD 数据各通道的波谱特征，采用多特征阈值检测法识别云像元，主要采用了可见光反射率特征以及通道间的组合特征，具体的特征算法选择如下：

（1）红通道反射率检测法

$$R_{\mathrm{B3}} > C$$

式中，C 为云像元识别的下限值，本研究区的 C 值设定为 0.2；R_{B3} 为红通道的第 3 波段的反射率值。

（2）NIR/VIS（近红外/红光）比值检测法

$$0.9 < \mathrm{NIR}_{\mathrm{B4}} / R_{\mathrm{B3}} < 1.1$$

式中，$\mathrm{NIR}_{\mathrm{B4}}$ 为近红外通道第 4 波段的反射率值；R_{B3} 同上。

具体的反射率的计算，在 3.3 节中讲解。

对应于每种特征阈值都会随着地表反射率、大气温度/湿度结构、大气水汽含量、气溶胶含量等参数的变化而变化，本章的研究基础是借鉴 MODIS 数据的综合特征云检测的方法，将其应用于 HJ-1 星的云识别检测。

单像元 HJ-1 星多阈值云检测流程如图 3-4。

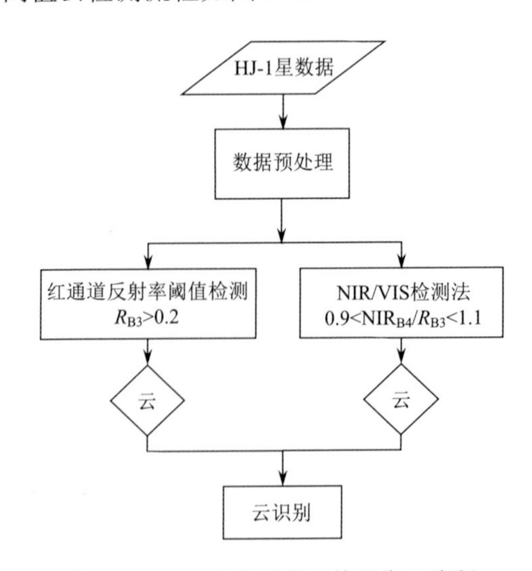

图 3-4　HJ-1 星多阈值云检测实现流程

3.2.2　森林资源数据获取与处理

本章收集的森林资源相关数据包括：伊犁巩留林场、尼勒克林场、特克斯林场、昭苏林场、新源林场、霍城林场、察布查尔林场、伊宁林场、蒙马拉林场 9 个林场的 2005 年森林资源分布图；巩留、尼勒克林场 1996 年及 2007 年森林二类调查图。森林资源分布图为天西林业局提供的天西林业局森林资源清查第 5 次复查森林分布图，比例尺是 1∶10 万。本章对森林资源相关数据主要做了如下预处理：

（1）统一投影和坐标系。使所有森林资源相关数据具有相同的空间地理信息，以便模型运算和叠加分析。本章搜集到的所有数据，将投影设为高斯-克吕格投影（横轴椭圆柱等角投影），克拉索夫斯基椭球体，中央经线为 81 °，1954 北京坐标系，单位为 m。

（2）森林资源栅格数据的生成。因本章所用的遥感数据 HJ-1A/B CCD 影像的空间分辨率为 30 m，所以将各类森林资源数据也采样为 30 m。

3.2.3　地理基础数据获取与预处理

本章地理基础数据主要有：伊犁哈萨克自治州行政区划图、巩留 1∶5 万地形图、伊犁 90 m 分辨率 DEM。DEM 有两个数据源，一个是从 USGS 网站下载的整个伊犁的免费 90 m DEM，一个是来源于 1983 年 1∶5 万巩留地区地形图矢量化成果（1954 北京坐标系，黄海高程系，等高距 20 m）。

用等高线图生成 DEM 需要设定 DEM 的空间分辨率，根据龚健雅（1999）的研究，等高线地图的等高距与 DEM 的空间分辨率之间的关系式为

$$D = KC_i\cos\alpha \tag{3-1}$$

式中，D 为 DEM 的空间分辨率；K 为常数（考虑地形特征时为 1.5～2.0，不考虑地形特征时为 1.0～1.5）；C_i 为等高距；α 为地面的平均坡度。

本章等高线数据信息：利用 ArcGIS 软件矢量化形成等高线图层、高程点图层以及具有地形特征的道路、河流、冲沟、陡岸等图层，将矢量化地形图转化为分辨率为 30 m（陈志彪，2005）的 Grid 数据格式，即 DEM，用来提取高程、坡度和坡向因子。

3.2.4　气象数据获取与预处理

气象数据为新疆维吾尔自治区气象局提供的伊犁河谷地区及其周边范围内共计 19 个气象观测站点数据。1961～2009 年近 50 年的气温、气压、降水、湿度、日照时数等气象观测指标的日值数据，具体气象指标有最低气温、最高气温、平均气温、降雨量、水汽压、大气压、蒸发量、相对湿度、风速等。本章主要做如下预处理：

（1）气象站点空间分布图生成。根据 19 个气象观测站点的经纬度信息（表 3-1），利用 ArcGIS 软件生成伊犁河谷地区气象站点分布矢量数据，投影为高斯-克吕格投影。由于新疆特殊的人文与地形因素影响，气象站点数量有限，但站点空间分布相对均匀。

表 3-1　伊犁河谷地区主要气象站点表

站名	纬度/（°）	经度/（°）	海拔/m
和布克赛尔	46.47	85.43	1291.60
克拉玛依	45.37	84.51	449.50
霍尔果斯	44.18	80.25	774.00
霍城	44.03	80.51	641.00
精河	44.37	82.54	320.10
察布查尔	43.31	81.09	601.00
伊宁	43.57	81.20	664.30
尼勒克	43.48	82.34	1106.10
伊宁	43.58	81.32	771.00
巩留	43.28	82.14	775.60
新源	43.27	83.18	929.10
昭苏	43.09	81.08	1854.60
特克斯	43.11	81.46	1210.90
乌鲁木齐	43.47	87.39	935.00
吐鲁番	42.56	89.12	34.50
库车	41.43	83.04	1081.90
巴楚	39.48	78.34	1116.50
塔中	39.00	83.40	1099.30
铁干里克	40.38	87.42	846.00

（2）气象数据检查。气温单位为℃，降水量的单位为 mm。

（3）气象数据预处理。所用 HJ-1 影像数据时相为 2008 年 2 月、4 月、6 月、8 月、10 月、12 月，因此，将气象数据处理为相应时相的平均气温、最高温度、最低温度、降水、日照时数等，并设置与样地数相同的投影及坐标系，利用 ArcMap 软件将气象数据建立不规则三角网（TIN），由 TIN 内插成像元大小为 30m×30m 的影像。

3.3　天山云杉林生物量模型构建

3.3.1　模型原理

本章基于微观（小班或斑块）尺度范围建立生物量遥感信息模型，选择巩留林场为试验区，采用格网技术结合巩留东部地区森林分布情况对森林小班进行采样，并将反演的平均温度、最高温度、最低温度、降水、坡度、坡向、海拔、龄级、$B1$、$B2$、$B3$、$B4$、$B1+B2$、$B2+B3$、$B2+B4$、$B1+B4$、$B1+B2+B3$、$B1+B2+B4$、$B2+B3+B4$、$B1+B3+B4$、$B1\times B2$、$B2\times B3$、$B2\times B4$、$B1\times B4$、$B1\times B2\times B3$、$B1\times B2\times B4$、$B2\times B3\times B4$、$B1\times B3\times B4$、RVI、NDVI、MSAVI、DVI、EVI 一共 33 个因子网格化，大小与影像分辨率一致，为 30m×30m，将抽取的样本数据同遥感及非遥感模型反演得到的因子团进行图层叠加，

利用 MATLAB 提取采样小班对应的这些遥感及非遥感信息模型反演的因子，与采样小班进行分析，在全林（不分垂直带不分龄级）、分垂直带不分龄级、不分垂直带分龄级、分垂直带且分龄级 4 种情况下进行分析，并且每种情况分别建立多因子团模型、遥感因子团模型以及极化生物量模型，并将模拟结果与样本进行验证。

3.3.1.1　采样

在设计抽样方法时，核心是如何使抽取的样本具有代表性。应充分了解总体，当已知总体由差异明显的几部分组成时，如何才能使样本更充分地反映总体的情况，这是一个关键问题，因此，本章采用格网技术并结合伊犁森林分布的实际情况进行分层抽样。

英国国家格网（British National Grid References，BNGR），以米制来划分千米网格，直接在投影的二维地图上，按照既定的千米网格的长度进行网格的划分。跨度为 100 km×100 km 的网格单元构成 BNGR 的第一级网格系统，并使用两个英文字母进行编号标识，该网格系统编码的起始位置设在右下点；BNGR 的二级网格是由一级网格进行 10 km × 10 km 的细分而来；三级网格则是在二级网格的基础上，继续划分为 1 km×1 km，以此类推，可以进行更为细致的网格分割。

本章在三级网格的基础上，利用分层抽样原理，将巩留林场的云杉林按两种方案划分，第一种方案分层：幼龄林、中龄林、近熟林、成熟林、过熟林。第二种方案分层：中低山森林草原带以下、中低山森林草原带、中山森林-草甸带、上中山森林-草甸带、亚高山疏林带。从巩留林场 2007 年 2143 个森林经理调查数据样本中，以不低于 10%的概率抽取 345 个样本小班，采样技术路线见图 3-5，采样分布见图 3-6。

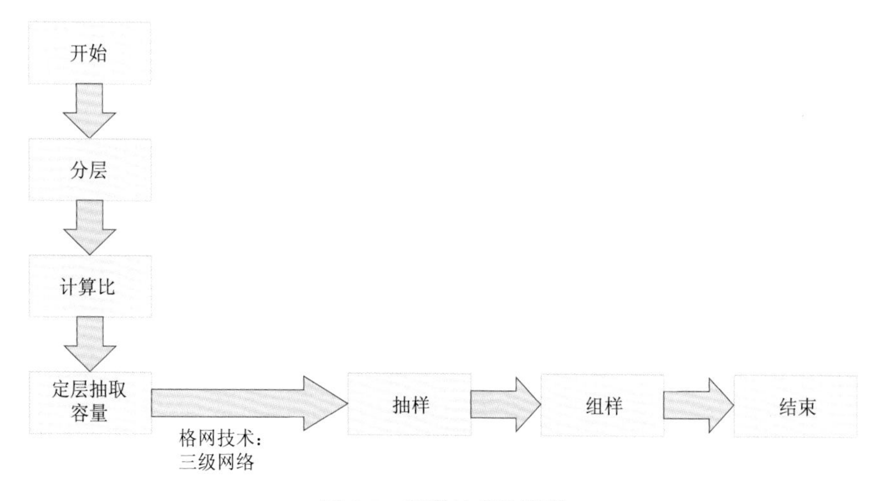

图 3-5　采样技术路线图

利用地统计学原理对样本进行分析，生物量样本的分布频度见图 3-7，大多数样本的生物量集中在 196～226 g/m^2 之间，而过大或过小的生物量出现频率较低，符合正态分布，也证实了样本的可靠性。

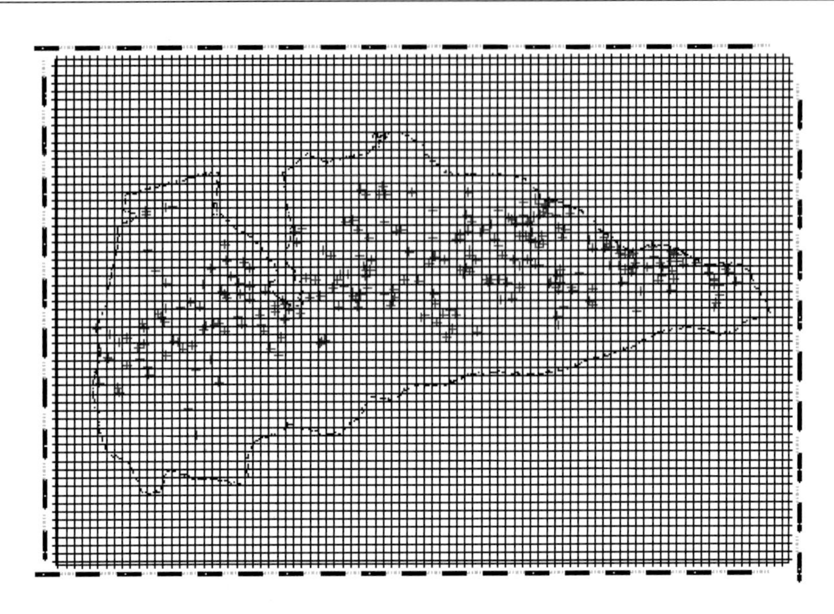

图 3-6 样本分布图

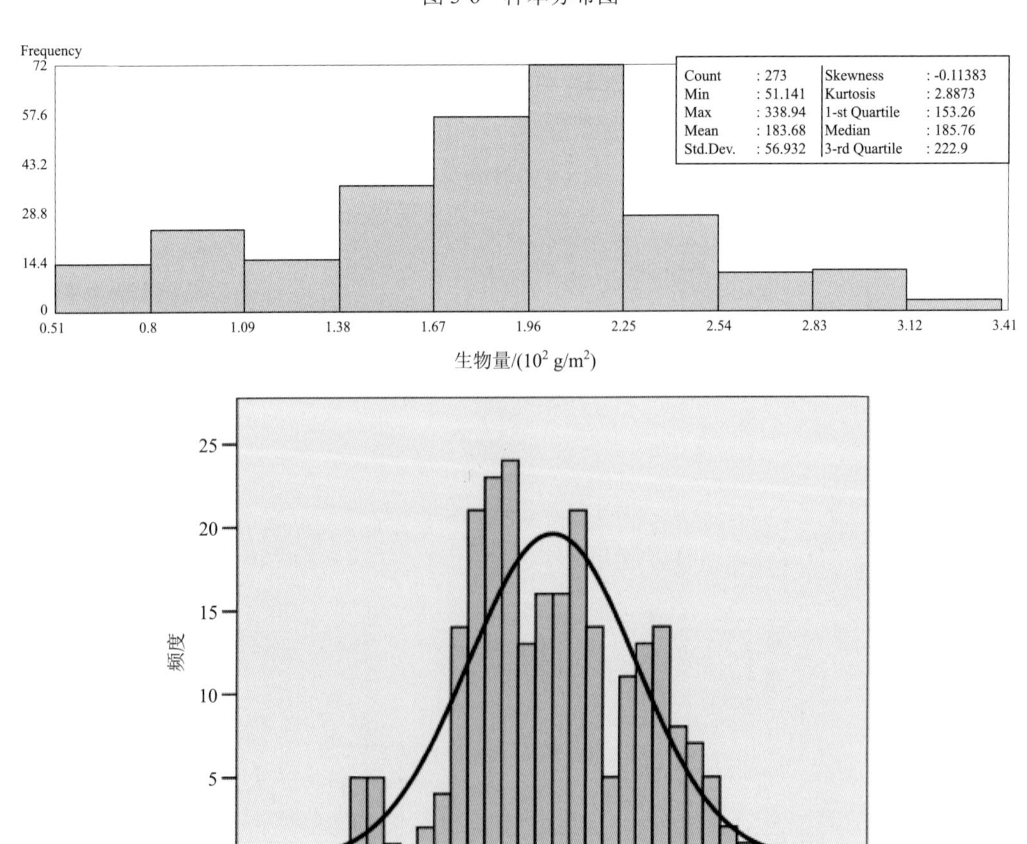

图 3-7 生物量样本分布频度图

将样本数据中的生物量值进行排序，计算排序后的累积值得到其累积分布图，再利用内插方法构建具有相同累积分布的正态分布图，同时求出对应正态分布值，样本数据值与此正态分布值的比值图即为正态 QQPlot 分布图（图 3-8）。如果数据在图上分布越接近一条直线，则表明数据越接近于正态分布。因此从图中可以得出，对整个巩留林场所采的云杉林 345 个实测森林经理小班样本符合正态分布，即数据符合地统计学分析要求。

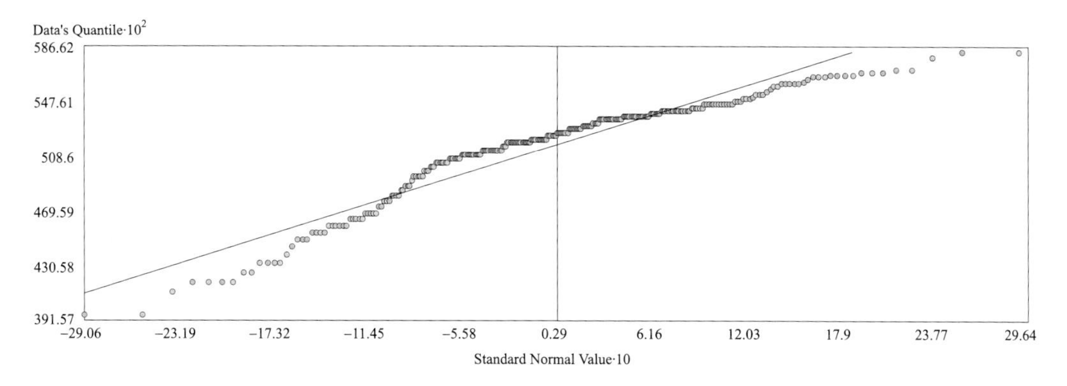

图 3-8　生物量样本正态 QQPlot 分布图

3.3.1.2　分析与建模

为了定量地衡量变量之间的相关关系，本章利用皮尔逊相关系数（Pearson correlation coefficient，PCC）方法，算法见式（3-2），它的主要原理是利用特征量的向量空间模型来计算两向量之间的距离，然后得出相似度，进而对向量集合进行分类和进一步的研究。

$$r=\frac{\sum XY-\frac{\sum X\sum Y}{N}}{\sqrt{\left(\sum X^2-\frac{(\sum X)^2}{N}\right)\left(\sum Y^2-\frac{(\sum Y)^2}{N}\right)}} \tag{3-2}$$

式中，变量 Y 是所有点的 y 坐标的集合；变量 X 是所有点的 x 坐标的集合；N 是表示点的总个数。它是协方差与两变量标准差乘积的比值，是没有量纲的标准化的协方差。

假设 4 种情况分别进行分析与建模：全林（不分垂直带不分龄级）、分垂直带不分龄级、不分垂直带分龄级、分垂直带且分龄级。

对这 4 种情况分别建立如下模型：①多因子团模型。包括水热因子团、地形因子团、森林特征因子团、遥感因子团 4 种因子团，分别抽取与生物量因子最相关的因子建立多因子线性模型。②遥感因子团模型。将与生物量最为相关的遥感因子分别建立线性模型、对数模型、逆模型、二次模型、三次模型、复合模型、幂模型、S 型模型、生长模型、指数模型 10 种线性以及非线性模型，并选取回归系数较高的模型。③极化生物量模型。以坡度和坡向两个因子为自变量，以坡向为方位角方向，以坡度为天顶角方向，完成生物量极化制图。通过将坡度和坡向这两个角度进行一定的形式变换，研究生物量沿方位角及天顶角方向上的变化规律，并得出极化生物量模型。

3.3.2 模型参数选择与获取

本章将选取以下几个因子团：

（1）水热因子团：包含平均气温、最高气温、最低气温、降水，共 4 个因子。

（2）地形因子团：坡度、坡向、海拔，共 3 个因子。

（3）森林特征因子：年龄、龄级，共 2 个因子。

（4）遥感因子团：*B*1、*B*2、*B*3、*B*4 四个波段反射率，波段间相加相乘以及 RVI、NDVI、MSAVI、DVI、EVI 植被指数，共 25 个遥感因子。

3.3.2.1 水热因子团

气候条件不仅决定土壤和植被的地理分布，同时也决定该地区的自然生产力水平（李镇清，2003）。因此，研究森林生物量与气象因子的关系，能够从中找寻出森林生物量随气温、降水等因子的变化规律。

由于伊犁河谷地区气象观测站点相对较少且地形复杂，流域内的各种气象信息的获取比较困难，而利用地质统计学的方法对现有信息进行空间插值处理，将会为获取伊犁河谷流域地区范围内的降水、气温等气象信息的总体分布特征提供极大的帮助。

1. 气温

森林的生长与温度有密切关系。一定基因型的种群能进行一切正常生命活动并能无限继续下去的温度范围，叫作有效温度范围（effective temperature range）（金明仕，1992）。温度是一个相当重要的环境因子，它在调节水分这一生命系统重要组分的有效性和生态效率方面起着重要的作用。因此对气温空间分布的模拟，有利于大范围地监测气温对森林植被的影响。

气温是由太阳辐射到达大气而形成的，地球表面的气温与地表的地形特征密不可分，特别是在山区，微观地形复杂，影响程度不一，如何在气象站点有限的情况下，提高山区气温空间模拟的精度，依旧是一个非常值得研究的内容。因此，本章分析平均气温与海拔的相关关系，并获得符合本研究区的气温直减率，提出了基于 DEM 修正的克里金插值法，并与传统的局部插值方法（反距离加权插值法和普通克里金插值法）得出的结果进行比较，取得了较好的效果，并在伊犁河谷进行了实际应用。

1）传统的空间插值模型

（1）反距离加权法（inverse distance weight，IDW）。

根据地理学的第一定律，两个事物的相似性随着距离的增大而减小，也就是说距离越近，它们的属性就越相似。在 IDW 的插值计算中，其贡献与距离成反比，权重是以插值点与样本点的距离来衡量的，插值距离越近，样本点所赋予的权重就越大（林忠辉等，2002）。

$$Z=\sum_{i=1}^{n}\frac{Z_i}{d_i^P}/\sum_{i=1}^{n}d_i^P \tag{3-3}$$

式中，Z 为估计值；Z_i 为样本点 i 的实测值；d_i 为插值点与第 i 个样本点之间的欧氏距离；P 为距离的幂，它的选择标准是平均绝对误差最小；n 为用于插值的气象站点的数量（林忠辉等，2002）。

（2）Kriging 插值法。

普通克里金法（ordinary Kriging，OK），来源于地统计学，是利用区域化变量的原始数据和变异函数的结构特点，对未采样点的区域化变量的取值进行线性无偏最优估计的一种方法。

$$Z=\sum_{i=1}^{n}\lambda_i Z(x_i) \tag{3-4}$$

式中，Z 为待估计的气温值；$Z(x_i)$为气象站点第 i 月的平均气温值；λ_i 为赋予气象站点月平均气温的一组权重系数；n 为用于气温插值的气象站点数目。

$$\sum_{i=1}^{n}\lambda_i=1 \tag{3-5}$$

选取 λ_i，使 Z 的估计无偏，并且使方差 $\hat{\sigma}_e^2$ 小于任意观测值线性组合的方差。

根据无偏和最优的条件，λ 和 $\hat{\sigma}_e^2$ 的解为

$$\sum_{i=1}^{n}\lambda_i\gamma(x_i,x_j)+\phi=\gamma(x_j,x_0)\forall j \tag{3-6}$$

$$\hat{\sigma}_e^2=\sum_{i=1}^{n}\lambda_i\gamma(x_i,x_0)+\phi \tag{3-7}$$

式中，ϕ 是极小化处理时的拉格朗日乘数；$\gamma(x_i,x_j)$ 是随机变量 Z 在采样点 x_i 和 x_j 之间的半方差（semi-variance）；$\gamma(x_i,x_0)$ 是 Z 在采样点 x_i 和未知点 x_0 之间的半方差，这些量都从变异函数（variogram）得到，它是对实验变异函数的最优拟合（Goovaerts，1997；李新等，2003）。在 OK 插值法中，采用球状模型，也就是马特隆模型，其半变异模型表达式为

$$\gamma(r)=\begin{cases}0 & r=0\\ C_0+C\left(\dfrac{3}{2}\dfrac{r}{a}-\dfrac{1}{2}\dfrac{r^3}{a^3}\right) & 0<r\leqslant a\\ C_0+C & r>a\end{cases} \tag{3-8}$$

式中，C_0 为块金常数；C 为拱高；a 为变程；（C_0+C）为基台值。

2）基于 DEM 修正的克里金插值方法

根据气象站点提供的实测数据估算未知点的温度数据，在地形复杂的山区仅仅利用上述的空间插值方法结果是不可靠的（林忠辉等，2002；Bennett et al.，1984）。基于 DEM 修正插值方法，充分考虑温度数据水平和垂直地带性空间分布的特征，对温度插值结果会产生很大的影响（潘耀忠等，2004）。

（1）气温直减率模拟。

气温随海拔上升，一般呈递减趋势，但递减的趋势随不同区域或不同季节会有所不同。本章在综合分析伊犁河谷全部气象站点温度数据的基础上，对 19 个气象站点月平均气温与海拔高度的关系进行了一元线性回归分析（表 3-2），结果表明利用海拔高度修正能够很好地拟合研究区内的平均气温，复相关系数都高于 0.5；进而计算 Pearson 相关系数，从而获得研究区内平均气温随海拔高度变化的直减率（表 3-3）。由此可以得出，年平均气温随海拔高度变化的气温直减率为–0.564℃/100 m，与全国或其他区域气温直减率并不相同，从而进一步得出不同区域海拔与气温的变化趋势不尽相同。伊犁河谷地区海拔高差大，若不进行相应的地形修正，可能会出现 2～5℃的误差。

表 3-2　海拔高度与平均气温的回归关系

	常数	复相关系数（*R* 值）	*F* 检验	显著水平（Sig）
年均温	1570.635	0.564	7.945	0.012
年均最高温度	1790.139	0.466	4.935	0.021
年均最低温度	1142.068	0.636	3.739	0.035

表 3-3　伊犁气温直减率列表　　（单位：℃/100 m）

平均气温	全年	8 月
年均温	–0.564	–0.725
年均最高温度	–0.466	–0.583
年均最低温度	–0.636	–0.691

（2）基于 DEM 的平均气温修正。

当考虑海拔对平均气温的影响时，任意一点的平均温度可以表示为

$$T = T_0 - A \times H \tag{3-9}$$

式中，T_0为修正到海平面后的温度；H为海拔；A为平均环境的气温直减率。

根据伊犁河谷地区的气温直减率，将平均气温数据修正到海平面的高度。具体操作为，先根据各气象站点的高程资料将实测气温修正到海平面高度，再利用 OK 法对平均气温的点状修正数据进行插值，将生成的温度场栅格数据再结合 DEM 进行地形修正，并最终生成具有地形特征的伊犁河谷温度场模拟数据（栅格分辨率统一为 90 m）。基于 DEM 的修正公式为

$$T_{DEM} = T_{OK} - A \times H_{DEM} \tag{3-10}$$

式中，T_{DEM}为经过 DEM 修正后的温度场模拟结果；T_{OK}为利用 OK 法生成的插值结果；H_{DEM}为 DEM 栅格数据（莫申国和张百平，2007）。

（3）模型验证。

在对气象数据进行空间插值时，交叉验证（cross validation）是常用的空间插值精度验证方法（李海滨等，2001），也是目前应用最为广泛的精度评价方法，它可以准确地验证不同插值方法之间的相对精确度。假设每一个气象站点的实测值未知，利用周围若干

已知站点插值算法进行模拟，通过计算所有站点模拟值与实测值之间的差值的平均值作为交叉验证的结果。在比较不同插值方法的模拟精度时，通常采用平均绝对误差（mean absolute error，MAE）、平均相对误差（mean relative error，MRE）和均方根误差（root mean squared error，RMSE）作为评价插值效果的标准。

$$\mathrm{MAE}=\frac{\sum_{i=1}^{n}(Z_m-Z_p)}{n} \tag{3-11}$$

$$\mathrm{MRE}=\frac{\sum_{i=1}^{n}\left|(Z_m-Z_p)\right|}{n} \tag{3-12}$$

$$\mathrm{RMSE}=\sqrt{\frac{\sum_{i=1}^{n}(Z_m-Z_p)^2}{n}} \tag{3-13}$$

利用反距离权重法（IDW）、普通克里金法（OK）和在 OK 法基础上基于 DEM 修正的插值法对伊犁河谷 1961～2008 年的年均温、年均最高温度、年均最低温度进行空间插值。交叉验证的结果表明（表 3-4），对伊犁河谷年均温的模拟结果，Kriging 模型的 MAE 和 RMSE 的值都小于 IDW 模型；而对年均最高温度的插值精度，IDW 模型的 MAE、MRE 值都小于 Kriging 模型；IDW 模型对年均最低温度的模拟相比 Kriging 模型有较高的模拟精度。但总体上基于 DEM 修正模型在针对平均气温的空间插值精度都优于其他两种模型。基于 DEM 修正模型充分考虑了气温的空间分布规律，较好地反映了伊犁河谷地区受地形因素影响的温度场分布特征。

表 3-4　不同插值方法交叉验证的结果　（单位：℃）

	模型	年均温	年均最高温度	年均最低温度
MAE	IDW 模型	2.205	2.132	2.368
	Kriging 模型	2.162	2.192	2.454
	基于 DEM 修正模型	1.243	1.286	1.481
MRE	IDW 模型	0.317	0.147	1.276
	Kriging 模型	0.324	0.152	1.600
	基于 DEM 修正模型	0.092	0.065	0.193
RMSE	IDW 模型	2.830	3.049	2.828
	Kriging 模型	2.723	3.048	2.937
	基于 DEM 修正模型	1.523	1.792	1.896

本章研究了 8 月的气温直减率，本书第 5 章中由于是对多期影像进行分析，因此用同样的方法估算 2 月、4 月、6 月、8 月、10 月、12 月的气温直减率。

2. 降水

降水量的影响因素很多，除了宏观因素外，还受地形等不确定因素的影响，所以与经度、纬度、海拔之间的相关性不显著，因此本章用局部插值方法进行降水量的空间模拟。局部插值方法详细见上一节介绍的经典插值方法：反距离权重法（IDW）、普通克里金法（OK）。本章利用以上两种插值方法进行模拟，并采用交叉验证的方法比较了这两种方法的模拟结果，比较时选取的指标为平均误差（mean error，ME）和均方根误差（root mean square error，RMSE）。通过比较最终选用克里金插值法建立伊犁河谷区域降水量的空间分布栅格数据集。

3.3.2.2　地形因子团

在植被生态学和地植物学的经典理论中，地形地貌最早即被看作一种重要的环境因子。与土壤、气候等为植物提供生命物质来源和生存条件的因子不同，地形地貌一直被看作一种“间接”的因素，作为生境条件的综合和空间表现形式，其主要作用是引起生境条件的时空再分配。地形因子中的坡度、坡向以及海拔对太阳的辐射进行了能量的再分配，影响着植被的生长及森林生物量的积累。

1. *坡度及坡向因子*

地表上某点的坡度 S、坡向 A 是地形曲面函数 $Z=f\ (x, y)$ 在东西、南北方向上高程变化率的函数（刘学军等，2004），即：

$$S = \arctan\sqrt{f_x^2 + f_y^2} \tag{3-14}$$

$$A = 270^\circ + \arctan(f_y / f_x) - 90^\circ f_x / |f_x| \tag{3-15}$$

式中，f_x 是南北方向高程的变化率；f_y 是东西方向高程的变化率。

由式（3-14）和式（3-15）可知，要求解地面某点的坡度和坡向，f_x 和 f_y 的求解是关键步骤。格网 DEM 以离散形式表示地形曲面，且曲面函数一般也未知，因此在格网 DEM 上对 f_x 和 f_y 的求解，一般是在局部范围内（3×3 移动窗口，图 3-9），通过数值微分方法或局部曲面拟合方法进行（Ebermeyr，1876）。本章对坡度和坡向进行计算是选择三阶反距离平方权差分方法，见式（3-16）和式（3-17）。

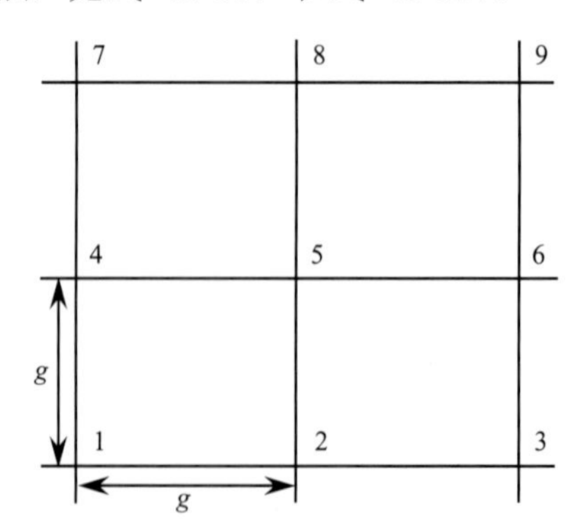

图 3-9　DEM 3×3 局部移动窗口

$$f_x = (Z_7 - Z_1 + 2(Z_8 - Z_2) + Z_9 - Z_3) / 8g \tag{3-16}$$

$$f_y == (Z_3 - Z_1 + 2(Z_6 - Z_4) + Z_9 - Z_7) / 8g \qquad (3\text{-}17)$$

式中，f_x 和 f_y 是图 3-9 中的中心点 5 的坐标值；Z_i（i=1,2,⋯,9）为中心点 5 周围各格网点的高程；g 为格网分辨率。

对提取出的坡度及坡向，按照新疆荒漠化、沙化土地及平原区森林资源调查数据字典坡度和坡向按级分类，分类标准见表 3-5 及表 3-6。

表 3-5　伊犁坡度分级标准

级	坡	坡度
Ⅰ	平	0°～5°
Ⅱ	缓	5°～15°
Ⅲ	斜	15°～25°
Ⅳ	陡	25°～35°
Ⅴ	急	35°～45°
Ⅵ	险	>45°

表 3-6　伊犁坡向分级标准

度数	坡向	度数	坡向
0°～22.5°，337.5°～360°	北	202.5°～247.5°	西南
22.5°～67.5°	东北	247.5°～292.5°	西
67.5°～112.5°	东	292.5°～237.5°	西北
112.5°～157.5°	东南	<0°	无坡向
157.5°～202.5°	南		

提取出的坡度坡向图见图 3-10 和图 3-11。

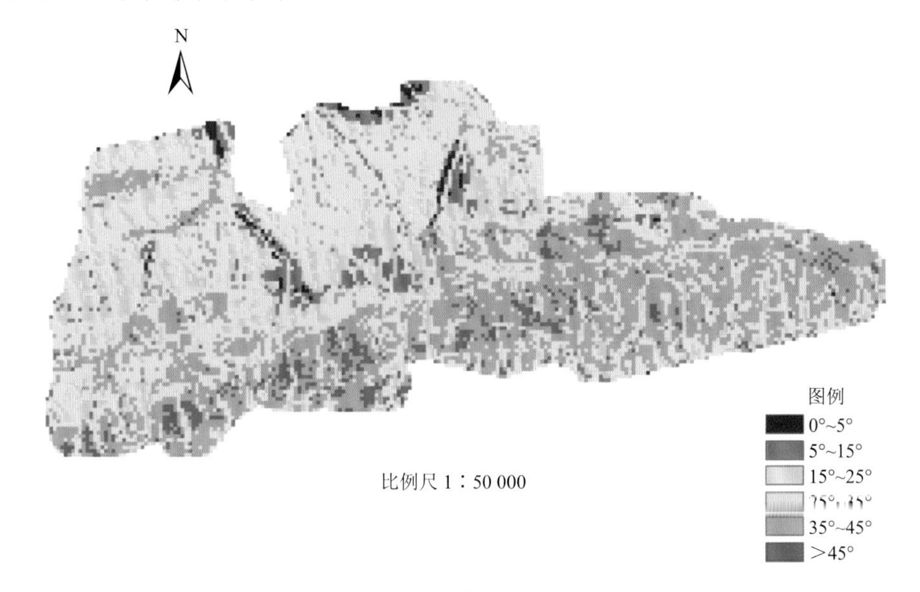

图 3-10　巩留林场坡度分级图

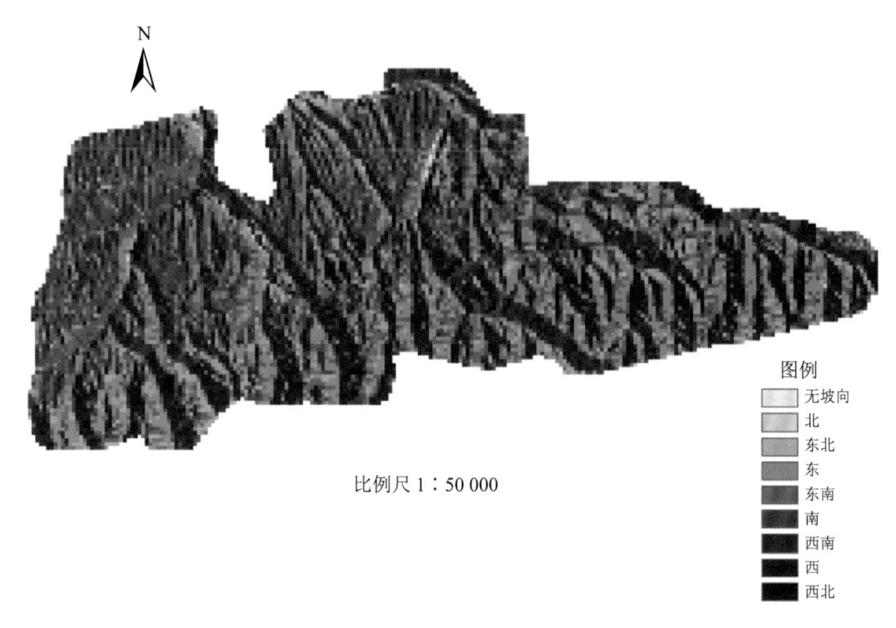

图 3-11　巩留林场坡向分级图

2. 海拔因子

根据张新时等（1964）对伊犁森林垂直带的划分，并做一定的修改，将伊犁森林垂直带按高程分类，分类标准见表 3-7，对伊犁河谷地区的森林垂直带的划分见图 3-12。

表 3-7　伊犁森林垂直分布带分级标准

森林垂直分布带	海拔
亚高山疏林带以上	2700 m 以上
亚高山疏林带	2550～2700 m
上中山森林-草甸带	2250～2550 m
中山森林-草甸带	1700～2250 m
中低山森林草原带	1500～1700 m
中低山森林草原带以下	1500 m 以下

3.3.2.3　森林特征因子团

森林特征因子主要包括如下：年龄、龄级。

凡可以采取同样经营措施的一定年龄范围，称为龄级（聂斯切洛夫，1957）。对于软阔叶树种（如山杨、桦木、赤杨、椴树等）及萌芽生的硬阔叶树种，通常以 10 年为一个龄级，对于针叶树种及实生的硬阔叶树种（如橡树、水青冈、白蜡、槭树），则以 20 年为一个龄级（聂斯切洛夫，1957），对于特殊的速生树种和灌木（如柳树、卫矛等），则以 5 年为一个龄级。本章的天山云杉林则属于 20 年为一个龄级。

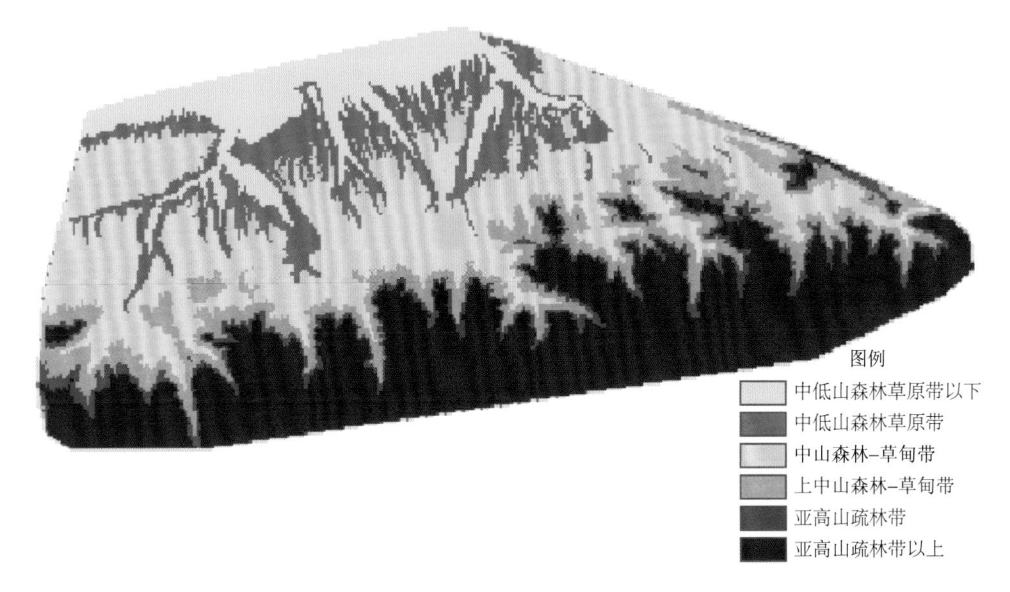

图 3-12　巩留林场森林垂直带划分图

按照不同的年龄阶段对云杉分类，分类标准见表3-8，为有利于样本的分析，本章将天山云杉林划分为幼龄林、中龄林、近熟林、成熟林、过熟林，并将其龄级分别赋值为1、2、3、4、5。具体划分见图 3-13。

表 3-8　伊犁天山云杉林龄级分类标准

云杉林龄级	年龄/a	龄级
幼龄林	0～60	1
中龄林	61～100	2
近熟林	101～120	3
成熟林	121～160	4
过熟林	161 以上	5

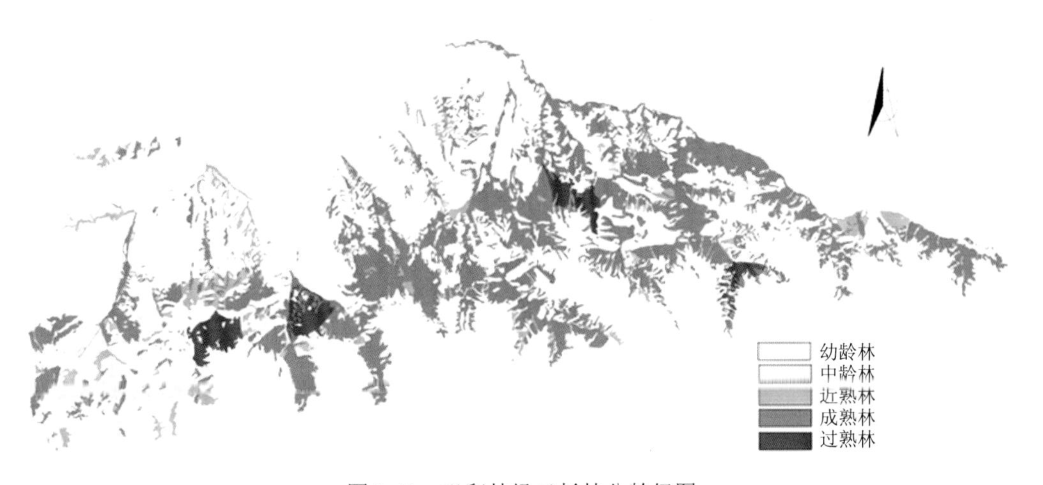

图 3-13　巩留林场云杉林分龄级图

3.3.2.4　遥感因子团

本章所选取的遥感因子团包括环境星数据的 *B*1、*B*2、*B*3、*B*4 四个波段反射率，波段间相加相乘以及 RVI、NDVI、MSAVI、DVI、EVI 植被指数，一共 29 个遥感因子，见表 3-9。

表 3-9　遥感因子团详细列表

单波段	波段相加	波段相乘	植被指数
*B*1	*B*1+*B*2	*B*1×*B*2	RVI：*B*4/*B*3
*B*2	*B*1+*B*3	*B*1×*B*3	NDVI：(*B*4–*B*3)/(*B*4+*B*3)
*B*3	*B*1+*B*4	*B*1×*B*4	MSAVI：$(2\times B4+1)-\mathrm{SQRT}[(2\times B4+1)^2-8\times(B4-B3)/2]$
*B*4	*B*2+*B*3	*B*2×*B*3	DVI：*B*4–*B*3
	*B*2+*B*4	*B*2×*B*4	EVI：(*B*4–*B*3)/(*B*4+3.3×*B*3–4.5×*B*1+0.6)
	*B*3+*B*4	*B*3×*B*4	
	*B*1+*B*2+*B*3	*B*1×*B*2×*B*3	
	*B*1+*B*2+*B*4	*B*1×*B*2×*B*4	
	*B*2+*B*3+*B*4	*B*2×*B*3×*B*4	
	*B*1+*B*3+*B*4	*B*1×*B*3×*B*4	

1. 表观反射率

综合文献资料，对表观反射率的求算有多个不同的提法。例如，场景的大气层顶等价反射率（the TOA equivalent reflectance of scene）（Dinguirard and Slater，1999）、表观星上反射率（apparent at-satellite reflectance）（Hill and Sturm，1991）、星上光谱行星反照率（at-satellite spectral planetary albedos）（Markham and Barker，1987）和等价光谱反照率（equivalent spectral albedo）（Price，1987）等。目前，虽然这个物理量有不同的名称，但是它的定义可以用式（3-18）来表达（Markham and Barker，1987；李镇清，2003）：

$$\rho = \frac{\pi \times L \times D^2}{\mathrm{ESUN} \times \cos\theta} \tag{3-18}$$

式中，ρ 为大气层顶（TOA）表观反射率，无量纲；π 为常量（球面度 sr）；L 是大气层顶进入卫星传感器的光谱辐射亮度，单位是 $\mathrm{W\cdot m^{-2}\cdot sr^{-1}\cdot \mu m^{-1}}$；$D$ 是日地之间距离（天文单位）；ESUN 为大气层顶的平均太阳光谱辐照度，单位是 $\mathrm{W\cdot m^{-2}\cdot \mu m^{-1}}$；$\theta$ 为太阳的天顶角。

可见，求算表观反射率的参数分别是光谱辐射亮度 L，日地之间距离 D，大气层顶的平均太阳光谱辐照度 ESUN 以及太阳的天顶角 θ。首先可以利用式（3-19）计算光谱辐射亮度，式（3-20）计算日地之间距离，ESUN 可以在环境星网站上查到，具体值见表 3-10，太阳的天顶角 θ 也可从头文件中查到。

$$L = \mathrm{DN} / g + L_0 \tag{3-19}$$

$$D = 1 + 0.033 \times \cos\left(\frac{2\pi}{365} J\right) \tag{3-20}$$

式中，DN 为影像的 DN 值；g 和 L_0 可以在影像头文件中查到；J 为该年中所处的天数。

表 3-10　环境减灾星座 A/B 星 CCD 相机大气层外太阳辐照度　（单位：$W \cdot m^{-2} \cdot \mu m^{-1}$）

波段	1	2	3	4
HJ-1A CCD1	1914.324	1825.419	1542.664	1073.826
HJ-1A CCD2	1929.810	1831.144	1549.824	1078.317
HJ-1B CCD1	1902.188	1833.626	1566.714	1077.085
HJ-1B CCD2	1922.897	1823.985	1553.201	1074.544

2. 各植被指数

植被在地球上占有非常大的比例，可以说陆地表面的植被常常是遥感观测和记录的第一表层，是遥感图像反映的最直接的信息，也是人们研究的主要对象（赵英时等，2003）。植被作为地理环境重要的组成部分，它与气候、地貌、土壤条件相适应，并受多种因素控制，对地理环境的依赖性最大，对其他因素的变化反应也最为敏感（赵英时等，2003）。因此，人们往往可以利用遥感获得植被信息的差异，来分析那些并非图像上直接记录的、隐含在植被冠层以下的其他信息（赵英时等，2003）。例如本章正是利用植被遥感这一特点，来反映植被生物量与生产力信息。

遥感图像上的植被信息，主要通过绿色植物叶子和植被冠层的光谱特性及其差异、变化来反映的（赵英时等，2003）。不同光谱通道所获得的植被信息与植被的不同要素或某种特征状态之间的相关性不同，如可见光中绿光波段 0.52～0.59 μm 对区分植物类别敏感（赵英时等，2003）；红光波段 0.63～0.69 μm 对植被覆盖度、植物生长状况敏感等。但是，植被遥感是复杂的，要提取植被信息仅用个别波段或多个单波段数据分析对比是相当局限的（赵英时等，2003）。因而往往将多光谱遥感数据进行分析运算，如加、减、乘、除等线性或非线性组合，即“植被指数”，植被指数对植被长势、生物量具有一定的指示意义。它仅用光增信号——一种简单而有效的形式，在没有任何假设条件下，不需其他辅助资料，来实现对植物状态信息的表达，以定性和定量地评价植被覆盖度、生长活力及生物量等（赵英时等，2003）。

由于植被光谱信息受到植被本身、大气状况以及环境条件等多种因素影响，因此植被指数往往体现了明显的地域性和时效性。20 多年来，国内外学者已研究发展了几十种不同的植被指数模型。本章主要应用了以下几类植被指数模型。

1）比值植被指数（RVI—ratio vegetation index）

由于近红外波段（NIR）和可见光红波段（R）对绿色植物的光谱响应十分不同，二者简单的数值比能够充分表达两反射率之间的差异（赵英时等，2003）。比值植被指数可表达为

$$\mathrm{RVI} = \frac{\mathrm{DN}_{\mathrm{NIR}}}{\mathrm{DN}_{\mathrm{R}}} \text{ 或 } \mathrm{RVI} = \frac{\rho_{\mathrm{NIR}}}{\rho_{\mathrm{R}}} \tag{3-21}$$

式中，DN 为近红外、红波段的灰度计数值；ρ 为地表反射率，也可通过两波段的半球

反射率表示，可以简单表示为 NIR/R，本章是利用反射率的比值。绿色植物叶绿素引起的红光吸收，再加上叶肉组织引起的近红外强反射，使其红波段与近红外波段值有较大的差异，因此 RVI 值高。而对于裸土、人工特征物、水体以及枯死或受胁迫（stress）的植被等地面，因不显示这种特殊的光谱响应，则 RVI 值较低。因此，比值植被指数能够增强植被与土壤背景之间的辐射差异（赵英时等，2003）。由此可见，比值植被指数 RVI 可提供植被反射的重要信息，是植被长势与丰度的度量方法之一（赵英时等，2003）。

2）归一化植被指数（NDVI—normalized difference vegetation index）

由于浓密植被的红光反射很小，因此它的 RVI 值将无界增长，1978 年 Deering 首先提出了归一化差值植被指数 NDVI，它是将比值植被指数 RVI 经过非线性归一化处理得到，比值限定在[–1, 1]的范围内，算法如下：

$$\mathrm{NDVI}=\frac{\mathrm{DN_{NIR}}-\mathrm{DN_R}}{\mathrm{DN_{NIR}}+\mathrm{DN_R}} \text{ 或 } \mathrm{RVI}=\frac{\rho_{\mathrm{NIR}}-\rho_{\mathrm{R}}}{\rho_{\mathrm{NIR}}-\rho_{\mathrm{R}}} \tag{3-22}$$

NDVI 的应用在植被遥感中最为广泛，原因在于：①NDVI 是植被生长状态以及植被覆盖度的最佳指示因子（赵英时等，2003）。前人的许多研究都表明 NDVI 与叶面积系数（LAI）、绿色生物量（biomass）、植被覆盖度、光合作用等植被参数都存在着线性或非线性的关系，它是监测地区或全球植被以及生态环境变化的有效指标（赵英时等，2003）。②NDVI 经过比值化处理，能够部分地消除与卫星观测角、地形、云 / 阴影、太阳高度角以及与大气条件有关的辐照度条件变化等的影响（赵英时等，2003）。③从陆地表面主要覆盖来看，云、水、雪的 NDVI 值为负值（＜0），因为在近红外波段比可见光波段的反射作用弱；裸土、岩石的 NDVI 值接近于 0，因为在近红外波段与可见光波段有相似的反射作用；而在有植被覆盖的情况下，NDVI 值为正值（＞0），且随着植被覆盖度增大而增大。因此，NDVI 特别适合用于全球或各大陆等大尺度的植被动态监测（赵英时等，2003）。

3）修改型土壤调节植被指数（MSAVI—modified soil adjusted vegetation index）

为了解释背景的光学特征变化并修正 NDVI 对土壤背景的敏感，Huete（1988）提出了可适当描述土壤-植被系统的简单模型，即土壤调节植被指数（soil adjusted vegetation index），其表达式为

$$\mathrm{SAVI}=\left(\frac{\mathrm{DN_{NIR}}-\mathrm{DN_R}}{\mathrm{DN_{NIR}}+\mathrm{DN_R}+L}\right)(1+L) \text{ 或 } \mathrm{SAVI}=\left(\frac{\rho_{\mathrm{NIR}}-\rho_{\mathrm{R}}}{\rho_{\mathrm{NIR}}+\rho_{\mathrm{R}}+L}\right)(1+L) \tag{3-23}$$

式中，L 是土壤调节系数。Huete 研究发现土壤调节系数随植被浓度而变化，因此把对植被量的先验知识为基础的一个常数引入，作为 L 的调整值，用来减小植被指数对不同土壤反射变化的敏感性，L 的调节值由实际区域条件而定。在中等植被盖度区，L 一般接近于 0.5。当 L 为 0 时，SAVI 就是 NDVI。为了保持与 NDVI 值的取值范围一样，将乘法因子（$1+L$）加入，用来保证最后的 SAVI 值介于–1 和+1 之间。

一般来说，在土壤线参数为 $a=1$，$b=0$ 时，SAVI 才适用。Baret 等提出为避免植被指数在低 LAI 值时出现错误，植被指数应该依据特殊的土壤线特征来校正。为此他们又提出了转换型土壤调节指数（TSAVI）（Baret et al.，1989；Broge and Leblane，2001），

算法表示如下：

$$\mathrm{TSAVI}=[a(\mathrm{NIR}-a\mathrm{R}-b)]/[a\mathrm{NIR}+\mathrm{R}-ab+x(1+a^2)] \tag{3-24}$$

式中，a为土壤背景的亮度变化线（土壤背景线）的斜率；b土壤背景的亮度变化线（土壤背景线）的截距。实验证明，SAVI和TSAVI在描述土壤背景和植被覆盖方面有着较大的优势。由于考虑了裸土土壤背景的有关参数，在低植被盖度区例如半干旱地区，TSAVI植被指数比 NDVI植被指数具有更好的指示意义。

1990年，Major等（1990）又提出一个对转换型土壤调节指数（TSAVI）校正的植被指数——ATSAVI，算法表示如下：

$$\mathrm{ATSAVI}=[a(\mathrm{NIR}-a\mathrm{R}-b)]/[a\mathrm{NIR}+\mathrm{R}-ab+x(1+a^2)] \tag{3-25}$$

转换型土壤调节指数（TSAVI）和校正的转换型土壤调节指数（ATSAVI）均是对SAVI的改进，不是假设它们为1和0，而着眼于土壤背景线实际的a和b值。

为了减少土壤调节植被指数（SAVI）中裸土的影响，发展了修改型土壤调节植被指数（MSAVI），算法如下：

$$\mathrm{MSAVI}=\left[(2\mathrm{NIR}+1)-\sqrt{(2\mathrm{NIR}+1)^2-8(\mathrm{NIR}-\mathrm{R})}\right]/2 \tag{3-26}$$

本章正是利用修改型土壤调节植被指数（MSAVI）来求算与生物量的关系。

4）差值植被指数（DVI—deference vegetation index）

近红外波段与可见光红波段数值之差既为差值植被指数（DVI）。算法如下：

$$\mathrm{DVI}=\mathrm{DN}_{\mathrm{NIR}}-\mathrm{DN}_{\mathrm{R}} \tag{3-27}$$

差值植被指数RVI的应用远不如比值植被指数RVI、归一化植被指数NDVI，但它又对土壤背景的变化很敏感，非常有利于植被生态环境的监测，因此又称为环境植被指数。当植被覆盖较为浓密（＞80%）时，它对植被的灵敏度下降，因此差值植被指数（DVI）较适用于植被发育的早期到中期，或低到中覆盖度的植被监测（赵英时等，2003）。

5）增强型植被指数（EVI—enhanced vegetation index）

考虑到土壤、大气、饱和等问题，Liu和Huete（1995）研究发现，土壤和大气互相影响，减少其中一个噪音可能增加了另一个，于是他们针对Modis数据通过参数构建了一个同时校正土壤和大气影响的植被指数，即“增强型植被指数”，算法如下：

$$\mathrm{EVI}=2.5\times\frac{\rho_{\mathrm{NIR}}-\rho_{\mathrm{R}}}{\rho_{\mathrm{NIR}}+(6\times\rho_{\mathrm{R}}-7.5\times\rho_{\mathrm{BLUE}})+1} \tag{3-28}$$

而对于TM影像数据，其参数又有不同，环境星CCD数据与TM波段设置类似，因此可以借鉴其增强型植被指数（EVI）的算法：

$$\mathrm{EVI}=(\rho_{\mathrm{NIR}}-\rho_{\mathrm{R}})/(\rho_{\mathrm{NIR}}+3.3\times\rho_{\mathrm{R}}-4.5\times\rho_{\mathrm{BLUE}}+0.6) \tag{3-29}$$

巩留林场东部地区各植被指数见图3-14。

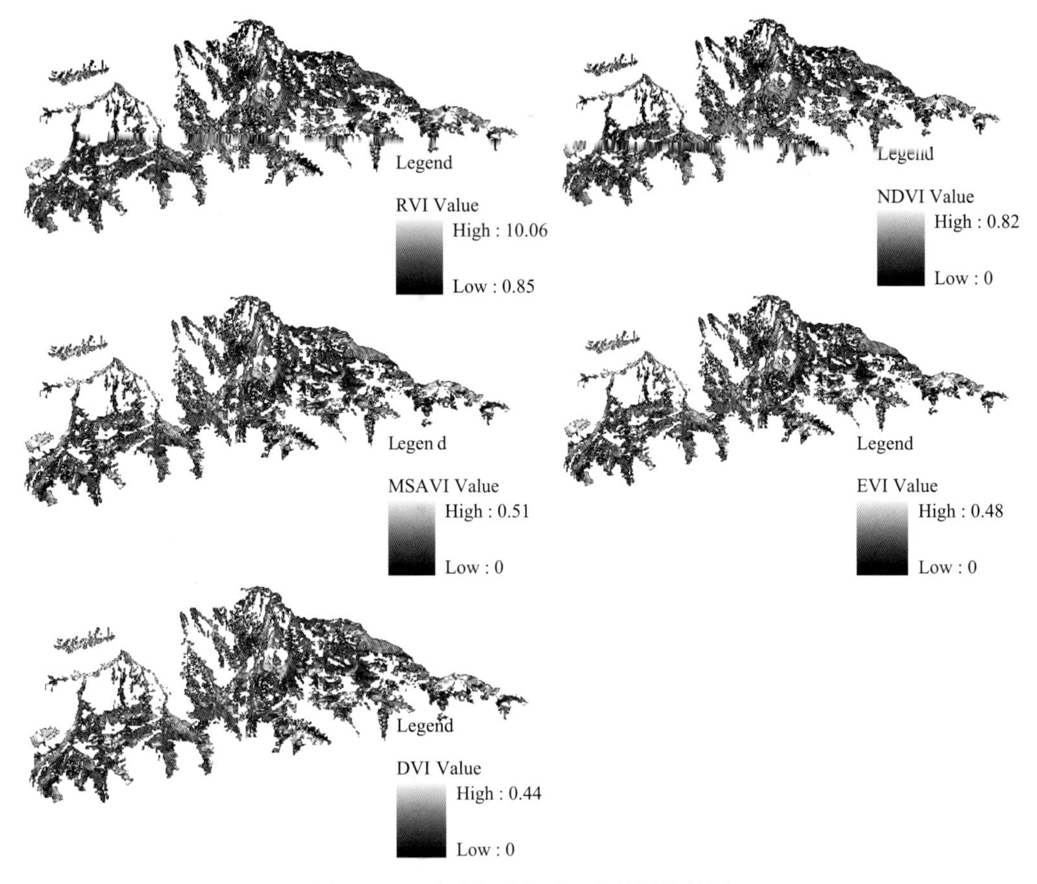

图 3-14 巩留林场东部地区各植被指数图

3.3.3 模型模拟

3.3.3.1 全林生物量模型

经计算，全林生物量与水热因子团、地形因子团、森林特征因子团以及遥感因子团中的各因子的相关系数见表 3-11，可以看出，从整个林区尺度来看，生物量与水热因子团中的平均气温、最高气温、最低气温、降水这些水热的分布因子有较高的相关性，与地形因子团中的海拔、坡度具有较高的相关性，与遥感因子团的 $B3$、$B2+B3$ 以及 $B1\times B3$ 都有较高的相关性，说明水热分布、间接影响水热分布以及地表状况（遥感反演出的因子）的因子决定了生物量的分布状况，但遥感因子团与生物量的相关性要低于水热因子团、地形因子团等，为了更深入地分析全部因子团以及各因子团与生物量的关系，本章分以下 3 种情况建模：

（1）以水热分布、间接影响水热分布以及地表状况（遥感反演出的因子）的多因子为基础建立模型；

（2）以遥感因子团为基础建立模型；

（3）以间接影响水热分布的坡度坡向因子，建立极化生物量模型。

表 3-11　全林生物量与各因子团的相关性分析表

	B	T	T_{MAX}	T_{MIN}	P	B1	B2	B3	B4	B1+B2	B1+B3	B1+B4	B2+B3	B2+B4	B3+B4	B1+B2+B3	B1+B2+B4	B2+B3+B4	B1+B3+B4	B1×B2
B	1	0.409**	0.401**	0.401**	0.142*	−0.346**	−0.396**	−0.450**	−0.315**	−0.379**	−0.422**	−0.325**	−0.430**	−0.337**	−0.361**	−0.414**	−0.341**	−0.369**	−0.362**	−0.383**
T	0.409**	1	0.997**	0.996**	0.133*	−0.232**	−0.397**	−0.509**	−0.329**	−0.331**	−0.422**	−0.316**	−0.464**	−0.349**	−0.389**	−0.414**	−0.335**	−0.392**	−0.371**	−0.355**
T_{MAX}	0.401**	0.997**	1	0.999**	0.067	−0.243**	−0.401**	−0.510**	−0.327**	−0.338**	−0.426**	−0.317**	−0.466**	−0.348**	−0.388**	−0.418**	−0.336**	−0.392**	−0.371**	−0.361**
T_{MIN}	0.401**	0.996**	0.999**	1	0.047	−0.252**	−0.406**	−0.512**	−0.330**	−0.345**	−0.430**	−0.321**	−0.470**	−0.352**	−0.391**	−0.423**	−0.340**	−0.395**	−0.375**	−0.366**
P	0.142*	0.133*	0.067	0.047	1	0.187**	0.064	−0.018	−0.025	0.117	0.053	0.014	0.017	−0.004	−0.023	0.057	0.024	−0.007	0.006	0.088
B1	−0.346**	−0.232**	−0.243**	−0.252**	0.187**	1	0.963**	0.924**	0.906**	0.987**	0.967**	0.936**	0.945**	0.929**	0.926**	0.968**	0.947**	0.937**	0.945**	0.977**
B2	−0.396**	−0.397**	−0.401**	−0.406**	0.064	0.963**	1	0.979**	0.947**	0.994**	0.991**	0.963**	0.993**	0.968**	0.972**	0.996**	0.976**	0.981**	0.979**	0.995**
B3	−0.450**	−0.509**	−0.510**	−0.512**	−0.018	0.924**	0.979**	1	0.924**	0.965**	0.991**	0.937**	0.996**	0.946**	0.962**	0.989**	0.951**	0.969**	0.965**	0.971**
B4	−0.315**	−0.329**	−0.327**	−0.330**	−0.025	0.906**	0.947**	0.924**	1	0.938**	0.934**	0.997**	0.938**	0.997**	0.993**	0.940**	0.993**	0.989**	0.990**	0.937**
B1+B2	−0.379**	−0.331**	−0.338**	−0.345**	0.117	0.987**	0.994**	0.965**	0.938**	1	0.990**	0.961**	0.982**	0.960**	0.962**	0.993**	0.973**	0.971**	0.974**	0.996**
B1+B3	−0.422**	−0.422**	−0.426**	−0.430**	0.053	0.967**	0.991**	0.991**	0.934**	0.990**	1	0.953**	0.996**	0.957**	0.966**	0.999**	0.967**	0.975**	0.975**	0.990**
B1+B4	−0.325**	−0.316**	−0.317**	−0.321**	0.014	0.936**	0.963**	0.937**	0.997**	0.961**	0.953**	1	0.953**	0.999**	0.995**	0.958**	0.998**	0.993**	0.996**	0.958**
B2+B3	−0.430**	−0.464**	−0.466**	−0.470**	0.017	0.945**	0.993**	0.996**	0.938**	0.982**	0.996**	0.953**	1	0.960**	0.971**	0.997**	0.967**	0.979**	0.976**	0.986**
B2+B4	−0.337**	−0.349**	−0.348**	−0.352**	−0.004	0.929**	0.968**	0.946**	0.997**	0.960**	0.957**	0.999**	0.960**	1	0.998**	0.962**	0.999**	0.997**	0.997**	0.960**
B3+B4	−0.361**	−0.389**	−0.388**	−0.391**	−0.023	0.926**	0.972**	0.962**	0.993**	0.962**	0.966**	0.995**	0.971**	0.998**	1	0.970**	0.996**	0.999**	0.999**	0.963**
B1+B2+B3	−0.414**	−0.414**	−0.418**	−0.423**	0.057	0.968**	0.996**	0.989**	0.940**	0.993**	0.999**	0.958**	0.997**	0.962**	0.970**	1	0.972**	0.979**	0.978**	0.994**
B1+B2+B4	−0.341**	−0.335**	−0.336**	−0.340**	0.024	0.947**	0.976**	0.951**	0.993**	0.973**	0.967**	0.998**	0.967**	0.999**	0.996**	0.972**	1	0.997**	0.998**	0.971**
B2+B3+B4	−0.369**	−0.392**	−0.392**	−0.395**	−0.007	0.937**	0.981**	0.969**	0.989**	0.971**	0.975**	0.993**	0.979**	0.997**	0.999**	0.979**	0.997**	1	0.999**	0.972**
B1+B3+B4	−0.362**	−0.371**	−0.371**	−0.375**	0.006	0.945**	0.979**	0.965**	0.990**	0.974**	0.975**	0.996**	0.976**	0.997**	0.999**	0.978**	0.998**	0.999**	1	0.973**
B1×B2	−0.383**	−0.355**	−0.361**	−0.366**	0.088	0.977**	0.995**	0.971**	0.937**	0.996**	0.990**	0.958**	0.986**	0.960**	0.963**	0.994**	0.971**	0.972**	0.973**	1
B1×B3	−0.424**	−0.446**	−0.448**	−0.452**	0.021	0.951**	0.986**	0.993**	0.927**	0.980**	0.996**	0.945**	0.995**	0.950**	0.962**	0.995**	0.959**	0.971**	0.969**	0.988**
B1×B4	−0.330**	−0.319**	−0.319**	−0.323**	0.013	0.944**	0.969**	0.945**	0.990**	0.967**	0.961**	0.996**	0.960**	0.995**	0.993**	0.966**	0.996**	0.992**	0.995**	0.970**
B2×B3	−0.420**	−0.467**	−0.468**	−0.471**	−0.009	0.930**	0.984**	0.991**	0.928**	0.970**	0.987**	0.941**	0.993**	0.950**	0.962**	0.988**	0.956**	0.970**	0.966**	0.983**
B2×B4	−0.351**	−0.376**	−0.375**	−0.378**	−0.018	0.926**	0.975**	0.959**	0.980**	0.963**	0.965**	0.984**	0.971**	0.989**	0.990**	0.970**	0.988**	0.991**	0.990**	0.974**
B3×B4	−[illegible].380**	−0.436**	−0.433**	−0.435**	−0.057	0.911**	0.969**	0.975**	0.967**	0.953**	0.970**	0.970**	0.977**	0.977**	0.985**	0.972**	0.976**	0.986**	0.984**	0.967**
B1×B2×B3	−[illegible].404**	−0.435**	−0.436**	−0.439**	0.006	0.934**	0.978**	0.980**	0.920**	0.968**	0.981**	0.935**	0.984**	0.942**	0.953**	0.982**	0.950**	0.961**	0.959**	0.985**
B1×B2×B4	−[illegible].348**	−0.361**	−0.361**	−0.364**	−0.004	0.932**	0.971**	0.955**	0.963**	0.963**	0.963**	0.971**	0.966**	0.975**	0.976**	0.968**	0.977**	0.979**	0.979**	0.977**
B2×B3×B4	−[illegible]401**	−0.441**	−0.441**	−0.444**	−0.005	0.924**	0.974**	0.977**	0.917**	0.962**	0.976**	0.931**	0.981**	0.939**	0.950**	0.977**	0.946**	0.958**	0.955**	0.980**
B1×B3×B4	−[illegible]371**	−0.412**	−0.410**	−0.412**	−0.039	0.917**	0.965**	0.968**	0.953**	0.953**	0.967**	0.960**	0.971**	0.965**	0.973**	0.968**	0.967**	0.976**	0.974**	0.970**
NDVI	0.[illegible]51**	0.457**	0.462**	0.460**	0.006	−0.024	−0.062	−0.174**	0.201**	−0.047	−0.125	0.162*	−0.128	0.140*	0.091	−0.105	0.117	0.063	0.076	−0.071
RVI	0.[illegible]47**	0.470**	0.475**	0.472**	0.013	−0.025	−0.071	−0.185**	0.195**	−0.052	−0.132*	0.157*	−0.138*	0.134*	0.083	−0.112	0.112	0.056	0.069	−0.076
MSAVI	−0.[illegible]51**	−0.249**	−0.246**	−0.249**	−0.027	0.864**	0.897**	0.859**	0.990**	0.891**	0.876**	0.981**	0.880**	0.977**	0.966**	0.885**	0.969**	0.958**	0.961**	0.888**
DVI	−0.[illegible]97**	−0.180**	−0.177**	−0.180**	−0.027	0.817**	0.844**	0.794**	0.966**	0.840**	0.816**	0.953**	0.819**	0.947**	0.930**	0.827**	0.936**	0.918**	0.923**	0.834**

续表

	B	T	T_{MAX}	T_{MIN}	P	B1	B2	B3	B4	B1+B2	B1+B3	B1+B4	B2+B3	B2+B4	B3+B4	B1+B2+B3	B1+B2+B4	B2+B3+B4	B1+B3+B4	B1×B2
EVI	−0.064	0.044	0.044	0.037	0.065	0.721**	0.699**	0.610**	0.859**	0.715**	0.660**	0.846**	0.651**	0.829**	0.798**	0.674**	0.821**	0.783**	0.794**	0.693**
LJ	0.333**	−0.231**	−0.205**	−0.198**	−0.400**	−0.206**	−0.12	−0.053	−0.117	−0.157*	−0.107	−0.135*	−0.082	−0.119	−0.1	−0.112	−0.133*	−0.104	−0.115	−0.133*
DEM	−0.426**	−0.904**	−0.897**	−0.896**	−0.174**	0.246**	0.386**	0.498**	0.323**	0.330**	0.419**	0.313**	0.453**	0.341**	0.381**	0.409**	0.330**	0.383**	0.366**	0.350**
SLOPE	−0.235**	−0.418**	−0.414**	−0.412**	−0.094	0.113	0.208**	0.278**	0.131*	0.170**	0.225**	0.130*	0.250**	0.151*	0.178**	0.220**	0.147*	0.184**	0.170**	0.180**
ASPECT	0.082	−0.023	−0.041	−0.022	0.002	−0.087	−0.058	−0.037	−0.061	−0.07	−0.055	−0.066	−0.046	−0.061	−0.055	−0.056	−0.065	−0.055	−0.059	−0.055
ASPECT_Ö	0.005	−0.018	−0.045	−0.014	−0.041	0.005	0.043	0.076	0.037	0.027	0.052	0.031	0.062	0.038	0.049	0.049	0.034	0.048	0.043	0.031
GC	−0.409**	−0.986**	−0.982**	−0.980**	−0.152*	0.227**	0.393**	0.505**	0.332**	0.327**	0.417**	0.318**	0.460**	0.350**	0.390**	0.410**	0.335**	0.392**	0.371**	0.351**
NL	0.345**	−0.275**	−0.253**	−0.244**	−0.380**	−0.229**	−0.130*	−0.055	−0.144*	−0.173**	−0.116	−0.162*	−0.087	−0.142*	−0.12	−0.121	−0.156*	−0.122	−0.136*	−0.145*

	B1×B3	B1×B4	B2×B3	B2×B4	B3×B4	B1×B2×B3	B1×B2×B4	B2×B3×B4	B1×B3×B4	NDVI	RVI	MSAVI	DVI	EVI	LJ	DEM	SLOPE	ASPECT	ASPECT_Ö	GC	NL
B	−0.424**	−0.330**	−0.420**	−0.351**	−0.380**	−0.404**	−0.348**	−0.401**	−0.371**	0.351**	0.347**	−0.251**	−0.197**	−0.064	0.333**	−0.426**	−0.235**	0.082	0.005	−0.409**	0.345**
T	−0.446**	−0.319**	−0.467**	−0.376**	−0.436**	−0.435**	−0.361**	−0.441**	−0.412**	0.457**	0.470**	−0.249**	−0.180**	0.044	−0.231**	−0.904**	−0.418**	−0.023	−0.018	−0.986**	−0.275**
T_{MAX}	−0.448**	−0.319**	−0.468**	−0.375**	−0.433**	−0.436**	−0.361**	−0.441**	−0.410**	0.462**	0.475**	−0.246**	−0.177**	0.044	−0.205**	−0.897**	−0.414**	−0.041	−0.045	−0.982**	−0.253**
T_{MIN}	−0.452**	−0.323**	−0.471**	−0.378**	−0.435**	−0.439**	−0.364**	−0.444**	−0.412**	0.460**	0.472**	−0.249**	−0.180**	0.037	−0.198**	−0.896**	−0.412**	−0.022	−0.014	−0.980**	−0.244**
P	0.021	0.013	−0.009	−0.018	−0.057	0.006	−0.004	−0.005	−0.039	0.006	0.013	−0.027	−0.027	0.065	−0.400**	−0.174**	−0.094	0.002	−0.041	−0.152*	−0.380**
B1	0.951**	0.944**	0.930**	0.926**	0.911**	0.934**	0.932**	0.924**	0.917**	−0.024	−0.025	0.864**	0.817**	0.721**	−0.206**	0.246**	0.113	−0.087	0.005	0.227**	−0.229**
B2	0.986**	0.969**	0.984**	0.975**	0.969**	0.978**	0.971**	0.974**	0.965**	−0.062	−0.071	0.897**	0.844**	0.699**	−0.12	0.386**	0.208**	−0.058	0.043	0.393**	−0.130*
B3	0.993**	0.945**	0.991**	0.959**	0.975**	0.980**	0.955**	0.977**	0.968**	−0.174**	−0.185**	0.859**	0.794**	0.610**	−0.053	0.498**	0.278**	−0.037	0.076	0.505**	−0.055
B4	0.927**	0.990**	0.928**	0.980**	0.967**	0.920**	0.963**	0.917**	0.953**	0.201**	0.195**	0.990**	0.966**	0.859**	−0.117	0.323**	0.131*	−0.061	0.037	0.332**	−0.144*
B1+B2	0.980**	0.967**	0.970**	0.963**	0.953**	0.968**	0.963**	0.962**	0.953**	−0.047	−0.052	0.891**	0.840**	0.715**	−0.157*	0.330**	0.170**	−0.07	0.027	0.327**	−0.173**
B1+B3	0.996**	0.961**	0.987**	0.965**	0.970**	0.981**	0.963**	0.976**	0.967**	−0.125	−0.132*	0.876**	0.816**	0.660**	−0.107	0.419**	0.225**	−0.055	0.052	0.417**	−0.116
B1+B4	0.945**	0.996**	0.941**	0.984**	0.970**	0.935**	0.971**	0.931**	0.960**	0.162*	0.157*	0.981**	0.953**	0.846**	−0.135*	0.313**	0.130*	−0.066	0.031	0.318**	−0.162*
B2+B3	0.995**	0.960**	0.993**	0.971**	0.977**	0.984**	0.966**	0.981**	0.971**	−0.128	−0.138*	0.880**	0.819**	0.651**	−0.082	0.453**	0.250**	−0.046	0.062	0.460**	−0.087
B2+B4	0.950**	0.995**	0.950**	0.989**	0.977**	0.942**	0.975**	0.939**	0.965**	0.140*	0.134*	0.977**	0.947**	0.829**	−0.119	0.341**	0.151*	−0.061	0.038	0.350**	−0.142*
B3+B4	0.962**	0.993**	0.962**	0.990**	0.985**	0.953**	0.976**	0.950**	0.973**	0.091	0.083	0.966**	0.930**	0.798**	−0.1	0.381**	0.178**	−0.055	0.049	0.390**	−0.12
B1+B2+B3	0.995**	0.966**	0.988**	0.970**	0.972**	0.982**	0.968**	0.977**	0.968**	−0.105	−0.112	0.885**	0.827**	0.674**	−0.112	0.409**	0.220**	−0.056	0.049	0.410**	−0.121
B1+B2+B4	0.959**	0.996**	0.956**	0.988**	0.976**	0.950**	0.977**	0.946**	0.967**	0.117	0.112	0.969**	0.936**	0.821**	−0.133*	0.330**	0.147*	−0.065	0.034	0.335**	−0.156*
B2+B3+B4	0.971**	0.992**	0.970**	0.991**	0.986**	0.961**	0.979**	0.958**	0.976**	0.063	0.056	0.958**	0.918**	0.783**	−0.104	0.383**	0.184**	−0.055	0.048	0.392**	−0.122
B1+B3+B4	0.969**	0.995**	0.966**	0.990**	0.984**	0.959**	0.979**	0.955**	0.974**	0.076	0.069	0.961**	0.923**	0.794**	−0.115	0.366**	0.170**	−0.059	0.043	0.371**	−0.136*
B1×B2	0.988**	0.970**	0.983**	0.974**	0.967**	0.985**	0.977**	0.980**	0.970**	−0.071	−0.076	0.888**	0.834**	0.693**	−0.133*	0.350**	0.180**	−0.055	0.031	0.351**	−0.145*
B1×B3	1	0.959**	0.996**	0.969**	0.979**	0.993**	0.972**	0.990**	0.980**	−0.151*	−0.158*	0.867**	0.804**	0.632**	−0.082	0.439**	0.236**	−0.039	0.059	0.441**	−0.086
B1×B4	0.959**	1	0.957**	0.993**	0.982**	0.957**	0.988**	0.954**	0.979**	0.115	0.112	0.968**	0.936**	0.815**	−0.125	0.316**	0.135*	−0.056	0.027	0.319**	−0.148*
B2×B3	0.996**	0.957**	1	0.975**	0.985**	0.997**	0.978**	0.996**	0.986**	−0.147*	−0.156*	0.868**	0.806**	0.623**	−0.059	0.454**	0.247**	−0.026	0.066	0.463**	−0.061
B2×B4	0.969**	0.993**	0.975**	1	0.993**	0.974**	0.996**	0.974**	0.991**	0.051	0.045	0.950**	0.911**	0.765**	−0.089	0.365**	0.176**	−0.038	0.041	0.375**	−0.104
B3×B4	0.979**	0.982**	0.985**	0.993**	1	0.982**	0.991**	0.982**	0.996**	−0.02	−0.028	0.927**	0.879**	0.710**	−0.054	0.425**	0.218**	−0.026	0.062	0.434**	−0.063

续表

	$B1\times B3$	$B1\times B4$	$B2\times B3$	$B2\times B4$	$B3\times B4$	$B1\times B2\times B3$	$B1\times B2\times B4$	$B2\times B3\times B4$	$B1\times B3\times B4$	NDVI	RVI	MSAVI	DVI	EVI	LJ	DEM	SLOPE	ASPECT	ASPECT_·Ö	GC	NL
$B1\times B2\times B3$	0.993**	0.957**	0.997**	0.974**	0.982**	1	0.983**	0.999**	0.989**	−0.142*	−0.150*	0.861**	0.800**	0.621**	−0.069	0.423**	0.223**	−0.022	0.057	0.430**	−0.071
$B1\times B2\times B4$	0.972**	0.988**	0.978**	0.996**	0.991**	0.983**	1	0.983**	0.995**	0.016	0.012	0.930**	0.887**	0.736**	−0.091	0.351**	0.167*	−0.031	0.034	0.359**	−0.103
$B2\times B3\times B4$	0.990**	0.954**	0.996**	0.974**	0.982**	0.999**	0.983**	1	0.989**	−0.143*	−0.150*	0.859**	0.798**	0.615**	−0.06	0.427**	0.226**	−0.016	0.06	0.436**	−0.061
$B1\times B3\times B4$	0.980**	0.979**	0.986**	0.991**	0.996**	0.989**	0.995**	0.989**	1	−0.039	−0.046	0.911**	0.862**	0.692**	−0.06	0.402**	0.203**	−0.02	0.053	0.409**	−0.068
NDVI	−0.151*	0.115	−0.147*	0.051	−0.02	−0.142*	0.016	−0.143*	−0.039	1	0.991**	0.334**	0.436**	0.646**	−0.180**	−0.453**	−0.392**	−0.065	−0.059	−0.436**	−0.246**
RVI	−0.158*	0.112	−0.156*	0.045	−0.028	−0.150*	0.012	−0.150*	−0.046	0.991**	1	0.330**	0.434**	0.648**	−0.197**	−0.455**	−0.415**	−0.068	−0.081	−0.451**	−0.267**
MSAVI	0.867**	0.968**	0.868**	0.950**	0.927**	0.861**	0.930**	0.859**	0.911**	0.334**	0.330**	1	0.993**	0.918**	−0.136*	0.244**	0.071	−0.067	0.021	0.254**	−0.172**
DVI	0.804**	0.936**	0.806**	0.911**	0.879**	0.800**	0.887**	0.798**	0.862**	0.436**	0.434**	0.993**	1	0.953**	−0.150*	0.177**	0.021	−0.072	0.007	0.187**	−0.192**
EVI	0.632**	0.815**	0.623**	0.765**	0.710**	0.621**	0.736**	0.615**	0.692**	0.646**	0.648**	0.918**	0.953**	1	−0.235**	−0.035	−0.126	−0.104	−0.034	−0.034	−0.295**
LJ	−0.082	−0.125	−0.059	−0.089	−0.054	−0.069	−0.091	−0.06	−0.06	−0.180**	−0.197**	−0.136*	−0.150*	−0.235**	1	0.202**	0.192**	0.077	0.03	0.220**	0.925**
DEM	0.439**	0.316**	0.454**	0.365**	0.425**	0.423**	0.351**	0.427**	0.402**	−0.453**	−0.455**	0.244**	0.177**	−0.035	0.202**	1	0.380**	0.018	0.015	0.893**	0.231**
SLOPE	0.236**	0.135*	0.247**	0.176**	0.218**	0.223**	0.167*	0.226**	0.203**	−0.392**	−0.415**	0.071	0.021	−0.126	0.192**	0.380**	1	−0.023	−0.001	0.423**	0.229**
ASPECT	−0.039	−0.056	−0.026	−0.038	−0.026	−0.022	−0.031	−0.016	−0.02	−0.065	−0.068	−0.067	−0.072	−0.104	0.077	0.018	−0.023	1	0.577**	0.01	0.129*
ASPECT_·Ö	0.059	0.027	0.066	0.041	0.062	0.057	0.034	0.06	0.053	−0.059	−0.081	0.021	0.007	−0.034	0.03	0.015	−0.001	0.577**	1	0.014	0.088
GC	0.441**	0.319**	0.463**	0.375**	0.434**	0.430**	0.359**	0.436**	0.409**	−0.436**	−0.451**	0.254**	0.187**	−0.034	0.220**	0.893**	0.423**	0.01	0.014	1	0.268**
NL	−0.086	−0.148*	−0.061	−0.104	−0.063	−0.071	−0.103	−0.061	−0.068	−0.246**	−0.267**	−0.172**	−0.192**	−0.295**	0.925**	0.231**	0.229**	0.129*	0.088	0.268**	1

*相关性在 0.05 水平上显著（双边）；

**相关性在 0.01 水平上显著（双边）；余表同。

1. 多因子团模型

对于多因子团选取因子方面，由于平均气温与最高气温、最低气温具有极高的相关性，$B3$ 与 $B2+B3$、$B1\times B3$ 也有极高的相关性，因此在建立模型时不需要重复，水汽因子团只选取了气温与降水；地形因子团只选取 DEM 信息以及坡度因子；森林特征因子选取年龄因子；遥感因子团只选取 $B3$ 作为建立模型的因子，建立全区生物量多元回归模型。模型参数及回归方程见表 3-12。

表 3-12 全林生物量多因子团模型参数

回归方程	R	R^2	F	Sig
B=–25.965+7.047T+19.437P –665.657$B3$–8.299 DEM–0.922 SLOPE+1.373NL	0.718	0.516	40.097	0.000

注：B 为生物量，单位是 $t\cdot hm^{-2}$；T 为平均气温；P 为月总降水量；$B3$ 为环境星 CCD 数据的第三波段的反射率；DEM 为垂直带类型；SLOPE 为坡度；NL 为云杉林的年龄。

2. 遥感因子团模型

对于全林来说，不分垂直带谱也不分年龄，可以看出生物量与遥感因子团相关性不是很明显，众多遥感因子中，天山云杉林生物量与植被指数的相关性不够显著，$B3$ 与生物量相关性较高，其散点图见图 3-15，根据 3.3.3.1 的分析，我们选择 NDVI、RVI 和 EVI 3 个因子，分别建立线性方程（Linear）、二次方程（Quadratic）、复合曲线模型（Compound）、倒数模型（Inverse）、等比级数曲线模型（Growth）、对数方程（Logarithmic）、三次方程（Cubic）、S 曲线（S）、指数方程（Exponential）、乘幂曲线模型（Power）10 种模型（表 3-13），对比方程的相关系数 R 及显著性水平等参数，建立多种线性及非线性模型，最终根据拟合程度（图 3-16）选定为三次方模型：

$$B=28.098+11054.172\times B3-210532.212\times B3^2+1097574.676\times B3^3$$

其中，B 为生物量；$B3$ 为环境星 CCD 数据的第三波段的反射率。

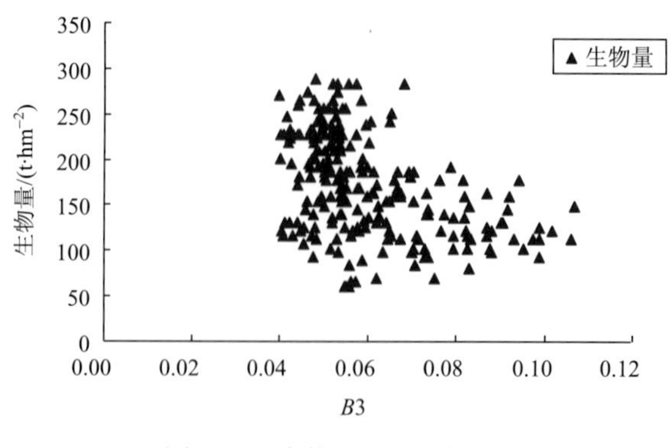

图 3-15 生物量与 $B3$ 散点图

表 3-13　全林生物量与 *B*3 线性及非线性模型

	回归方程（与 *B*3）	*R*	R^2	*F*	Sig
Linear	Y=274.255–1709.041×$B3$	0.450	0.203	58.706	0.000
Logarithmic	Y=–146.630–112.065×ln$B3$	0.455	0.207	60.289	0.000
Inverse	Y=52.803–6.775/$B3$	0.449	0.202	58.385	0.000
Quadratic	Y=358.637–4346.232×$B3$+19333.306×$B3^2$	0.459	0.210	30.619	0.000
Cubic	Y=28.098+11054.172×$B3$–210532.212×$B3^2$+1097574.676×$B3^3$	0.468	0.219	21.372	0.000
Compound	$Y=299.042\times(3.72\times10^{-5})^{B3}$	0.429	0.184	52.010	0.000
Power	$Y=24.123\times B3^{-0.671}$	0.435	0.189	53.766	0.000
S	$Y=e^{4.375+0.041/B3}$	0.430	0.185	52.502	0.000
Growth	$Y=e^{(5.701-10.2\times B3)}$	0.429	0.184	52.010	0.000
Exponential	$Y=299.042e^{-10.2\times B3}$	0.429	0.184	52.010	0.000

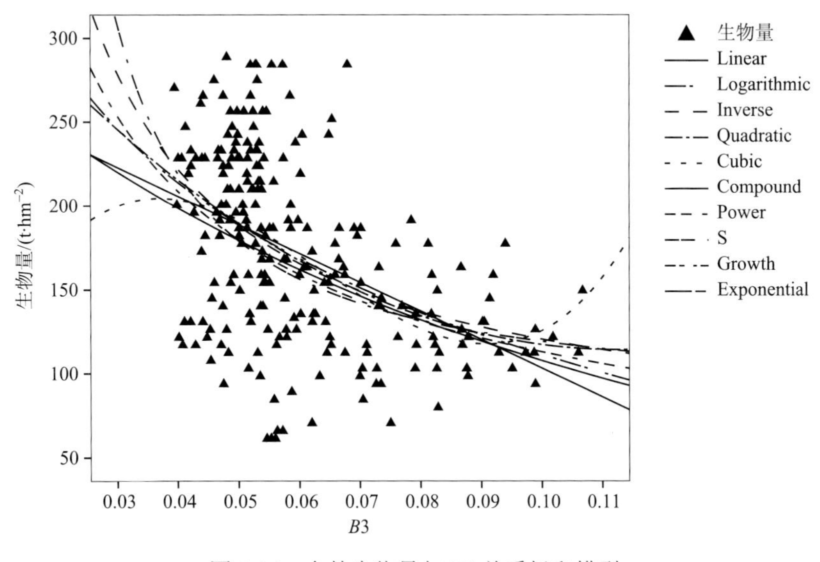

图 3-16　全林生物量与 *B*3 关系拟和模型

3. 极化生物量模型

对于建立极化生物量模型，本章选取方位角方向为坡向（范围：0°～360°），天顶角方向为坡度（范围：0°～90°，植被多分布在坡度 50°以下，因此范围调整为 0°～50°），在 MATLAB 下描述出生物量在天顶角方向及方位角方向的变化趋势，见图 3-17。从整个垂直带谱来看，云杉林生物量在阴坡及半阴坡时较大，在阳坡及半阳坡时相对较小。在阴坡及半阴坡，云杉林从缓坡一直到斜坡、陡坡都有较高的生物量；在阳坡及半阳坡，斜坡的生物量值相对较高。这是由于坡向与坡度这两个角度间接地决定了水热的分布以

表 3-14　全林生物量与坡度

	B	A	S	S×sin(A/180 ×3.1415926)	S×cos(A/180 ×3.1415926)	cos A	cos S	ln cos A	ln cos S	sin A	sin S	cos A cos S	cos A sin S
B	1	0.067	-0.238**	-0.075	0.191**	0.229**	0.249**	-0.008	0.249**	-0.073	-0.234**	0.235**	0.194**
A	0.067	1	-0.036	-0.771**	-0.187**	-0.186**	0.033	-0.082	0.033	-0.808**	-0.036	-0.183**	-0.188**
S	-0.238**	-0.036	1	0.029	-0.096	-0.189**	-0.985**	0.008	-0.977**	0.034	0.999**	-0.208**	-0.1
S×sin(A/180 ×3.1415926)	-0.075	-0.771**	0.029	1	0.191**	0.185**	-0.033	0.012	-0.035	0.963**	0.028	0.181**	0.191**
S×cos(A/180 ×3.1415926)	0.191**	-0.187**	-0.096	0.191**	1	0.958**	0.123	0.157*	0.131*	0.180**	-0.089	0.933**	1.000**
cos A	0.229**	-0.186**	-0.189**	0.185**	0.958**	1	0.205**	0.210**	0.209**	0.184**	-0.184**	0.997**	0.963**
cos S	0.249**	0.033	-0.985**	-0.033	0.123	0.205**	1	-0.014	0.999**	-0.034	-0.977**	0.222**	0.126
ln cos A	-0.008	-0.082	0.008	0.012	0.157*	0.210**	-0.014	1	-0.018	0.023	0.006	0.222**	0.162*
ln cos S	0.249**	0.033	-0.977**	-0.035	0.131*	0.209**	0.999**	-0.018	1	-0.034	-0.966**	0.224**	0.133*
sin A	-0.073	-0.808**	0.034	0.963**	0.180**	0.184**	-0.034	0.023	-0.034	1	0.034	0.183**	0.182**
sin S	-0.234**	-0.036	0.999**	0.028	-0.089	-0.184**	-0.977**	0.006	-0.966**	0.034	1	-0.204**	-0.092
cos A cos S	0.235**	-0.183**	-0.208**	0.181**	0.933**	0.997**	0.222**	0.222**	0.224**	0.183**	-0.204**	1	0.940**
cos A sin S	0.194**	-0.188**	-0.1	0.191**	1.000**	0.963**	0.126	0.162*	0.133*	0.182**	-0.092	0.940**	1
sin A cos S	-0.071	-0.808**	0.034	0.944**	0.176**	0.182**	-0.032	0.025	-0.033	0.998**	0.034	0.181**	0.177**
$\cos^2 A$	0.071	-0.109	0.036	0.038	0.160*	0.236**	-0.047	0.770**	-0.052	0.043	0.033	0.254**	0.167*
$\cos^2 A$	0.248**	0.034	-0.992**	-0.032	0.116	0.202**	0.999**	-0.01	0.995**	-0.033	-0.985**	0.219**	0.119
$\cos^2 A \cos S$	0.096	-0.108	-0.057	0.034	0.186**	0.271**	0.05	0.765**	0.045	0.04	-0.06	0.290**	0.193**
$\cos^2 S \cos A$	0.241**	-0.179**	-0.227**	0.176**	0.904**	0.988**	0.238**	0.231**	0.240**	0.180**	-0.224**	0.997**	0.912**
$\cos^3 A$	0.267**	-0.163*	-0.207**	0.113	0.896**	0.936**	0.223**	0.221**	0.228**	0.121	-0.201**	0.933**	0.901**
$\cos^3 S$	0.246**	0.034	-0.996**	-0.03	0.108	0.198**	0.996**	-0.007	0.990**	-0.033	-0.991**	0.216**	0.112
$\cos^3 A \cos^2 S$	0.279**	-0.160*	-0.236**	0.111	0.842**	0.923**	0.245**	0.245**	0.246**	0.122	-0.232**	0.931**	0.849**
$\cos^3 S \cos^2 A$	0.137*	-0.099	-0.225**	0.025	0.216**	0.319**	0.221**	0.728**	0.217**	0.034	-0.226**	0.342**	0.223**
$\cos A+\cos S$	0.247**	-0.178**	-0.279**	0.177**	0.947**	0.996**	0.296**	0.203**	0.299**	0.176**	-0.273**	0.994**	0.952**
$\cos^2 A+\cos^2 S$	0.141*	-0.096	-0.252**	0.028	0.189**	0.287**	0.243**	0.744**	0.237**	0.032	-0.254**	0.309**	0.197**
$\cos^2 A+\cos S$	0.113	-0.103	-0.132*	0.032	0.180**	0.269**	0.124	0.763**	0.118	0.037	-0.135*	0.290**	0.188**
$\cos^2 S+\cos A$	0.259**	-0.172**	-0.342**	0.171**	0.933**	0.987**	0.359**	0.199**	0.361**	0.170*	-0.336**	0.987**	0.939**

注：S 代表坡度（SLOPE）；A 代表坡向（ASPECT）。

坡向因子相关性分结果

$\sin A\cos S$	$\cos^2 A$	$\cos^2 A$	$\cos^2 A\cos S$	$\cos^2 S\cos A$	$\cos^3 A$	$\cos^3 S$	$\cos^3 A\cos^2 S$	$\cos^3 S\cos^2 A$	$\cos A+\cos S$	$\cos^2 A+\cos^2 S$	$\cos^2 A+\cos S$	$\cos^2 S+\cos A$
-0.071	0.071	0.248**	0.096	0.241**	0.267**	0.246**	0.279**	0.137*	0.247**	0.141*	0.113	0.259**
-0.808**	-0.109	0.034	-0.108	-0.179**	-0.163**	0.034	-0.160*	-0.099	-0.178**	-0.096	-0.103	-0.172**
0.034	0.036	-0.992**	-0.057	-0.227**	-0.207**	-0.996**	-0.236**	-0.225**	-0.279**	-0.252**	-0.132*	-0.342**
0.944**	0.038	-0.032	0.034	0.176**	0.113	-0.03	0.111	0.025	0.177**	0.028	0.032	0.171**
0.176**	0.160*	0.116	0.186**	0.904**	0.896**	0.108	0.842**	0.216**	0.947**	0.189**	0.180**	0.933**
0.182**	0.236**	0.202**	0.271**	0.988**	0.936**	0.198**	0.923**	0.319**	0.996**	0.287**	0.269**	0.987**
-0.032	-0.047	0.999**	0.05	0.238**	0.223**	0.996**	0.245**	0.221**	0.296**	0.243**	0.124	0.359**
0.025	0.770**	-0.01	0.765**	0.231**	0.221**	-0.007	0.245**	0.728**	0.203**	0.744**	0.763**	0.199**
-0.033	-0.052	0.995**	0.045	0.240**	0.228**	0.990**	0.246**	0.217**	0.299**	0.237**	0.118	0.361**
0.998**	0.043	-0.033	0.04	0.180**	0.121	-0.033	0.122	0.034	0.176**	0.032	0.037	0.170*
0.034	0.033	-0.985**	-0.06	-0.224**	-0.201**	-0.991**	-0.232**	-0.226**	-0.273**	-0.254**	-0.135*	-0.336**
0.181**	0.254**	0.219**	0.290**	0.997**	0.933**	0.216**	0.931**	0.342**	0.994**	0.309**	0.290**	0.987**
0.177**	0.167**	0.119	0.193**	0.912**	0.901**	0.112	0.849**	0.223**	0.952**	0.197**	0.188**	0.939**
1	0.043	-0.032	0.041	0.179**	0.122	-0.032	0.124	0.035	0.174**	0.032	0.037	0.168*
0.043	1	-0.043	0.993**	0.269**	0.320**	-0.038	0.358**	0.943**	0.225**	0.957**	0.985**	0.218**
-0.032	-0.043	1	0.054	0.237**	0.219**	0.999**	0.243**	0.225**	0.293**	0.248**	0.128	0.355**
0.041	0.993**	0.054	1	0.307**	0.358**	0.058	0.400**	0.976**	0.269**	0.978**	0.995**	0.267**
0.179**	0.269**	0.237**	0.307**	1	0.924**	0.235**	0.934**	0.363**	0.987**	0.329**	0.308**	0.982**
0.122	0.320**	0.219**	0.358**	0.924**	1	0.214**	0.988**	0.410**	0.935**	0.373**	0.356**	0.929**
-0.032	-0.038	0.999**	0.058	0.235**	0.214**	1	0.241**	0.228**	0.288**	0.253**	0.132*	0.351**
0.124	0.358**	0.243**	0.400**	0.934**	0.988**	0.241**	1	0.456**	0.924**	0.418**	0.398**	0.920**
0.035	0.943**	0.225**	0.976**	0.363**	0.410**	0.228**	0.456**	1	0.333**	0.980**	0.975**	0.341**
0.174**	0.225**	0.293**	0.269**	0.987**	0.935**	0.288**	0.924**	0.333**	1	0.303**	0.275**	0.998**
0.032	0.957**	0.248**	0.978**	0.329**	0.373**	0.253**	0.418**	0.980**	0.303**	1	0.992**	0.314**
0.037	0.985**	0.128	0.995**	0.308**	0.356**	0.132*	0.398**	0.975**	0.275**	0.992**	1	0.278**
0.168*	0.218**	0.355**	0.267**	0.982**	0.929**	0.351**	0.920**	0.341**	0.998**	0.314**	0.278**	1

及土壤厚度，阴坡及半阴坡有较为充分的水分资源，多有利于云杉的生长，土壤厚度随坡度的增加而减小，土层越薄越不利于云杉林的生物量增长，在斜坡范围的土壤厚度较有利于云杉林的生物量增长，因此在某种程度上坡向与坡度影响并制约着生物量的空间变化。由分析可以得出，坡度、坡向与生物量的关系并不是单纯的线性函数关系，因此需要对坡度及坡向进行一定的变换再寻求它们三者存在的函数关系。在数学表达上，单纯的坡向与坡度这两个角度与生物量没有一个确切的物理含义，因此想到利用角度变换，将坡向与坡度分别求取正弦余弦值，并将这些正弦余弦值两两相加或相乘，得到相关系数表（表 3-14），并利用 1stOpt 软件模拟出生物量与坡向、坡度的分布函数。

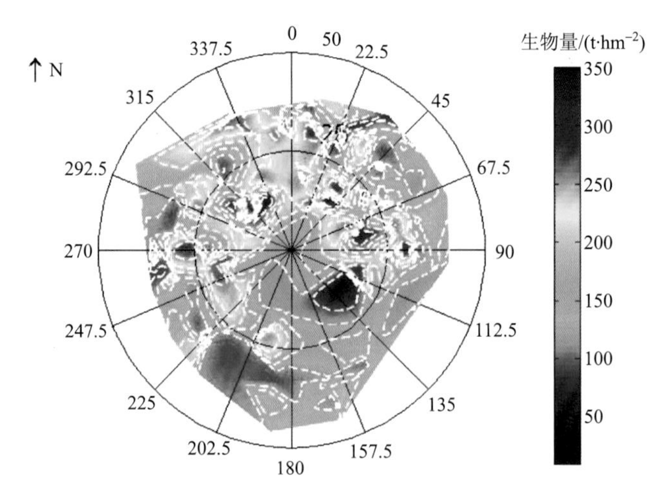

图 3-17　全林生物量极化分布图

利用 MATLAB 以坡向为方位角方向，以坡度为天顶角方向，完成生物量极化制图，见图 3-17。通过将坡度和坡向这两个角度进行一定的形式变换，研究生物量沿方位角及天顶角方向上的变化规律，并得出生物量极化模型，见表 3-15。

表 3-15　全林极化生物量模型参数

回归方程	R	R^2	F	Sig
B=16.168+33.675×cos^3(ASPECT)×cos^2(SLOPE)+172.572×cos(SLOPE)	0.383	0.147	14.287	0.000

注：B 为生物量；ASPECT 为坡向；SLOPE 为坡度。

3.3.3.2　分垂直带谱不分龄级生物量模型

伊犁按垂直地带性划分为 6 个垂直带，经过分析，在上中山森林-草甸带、中山森林-草甸带、亚高山疏林带 3 个垂直带内云杉林分布最多，因此，对这 3 个带分别建立多因子团模型、遥感因子团模型以及极化生物量模型。

1. 多因子团模型

对样地数据分垂直带谱不分龄级进行分析，根据计算，生物量与各因子团的因子具有以下关系，见表 3-16，可以得出结论：分垂直带谱比不分垂直带谱条件下，生物量与各因子团的相关性都有所提高，其中尤其是上中山森林-草甸带、亚高山疏林带体现得较为明显，并且建立的多因子团模型整体的回归系数也有所提高，见表 3-17。

表 3-16　分垂直带谱生物量与各因子团因子的相关性分析表

各因子	中山森林-草甸带	上中山森林-草甸带	亚高山疏林带
T	–0.013	0.482**	0.364*
T_{MAX}	–0.012	0.387**	0.452**
T_{MIN}	–0.016	0.380**	0.406*
P	0.020	0.275*	–0.283
$B1$	–0.229*	–0.426**	0.062
$B2$	–0.258**	–0.441**	0.181
$B3$	–0.268**	–0.488**	0.127
$B4$	–0.219*	–0.378**	0.348
$B1+B2$	–0.248**	–0.436**	0.131
$B1+B3$	–0.257**	–0.469**	0.105
$B1+B4$	–0.225*	–0.390**	0.310
$B2+B3$	–0.265**	–0.469**	0.152
$B2+B4$	–0.231*	–0.395**	0.319
$B3+B4$	–0.237*	–0.415**	0.297
$B1+B2+B3$	–0.258**	–0.460**	0.131
$B1+B2+B4$	–0.234*	–0.402**	0.290
$B2+B3+B4$	–0.243**	–0.421**	0.281
$B1+B3+B4$	–0.239*	–0.418**	0.272
$B1\times B2$	–0.257**	–0.435**	0.142
$B1\times B3$	–0.264**	–0.468**	0.107
$B1\times B4$	–0.235*	–0.394**	0.285
$B2\times B3$	–0.266**	–0.462**	0.158
$B2\times B4$	–0.247**	–0.402**	0.297
$B3\times B4$	–0.253**	–0.429**	0.256
$B1\times B2\times B3$	–0.265**	–0.449**	0.138
$B1\times B2\times B4$	–0.252**	–0.400**	0.256
$B2\times B3\times B4$	–0.265**	–0.446**	0.153
$B1\times B3\times B4$	–0.256**	–0.421**	0.222
NDVI	0.053	0.365**	[illegible]**
RVI	0.050	0.360**	0.550**
MSAVI	–0.195*	–0.326*	0.399*

续表

各因子	中山森林-草甸带	上中山森林-草甸带	亚高山疏林带
DVI	–0.175	–0.279*	0.433*
EVI	–0.136	–0.179	0.459**
LJ	0.561**	0.434**	0.279
NL	0.547**	0.459**	0.331
SLOPE	–0.077	–0.261*	0.343
ASPECT	0.106	0.036	0.087
ASPECT_·Ö	0.033	–0.038	0.106
GC	0.022	–0.487**	–0.159

表 3-17　分垂直带谱生物量模型

垂直带谱	回归方程	R	R^2	F	Sig
中山森林-草甸带	B=–307.871+5.485×T+24.393×P+1.663×NL–1.327×SLOPE+71.769×RVI	0.690	0.476	19.287	0.00
上中山森林-草甸带	B=336.905–8.199×T+19.351×P+1.427×NL–1.037×SLOPE–0.170×GC–579.528×$B3$	0.820	0.673	18.196	0.00
亚高山疏林带	B=–764.001+28.506×T_{MAX}+16.027×P+0.868×SLOPE+1.079NL +68.064×RVI	0.748	0.559	6.587	0.00

注：B 为生物量；T 为平均气温；T_{MAX} 为月最高气温；P 为月总降水量；NL 为云杉林的年龄；SLOPE 为坡度；GC 为高程值；$B3$ 为环境星 CCD 数据的第三波段的反射率；RVI 为比值植被指数。

2. 遥感因子团模型

对于分垂直带谱不分年龄的情况，通过分析可以看出，分垂直带谱之后，遥感因子团的各因子与各垂直带谱相关性整体有所提高，在中山森林-草甸带以及上中山森林-草甸带，遥感因子团中的众多遥感因子中的 $B3$ 与生物量相关性较高，因此选择 $B3$，亚高山疏林带生物量与 RVI 相关性较高，建立多种线性及非线性模型（表 3-18），最后选定以下模型：

中山森林-草甸带：

$$B=279.876-1392.932\times B3-5118.862\times B3^2$$

上中山森林-草甸带：

$$B=33.108\times B3^{-0.551}$$

亚高山疏林带：

$$B=156.988-63.13\times \mathrm{RVI}+9.364\times \mathrm{RVI}^3$$

其中，B 为生物量；$B3$ 为环境星 CCD 数据的第三波段的反射率；RVI 是比值植被指数。

表 3-18　三个垂直带类型的生物量遥感因子模型

		回归方程（与 NDVI）	R	R^2	F	Sig
中山森林-草甸带	Linear	B=296.854–1991.140×$B3$	0.268	0.072	8.543	0.004
	Logarithmic	B=–133.871–110.304×ln $B3$	0.264	0.070	8.251	0.005
	Inverse	B=80.304+5.766/ $B3$	0.255	0.065	7.682	0.007
	Quadratic	B=279.876–1392.932× $B3$–5118.862×$B3^2$	0.269	0.072	4.239	0.017
	Cubic	B=279.876–1392.932×$B3$–5118.862×$B3^2$	0.269	0.072	4.239	0.017
	Compound	$B=345.776\times(4.63\times10^{-6})^{B3}$	0.265	0.070	8.333	0.005
	Power	$B=23.886\times B3^{-0.686}$	0.263	0.069	8.182	0.005
	S	$B=e^{4.499+0.036/B3}$	0.256	0.066	7.740	0.006
	Growth	$B=e^{(5.846-12.283\times B3)}$	0.265	0.070	8.333	0.005
	Exponential	$B=345.776e^{-12.283\times B3}$	0.265	0.070	8.333	0.005
上中山森林-草甸带	Linear	B=242.409–1293.570×$B3$	0.488	0.238	18.092	0.000
	Logarithmic	B=–86.803–88.571×$B3$	0.489	0.240	18.272	0.000
	Inverse	B=65.472+5.651/$B3$	0.484	0.234	17.698	0.000
	Quadratic	B=289.251–2702.197×$B3$+9859.873×$B3^2$	0.491	0.241	9.051	0.000
	Cubic	B=278.01–2109.035×$B3$+51301.410×$B3^3$	0.492	0.242	9.095	0.000
	Compound	$B=256.759\times0.003^{B3}$	0.495	0.245	18.853	0.000
	Power	$B=33.108\times B3^{-0.551}$	0.496	0.246	18.909	0.000
	S	$B=e^{(4.448+0.035/B3)}$	0.489	0.239	18.193	0.000
	Growth	$B=e^{(5.548-8.064\times B3)}$	0.495	0.245	18.853	0.000
	Exponential	$B=256.759e^{-8.064\times B3}$	0.495	0.245	18.853	0.000
亚高山疏林带	Linear	B=–21.941+65.4×RVI	0.550	0.302	12.986	0.001
	Logarithmic	B=22.256+127.894×ln RVI	0.520	0.270	11.121	0.002
	Inverse	B=231.02–235.192/RVI	0.479	0.229	8.930	0.006
	Quadratic	B=259.325–204.477×RVI+63.645×RVI^2	0.491	0.241	9.051	0.000
	Cubic	B=156.988–63.13×RVI+9.364×RVI^3	0.584	0.341	7.515	0.002
	Compound	$B=33.612\times1.771^{\mathrm{RVI}}$	0.569	0.324	14.397	0.001
	Power	$B=49.543\times\mathrm{RVI}^{1.115}$	0.538	0.289	12.199	0.002
	S	$B=e^{(5.719-2.043/\mathrm{RVI})}$	0.493	0.244	9.657	0.004
	Growth	$B=e^{(3.515+0.571\times\mathrm{RVI})}$	0.569	0.324	14.397	0.001
	Exponential	$B=33.612e^{0.571\times\mathrm{RVI}}$	0.569	0.324	14.397	0.001

3. 极化生物量模型

同理 3.3.3.1 中的 3.小节，本节用相同的方法建立分垂直带谱的极化生物量模型。通过计算分析可以看出，划分垂直带谱之后，生物量与坡度、坡向以及变换的其他因子相关性又进一步提高，并且得出的回归系数整体较不划分垂直带谱要大（表 3-19）。分不同垂直带类型建立的极化生物量模型参数及极化图分别见表 3-20 和图 3-18。

表 3-19 分垂直带谱不分龄级生物量与坡度坡向因子相关性分析结果

各因子	中山森林-草甸带	上中山森林-草甸带	亚高山疏林带
ASPECT	0.082	0.036	0.087
SLOPE	–0.110	–0.261*	0.343
SLOPE×sin(ASPECT/180×3.1415926)	–0.078	–0.036	–0.058
SLOPE×cos(ASPECT/180×3.1415926)	0.218*	0.086	–0.498**
cos(ASPECT)	0.231*	0.081	–0.521**
cos(SLOPE)	0.119	0.250	–0.308
lncos(ASPECT)	0.011	–0.169	0.041
lncos(SLOPE)	0.122	0.245	–0.293
sin(ASPECT)	–0.115	–0.027	–0.040
sin(SLOPE)	–0.107	–0.264*	0.356*
cos(ASPECT)cos(SLOPE)	0.229*	0.080	–0.525**
cos(ASPECT)sin(SLOPE)	0.218*	0.086	–0.501**
sin(ASPECT)cos(SLOPE)	–0.121	–0.025	–0.034
cos^2(ASPECT)	0.196*	–0.208	0.081
cos^2(SLOPE)	0.116	0.255*	–0.323
cos^2(ASPECT) cos(SLOPE)	0.197*	–0.196	0.050
cos^2(SLOPE) cos(ASPECT)	0.227*	0.078	–0.527**
cos^3(ASPECT)	0.281**	0.111	–0.483**
cos^3(SLOPE)	0.113	0.259*	–0.337
cos^3(ASPECT) cos^2(SLOPE)	0.273**	0.115	–0.494**
cos^3(SLOPE) cos^2(ASPECT)	0.192*	–0.166	–0.025
cos(ASPECT)+cos(SLOPE)	0.239*	0.098	–0.528**
cos^2(ASPECT)+cos^2(SLOPE)	0.213*	–0.149	–0.002
cos^2(ASPECT)+cos(SLOPE)	0.208*	–0.176	0.034
cos^2(SLOPE)+cos(ASPECT)	0.244**	0.110	–0.533**

表 3-20 分垂直带谱不分龄级极化生物量模型参数

	回归方程（与 NDVI）	R	R^2	F	Sig
中山森林-草甸带	B=188.99+66.967 × cos^3(ASPECT)–31.286 × cos^3(ASPECT) ×cos^2(SLOPE)–5.774×[cos^2(SLOPE)+cos(ASPECT)]	0.284	0.081	3.128	0.029
上中山森林-草甸带	B =706.412–487.996×sin(SLOPE)–23.288×cos^2(ASPECT) –397.861×cos^2(SLOPE)	0.323	0.105	2.180	0.101
亚高山疏林带	B =138.569–21.456[cos^2(SLOPE)+cos(ASPECT)]	0.533	0.284	11.90	0.002

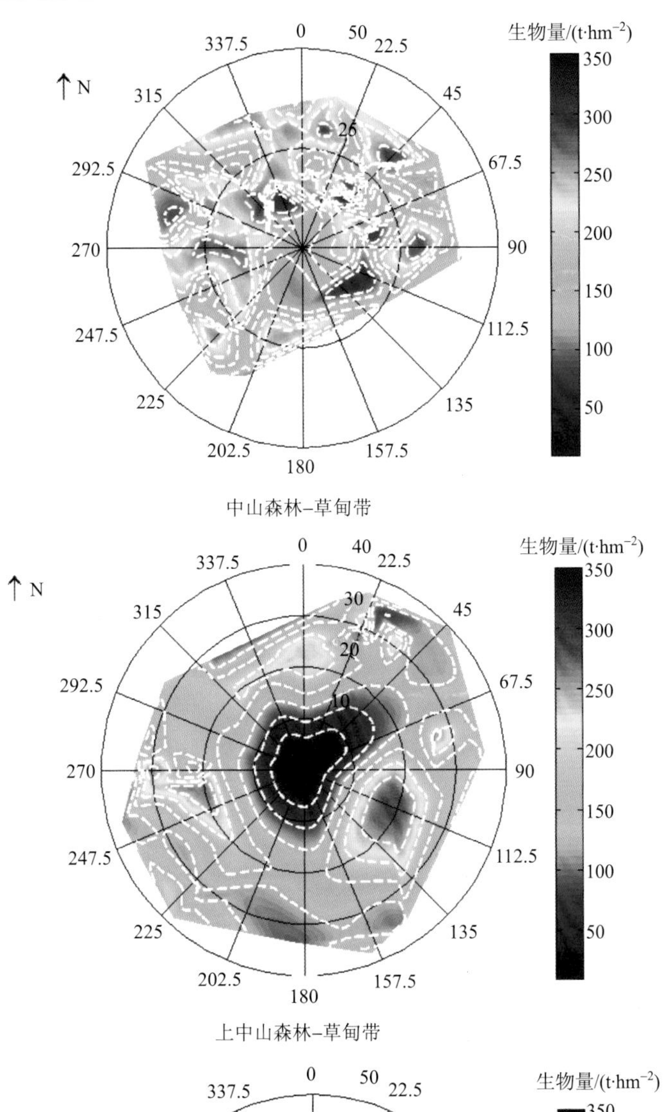

中山森林–草甸带

上中山森林–草甸带

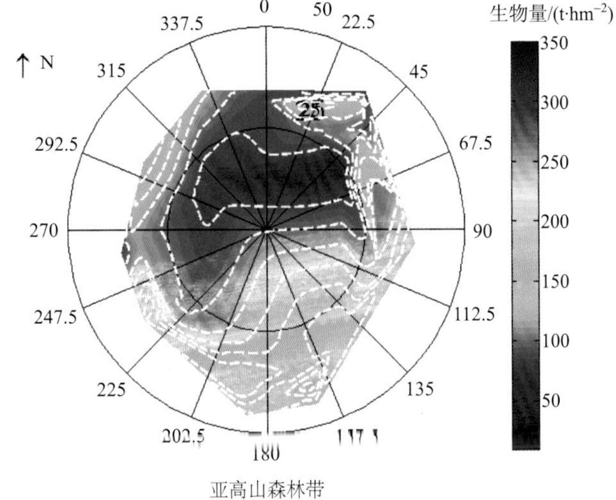

亚高山森林带

图 3-18　各垂直带生物量极化图

3.3.3.3　不分垂直带谱分龄级生物量模型

1. 多因子团模型

对样地数据不分垂直带谱但分龄级进行分析，根据计算，生物量与各因子团的因子具有以下关系，见表 3-21，可以得出结论：分龄级比不分垂直带不分龄级以及分垂直带不分龄级的条件下，生物量与各因子团的相关性都有所提高，其中尤其是幼龄林、近熟林、成熟林和过熟林体现得较为明显，并且建立的多因子团模型整体的回归系数也有所提高，见表 3-22。

表 3-21　不分垂直带谱分龄级生物量与各因子的相关关系

各因子	幼龄林	中龄林	近熟林	成熟林	过熟林
T	0.960**	0.383	0.697**	0.518**	0.689**
T_{MAX}	0.970**	0.364	0.696**	0.496**	0.642*
T_{MIN}	0.972**	0.376	0.689**	0.491**	0.650*
P	0.465	0.538	0.056	0.351**	0.347
$B1$	0.967**	−0.364	−0.077	−0.351**	−0.153
$B2$	0.984**	−0.430	−0.223	−0.425**	−0.153
$B3$	0.963**	−0.381	−0.377*	−0.496**	−0.321
$B4$	0.968**	−0.660*	0.055	−0.338**	−0.042
$B1+B2$	0.980**	−0.403	−0.163	−0.398**	−0.153
$B1+B3$	0.989**	−0.376	−0.276	−0.455**	−0.266
$B1+B4$	0.980**	−0.605*	0.031	−0.345**	−0.059
$B2+B3$	0.988**	−0.402	−0.312	−0.469**	−0.251
$B2+B4$	0.972**	−0.604*	−0.013	−0.361**	−0.065
$B3+B4$	0.980**	−0.576	−0.076	−0.390**	−0.116
$B1+B2+B3$	0.993**	−0.394	−0.259	−0.446**	−0.229
$B1+B2+B4$	0.981**	−0.568	−0.023	−0.363**	−0.077
$B2+B3+B4$	0.982**	−0.548	−0.105	−0.398**	−0.123
$B1+B3+B4$	0.987**	−0.546	−0.077	−0.388**	−0.121
$B1\times B2$	0.983**	−0.404	−0.188	−0.408**	−0.175
$B1\times B3$	0.990**	−0.374	−0.303	−0.464**	−0.295
$B1\times B4$	0.985**	−0.563	−0.001	−0.353**	−0.093
$B2\times B3$	0.989**	−0.391	−0.318	−0.464**	−0.275
$B2\times B4$	0.978**	−0.530	−0.097	−0.381**	−0.130
$B3\times B4$	0.988**	−0.487	−0.192	−0.422**	−0.206
$B1\times B2\times B3$	0.995**	−0.381	−0.287	−0.445**	−0.274
$B1\times B2\times B4$	0.988**	−0.487	−0.113	−0.378**	−0.158
$B2\times B3\times B4$	0.996**	−0.384	−0.294	−0.444**	−0.273
$B1\times B3\times B4$	0.994**	−0.455	−0.188	−0.410**	−0.221
NDVI	0.698	−0.398	0.716**	0.569**	0.567*
RVI	0.715	−0.414	0.728**	0.561**	0.578*

续表

各因子	幼龄林	中龄林	近熟林	成熟林	过熟林
MSAVI	0.952**	–0.746**	0.205	–0.265**	0.045
DVI	0.940**	–0.783**	0.309	–0.201**	0.108
EVI	0.933**	–0.775**	0.501**	–0.009	0.228
DEM	—	–0.271	–0.638**	–0.543**	–0.669*
SLOPE	–0.284	0.551	–0.392*	–0.385**	–0.563*
ASPECT	–0.059	–0.288	–0.355*	0.115	0.294
ASPECT_·Ö	–0.230	0.249	–0.316	–0.012	0.489
GC	–0.869*	–0.410	–0.680**	–0.517**	–0.591*
NL	0.237	0.507	0.053	–0.021	0.840**

表 3-22　不分垂直带谱分龄级生物量模型

龄级	回归方程	R	R^2	F	Sig
幼龄林	B=576.646+46.977×T_{MIN}–29.011×P–5113.761×$B2$×$B3$×$B4$+0.044GC	0.998	0.997	74.063	0.087
中龄林	B=–84.279–1.271×T+65.377×P+1.564×NL–2.882×SLOPE–2957.253×DVI	0.893	0.797	3.934	0.080
近熟林	B=–271.33+19.459×T+0.091×GC–0.016×SLOPE–0.077×ASPECT+81.273×RVI	0.814	0.663	10.246	0.000
成熟林	B=–331.972+13.591×T+24.152×P–0.702×SLOPE+0.050×GC+689.325×NDVI	0.728	0.530	37.202	0.000
过熟林	B=–1132.166+20.905×T+22.208×P–0.646×SLOPE+0.105×GC+5.341×NL+28.045×RVI	0.964	0.929	13.17	0.003

2. 遥感因子团模型

对于不分垂直带谱但分龄级的情况，通过分析可以看出幼龄林、中龄林、近熟林、成熟林、过熟林这几个龄级中，与遥感因子团中的众多遥感因子相关性最高的分别是 $B1\times B2\times B4$、MSAVI、DVI、EVI 这 4 个因子，其中 RVI 植被指数总体来说与生物量相关性较高，散点图见图 3-19，因此选择这几个变量分别建立各龄级的多种线性及非线性生物量遥感信息模型，见表 3-23，最后选定以下各龄级的模型。

幼龄林：

$$B=325.209-556564.714\times(B1\times B2\times B4)+371694138582.642\times(B1\times B2\times B4)^3$$

中龄林：

$$B=973.882-15252.082\times \mathrm{DVI}+706040.545\times \mathrm{DVI}^3$$

近熟林：

$$B=22.954\times \mathrm{RVI}^{2.013}$$

成熟林：

$$B=e^{(7.567-5.884/RVI)}$$

过熟林：

$$B=45.209\times1.971^{RVI}$$

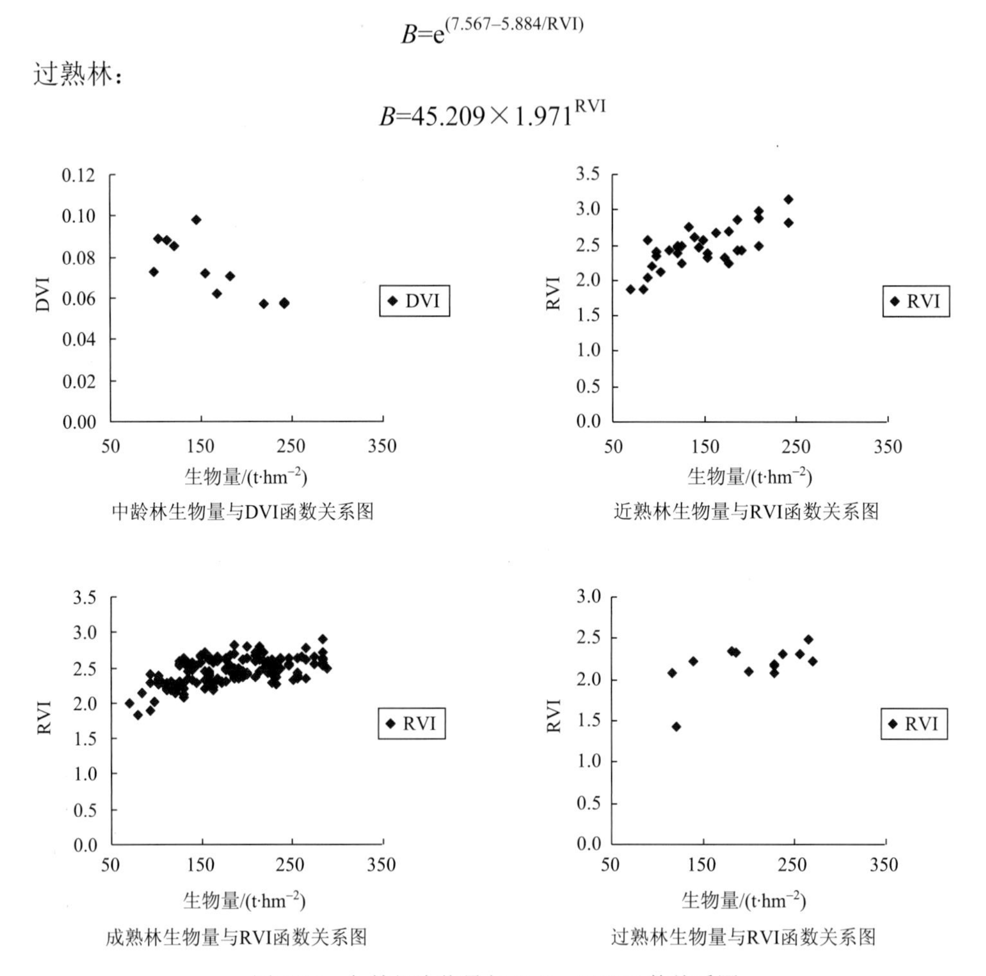

图 3-19 各龄级生物量与 RVI、DVI 函数关系图

表 3-23 不分垂直带分龄级的生物量遥感因子模型

		回归方程	R	R^2	F	Sig
幼龄林	Linear	$B=-110.069+244263.015\times B1\times B2\times B4$	0.988	0.975	158.407	0.000
	Logarithmic	$B=1537.551+203.315\times\ln(B1\times B2\times B4)$	0.984	0.968	121.170	0.000
	Inverse	$B=299.288-0.167/(B1\times B2\times B4)$	0.979	0.959	92.521	0.001
	Quadratic	$B=510.131-1264672.214\times(B1\times B2\times B4)+894352677.417\times(B1\times B2\times B4)^2$	0.997	0.994	243.315	0.000
	Cubic	$B=325.209-556564.714\times(B1\times B2\times B4)+371694138582.642\times(B1\times B2\times B4)^3$	0.997	0.994	240.977	0.000
	Compound	$B=9.802\times \mathrm{INF}^{(B1\times B2\times B4)}$	0.984	0.969	123.614	0.000
	Power	$B=486636001.622(B1\times B2\times B4)^{2.187}$	0.981	0.961	99.715	0.001
	S	$B=e^{6.685-0.002/(B1\times B2\times B4)}$	0.976	0.952	79.436	0.001
	Growth	$B=e^{(2.283+2627.033\times(B1\times B2\times B4))}$	0.984	0.969	123.614	0.000
	Exponential	$B=9.802e^{2627.033\times(B1\times B2\times B4)}$	0.984	0.969	123.614	0.000

续表

		回归方程	R	R^2	F	Sig
中龄林	Linear	B=376.243−2899.187×DVI	0.783	0.613	14.261	0.004
	Logarithmic	B=−424.763−223.74×lnDVI	0.815	0.665	17.855	0.002
	Inverse	B=−72.488+16.738/DVI	0.843	0.710	22.033	0.001
	Quadratic	B=1276.54−27523.218×DVI+162684.227×DVI^2	0.919	0.845	21.733	0.001
	Cubic	B=973.882−15252.082×DVI+706040.545×DVI^3	0.919	0.845	21.743	0.001
	Compound	B=554.722×3.00×$10^{-8\text{DVI}}$	0.758	0.574	12.124	0.007
	Power	B=4.632×$\text{DVI}^{-1.337}$	0.789	0.622	14.830	0.004
	S	B=$e^{(3.638+0.1/\text{DVI})}$	0.815	0.664	17.762	0.002
	Growth	B=$e^{(6.318-17.321\times\text{DVI})}$	0.758	0.574	12.124	0.007
	Exponential	B=554.722$e^{-17.321\text{DVI}}$	0.758	0.574	12.124	0.007
近熟林	Linear	B=−141.985+117.015×RVI	0.728	0.530	33.885	0.000
	Logarithmic	B=−106.358+282.385×lnRVI	0.721	0.520	32.447	0.000
	Inverse	B=419.159−662.862/RVI	0.709	0.503	30.343	0.000
	Quadratic	B=21.478−16.527×RVI+26.908×RVI^2	0.732	0.535	16.692	0.000
	Cubic	B=17.356+15.69×RVI^2+2.083×RVI^3	0.732	0.535	16.713	0.000
	Compound	B=18.339×2.276^{RVI}	0.733	0.538	34.921	0.000
	Power	B=22.954×$\text{RVI}^{2.013}$	0.736	0.542	35.559	0.000
	S	B=$e^{(6.909-4.795/\text{RVI})}$	0.735	0.540	35.287	0.000
	Growth	B=$e^{(2.909+0.822\times\text{RVI})}$	0.733	0.538	34.921	0.000
	Exponential	B=18.339$e^{0.822\text{RVI}}$	0.733	0.538	34.921	0.000
成熟林	Linear	B=−213.797+161×RVI	0.561	0.315	77.756	0.000
	Logarithmic	B=563.329−932.031×lnRVI	0.567	0.322	80.220	0.000
	Inverse	B=545.220−152.371/RVI	0.571	0.326	81.806	0.000
	Quadratic	B=−1037.298+846.779×RVI−141.912×RVI^2	0.576	0.332	41.724	0.000
	Cubic	B=−787.245+519.147×RVI−20.329×RVI^3	0.577	0.333	41.868	0.000
	Compound	B=14.665×2.735^{RVI}	0.598	0.358	94.178	0.000
	Power	B=19.346$\text{RVI}^{2.45}$	0.608	0.369	98.891	0.000
	S	B=$e^{(7.567-5.884/\text{RVI})}$	0.615	0.378	102.691	0.000
	Growth	B=e(2.685+1.006×RVI)	0.598	0.358	94.178	0.000
	Exponential	B=14.665$e^{1.006\times\text{RVI}}$	0.598	0.358	94.178	0.000
过熟林	Linear	B=−54.267+119.174×RVI	0.578	0.334	5.513	0.039
	Logarithmic	B=34.209+221.898×lnRVI	0.570	0.325	5.296	0.042
	Inverse	B=391.47−398.894/RVI	0.559	0.313	5.004	0.047
	Quadratic	B=79.493−23.314×RVI+36.771×RVI^2	0.581	0.338	2.552	0.127
	Cubic	B=64.929+24.673×RVI^2+2.048×RVI^3	0.581	0.338	2.552	0.127
	Compound	B=45.209×1.971^{RVI}	0.602	0.363	6.259	0.029
	Power	B=74.514×$\text{RVI}^{1.269}$	0.597	0.356	6.082	0.031
	S	B=$e^{(3.811-2.291/\text{RVI})}$	0.588	0.345	5.801	0.035
	Growth	B=$e^{(3.940+0.679\times\text{RVI})}$	0.602	0.363	6.259	0.029
	Exponential	B=45.209$e^{0.679\text{RVI}}$	0.602	0.363	6.259	0.029

3. 极化生物量模型

同理 3.3.3.1 中 3.小节，本节用相同的方法建立不分垂直带谱但分龄级的极化生物量模型。由于各龄级所占比例中近熟林和成熟林比重最大，因此本章暂分析近熟林和成熟林的极化生物量模型，通过计算分析可以看出（图 3-20、图 3-21、表 3-24），划分龄级之后，比不分垂直带且不分龄级、分垂直带谱不分龄级的生物量与坡度、坡向以及变换的其他因子相关性又进一步提高，并且得出的回归系数各龄级整体也有所提高，分不同龄级建立极化生物量模型见表 3-25。

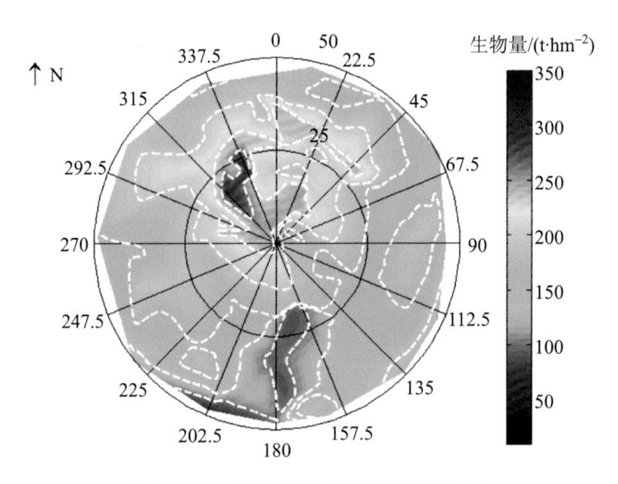

图 3-20　近熟林生物量极化分布图

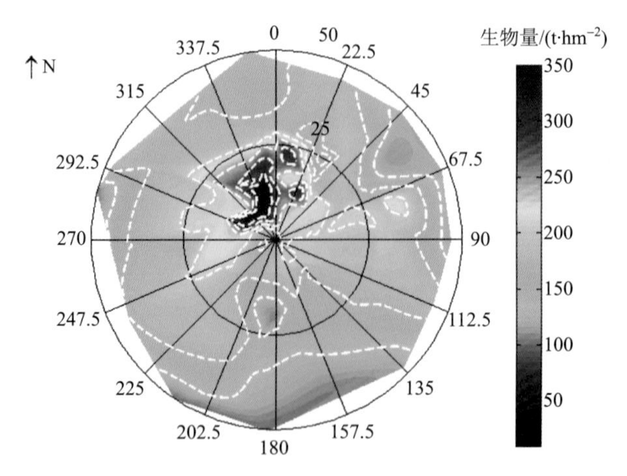

图 3-21　成熟林生物量极化分布图

表3-24 不分垂直带谱分龄级生物量与坡度坡向因子相关性分结果

各因子	近熟林	成熟林
ASPECT	−0.355*	0.115
SLOPE	−0.392*	−0.385**
SLOPE×sin(ASPECT/180×3.1415926)	0.309	−0.951**
SLOPE×cos(ASPECT/180×3.1415926)	0.159	0.198**
cos(ASPECT)	0.159	0.120
cos(SLOPE)	0.425*	0.389**
ln(ABS(cos(ASPECT)))	−0.082	−0.056
ln(ABS(cos(SLOPE)))	0.430*	0.386**
sin(ASPECT)	0.387*	−0.983**
sin(SLOPE)	−0.384*	−0.382**
cos(ASPECT)cos(SLOPE)	0.158	0.091
cos(ASPECT)sin(SLOPE)	0.160	0.195*
sin(ASPECT)cos(SLOPE)	0.398*	−0.981**
$\cos^2$(ASPECT)	−0.154	−0.013
$\cos^2$(SLOPE)	0.420*	0.391**
$\cos^2$(ASPECT)cos(SLOPE)	−0.126	0.009
$\cos^2$(SLOPE)cos(ASPECT)	0.157	0.061
$\cos^3$(ASPECT)	0.281**	0.007
$\cos^3$(SLOPE)	0.113	0.392**
$\cos^3$(ASPECT) $\cos^2$(SLOPE)	0.273**	−0.020
$\cos^3$(SLOPE) $\cos^2$(ASPECT)	0.192*	0.050
cos(ASPECT)+cos(SLOPE)	0.239*	0.187*
$\cos^2$(ASPECT)+$\cos^2$(SLOPE)	0.213*	0.110
$\cos^2$(ASPECT)+cos(SLOPE)	0.208*	0.059
$\cos^2$(SLOPE)+cos(ASPECT)	0.244**	0.230**

表3-25 分垂直带谱不分龄级极化生物量模型参数

	回归方程	R	R^2	F	Sig
近熟林	B=178.994+301.101×ln(ABS(cos(SLOPE)))+22.536×sin(ASPECT)cos(SLOPE)	0.541	0.292	5.985	0.007
成熟林	B =180.296-73.809×sin(ASPECT)+ 47.626×$\cos^2$(SLOPE)×cos(Aspect)+ 21.235×$\cos^2$(ASPECT)+$\cos^2$(SLOPE)+5.74×ln(ABS(cos(ASPECT)))	0.988	0.975	1642.331	0.000

3.3.3.4 分垂直带谱分龄级生物量模型

1. 多因子团模型

根据样地数据分布状况，中山森林-草甸带和上中山森林-草甸带这两个垂直带谱以及近熟林和成熟林这两个龄级分布的云杉林较多，因此本章选取中山森林-草甸带和上中山森林-草甸带这两个垂直带其中的近熟林和成熟林云杉林样本进行分析，根据计算，这种条件下的生物量与各因子团的因子具有以下关系，见表 3-26。可以得出结论：相比于不分垂直带谱不分龄级、分垂直带谱不分龄级以及不分垂直带谱分龄级这 3 种条件下，分垂直带谱分龄级生物量与各因子团的相关性都有所提高，由此建立的多因子团模型见表 3-27。

表 3-26　分垂直带谱分龄级生物量与各因子的相关关系

各因子	中山森林-草甸带		上中山森林-草甸带	
	近熟林	成熟林	近熟林	成熟林
T	0.332	–0.017	0.769	0.523^{**}
T_{MAX}	0.367	–0.058	0.692	0.375^{*}
T_{MIN}	0.318	–0.074	0.701	0.355^{*}
P	–0.042	0.376^{**}	0.110	0.516^{**}
$B1$	–0.451	0.140	–0.385	-0.331^{*}
$B2$	–0.481	0.066	–0.330	-0.378^{*}
$B3$	–0.552	0.002	–0.401	-0.455^{**}
$B4$	–0.376	0.214	–0.124	-0.337^{*}
$B1+B2$	–0.472	0.100	–0.353	-0.360^{*}
$B1+B3$	–0.522	0.057	–0.396	-0.415^{**}
$B1+B4$	–0.398	0.203	–0.175	-0.339^{*}
$B2+B3$	–0.522	0.031	–0.371	-0.424^{**}
$B2+B4$	–0.409	0.182	–0.179	-0.349^{*}
$B3+B4$	–0.441	0.160	–0.214	-0.376^{*}
$B1+B2+B3$	–0.509	0.060	–0.374	-0.404^{**}
$B1+B2+B4$	–0.420	0.177	–0.211	-0.348^{*}
$B2+B3+B4$	–0.451	0.144	–0.237	-0.377^{*}
$B1+B3+B4$	–0.447	0.159	–0.239	-0.371^{*}
$B1\times B2$	–0.480	0.076	–0.363	-0.368^{*}
$B1\times B3$	–0.530	0.028	–0.405	-0.423^{**}
$B1\times B4$	–0.422	0.179	–0.237	-0.342^{*}
$B2\times B3$	–0.520	0.005	–0.383	-0.423^{**}
$B2\times B4$	–0.448	0.120	–0.268	-0.358^{*}
$B3\times B4$	–0.491	0.083	–0.307	-0.398^{**}
$B1\times B2\times B3$	–0.512	0.012	–0.396	-0.405^{**}
$B1\times B2\times B4$	–0.460	0.104	–0.316	-0.350^{*}
$B2\times B3\times B4$	–0.509	0.002	–0.392	-0.403^{**}
$B1\times B3\times B4$	–0.491	0.073	–0.342	-0.383^{*}
NDVI	0.537	0.580^{**}	0.904^{*}	0.501^{**}
RVI	0.541	0.575^{**}	0.917^{**}	0.489^{**}
MSAVI	–0.279	0.272^{*}	–0.002	–0.285
DVI	–0.191	0.312^{**}	0.107	–0.238

续表

各因子	中山森林-草甸带		上中山森林-草甸带	
	近熟林	成熟林	近熟林	成熟林
EVI	0.028	0.401**	0.350	–0.098
DEM	.(a)	.(a)	.(a)	.(a)
SLOPE	–0.578*	–0.297**	–0.690	–0.336*
ASPECT	–0.456	0.029	0.888*	–0.045
ASPECT_·Ö	–0.476	–0.032	0.941**	–0.133
GC	–0.259	0.050	–0.740	–0.575**
NL	–0.074	–0.016	0.769	0.051

表 3-27　分垂直带谱分龄级生物量模型

垂直带	龄级	回归方程	R	R^2	F	Sig
中山森林-草甸带	近熟林	B=–2295.624+88.619×T_{MAX}+0.071×P+120.795×RVI–2.621×SLOPE+0.139×ASPECT–7.030×NL+0.582×GC	0.825	0.680	1.519	0.334
	成熟林	B=–357.934–5.19×T_{MIN}+21.28×P+180.45×RVI–1.632×SLOPE	0.716	0.513	18.983	0.000
上中山森林-草甸带	近熟林	B=–722.755+93.054×T–14.948×P–1.325×SLOPE+0.199×ASPECT+0.391×GC	1.000	1.000		0.000
	成熟林	B=106.382+13.287×T+17.595×P–1.093×SLOPE–0.068×GC+401.342×NDVI	0.765	0.585	10.695	0.000

2. 遥感因子团模型

对于分垂直带谱并且分龄级的情况，通过分析可以看出在中山森林-草甸带和上中山森林-草甸带这两个垂直地带，与遥感因子团中的众多遥感因子相关性最高的分别是 NDVI 和 RVI，因此对这两个垂直带分近熟林和成熟林这两个龄级来分析，并选择 NDVI 和 RVI 这两个变量分别建立各垂直带各龄级的多种线性及非线性生物量遥感信息模型（表 3-28），最后选定以下各龄级的模型：

表 3-28　分垂直带分龄级的生物量遥感因子模型

			回归方程	R	R^2	F	Sig
中山森林-草甸带	近熟林	Linear	B=–134.104+115.523×RVI	0.541	0.292	4.540	0.057
		Logarithmic	B=–123.450+304.379×lnRVI	0.538	0.289	4.481	0.058
		Inverse	B=475.185–797.419/RVI	0.535	0.286	4.412	0.060
		Quadratic	B=624.489–459.915×RVI+108.236×RVI^2	0.546	0.298	2.124	0.170
		Cubic	B=228.291–69.013×RVI^2+22.67×RVI^3	0.546	0.298	2.125	0.170
		Compound	B=23.96×2.078^{RVI}	0.513	0.263	3.925	0.073
		Power	B=25.554×RVI$^{1.931}$	0.511	0.261	3.895	0.074
		S	B=e$^{(7.041-5.067/RVI)}$	0.509	0.259	3.865	0.075
		Growth	B=e$^{(3.176+0.731\times RVI)}$	0.513	0.263	3.925	0.073
		Exponential	B=23.96e$^{0.731RVI}$	0.513	0.263	3.925	0.073

续表

			回归方程	R	R^2	F	Sig
中山森林-草甸带	成熟林	Linear	B=–292.591+1165.228×NDVI	0.580	0.336	37.958	0.000
		Logarithmic	B=620.636+487.462×lnNDVI	0.581	0.338	38.299	0.000
		Inverse	B=680.271–202.236/NDVI	0.582	0.339	38.389	0.000
		Quadratic	$B=-792.599+3560.157\times NDVI-2856.626\times NDVI^2$	0.582	0.339	18.960	0.000
		Cubic	$B=-628.837+2373.042\times NDVI-2282.27\times NDVI^3$	0.582	0.339	18.961	0.000
		Compound	$B=13.76\times 515.944^{NDVI}$	0.584	0.341	38.851	0.000
		Power	$B=1852.543\times NDVI^{2.622}$	0.588	0.346	39.599	0.000
		S	$B=e^{(7.853-1.091/NDVI)}$	0.590	0.348	40.087	0.000
		Growth	$B=e^{(2.622+6.246\times NDVI)}$	0.584	0.341	38.851	0.000
		Exponential	$B=13.76e^{6.246NDVI}$	0.584	0.341	38.851	0.000
上中山森林-草甸带	近熟林	Linear	B=–103.778+97.695×RVI	0.917	0.841	21.228	0.010
		Logarithmic	B=–55.076+212.57×lnRVI	0.908	0.824	18.746	0.012
		Inverse	B=321.485–456.616/RVI	0.896	0.803	16.293	0.016
		Quadratic	$B=251.523-226.401\times RVI+73.057\times RVI^2$	0.931	0.866	9.713	0.049
		Cubic	$B=130.211-62.672\times RVI+10.785\times RVI^3$	0.930	0.866	9.664	0.049
		Compound	$B=16.33\times 2.366^{RVI}$	0.923	0.852	22.946	0.009
		Power	$B=24.944\times RVI^{1.881}$	0.917	0.840	21.038	0.010
		S	$B=e^{(6.555-4.055/RVI)}$	0.908	0.825	18.804	0.012
		Growth	$B=e^{(2.793+0.861\times RVI)}$	0.923	0.852	22.946	0.009
		Exponential	$B=16.33e^{0.861RVI}$	0.923	0.852	22.946	0.009
	成熟林	Linear	B=–161.812+776.526×NDVI	0.501	0.251	14.072	0.001
		Logarithmic	B=447.128+325.091×lnNDVI	0.508	0.258	14.637	0.000
		Inverse	B=488.038–135.312/NDVI	0.515	0.265	15.161	0.000
		Quadratic	$B=-2419.374+11730.909\times NDVI-13229.734\times NDVI^2$	0.553	0.306	9.050	0.001
		Cubic	$B=-1690.505+6343.951\times NDVI-10795.429\times NDVI^3$	0.555	0.308	9.105	0.001
		Compound	$B=18.881\times 160.111^{NDVI}$	0.533	0.284	16.667	0.000
		Power	$B=1007.215\times NDVI^{2.121}$	0.540	0.291	17.275	0.000
		S	$B=e^{(7.178-0.881/NDVI)}$	0.546	0.298	17.831	0.000
		Growth	$B=e^{(2.938+5.076\times NDVI)}$	0.533	0.284	16.667	0.000
		Exponential	$B=18.881e^{5.076\times NDVI}$	0.533	0.284	16.667	0.000

中山森林-草甸带（近熟林）：

$$B=228.291-69.013\times RVI^2+22.67\times RVI^3$$

中山森林-草甸带（成熟林）：

$$B=e^{(7.853-1.091/NDVI)}$$

上中山森林-草甸带（近熟林）：

$$B=251.523-226.401\times RVI+73.057\times RVI^2$$

上中山森林-草甸带（成熟林）：

$$B=-1690.505+6343.951\times NDVI-10795.429\times NDVI^3$$

3. 极化生物量模型

同理3.3.3.1中3.小节，本节用相同的方法建立分垂直带谱分龄级的极化生物量模型。由于各龄级所占比例中近熟林和成熟林比重最大，因此本章暂分析近熟林和成熟林的极化生物量模型，通过计算分析可以看出（表3-29），划分垂直带谱且划分龄级之后，比不分垂直带且不分龄级、分垂直带谱且不分龄级以及不分垂直带谱但分龄级这3种情况下的生物量与坡度、坡向以及变换的其他因子相关性又进一步地提高，是本章研究的这4种情况下最高的，并且得出的回归系数各垂直带谱以及各龄级整体也有所提高，分不同垂直带谱且分不同龄级建立极化生物量模型见表3-30。

表3-29　不分垂直带谱分龄级生物量与坡度坡向因子相关性分结果

各因子	中山森林—草甸带		上中山森林—草甸带	
	近熟林	成熟林	近熟林	成熟林
ASPECT	–0.456	0.029	0.888*	–0.045
SLOPE	–0.578*	–0.297**	–0.690	–0.336*
SLOPE×sin(ASPECT/180×3.1415926)	0.584*	–0.086	–0.834*	0.042
SLOPE×cos(ASPECT/180×3.1415926)	0.519	0.128	–0.130	0.092
cos(ASPECT)	0.536	0.208	–0.064	0.091
cos(SLOPE)	0.601*	0.328**	0.727	0.314*
ln(ABS(cos(ASPECT)))	0.162	0.058	–0.847*	–0.019
ln(ABS(cos(SLOPE)))	0.605*	0.331**	0.737	0.306*
sin(ASPECT)	0.598*	–0.073	–0.964**	0.069
sin(SLOPE)	–0.572*	–0.290*	–0.681	–0.342*
cos(ASPECT)cos(SLOPE)	0.534	0.221	–0.047	0.091
cos(ASPECT)sin(SLOPE)	0.521	0.133	–0.128	0.093
sin(ASPECT)cos(SLOPE)	0.597*	–0.068	–0.978**	0.075
cos^2(ASPECT)	0.293	0.231*	–0.933**	–0.093
cos^2(SLOPE)	0.596*	0.324**	0.718	0.321*
cos^2(ASPECT) cos(SLOPE)	0.323	0.251*	–0.928**	–0.076
cos^2(SLOPE) cos(ASPECT)	0.531	0.233*	–0.027	0.090
cos^3(ASPECT)	0.629*	0.267*	–0.022	0.128
cos^3(SLOPE)	0.591*	0.320**	0.709	0.328*
cos^3(ASPECT)cos^2(SLOPE)	0.609*	0.285*	–0.012	0.131
cos^3(SLOPE)cos^2(ASPECT)	0.367	0.275*	–0.913*	–0.039
cos(ASPECT)+cos(SLOPE)	0.572*	0.240*	–0.014	0.113
cos^2(ASPECT)+cos^2(SLOPE)	0.400	0.302**	–0.887*	–0.014
cos^2(ASPECT)+cos(SLOPE)	0.359	0.277*	–0.915*	–0.048
cos^2(SLOPE)+cos(ASPECT)	0.597*	0.260*	0.024	0.128

表 3-30　分垂直带谱分龄级极化生物量模型参数

垂直带类型	龄级	回归方程	R	R^2	F	Sig
中山森林-草甸带	近熟林	B=150.525+147.22×cos³(ASPECT)+27.982×sin(ASPECT) −124.511×cos³(ASPECT)×cos²(SLOPE)	0.813	0.662	5.867	0.017
	成熟林	B=221.233+213.785×ln(ABS(cos(SLOPE)))+25.268 ×cos³(ASPECT)	0.404	0.163	7.231	0.001
上中山森林-草甸带	近熟林	B=98.167−56.965×sin(ASPECT)cos(SLOPE)+14.08 ×cos(ASPECT)sin(SLOPE)	0.998	0.995	316.75	0.000
	成熟林	B=339.101−3046.384×sin(SLOPE)+13.741×cos³(ASPECT) cos²(SLOPE)+44.398×SLOPE	0.409	0.168	2.552	0.070

3.3.4　模型验证

为了检验小尺度云杉林生物量遥感信息模型的模拟效果，根据 Glimnaov（1997）提供的方法进行验证（这种方法已经广泛用于检验模型模拟值与实测值的误差大小），用到这两个指标：平均绝对偏差（D_{abs}）和回归系数（即模拟值和实测值所建立的回归方程斜率 b）。

平均绝对偏差 D_{abs} 的公式表示如下：

$$D_{abs} = \frac{1}{n}\sum_{i=1}^{n}\left|X_{\text{im}} - X_{\text{is}}\right| \tag{3-30}$$

式中，X_{im} 和 X_{is} 分别代表云杉林生物量的模拟值和实测值；n 为取样点的个数。

另外，将模拟值（X_{m}）与实测值（X_{s}）做一元线性回归，其回归系数指标 b 也是反映模拟效果的重要参数之一。可表示为如下公式：

$$X_{is} = a + bX_{im} \tag{3-31}$$

式中，a，b 为常数，如果模拟值与实测值完全接近，则常数 a=0，斜率 b=l，因此，如果参数 b 值越接近于 1，则模型模拟的效果就越好。

对各种尺度的各种情况，一共 36 个模型进行验证，分析结果见表 3-31，可以得出如下结论：从总体的 36 个模型来看，大部分模型精度较高，对于全林生物量模型来说，影响生物量的因子主要是水气因子团，从较小尺度上来看，年龄和地形因子团成为影响生物量的重要因子。

表 3-31　各种模型验证结果表

各尺度模型	分情况模型	b	回归方程	R
全林生物量模型	多因子团模型	0.918	X_{is}=14.571+0.918×X_{im}	0.614
	遥感因子团模型	0.143	X_{is}=14.571+0.143×X_{im}	0.471
	极化生物量模型	0.201	X_{is}=14.571+0.201×X_{im}	0.496

续表

各尺度模型	分情况模型			b	回归方程	R
分垂直带谱不分龄级生物量模型	多因子团模型	亚高山疏林带		0.696	$X_{is}=36.971+0.696\times X_{im}$	0.550
		上中山森林-草甸带		0.982	$X_{is}=4.711+0.982\times X_{im}$	0.619
		中山森林-草甸带		0.73	$X_{is}=45.954+0.73\times X_{im}$	0.65
	遥感因子团模型	亚高山疏林带		0.89	$X_{is}=10.357+0.89\times X_{im}$	0.558
		上中山森林-草甸带		0.535	$X_{is}=-77.132+1.535\times X_{im}$	0.639
		中山森林-草甸带		0.822	$X_{is}=-155.711+0.822\times X_{im}$	0.653
	极化生物量模型	亚高山疏林带		1.013	$X_{is}=-0.349+1.013\times X_{im}$	0.54
		上中山森林-草甸带		1.402	$X_{is}=-58.925+1.402\times X_{im}$	0.51
		中山森林-草甸带		1.255	$X_{is}=-50.769+1.255\times X_{im}$	0.512
不分垂直带谱分龄级生物量模型	多因子团模型	幼龄林		0.554	$X_{is}=31.682+0.554\times X_{im}$	0.772
		中龄林		0.653	$X_{is}=39.323+0.653\times X_{im}$	0.793
		近熟林		1.163	$X_{is}=-17.221+1.163\times X_{im}$	0.643
		成熟林		0.709	$X_{is}=49.485+0.709\times X_{im}$	0.670
		过熟林		0.739	$X_{is}=60.45+0.739\times X_{im}$	0.778
	遥感因子团模型	幼龄林		0.417	$X_{is}=39.889+0.417\times X_{im}$	0.664
		中龄林		0.823	$X_{is}=15.976+0.823\times X_{im}$	0.746
		近熟林		0.89	$X_{is}=27.868+0.89\times X_{im}$	0.695
		成熟林		0.709	$X_{is}=49.485+0.709\times X_{im}$	0.670
		过熟林		0.282	$X_{is}=-80.485+1.282\times X_{im}$	0.782
	极化生物量模型	近熟林		0.626	$X_{is}=-87.578+1.626\times X_{im}$	0.672
		成熟林		0.629	$X_{is}=63.36+0.629\times X_{im}$	0.679
分垂直带谱分龄级生物量模型	多因子团模型	上中山森林-草甸带	近熟林	1.053	$X_{is}=-8.886+1.053\times X_{im}$	0.678
			成熟林	0.865	$X_{is}=25.764+0.865\times X_{im}$	0.715
		中山森林-草甸带	近熟林	0.705	$X_{is}=44.347+0.705\times X_{im}$	0.776
			成熟林	0.766	$X_{is}=46.384+0.766\times X_{im}$	0.784
	遥感因子团模型	上中山森林-草甸带	近熟林	−1.298	$X_{is}=325.807-1.298\times X_{im}$	0.668
			成熟林	0.839	$X_{is}=-37.543+0.839\times X_{im}$	0.683
		中山森林-草甸带	近熟林	0.799	$X_{is}=29.508+0.799\times X_{im}$	0.767
			成熟林	0.827	$X_{is}=30.363+0.827\times X_{im}$	0.78
	极化生物量模型	上中山森林-草甸带	近熟林	0.671	$X_{is}=63.47+0.671\times X_{im}$	0.643
			成熟林	1.571	$X_{is}=-98.199+1.571\times X_{im}$	0.715
		中山森林-草甸带	近熟林	1.182	$X_{is}=-22.252+1.182\times X_{im}$	0.815
			成熟林	1.137	$X_{is}=-29.849+1.137\times X_{im}$	0.675

3.3.5 小结

以巩留林场东部林区为试验区，研究在全林不分垂直带不分龄级、分垂直带但不分龄级、不分垂直带但分龄级、分垂直带且分龄级这 4 种情况下，对云杉林的生物量与水热因子团、地形因子团、森林特征因子团、遥感因子团中的 34 个因子进行分析，并分别建立这 4 种情况的多因子团模型、遥感因子团模型、极化生物量模型，通过研究发现结论如下：

（1）从整体情况来看，云杉林的生物量与水热因子团、地形因子团、森林特征因子团、遥感因子团中选定的大部分因子有一定的相关性，尤其是气温、降水量、坡度、坡向、高程、*B*3、NDVI、RVI 等因子。不分垂直带谱不分龄级的相关性最低，分垂直带谱不分龄级、不分垂直带谱分龄级、分垂直带谱分龄级相关性逐渐增高，说明分垂直带谱、分龄级来研究小尺度生物量模型是有必要的。

（2）在不同的尺度上，影响生物量的主导因子会发生变化。从大尺度上来看（不分垂直带谱不分龄级的情况下），水热因子团（气温、降水）成为影响生物量的主要因子，而是地形因子团（坡度、坡向）的影响就不再重要；在小尺度上（分垂直带谱不分龄级、不分垂直带谱分龄级、分垂直带谱分龄级）地形因子以及年龄成为影响生物量的主要因子，气候因子在小尺度上变化很小，而成为次要因子；但是将地形因子团（坡度、坡向）与生物量单独分析，创建极化生物量模型，可以发现一种非线性的规律，为研究生物量方面创建了一个新的角度及思路。

（3）针对不同尺度，分别建立多因子团模型、遥感因子团模型以及极化生物量模型，见表 3-32。经过验证，所有的多因子团模型、遥感因子团模型以及极化生物量模型在加入地形因子以及年龄因子之后，模型的精度及相关系数有所提高。其中分垂直带谱分龄级的精度最高；不分垂直带谱不分龄级的情况下，多因子团模型的精度较其他模型高；分垂直带谱不分龄级的情况下，综合各垂直带谱，遥感因子团生物量模型较其他模型精度高，其中多因子团模型在上中山森林-草甸带比较适用，遥感因子团生物量模型在中山森林-草甸带比较适用，极化生物量模型在亚高山疏林带比较适用；不分垂直带谱分龄级的情况下，多因子团模型精度较其他模型高，其中，多因子团模型对于中龄林来说精度较高，遥感因子团生物量模型对于过熟林来说精度较高，极化生物量模型对于成熟林来说精度较高；分垂直带谱分龄级的情况下，极化生物量模型较其他模型精度高，其中，多因子团模型和遥感因子团生物量模型都是对于中山森林-草甸带的成熟林来说精度较高，极化生物量模型对于中山森林-草甸带的近熟林来说精度较高；模型的验证从侧面验证了随着尺度的缩小，地形因子对生物量的影响。

表 3-32　不同尺度建立的不同模型汇总

各尺度模型	分情况模型		回归方程	R
全林生物量模型	多因子团模型		$B=-25.965+7.047T+19.437P-665.657B3-8.299\ \mathrm{DEM}-0.922\ \mathrm{SLOPE}+1.373\mathrm{NL}$	0.718
	遥感因子团模型		$Y=28.098+11054.172\times B3-210532.212\times B3^2+1097574.676\times B3^3$	0.468
	极化生物量模型		$B=16.168+33.675\times\cos(\mathrm{ASPECT})^3\times\cos(\mathrm{SLOPE})^2+172.572\times\cos(\mathrm{SLOPE})$	0.383
分垂直带谱不分龄级生物量模型	多因子团模型	中山森林-草甸带	$B=-307.871+5.485\times T+24.393\times P+1.663\times\mathrm{NL}-1.327\times\mathrm{SLOPE}+71.769\times\mathrm{RVI}$	0.690
		上中山森林-草甸带	$B=336.905-8.199\times T+19.351\times P+1.427\times\mathrm{NL}-1.037\times\mathrm{SLOPE}-0.170\times\mathrm{GC}-579.528\times B3$	0.820
		亚高山疏林带	$B=-764.001+28.506\times T_{\mathrm{MAX}}+16.027\times\mathrm{P}+0.868\times\mathrm{SLOPE}+1.079\mathrm{NL}+68.064\times\mathrm{RVI}$	0.748
	遥感因子团模型	中山森林-草甸带	$B=279.876-1392.932\times B3-5118.862\times B3^2$	0.584
		上中山森林-草甸带	$B=33.108\times B3^{-0.551}$	0.496
		亚高山疏林带	$B=156.988-63.13\times\mathrm{RVI}+9.364\times\mathrm{RVI}^3$	0.584
	极化生物量模型	中山森林-草甸带	$B=188.99+66.967\times\cos^3(\mathrm{ASPECT})-31.286\times\cos^3(\mathrm{ASPECT})\times\cos^2(\mathrm{SLOPE})-5.774\times(\cos^2(\mathrm{SLOPE})+\cos(\mathrm{ASPECT}))$	0.284
		上中山森林-草甸带	$B=706.412-487.996\times\sin(\mathrm{SLOPE})-23.288\times\cos^2(\mathrm{ASPECT})-397.861\times\cos^2(\mathrm{SLOPE})$	0.323
		亚高山疏林带	$B=138.569-21.456(\cos^2(\mathrm{SLOPE})+\cos(\mathrm{ASPECT}))$	0.533
不分垂直带谱分龄级生物量模型	多因子团模型	幼龄林	$B=576.646+46.977\times T_{\mathrm{MIN}}-29.011\times P-5113.761\times B2\times B3\times B4+0.044\mathrm{GC}$	0.998
		中龄林	$B=-84.279-1.271\times T+65.377\times P+1.564\times\mathrm{NL}-2.882\times\mathrm{SLOPE}-2957.253\times\mathrm{DVI}$	0.893
		近熟林	$B=-271.33+19.459\times T+0.091\times\mathrm{GC}-0.016\times\mathrm{SLOPE}-0.077\times\mathrm{ASPECT}+81.273\times\mathrm{RVI}$	0.814
		成熟林	$B=-331.972+13.591\times T+24.152\times P-0.702\times\mathrm{SLOPE}+0.050\times\mathrm{GC}+689.325\times\mathrm{NDVI}$	0.728
		过熟林	$B=-1132.166+20.905\times T+22.208\times P-0.646\times\mathrm{SLOPE}+0.105\times\mathrm{GC}+5.341\times\mathrm{NL}+28.045\times\mathrm{RVI}$	0.964
	遥感因子团模型	幼龄林	$B=-110.069+244263.015\times B1\times B2\times B4$	0.988
		中龄林	$B=973.882-15252.082\times\mathrm{DVI}+706040.545\times\mathrm{DVI}^3$	0.919
		近熟林	$B=22.954\times\mathrm{RVI}^{2.013}$	0.736
		成熟林	$B=e^{(7.567-5.884/\mathrm{RVI})}$	0.615
		过熟林	$B=45.209\times1.971\mathrm{RVI}$	0.602
	极化生物量模型	近熟林	$B=178.994+301.101\times\ln(\mathrm{ABS}(\cos(\mathrm{SLOPE})))+22.536\times\sin(\mathrm{ASPECT})\cos(\mathrm{SLOPE})$	0.541
		成熟林	$B=180.296-73.809\times\sin(\mathrm{ASPECT})+47.626\times\cos^2(\mathrm{SLOPE})\times\cos(\mathrm{ASPECT})+21.235\times\cos^2(\mathrm{ASPECT})+\cos^2(\mathrm{SLOPE})+5.74\times\ln(\mathrm{ABS}(\cos(\mathrm{ASPECT})))$	0.988

续表

各尺度模型	分情况模型			回归方程	R
分垂直带谱分龄级生物量模型	多因子团模型	上中山森林-草甸带	近熟林	B=–2295.624+88.619×T_{MAX}+0.071×P+120.795×RVI–2.621×SLOPE+0.139×ASPECT–7.030×NL+0.582×GC	0.825
			成熟林	B=–357.934–5.19×T_{MIN}+21.28×P+180.45×RVI–1.632×SLOPE	0.716
		中山森林-草甸带	近熟林	B=–722.755+93.054×T–14.948×P–1.325×SLOPE+0.199×ASPECT+0.391×GC	0.999
			成熟林	B=106.382+13.287×T+17.595×P+1.093×SLOPE–0.068×GC+401.342×NDVI	0.765
	遥感因子团模型	上中山森林-草甸带	近熟林	B=228.291–69.013×RVI^2+22.67×RVI^3	0.546
			成熟林	B=$e^{(7.853-1.091/NDVI)}$	0.590
		中山森林-草甸带	近熟林	B=251.523–226.401×RVI+73.057×RVI^2	0.931
			成熟林	B=–1690.505+6343.951×NDVI–10795.429×$NDVI^3$	0.555
	极化生物量模型	上中山森林-草甸带	近熟林	B=150.525+147.22×$\cos(ASPECT)^3$+27.982×sin(ASPECT)–124.511×$\cos^3$(ASPECT)×$\cos^2$(SLOPE)	0.813
			成熟林	B=221.233+213.785×ln(ABS(cos(SLOPE)))+ 25.268×$\cos^3$(ASPECT)	0.404
		中山森林-草甸带	近熟林	B=98.167–56.965×sin(ASPECT)cos(SLOPE)+14.08×cos(ASPECT)sin(SLOPE)	0.998
			成熟林	B=339.101–3046.384×sin(SLOPE)+ 13.741×$\cos^3$(ASPECT)$\cos^2$(SLOPE)+44.398×SLOPE	0.409

3.4　天山云杉林综合遥感生产力区域尺度模型构建

3.4.1　模型原理

本节在资源平衡假说的理论基础上，基于光能利用率原理，利用 CASA 模型、VPM 模型，以及 3.3 节建立的极化模型，综合考虑了植物光能转化率，以及地形、环境等因素的影响，以 10 天为一步长，建立了新疆西天山 NPP 遥感模型，估算了伊犁河谷地区 2 月、4 月、6 月、8 月、10 月、12 月的 NPP 值。

3.4.1.1　光能利用率模型

1972 年，陆地净初级生产力 NPP 的概念首次由 Monteith 提出，它是基于光能利用率原理，利用 APAR 和 ε 来估算，并且考虑水分、温度和养分胁迫（Monteith, 1972；Monteith, 1977）。后来又有很多学者对 APAR 以及 ε 进行了研究。1989 年，Heimann 和 Keeling 首次发表了基于 APAR 计算的全球 NPP 的模型，此模型对于全球不同生物区和季节，光能转化率 ε 采用恒定值。随后，在 1993 年，Potter 在他们研究的基础上建立了 CASA（carnegie-ames-stanford approach）模型，实现了基于光能利用率原理的陆地净初级生产力全球估算（Potter et al.，1993）。

CASA 模型主要由植被所吸收的光合有效辐射 APAR 与光能转化率 ε 这两个变量来确定，算法：

$$\mathrm{NPP}(x,t)=\mathrm{APAR}(x,t)\times\varepsilon(x,t) \tag{3-32}$$

式中，NPP 表示陆地植被净第一性生产力；APAR 表示植被所吸收的光合有效辐射；ε 表示光能转化率；t 表示时间；x 表示空间位置。

之后，许多学者基于 CASA 模型，对其中的参数获取借助于遥感技术，如利用遥感技术来获取 FPAR，从而得到植被吸收的光合有效辐射（APAR），进而估算 NPP。模型中的参数随地点 x 和时间 t 的变化而变化，并受温度和水分因子的调控。以 CASA 模型作为光能利用率模型的代表，它是目前 NPP 估算中被应用较多的模型，下面将对此模型中的几个参数略作说明。

1. 植被吸收的光合有效辐射 APAR

植被吸收的光合有效辐射（APAR）取决于植被对光合有效辐射的吸收分量（FPAR）和太阳总辐射（R_s）这两个变量，算法见式（3-33）：

$$\mathrm{APAR}(x,t)=R_s(x,t)\times0.5\times\mathrm{FPAR}(x,t) \tag{3-33}$$

式中，$R_s(x, t)$是在 t 月份在像元 x 处的太阳总辐射量（$\mathrm{MJ\cdot m^{-2}}$）；FPAR(x, t)是在 t 月份在像元 x 处的植被层对入射光合有效辐射（PAR）的吸收分量；常数 0.5 是表示植被所能利用的太阳有效辐射（即波长范围在 0.4～0.7 μm 的光合有效辐射）占太阳总辐射（R_s）的比例。

FPAR 是植被对太阳有效辐射的吸收分量，它的值取决于植被覆盖状况和植被类型。

模型中的 FPAR 直接采用 VPM 模型来求算，具体计算过程详见 3.4.4 节 FPAR 子模型内容。

2. 光能转化率 ε

光能利用率模型中，最为关键的环节是光能转化率 ε 的估算，它的大小直接影响到 NPP 的固定量。光能转化率 ε 的含义是：通过光合作用，植被吸收单位光合有效辐射（PAR）所固定的干物质的总量（此处以碳计），单位是 $g\cdot MJ^{-1}$。它指植被将吸收的光合有效辐射（PAR）转化为有机碳的效率（对能量的固定效率）。光能转化率的算法表述如下：

$$\varepsilon(x,t)=T_{\varepsilon1}(x,t)\times T_{\varepsilon2}(x,t)\times W_{\varepsilon}(x,t)\times\varepsilon^{*} \tag{3-34}$$

式中，$T_{\varepsilon1}$ 和 $T_{\varepsilon2}$ 为温度胁迫系数，反映了温度条件的影响；W_{ε} 为水分胁迫系数，反映了水分条件的影响；ε^{*} 为理想条件下最大的光能转化率。

现实条件下，光能转化率（ε）受温度和水分这两个因子的影响，理想条件下，植被具有最大的光能转化率（ε^{*}）。Potter 等认为，全球植被的月最大光能转化率为 0.389 $g\cdot MJ^{-1}$，这只是一种均值状况，实际上，不同的植被类型应采用不同的最大光能利用率，Running 等（1999）的研究正是针对不同的植被类型算出了其最大光能利用率，本章则采用较为通用的成果，见表 3-33。

表 3-33　不同植被类型最大光能利用率取值

植被类型	ε_{max}（$kg\cdot m^{-2}\cdot MJ^{-1}$）	植被类型	ε_{max}（$kg\cdot m^{-2}\cdot MJ^{-1}$）
ENF（evergreen needleleaf forest）常绿针叶林	0.001008	WGrass（wooded grassland）落叶灌丛及稀树草原	0.000768
EBF（evergreen broadleaf forest）常绿阔叶林	0.001259	CShrub（closed shrubland）矮林灌丛	0.000888
DNF（deciduous needleleaf forest）落叶针叶林	0.001103	Oshrub（open shrubland）稀疏灌木	0.000774
DBF（deciduous broadleaf forest）落叶阔叶林	0.001044	Grass（grass land）草地	0.000604
MF（mixed forest）混交林	0.001116	Crop（crop land）耕作植被	0.000604
WL（woodland）	0.000864		

植物在自然界中常会遇到环境条件的剧烈变化，其变化的幅度有时可超过植物正常生活要求的范围，这种超过植物正常生活要求范围的变化，就是逆境或环境胁迫，逆境因素有冷冻、高温、干旱、耐碱、水涝与病虫害，本章用到的温度和水分就是两个胁迫因子。对植物的生长及其发育来说，温度和水分因素是非常重要的，往往能够决定植物群落的分布状态。过高或过低的温度被称为植物生长与发育的胁迫温度，过多、过少的水分条件则被称为植物生长与发育的胁迫水分。

温度胁迫系数 $T_{\varepsilon1}$ 和 $T_{\varepsilon2}$ 的具体算法详见 3.4.6。

水分胁迫系数 W_{ε}，它反映了植物能利用的有效水分条件对光能转化率的影响。随着有效水分的增加，W_{ε} 也逐渐增大，取值范围从极端干旱的 0. 5 到极端湿润的 1，具体算法见式（3-35）：

$$W_{\varepsilon}(x,t)=0.5+0.5\times \mathrm{EET}(x,t)/\mathrm{PET}(x,t) \tag{3-35}$$

式中，PET 为潜在蒸散量（potential evapotranspitation），单位是 mm；EET 为实际蒸散量（estimated evapotranspiration），单位是 mm。

在月均温≤0℃时，可以认为 PET 和 EET 的值均为 0，该月的水分胁迫系数 W_{ε} 等于前一个月的值，即：

$$W_{\varepsilon}(x,t)=W_{\varepsilon}(x,t-1) \tag{3-36}$$

式中，水分胁迫系数中的 PET 为潜在蒸散量，本章利用 1998 年 FAO 推荐的 Penman-Monteith 公式计算（Allen et al.，1998），具体算法见 3.4.5，实际蒸散来自于气象数据。

3.4.1.2　修正的综合 NPP 遥感模型

结合 3.3 节的内容，本章节的综合生产力模型主要由 6 个子模型组成：气象要素空间分布子模型、辐射子模型、FPAR 子模型、潜在蒸散子模型、温度胁迫系数子模型、垂直地带极化子模型。

$$\mathrm{NPP}=f_{Q}(x,t)f_{R}(x,t)f_{\mathrm{FPAR}}(x,t)f_{\mathrm{ET}}(x,t)f_{C}(x,t)f_{\varepsilon}(x,t) \tag{3-37}$$

式中，f_{Q}（x, t）为气象要素随时间及地点变化的函数；f_{R}（x, t）是辐射随时间及地点变化的函数；f_{FPAR}（x,t）是 FPAR 随时间及地点变化的函数；f_{ET}（x,t）是潜在蒸散随时间及地点变化的函数；f_{C}（x,t）是坡度、坡向、海拔随时间及地带性变化的函数；f_{ε}（x,t）是温度胁迫系数子模型。

本章是集气候模型、光能利用率模型以及遥感模型于一体的综合生产力模型，其中，气候要素空间分布子模型主要用来求算气象要素分布（尤其是气温），辐射子模型主要用来求算陆表总辐射以及净辐射，FPAR 子模型主要用来求算植被冠层对接收的所有 PAR（400～700 nm）的吸收比例 FPAR，潜在蒸散子模型主要用来求算潜在蒸散以便估算水分胁迫因子，温度胁迫系数子模型主要用来估算温度胁迫因子，垂直地带极化子模型主要用来求算坡度坡向与生产力的关系。这 6 个子模型，除了垂直地带极化子模型在 3.3 节的内容中提到，其他 5 个子模型在以下章节内容将会做具体介绍。

3.4.2　气象要素空间分布子模型

气象要素的空间分布子模型是本书 NPP 模型中的一个重要方面，也是在计算 NPP 时的一个重要前提。在数据资料部分已经介绍，本章的气候要素主要包括新疆伊犁以及周边 19 个站点的从 1961～2009 年的气象数据，在本章节用到的是 1961～2009 年的平均气温、最高气温、最低气温、大气压、水汽压、平均湿度、日照时数、风速、蒸发等日值气象要素，由于需要和遥感影像的时间配对，因此利用 VFo 将这些气象要素进行统计分析，合成 2 月、4 月、6 月、8 月 15 日～25 日、10 月 5 日～15 日、12 月的 10 天气象数据，空间插值成空间数据，为建立 NPP 模型做准备。

研究发现 1961～2009 年的气候变化较为显著，具体变化分析在 3.3.4 节将会提到，并参考许多文献总结出，气温随海拔变化较为显著，为了提高模型精度，应求算相应地区气温直减率，因此在本章建立 NPP 模型时，结合 DEM 修正气温直减率，并求算平均气温、最高气温、最低气温，具体求算方法同 3.3.2.1 节，求算的结果见表 3-34。

表 3-34 伊犁不同月份气温直减率 （单位：℃/100m）

月份	T	T_{MAX}	T_{MIN}
2 月	–0.258054	–0.141237	–0.4145779
4 月	–0.59157	–0.604423	–0.6074581
6 月	–0.721807	–0.757208	–0.741672
8 月	–0.725	–0.583	–0.691
10 月	–0.712438	–0.745131	–0.709045
12 月	–0.1497	0.0935225	–0.4331703

对于气温主要是利用克里金插值并结合 DEM 修正气温要素，具体插值算法在 3.3.2.1 中的 1.小节中，对于其他的气象要素主要是利用反距离加权插值方法，具体算法见 3.3.2.1 中的 1.小节，通过对上述气象要素的研究可以得到伊犁 2009 年 2 月、4 月、6 月、8 月、10 月、12 月的各气候要素 30m×30m（与遥感影像数据分辨率保持一致）的空间数据。

3.4.3 辐射子模型

太阳辐射是地球上的一切生命活动过程的基本能量来源。通过大气层到达地面的太阳辐射，主要包括直接辐射、散射辐射、反射辐射和净辐射等（王臣立，2006）。生态系统中各种生理活动的进行都要受到太阳辐射能量的驱动，并且太阳辐射直接关系到植被的光合生产（王臣立，2006）。

模型中辐射值 R_s 以及 R_n 的计算是通过辐射子模型实现，采用气象学及遥感方法相结合来计算，具体估算过程见图 3-22。

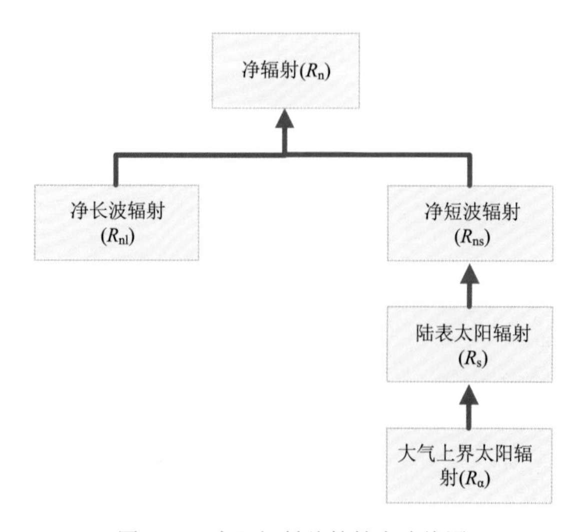

图 3-22 太阳辐射估算技术路线图

3.4.3.1 大气上界太阳辐射 R_α

通过太阳常数 G_{sc}、太阳赤纬 δ 和日序（day of year, DOY），每日不同纬度大气上界太阳辐射值 R_α 可由如下公式计算（Allen et al.，1998）：

$$R_\alpha = \frac{24(60)}{\pi} G_{sc} d_r [\omega_s \sin(\varphi)\sin(\delta) + \cos(\varphi)\cos(\delta)\sin(\omega_s)] \tag{3-38}$$

式中，R_α 为大气外界辐射，单位是 $MJ \cdot m^{-2} \cdot d^{-1}$；$G_{sc}$ 为太阳常数，表示大气上界太阳辐射的总量，值为 0.0820 $MJ \cdot m^{-2} \cdot min^{-1}$；$d_r$ 为大气外界相对日地距离，无量纲，具体算法见式（3-40）；ω_s 为太阳时角，单位是弧度，天体时角是指某一时刻，观察者子午面与天体子午面在天极处的夹角，这个角度从观察者子午面向西度量，具体算法见式（3-41）；φ 为纬度，单位是弧度，在北半球时为正值，南半球时为负值；δ 为太阳赤纬，单位是弧度，在计算太阳辐射时，需要确定太阳在天空中的位置。地球的经度和纬度平行线，可形成天球的天经度子午线和天纬度平行线，天球纬度从天赤道向南或者向北以度数来表示，即天体偏角或赤纬 δ；纬度 φ 用弧度来表示。

赤纬 δ 以及大气外界相对日地距离 d_r，可以通过下列算法计算：

$$\delta = 0.409 \times \sin\left(\frac{2\pi}{365} J - 1.39\right) \tag{3-39}$$

$$d_r = 1 + 0.033 \times \cos\left(\frac{2\pi}{365} J\right) \tag{3-40}$$

式中，J 为该年中所处的天数。

日落时角 ω_s 可以通过下列算法计算：

$$\omega_s = \arccos(-\tan(\phi) \times \tan(\delta)) \tag{3-41}$$

3.4.3.2 陆表太阳辐射 R_s

太阳辐射（陆表太阳辐射）R_s，它可通过大气上界辐射 R_α 与日照百分率 n/N 之间的关系来求，具体算法：

$$R_s = \left(a_s + b_s \times \frac{n}{N}\right) R_\alpha \tag{3-42}$$

$$N = \frac{24}{\pi} \omega_s \tag{3-43}$$

式中，R_s 为陆表太阳辐射，又称陆表短波辐射，单位是 $MJ \cdot m^{-2} \cdot d^{-1}$；$n$ 为实际日照时数，单位是 h（小时），具体值可通过气象资料获得；N 为最大日照时数，单位是 h（小时）具体算法见式（3-43），其中 ω_s 的算法见式（3-41）；n/N 为日照百分率，无量纲；R_α 为大气上界辐射，单位是 $MJ \cdot m^{-2} \cdot d^{-1}$，具体算法见式（3-38）；$a_s$ 为回归系数，表示云全部遮盖条件下（n=0），大气外界辐射到达地面的分量。a_s 和 b_s 表示晴天（n =N）大气外界辐射到达地面的分量，a_s 和 b_s 随着大气条件（例如湿度、沙尘状况）和日落时角（例如纬度和月份）而变化，在没有实际陆表太阳辐射数据，且不具备订正条件时，推荐 a_s= 0.25，

b_s= 0.50（王臣立，2006）。侯光良等（1993）通过中国多年实测辐射数据的经验回归得到 a_s 和 b_s（表 3-35），本章的 a_s 和 b_s 取值即是来源于此，其中 a_s 为 0.353，b_s 为 0.543。

表 3-35　中国陆表太阳总辐射计算分区参数表（侯光良等，1993）

区号	I	II	III	IV	V
a_s	0.353	0.216	0.229	0.207	0.191
b_s	0.543	0.758	0.679	0.725	0.758

3.4.3.3　净短波辐射 R_{ns}

净短波辐射算法如下：

$$R_{\mathrm{ns}} = (1-\alpha)R_{\mathrm{s}} \tag{3-44}$$

式中，R_{ns} 为净短波辐射（净太阳辐射），单位是 $\mathrm{MJ \cdot m^{-2} \cdot d^{-1}}$；$R_{\mathrm{s}}$ 为陆表太阳辐射，单位是 $\mathrm{MJ \cdot m^{-2} \cdot d^{-1}}$，具体算法见式（3-42）；$\alpha$ 为地表反照度，无量纲。

在本章中，α 采用 Valiente 研究中的方法计算（Valiente, 1995）：

$$\alpha = ar1 + br2 + cr3 + dr4 \tag{3-45}$$

$r1$、$r2$、$r3$ 和 $r4$ 分别为各波段的反射率。

在求算环境星可见光反射率时，可利用环境减灾星座 A/B 星 CCD 相机大气层外太阳辐照度，求算出各波段所占的百分比，结果如表 3-36。

表 3-36　各波段 α 参数

传感器	波段 1	波段 2	波段 3	波段 4
HJ-1A CCD1	0.301173	0.287186	0.242701	0.1689406
HJ-1A CCD2	0.302047	0.286605	0.242573	0.1687746
HJ-1B CCD1	0.298167	0.28742	0.245581	0.1688323
HJ-1B CCD2	0.301649	0.286132	0.243654	0.1685658

3.4.3.4　净长波辐射 R_{nl}

净长波辐射采用布朗特公式来计算：

$$R_{\mathrm{nl}} = \sigma(273+T)^4(0.56-0.08\sqrt{e_\alpha})\left(0.01+0.9\frac{n}{N}\right) \tag{3-46}$$

式中，R_{nl} 为净长波辐射，单位是 $\mathrm{MJ \cdot m^{-2} \cdot d^{-1}}$；$\sigma$ 为 Stefan-Boltzmann 常数，取值为 4.903×10^{-9} $\mathrm{MJ \cdot m^{-2} \cdot d^{-1}}$；$T$ 为气温，单位为℃；e_α 为实际水气压，单位为 hPa；n/N 为日照百分率。

3.4.3.5　净辐射 $\boldsymbol{R}_{\mathbf{n}}$

净辐射 R_{n} 为入射净短波辐射 R_{ns} 与出射长波辐射 R_{nl} 的差值（王臣立，2006）。

$$R_{\mathrm{n}} = R_{\mathrm{ns}} - R_{\mathrm{nl}} \tag{3-47}$$

3.4.4　FPAR 子模型

利用遥感资料估算 GPP 时，大多数采用产量效率模型（production efficiency models，PEM），即利用光能利用率的方式来估算 GPP（侯光良等，1993；Prince and Goward，1995）。产量效率模型（PEM）的公式一般表示为

$$\mathrm{GPP} = \varepsilon_g \times \mathrm{FAPAR} \times \mathrm{PAR} \tag{3-48}$$

式中，PAR 是一个时间段内（天、月）的光合有效辐射（$\mathrm{MJ \cdot m^{-2}}$）；FAPAR 是被植被冠层吸收光合有效辐射的比率；ε_g 是在计算 GPP 过程中时使用的光能利用效率（$\mathrm{g \cdot MJ^{-1}}$）（侯光良等，1993；Prince and Goward，1995）。PEM 模型模拟的时间尺度可以是月尺度也可以是日尺度，这主要决定于遥感复合影像的获取。应用 AVHRR 遥感图像反演的月 NDVI 资料，PEM 模型已被应用于区域和全球尺度的 NPP 和 GPP 模拟（Running et al.，2000；Prince and Goward，1995）。

FPAR 是植被冠层对接收的所有在 400～700 nm 的 PAR 的吸收比例。FPAR 反映了植被冠层对能量的吸收能力（Fensholt et al.，2004）。入射到地表的太阳有效辐射一部分被作物冠层反射，一部分被作物吸收，还有一部分透射过冠层到达地表，并被地表吸收和反射，只有被作物冠层吸收的 PAR 才对作物的干物质积累有贡献（Fensholt et al.，2004）。

FPAR 的估算多是与归一化植被指数 NDVI 或是叶面积指数 LAI 的建立关系来进行分析，对前人文献的归纳总结，具体见表 3-37。

表 3-37　基于植被指数或 LAI 的 FPAR 不同算法

算法	R^2	方法	植被类型	参考文献
FPAR=1.2×NDVI–0.18	0.974	PAR measurement	春小麦，生长阶段	Asrar et al., 1984
FPAR=0.6–(2.2×NDVI)+(2.9×NDVI^2)	—	PAR measurement	玉米，生长阶段	Gallo et al., 1985
FPAR=1.408×NDVI–0.396	0.92	PAR measurement	Alfalal	Hatfield and Pinter,1993
FPAR=1.25×NDVI–0.025	—	Max/Min	热带雨林/沙漠	Dixon et al.,1994
FPAR=0.279×SR–0.294	—	Max/Min	冬季 Alaska/理论最大值	Heiman and Keeling,1989
FPAR=0.171×SR–0.186	—	Max/Min	高植被/沙漠	Sellers et al.,1994
FPAR=0.248×SR–0.268	—	Max/Min	矮植被/沙漠	Sellers et al.,1994
FPAR=1.24×NDVI–0.23	—	ID 辐射传输方程	—	Baret et al.,1989
FPAR=1.21×NDVI–0.04	0.99	ID 辐射传输方程	—	Goward et al., 1994
FPAR=1.67×NDVI–0.05	—	ID 辐射传输方程	—	Prince and Goward,1995
FPAR=0.846×NDVI–0.08	0.97	3D 辐射传输方程	稀疏植被	Asrar et al.,1992
FPAR=1.723×MSAVI–0.137	0.968	3D 辐射传输方程	热带稀疏草原植被	Bégué and Myneni,1996

续表

算法	R^2	方法	植被类型	参考文献
FPAR=2.213×(ΔMSAVI)	0.931	3D 辐射传输方程	热带稀疏草原植被	Bégué and Myneni,1996
FPAR=1.71×(ΔNDVI)	—	3D 辐射传输方程	热带稀疏草原植被	Bégué and Myneni,1996
$FPAR=1-e^{(LAI-1)}$	—	Beer-Lamber Law	—	Gower et al.,1999
FPAR=min[(SR–SRmin)/(SRmax–SRmin),0.95], 其中：SR=(1+NDVI)/(1–NDVI)	—	CASA model	—	Potter et al.,1993

除了 NDVI 和 LAI，还有一种估算手段是基于冠层反照率与叶面积指数等参数建立基于冠层能量平衡的 FPAR 模式。

在冠层水平，植被冠层通常由光合植被（PAV，主要指绿色叶片）和非光合植被（NPV，主要是枯叶、枝干）组成（王臣立，2006）。在冠层水平 NPV 对植被冠层吸收光合有效辐射的比率 FAPAR 有很强的影响，例如在叶面积指数 LAI<3 的森林生态系统，NPV 可以增加 10%～40%的冠层 FAPAR。只有被 PAV 吸收的 PAR 才被用于光合。

$$FAPAR = FAPAR_{PAV} + FAPAR_{NPV} \tag{3-49}$$

Xiao 等（2014）基于以上植被光合原理结论，对以往的遥感模型进行了改进，基于涡度相关 CO_2 通量观测资料，以遥感资料为驱动变量，建立了生态系统总初级生产力的参数模型 VPM（vegetation photosynthesis model）模型。模型中使用增强植被指数（enhanceed vegetation index，EVI）来表达 $FAPAR_{PAV}$，算法表达式为

$$FPAR_{PAV} = \alpha \times EVI \tag{3-50}$$

在 VPM 模型中 α =1.0，代表最简单的情况。

对于 TM 数据，EVI 的计算见式（3-51），环境星波段设置与 TM 类似，因此也可以参考 TM 算法，EVI 算法计算如下：

$$EVI = (\rho_{NIR} - \rho_R) / (\rho_{NIR} + 3.3 \times \rho_R - 4.5 \times \rho_{BLUE} + 0.6) \tag{3-51}$$

3.4.5 潜在蒸散子模型

3.4.5.1 原理

目前用于潜在蒸散估算的常用方法主要包括 Penman-Monteith 法、Thornthwaite 法和 Hargreaves 法，以及我国周广胜和张新时提出的经纬度、海拔估算潜在蒸散的模型，由于本章的气象数据是日值数据，合成为 10 天的数据，故使用 Penman-Monteith 法来估算潜在蒸散，下面对该方法原理做一个简要介绍。

FAO-56 Penman-Monteith 法（简称 PM 法）是联合国粮农组织推荐计算潜在蒸散的标准方法（Allen et al.，1998），该模型在最初 Penman-Monteith 方程、空气动力学方程以及表面阻力方程的基础上发展而来，模型输入为平均气温、最高气温、最低气温、相对湿度、风速、日照时数、水气压、大气压等多个气象要素，输出为潜在蒸散。该模型优点在于考虑的因素较为全面，能够获得较高精度的潜在蒸散；缺点是模型输入变量较多，模型参数的获取易成为限制因素。

$$ET = \frac{0.408\Delta(R_n - G) + \gamma \frac{900}{T+273} u_2 (e_s - e_\alpha)}{\Delta + \gamma(1 + 0.34u_2)} \tag{3-52}$$

式中，ET 为参考蒸散量，单位是 $mm·d^{-1}$；R_n 为陆表净辐射，单位是 $MJ·m^{-2}·d^{-1}$；G 为土壤热通量密度，单位是 $MJ·m^{-2}·d^{-1}$；e_s 为饱和水汽压，单位是 kPa；e_α 为实际水汽压，单位是 kPa；$e_s–e_\alpha$ 为饱和水汽压与实际水汽压之差，即水汽压亏缺，单位是 kPa；Δ 为水汽压曲线斜率，单位是 $kPa·℃^{-1}$；γ 为干湿表常数，单位是 $kPa·℃^{-1}$；T 为 2 m 高平均气温，单位是℃；u_2 为 2 m 高平均风速，单位是 $m·s^{-1}$。

以上参数中的 T 和 u_2 直接用气象数据，其他参数获取的算法及过程见 3.4.5.2～3.4.5.7。

3.4.5.2　陆表净辐射和土壤热通量密度

陆表净辐射 R_n 与土壤热通量密度 G 都是表示单位面积可获得的能量的参量（单位为 $MJ·m^{-2}·d^{-1}$），辐射能量可转换为相应的通过蒸发潜热（λ）所蒸发的水量（单位为 mm），2.45 为转换因子（王臣立，2006）。转换关系见式（3-53），反之亦然。陆表净辐射 R_n 的计算方法见辐射子模型部分。由于 G 的数量值很小，在本章的研究中忽略不计。

$$G \approx \frac{R_n}{2.45} = 0.408R_n \tag{3-53}$$

3.4.5.3　饱和水汽压

一般饱和水汽压有两种算法，一种是由气温决定的非线性方程，算法如下：

$$e^0(T) = 0.6108\exp\left(\frac{17.27T}{T+237.3}\right) \tag{3-54}$$

式中，e^0 代表 T 温度下的饱和水汽压，单位是 kPa。

另外一种算法是在计算天平均、周平均或月平均 e^0 时，通过最高温和最低温时的饱和水汽压取平均来计算平均饱和水汽压 e_s：

$$e_s = \frac{e^0(T_{MAX}) + e^0(T_{MIN})}{2} \tag{3-55}$$

本章利用的是最高温和最低温来求取平均饱和水汽压。

3.4.5.4　实际水汽压

实际水汽压的算法公式如下：

$$e_\alpha = H \times e_s \tag{3-56}$$

式中，e_s 为饱和水汽压，单位是 kPa；e_α 为实际水汽压，单位是 kPa；H 为空气相对湿度，单位是%，由气象站点的气象数据获得。

3.4.5.5　水汽压曲线斜率

水汽压曲线斜率的算法如下：

$$\Delta = \frac{4098\left[0.6108\exp\left(\frac{17.27T}{T+237.3}\right)\right]}{(T+237.3)^2} \tag{3-57}$$

式中，Δ 为气温 T 下的饱和水汽压曲线斜率，单位是 kPa·℃$^{-1}$；T 为气温，单位是℃。

3.4.5.6　干湿表常数

干湿表常数的算法公式如下：

$$\gamma = \frac{C_v P}{\varepsilon\lambda} = 0.665\times10^{-3}P \tag{3-58}$$

式中，γ 为干湿表常数，单位是 kPa·℃$^{-1}$；C_v 为空气定压比热，取常数为 1.013×10^{-3} 是 MJ·kg^{-1}·℃$^{-1}$；P 为大气压，单位是 kPa；λ 为蒸发潜热，取常数为 2.45 MJ·kg^{-1}；ε 为水汽分子量与干空气分子量之比，值为 0.622；空气定压比热 C_v 含义为，一定气压下，单位体积的空气温度升高 1℃所需的能量。

理想气体条件下，假设气温为 20℃，则大气压 P：

$$P = 101.3\left(\frac{293-0.0065h}{293}\right)^{5.26} \tag{3-59}$$

式中，P 为气压，单位是 kPa；h 为距海平面的海拔高度，单位是 m。

3.4.5.7　蒸发潜热

蒸发潜热，是指在一定温度和气压下，单位体积的水由液态转化为气态所需的能量（王臣立，2006）。蒸发潜热是温度的函数，蒸发同样体积的水，高温条件较低温条件下需要更少的能量（王臣立，2006）。在 FAO 的 Penman-Monteith 方程中，气温在 20℃条件下，蒸发潜热（λ）为 2.45 MJ·kg^{-1} 则 $1/\lambda$=0.408 kg·MJ^{-1}（Allen et al.，1998）。

3.4.6　温度胁迫系数子模型

3.4.6.1　$T_{\varepsilon1}$ 温度胁迫因子

光能转化率的算法见式（3-34），$T_{\varepsilon1}$ 和 $T_{\varepsilon2}$ 是温度胁迫因子。

$T_{\varepsilon1}$ 代表低温和高温条件下，植物内在的生化作用对光合的限制（Field，1995；Running et al.，2000），用下式来计算：

$$T_{\varepsilon1}(x) = 0.8 + 0.02T_{\mathrm{opt}}(x) - 0.0005[T_{\mathrm{opt}}(x)]^2 \tag{3-60}$$

式中，$T_{\varepsilon1}$ 是温度胁迫因子；T_{opt} 是植被生长的最适温度，定义是：某一区域一年内 NDVI 值达到最高时月份的平均气温（Field，1995；Running et al.，2000）。当某月平均温度小于或等于−10℃时，$T_{\varepsilon1}$ 为 0，认为光合生产为零。$T_{\varepsilon1}$ 反映了植物在温度极低的环境下有着极低的最大生长速率并且大的根生物量，从而增加了呼吸消耗，进而降低了光利用率；在极端高温环境下，植物的生长速率高，但同时呼吸消耗速率同样降低了光利用率（Field，1995；Running et al.，2000）。

3.4.6.2　$T_{\varepsilon 2}$温度胁迫因子

$T_{\varepsilon 2}$表示气温从最适宜温度 T_{opt} 向高温和低温变化时对光能转化率的影响，这种条件下，光能转化率会逐渐降低（Field，1995；Running et al.，2000），算法如下式：

$$T_{\varepsilon 2}(x,t)=1.1814\Big/\{1+\mathrm{e}^{0.2[T_{opt}(x)-10-T(x,t)]}\}\Big/\{1+\mathrm{e}^{0.3[-T_{opt}(x)-10+T(x,t)]}\} \tag{3-61}$$

式中，$T_{\varepsilon 2}$（x, t）表示环境温度从最适温度向高温或低温变化时植物光能利用率变小的趋势，这是因为低温和高温时高的呼吸消耗必将降低光能利用率，生长在偏离最适温度的条件下，其光能利用率也一定会降低（Field，1995；Running et al.，2000）。$T_{\varepsilon 2}(x, t)$的取值范围为 0.5～1.0。$T_{\varepsilon 2}(x, t)$因子反映了在非最适温度环境下植物的光利用率会降低的情况，在高温时会比低温时下降得快。

若某月均温 T 比最适宜温度 T_{opt} 高出 10℃或低 13℃时，该月的 $T_{\varepsilon 2}$ 值等于月均温 T，为最适宜温度 T_{opt} 时的 $T_{\varepsilon 2}$ 值的一半（王臣立，2006）。

3.4.7　模型验证

3.4.7.1　与实测数据比较

CASA 模型是一个基于过程的遥感模型，耦合了生态系统生产力和土壤碳、氮通量，由网络化的气候、辐射、土壤和遥感植被指数数据集驱动。但其缺点是模型参数过多。本书利用 VPM 模型，为参数估算遥感化提供了基础，并且加入坡度、坡向等地形因子，从极化的角度来建立新的生产力模型，为森林生物量以及生产力的研究开拓了新的思路。

用式（3-30）的方法来验证模型的精度，通过分析得到：云杉林生产力绝对偏差为 D_{abs}=1.04 t·hm^{-2}·a^{-1}，最大的云杉林生产力实测值为 N_{max}=16.02 t·hm^{-2}·a^{-1}，D_{abs} 只是 N_{max} 的 6.49%。

建立模拟值与实测值的一元线性回归方程为

$$N_s=2.997+0.7811\times N_m \qquad n=101$$

式中，N_s 为实测值，N_m 为模拟值。可见回归方程的斜率为 b=0.7811，接近于 1，由上可知，所建的云杉林生产力模型能够较好地模拟云杉林的现实生产力。

3.4.7.2　与其他模型估算结果比较

利用 Miami 模型、Thornthwcite Memorial 模型、Chikugo 模型、罗天祥水热优化模型、周广胜和张新时综合模型等生产力模型进行估算 2009 年伊犁的生产力，以及王燕和赵士洞（2000）估测结果，与本章模型估算结果做对比分析，结果见表 3-38，可以得出如下结论：本章估算伊犁河谷地区云杉林年均 NPP 为 863.46 g·m^{-2}·a^{-1}，其中伊宁、霍城、巩留、新源的 NPP 较其他地区大；其他模型是利用伊犁的气象资料估算，由于气象站点一般分布在平原地区，与山区云杉林分布地区的 NPP 来比估算的要偏低，从总体来看，与 Miami 模型、Thornthwcite Memorial 模型和 Chikugo 模型偏差较大，与罗天祥水热优化模型、周广胜和张新时综合模型以及王燕和赵士洞估测结果相差不大。

表 3-38 不同模型伊犁 NPP 估算结果 （单位：$g·m^{-2}·a^{-1}$）

模型名称	霍城	伊宁	蒙玛拉	尼勒克	察布查尔	巩留	新源	昭苏	特克斯
Miami 模型	431.77	573.59		721.11	391.60	485.78	891.54	944.23	736.61
Thornthwcite Memorial 模型	346.04	445.66		507.58	313.63	379.85	625.42	544.24	509.87
Chikugo 模型	579.48	705.91		1152.32	969.11	1656.55	1869.06	1773.90	1487.43
罗天祥水热优化模型	645.51	655.75		683.80	687.24	718.65	731.24	711.90	702.29
周广胜和张新时综合模型	452.10	460.2		524.52	544.57	694.12	741.49	632.85	605.72
王燕和赵士洞 2000 年估测结果	460.3	1361.1	776.2	605.3	553.7	885.7	1035.6	505.4	673.9
本章模型	1204.32	1189.44	732.48	876.36	658.56	911.28	973.26	599.1	626.34

3.5 天山云杉林生物量/生产力估算及尺度效应分析

3.5.1 生物量/生产力时间尺度估算及效应分析

3.5.1.1 年尺度

以伊犁巩留林场为例，按照所得的天山云杉林生物量模型计算各龄级云杉林生物量，再结合 1986 年伊犁对森林生物量的调查资料，分析得到：30 年间，总体单位面积生物量有下降趋势，1986～1996 年单位面积生物量下降，1996～2009 年单位面积生物量有所回升；过熟林生物量最大，1996 年平均值达到 229.00 $t·hm^{-2}$，2007 年 221.11 $t·hm^{-2}$，幼龄林生物量最小，1996 年平均值 61.89 $t·hm^{-2}$，2007 年为 67.46 $t·hm^{-2}$；1996～2007 年，除了近熟林和过熟林单位面积生物量有略微下降，幼龄林、中龄林、成熟林都有增长，单位面积生物量总体呈上升趋势（表 3-39，表 3-40，图 3-23）。

表 3-39 各龄级单位面积生物量动态变化 （单位：$t·hm^{-2}$）

龄级	1986 年生物量	1996 年生物量	2007 年生物量	单位面积生物量增量（2007～1996）
幼龄林	66.46	61.89	67.46	5.57
中龄林	156.98	146.37	149.16	2.78
近熟林	180.12	185.83	183.97	–1.86
成熟林	205.63	183.51	187.22	3.71
过熟林	241.84	229.00	221.11	–7.89
平均	170.21	161.32	161.79	0.46

表 3-40　各龄级生物量动态变化

龄级	1996 年		2007 年	
	面积/hm^2	生物量/10^4t	面积/hm^2	生物量/10^4t
幼龄林	1078	6.67	4783.79	32.27
中龄林	2752	40.28	2401.6	35.82
近熟林	7972	148.14	7699.21	141.65
成熟林	28382	520.84	27094.86	507.28
过熟林	1363	31.21	1301.58	28.78
总计	41547	747.14	43281.04	745.8

根据分析，1996～2007 年巩留东部林区的纯云杉林面积增加 4%，生物量减少了 1.34×10^4t；幼龄林增量最多，主要原因是 1998 年国家天然林保护工程实施后，西天山林区的天然森林资源得以恢复，人工更新多为幼龄林，因此幼龄林面积及生物量有所增长；由于云杉属浅根性树种，进入老龄后枯损腐朽率增加而大批风倒，造成了云杉林除幼龄林的其他龄级云杉林面积和生物量的减少，因除幼龄林的其他龄级的单位面积生物量较大，总体生物量略有减少。

图 3-23　伊犁巩留林场东部生物量分布图

3.5.1.2　月尺度

以整个伊犁河谷地区为例，根据生产力综合遥感模型，结合 HJ-1 影像数据，将伊犁 10 天合成的 NPP 按照每三个合成为月尺度 NPP，本书研究 2009 年 2 月、4 月、6 月、8 月、10 月、12 月的 NPP 变化，因为在冬季植被生长较慢，2 月及 12 月的影像积雪覆盖面积较大，因此忽略冬季的 NPP，将 2009 年 4 月、6 月、8 月、10 月的 NPP 乘以 2 估算得全年的 NPP，分析结果可得：伊犁全区山区云杉林的 NPP 为 863.46 $g\cdot m^{-2}\cdot a^{-1}$，其中霍城为 1204.32 $g\cdot m^{-2}\cdot a^{-1}$、伊宁为 1189.44 $g\cdot m^{-2}\cdot a^{-1}$、新源为 973.26 $g\cdot m^{-2}\cdot a^{-1}$、巩留为

911.28 $g·m^{-2}·a^{-1}$，这 4 个地区的 NPP 较其他地区大。8 月是植被生长的旺季，因此 NPP 较大，伊犁河谷地区平均为 144.45 $g·m^{-2}·a^{-1}$，最大为新源 197.67 $g·m^{-2}·a^{-1}$，较大的为霍城 179.22 $g·m^{-2}·a^{-1}$、巩留 172.29 $g·m^{-2}·a^{-1}$、伊宁 171.27 $g·m^{-2}·a^{-1}$，其次是 6 月、10 月、4 月（表 3-41）。

表 3-41　伊犁河谷地区各月生产力变化　　（单位：$g·m^{-2}·a^{-1}$）

地区	4 月	6 月	8 月	10 月	全年估计
霍城	34.83	244.68	179.22	143.43	1204.32
伊宁	46.11	238.95	171.27	138.39	1189.44
蒙玛拉	16.98	125.07	103.77	120.42	732.48
尼勒克	28.14	119.40	148.08	142.56	876.36
察布查尔	14.61	95.67	110.43	108.57	658.56
巩留	33.72	124.68	172.29	124.95	911.28
新源	34.77	137.37	197.67	116.82	973.26
昭苏	11.58	67.29	111.03	109.65	599.1
特克斯	18.00	75.18	106.29	113.70	626.34
平均	26.53	136.48	144.45	124.28	863.46

3.5.2　生物量/生产力空间尺度估算及效应分析

对森林生物量/生产力的研究，从空间分布来看，应该存在一种规律性，然而不同的地理环境以及地形生物量生产力的分布往往存在分异，本节将针对伊犁从垂直带谱、坡度和坡向 3 个方面研究生物量生产力的分布规律。在研究空间分布的同时，多会涉及研究的尺度问题，相对于遥感影像而言，不同的尺度即是影像分辨率的差异所引起的，至于影像分辨的变化会引起反演参数的什么变化，进而不同空间尺度的生物量与生产力又是怎样变化的，这个问题值得探讨，在 3.5.2.1 和 3.5.2.2 会略作说明。

3.5.2.1　生物量/生产力空间分布变化

以伊犁巩留林场为例，研究 2007 年生物量在不同坡向、不同坡度以及不同垂直带的分布规律，见图 3-24～图 3-26。

从垂直带谱来看，全林在中山森林-草甸带（1700～2250 m）所占面积最大，其次是上中山森林-草甸带（2250～2550 m），但单位面积云杉林生物量最大的是在中低山森林草原带（1500～1700 m），达到 180.71 $t·hm^{-2}$，其次是中山森林-草甸带（1700～2250 m）172.83 $t·hm^{-2}$ 和上中山森林-草甸带（2250～2550 m）147.35 $t·hm^{-2}$。以分布面积较大的近熟林和成熟林为例，单位面积生物量在中山森林-草甸带和中低山森林草原带着两个垂直带谱较大，近熟林在中低山森林草原带单位面积生物量最大达到 199.43 $t·hm^{-2}$，其次是中山森林-草甸带 185.38 $t·hm^{-2}$；成熟林在中山森林-草甸带单位面积生物量最大，达到 203.52 $t·hm^{-2}$，其次是中低山森林草原带 198.63 $t·hm^{-2}$。

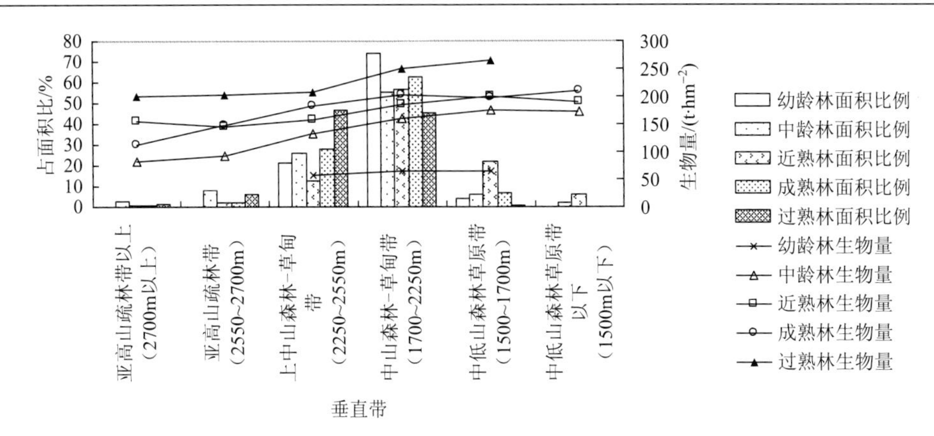

图 3-24　伊犁河谷地区巩留林场不同垂直带各龄级云杉林分布趋势图

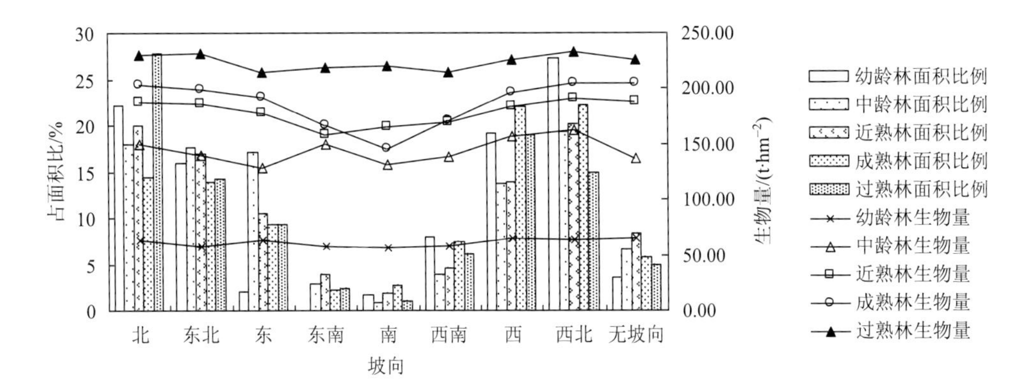

图 3-25　伊犁河谷地区巩留林场不同坡向各龄级云杉林分布趋势图

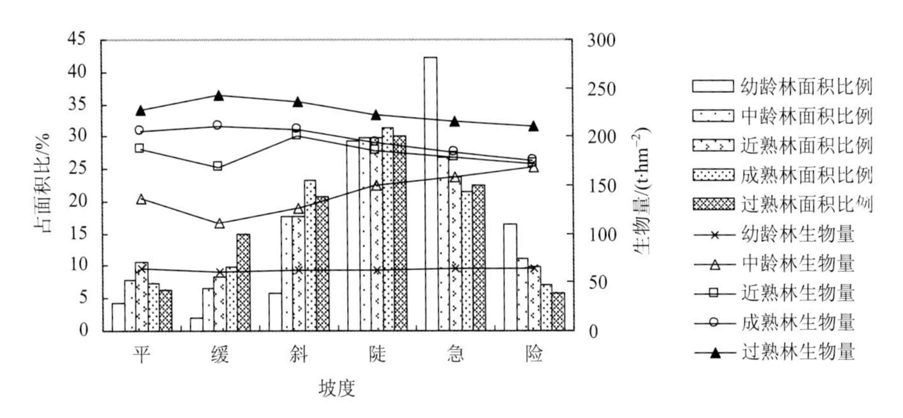

图 3-26　伊犁河谷地区巩留林场不同坡度各龄级云杉林分布趋势图

从坡向来看，全林的单位面积生物量在阴坡和半阴坡较高，尤其是西北坡和北坡，西北坡为 170.94 t·hm^{-2}，北坡为 167.06 t·hm^{-2}，南坡最低，为 144 t·hm^{-2}，其次是西南坡，为 150.06 t·hm^{-2}。以分布面积较大的近熟林和成熟林为例，近熟林单位面积生物量在西北坡最高，为 191.13 t·hm^{-2}，其次是在北坡，为 188.36 t·hm^{-2}，东南坡最低，为 158.01 t·hm^{-2}；

成熟林单位面积生物量西北坡最高，为 205.29 t·hm^{-2}，其次是北坡，为 204.03 t·hm^{-2}，南坡最低，为 145.77 t·hm^{-2}。

从坡度来看，全林的单位面积生物量在斜坡和陡坡最高，斜坡的云杉林生物量最大，达到 166.10 t·hm^{-2}，其次是陡坡，为 162.75 t·hm^{-2}，最小的是险坡，为 157.95 t·hm^{-2}。以分布面积较大的近熟林和成熟林为例，近熟林的单位面积生物量在斜坡最高，达到 200.66 t·hm^{-2}，在险坡分布最低，达到 172.41 t·hm^{-2}；成熟林的单位面积生物量在缓坡分布最高，达到 211.45 t·hm^{-2}，在险坡分布最低，达到 174.81 t·hm^{-2}。

3.5.2.2　尺度分析与转换

尺度研究的根本目的在于通过适宜的空间和时间尺度来揭示和把握复杂事物规律。因此，尺度选择和尺度转换方法非常重要。本章将遥感影像的分辨率采用最邻近法分别采样成 30m×30m、60m×60m、90m×90m、120m×120m、150m×150m 分辨率的影像（图 3-27），分别统计各自的最大值、最小值以及平均值。通过重采样后的分析，随着分辨率的降低，最大值越来越小，最小值越来越大，平均值变化幅度很小。对于采样后的 FPAR 和 NPP 也各有变化（图 3-28，图 3-29），基本趋势大致相同，变化的幅度 NPP 要较 FPAR 高，说明对 NPP 的影响较为明显，将 30 m 重采样为 90 m 的最大值和最小值变化幅度不大，这可能与所选的插值方法有关。

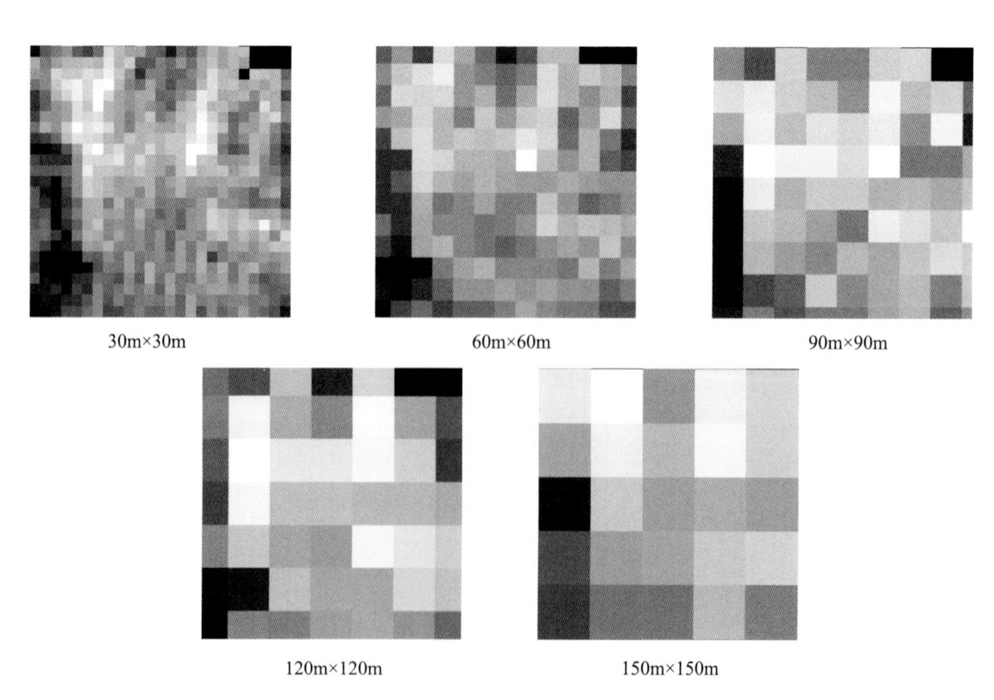

图 3-27　不同影像分辨率图

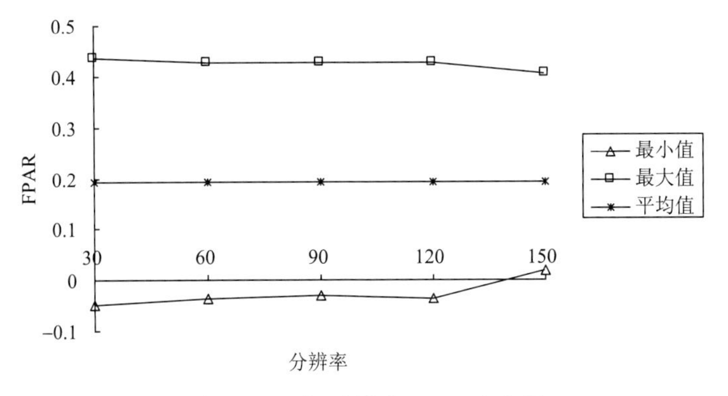

图 3-28　不同分辨率 FPAR 变化图

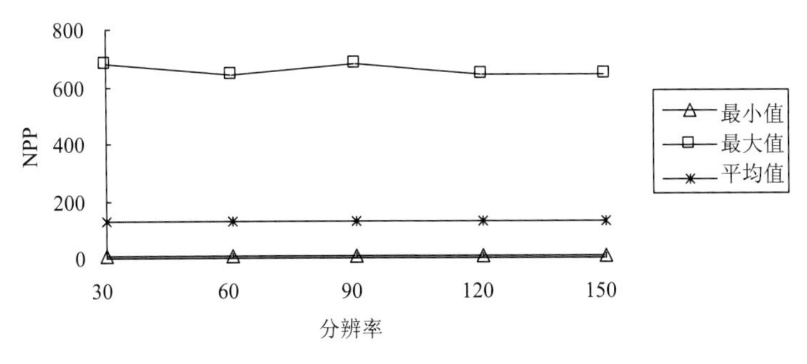

图 3-29　不同分辨率 NPP 变化图

3.5.3　生物量/生产力空间分布变异性分析

3.5.3.1　生物量/生产力变异函数结构分析

伊犁巩留林场采集的 206 个生物量数据，在 ArcGIS 平台下进行统计学分析，根据不同变异函数理论模型拟合结果如图 3-30～图 3-32 和表 3-42。

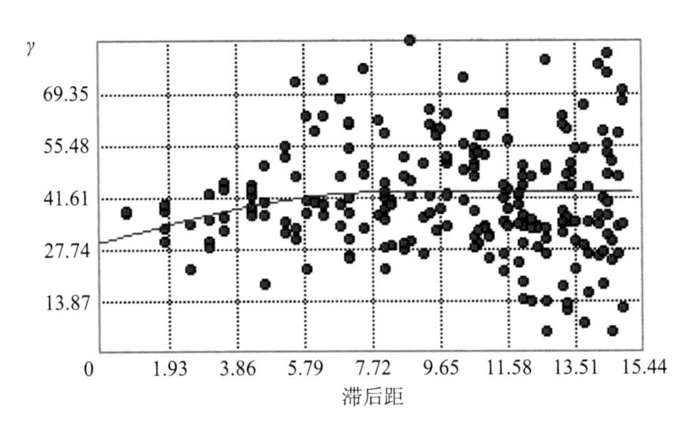

图 3-30　巩留林场云杉林生物量的变异函数曲线（球状模型）

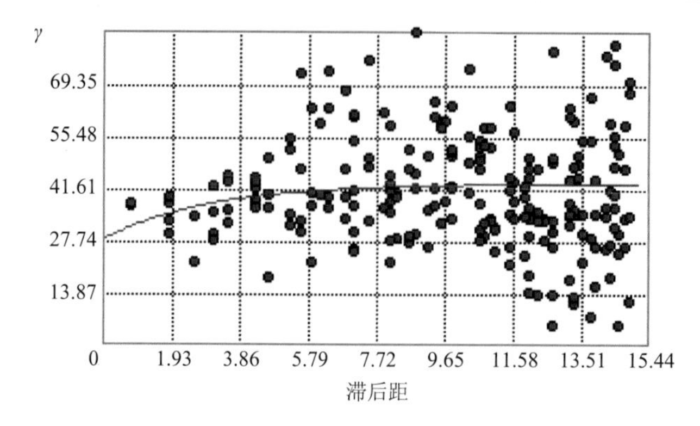

图 3-31　巩留林场云杉林生物量的变异函数曲线（指数模型）

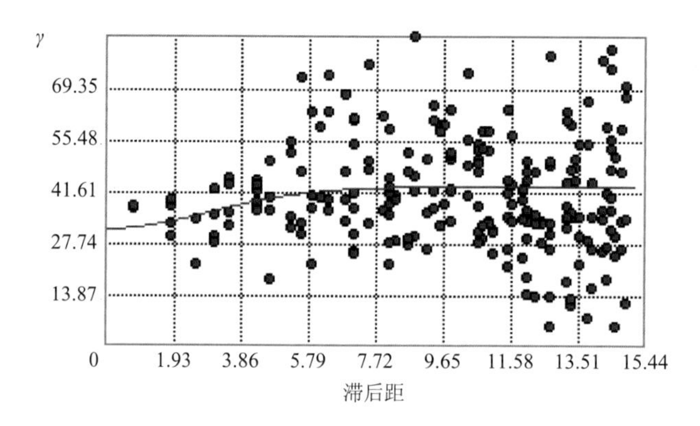

图 3-32　巩留林场云杉林生物量的变异函数曲线（高斯模型）

表 3-42　巩留林场云杉林生物量的变异函数曲线主要参数

理论模型	块金常数 C_0	基台值（$C+C_0$）	偏基台值 C	变程 a	$C/$（$C+C_0$）	$C_0/$（$C+C_0$）
球状模型	29.037	42.606	13.569	8.102	0.318	0.682
指数模型	27.875	42.988	15.113	9.068	0.352	0.648
高斯模型	31.303	42.773	11.470	7.348	0.268	0.732

1. 空间异质性分析

变量的空间异质性程度（degree of spatial heterogeneity）可以通过块金常数、基台值等反映出来。基台值表示在不同尺度上区域范围内的最大变异程度，$C/$（$C+C_0$）的大小表示变量受非随机因素或自然因素影响强弱，其值越大即偏基台值在基台值中所占比例越大，表明变量受非随机因素或区域因素影响越强；反之，$C_0/$（$C+C_0$）的值越大即块金值在基台值中的比例越大，说明变量受随机因素或在较小尺度下影响越大；若块金值与基台值的比值接近于 0，则说明变量在整个区域尺度范围内的变异恒定，表现为纯块金效应，变量之间不具有空间相关性，因此只有扩大样本采样距离间隔才能反映出变量之间的空间相关性。

从分析结果上看，利用球状、指数、高斯变异函数理论模型对巩留林场云杉林生物量的模拟，块金值占基台值的比例较大，平均值接近 0.7 但不接近于 1，说明在整个林场较大尺度范围内，云杉林生物量的空间分布受随机因素影响较大，受较小尺度范围内的生物量空间分布影响，随机采集的样本数据对分析结果也有一定影响。

2. 空间相关分析

变程 a 是表示空间自相关范围的重要参数。利用球状、指数、高斯变异函数理论模型对巩留林场云杉林生物量的空间相关距离分析后得出，在 8.173 m 变程范围上云杉林生物量受不同位置林木的影响大，它可能作为林木蓄积量调查的最大距离间隔。

3.5.3.2　不同变异函数理论模型交叉验证与最优拟合

本章主要利用 ArcGIS 所提供的 3 种变异函数理论模型对巩留林场云杉林生物量空间分布变异性进行分析，表 3-43 是对模拟精度的交叉验证结果。

表 3-43　不同变异函数理论模型交叉验证结果

		平均预测误差	均方根误差	平均标准差	标准化平均预测误差	标准化均方根误差
全林分	球状模型	–0.464	63.590	63.300	–0.007	1.012
	指数模型	–0.598	64.040	63.690	–0.009	1.014
	高斯模型	–0.716	63.540	63.260	–0.010	1.010
幼龄林 No.1935	球状模型	0.004	0.246	0.317	0.010	0.774
	指数模型	0.003	0.224	0.297	0.008	0.752
	高斯模型	0.004	0.265	0.326	0.011	0.813
中龄林 No.2488	球状模型	0.180	10.220	13.380	0.012	0.759
	指数模型	0.052	8.697	11.870	0.003	0.725
	高斯模型	0.461	12.230	14.880	0.030	0.820
近熟林 No.2005	球状模型	–0.003	0.081	0.105	–0.022	0.765
	指数模型	–0.002	0.075	0.097	–0.014	0.768
	高斯模型	–0.003	0.087	0.108	–0.028	0.794
过熟林 No.1829	球状模型	–0.025	5.962	7.082	–0.002	0.842
	指数模型	–0.036	5.780	7.204	–0.003	0.803
	高斯模型	–0.021	6.050	6.646	–0.002	0.911
成熟林 No.1452	球状模型	–0.001	0.344	0.358	0.002	0.944
	指数模型	–0.002	0.322	0.352	–0.003	0.896
	高斯模型	0.003	0.404	0.378	0.009	1.056
成熟林 No.1423	球状模型	–0.005	0.455	0.582	–0.003	0.790
	指数模型	–0.004	0.473	0.660	–0.003	0.717
	高斯模型	–0.008	0.445	0.516	–0.010	0.885

目前对地统计学模拟精度评价应用最多的是交叉验证方法，在比较模型时，原则上选取均方（MS）值最接近于0、中心均方根差（RMS）值最小、渐近标准误差（ASE）最接近于RMS值、均方根误差（RMSE）最接近于1的模型作为相应的云杉林生物量最优拟合变异函数模型。比较后，巩留林场云杉林生物量空间分布变异性拟合最优模型选取球状模型。

3.5.4 生物量/生产力时空变化因素分析

影响森林植被生物量的因素主要是生物因素和非生物因素。从生态学角度来看，生物因素主要是人为因子（如过度放牧、乱砍滥伐、土地利用方式、植被恢复措施等），其次还包括动物、植物和微生物之间的各种相互作用，以及由生物因素和非生物因素共同作用而产生的植被不同演替阶段等。非生物因素主要包括气候因子（如温度、水分、光照等）、土壤因子（如土壤的理化性质等）、地形因子（如海拔、坡度、坡向等）。

3.5.4.1 生物因素

本章的生物因素主要从人为因子来阐述。不同地区、不同植被恢复措施，其生物量变化规律是不一致的，不同的演替阶段，其生物量也存在差异。本章研究的9个林场地处西天山国家级天山云杉林自然保护区，林场内分布大量国有权属的生态公益林，具有明显人为干扰的天然植被或处于演替中后期的林木占大多数，滥砍滥伐现象时有发生，人为活动扰乱了云杉自然更替的进程，但也促进了政府对云杉林的保护。自国家天然林保护工程实施以来，被破坏的云杉林有的演变为疏林地，有的重新栽种了新的林木，因此幼龄林的面积在不断增加，但过熟林为整个云杉林生物量的贡献较大，为此只有在保护好原有的云杉林纯林的自然状态的同时，适当更新林木，才能从根本上保持并提高云杉林生物量。

3.5.4.2 非生物因素

非生物因素主要从气候因素以及地形因素两方面来阐述。在干旱以及半干旱地区，降水量是影响生物量的主要因素，而对于降水量较为充足的区域，其他因素将成为限制因子。在空间尺度上，地形以及降水被认为是影响生物量变化的主要因素，在时间尺度上，气温以及降水成为影响生物量变化的主要因素。可以看到这 50 年的气候变化（表3-44，表3-45），伊犁是朝着暖湿化的方向发展，这种气候为生物量的积累创造了极好的条件。从空间尺度上来看，不同的垂直带、不同的坡度及坡向都会引发气温以及降水的二次分配，从垂直带谱来看，中低山森林草原带至上中山森林-草甸带这个垂直带谱以内，海拔越高太阳辐射越充足，气温和降水都对云杉林的生物量积累十分有利，因此分布较为稠密，直到云杉林的上线，再往上有足够的降水但气温较低，不适合于生物量的积累；从坡向来看，阴坡以及半阴坡有较为充足的水分条件，因此云杉林多在阴坡以及半阴坡有较大的生物量积累；从坡度来看，坡度影响了土壤厚度，从平坡开始土壤较为松软，多是冲积平原冲下的碎石等，因此云杉林分布不是很多，再往上，到缓坡以及斜坡土壤厚度较大，较为有利于云杉林生物量的积累，再往上陡坡、急坡、险坡，越向上，土壤厚度越薄，越不有利于云杉林生物量的积累，因此从坡度上来看，从平坡到险坡，云杉林的生物量先是增加后又减少。

表 3-44　伊犁 50 年年均降水变化　（单位：mm）

站点	地区	20 世纪 60 年代	20 世纪 70 年代	20 世纪 80 年代	20 世纪 90 年代	2000～2009 年	2009 年
51329	霍城		239.88	251.52	242.52	274.92	241.3
51430	察布查尔	169.68	221.28	243	215.28	227.64	217.2
51431	伊宁	203.4	262.56	293.28	273.12	305.28	329.5
51433	尼勒克	306.12	351.72	392.52	405.24	406.8	426.9
51434	伊宁县				346.44	331.2	423.6
51435	巩留	235.56	265.92	286.44	294.48	302.52	274.3
51436	新源	454.08	486.24	533.28	481.2	540.6	547.6
51437	昭苏	498.84	496.2	462.84	477.24	535.8	586.9
51438	特克斯	363.12	399.96	382.08	395.28	436.68	437.5

表 3-45　伊犁 50 年年均气温变化　（单位：℃）

站点	地区	20 世纪 60 年代	20 世纪 70 年代	20 世纪 80 年代	20 世纪 90 年代	2000～2009 年	2009 年均温
51329	霍城		9.13	9.36	9.90	10.39	10.36
51430	察布查尔	7.88	8.01	8.39	9.03	9.72	10.05
51431	伊宁	8.46	8.68	8.95	9.47	10.03	10.18
51433	尼勒克	5.77	5.78	6.27	6.53	7.41	7.66
51434	伊宁县				10.46	10.33	10.55
51435	巩留	7.44	7.46	7.86	8.40	8.84	9.34
51436	新源	8.40	8.61	8.78	9.42	9.77	9.95
51437	昭苏	2.93	3.26	3.24	3.81	4.16	3.98
51438	特克斯	5.27	5.50	5.76	6.41	6.92	7.21

第4章　基于多源高分卫星数据的小班郁闭度估测

小班郁闭度指二类调查小班树冠投影面积与小班总面积的比值，可以用来表达水、热等生态因子通过森林冠层进入林内的再分布情况，反映林地乔木树冠郁闭情况和树木的空间利用程度。在森林经理领域，森林郁闭度是森林资源调查的重要基础参数，也是衡量林分是否被合理经营管理，以及了解林分生长状况等方面的主要评价指标（杨存建等，2015；朱磊和周淑芳，2018；谷成燕，2018）。

遥感技术的发展使得大范围小班郁闭度估测成为可能。目前，限制小班郁闭度卫星遥感监测业务化的技术瓶颈聚焦于两方面：①遥感数据源。随着对地观测技术的快速发展，国内外陆地遥感卫星传感器载荷指标日益提升，高空间、高光谱、高时间分辨率数据应用成为常态。就光学卫星数据而言，可见光传感器易受到太阳照射、云层覆盖以及大气条件的影响，使得可利用的有效数据有限，为了提高和改善遥感影像质量，需要使用一些校正方法来克服和减少大气、云雾等对影像的影响，这在增加研究问题复杂性的同时，还可能增加小班郁闭度的估测误差（Chen et al., 2002）。合成孔径雷达可以克服可见光传感器受气候影响数据获取困难的问题，但是雷达是通过侧视扫描距离来成像，使得获取的影像具有透视收缩、阴影和叠掩现象等几何特性，尤其是阴影和叠掩，二者在雷达影像上显示为信息盲区，信息盲区的地物信息难以进行提取解译。因此，如何利用雷达影像和光学影像结合进行优势互补，准确地提取小班郁闭度信息是森林资源遥感监测业务关注的前沿问题。②遥感估测模型。森林郁闭度遥感估测模型主要有回归模型、像元分解模型和物理模型，这些模型各有优缺点。回归模型输入参数少，简单易操作，但其在像元尺度上的非参数估计法的区域定量估计结果具有较大的误差（李春干和谭必增，2004；Diemer et al., 2000）；像元分解模型具有对地面实测数据依赖性较小，且模型经过验证后可应用于大尺度森林郁闭度反演的优点，但其比较适用于高光谱影像数据，且在森林类型复杂的区域估测精度较低（刘丹丹等，2018；宫鹏和浦瑞良，2000；谭炳香，2006）；物理模型具有可以对模型机理进行很好的解释和普适性高的优点，但其建模时涉及参数较复杂，因而推广应用性不强（新疆森林编辑委员会，1989）。如何对这些模型进行系统测试、凝练选优，进而筛选出联合卫星数据的小班郁闭度遥感估测模型，对于提升卫星遥感估测小班郁闭度业务化水平，拓展国产卫星在林业领域应用的深度和广度具有积极意义。

国内外学者利用光学影像进行郁闭度估测的研究较多，目前，森林郁闭度的遥感估测大多是根据光学遥感影像数据和地面的实测样地数据配合来进行。常用的光学遥感影像数据包括 Landsat TM /ETM+/OLI 数据、中巴资源卫星数据、IKONOS 影像数据、SPOT 影像数据以及高光谱遥感数据等，地面的实测样地数据主要有野外样地测定数据以及国家森林资源一类清查和二类调查资料等。森林郁闭度的遥感估测方法主要有回归模型、像元分解模型和物理模型 3 种，其中前期岭回归、最小二乘回归和主成分回归应用较多，现在多元逐步回归、像元二分模型、偏最小二乘回归和人工神经网络等建模方法比较常见。参与建模的自变量主要有基于光学遥感影像数据提取的波段灰度值和反射率、波段比值，各植被指数，缨帽变换后的湿度、绿度和亮度以及纹理特征等遥感因子及地形因子等。对于建模参数的筛选方式主要有相关性分析、主成分分析、岭迹分析、Bootstrap 方法、平均残差平方和（RMSq）准则、变量投影重要性（VIP）准则和赤池信息准则（AIC）准则等。

4.1　概　　述

天山云杉林是新疆山地森林的主体，具有重要的生态地理区位。在天山云杉小班郁闭度遥感估测方面，王艳霞（2012）基于 IKONOS 多光谱、全色影像和森林资源调查数据，利用改进的人工神经网络和几何光学模型进行了西天山云杉林小班郁闭度定量估计研究；姚国慧（2016）利用 Radarsat2 全极化合成孔径雷达数据和森林资源二类调查数据，建立多元线性回归模型估测天山云杉郁闭度；李擎等（2019）基于高分二号卫星数据和外业调查数据，构建了逐步回归模型估测天山云杉郁闭度。以上研究都是基于单一卫星遥感数据源的研究，本书拟在前人研究的基础上结合国产高分光学和雷达数据，对天山云杉小班郁闭度进行估测分析，通过多源卫星数据源应用和多模型比较分析，提升天山云杉小班郁闭度估测效率。

研究区为新疆天山西部国有林管理局巩留分局，位于天山西部的那拉提山北麓，伊犁河谷的中部，地理位置为 42°54′～43°38′N、81°34′～83°35′E，地处伊犁哈萨克自治州的巩留县境内，东是新源县，西与察布查尔锡伯自治县相接，西南是特克斯县，东南是巴音郭楞蒙古自治州的和静县，北与伊宁县和尼勒克县相接。林区地势东南高、西北低，海拔 697～4357 m。巩留分局局部在巩留县合乡，与巩留县城相距约 60 km，与伊宁市相距约 160 km，林场东部有卡西、莫合、巩西、塔里木、博图和库尔德宁等营林区。省道 316 线与 220 线在境内横穿，使巩留县成为伊犁东五县的交通要塞。西天山云杉林面积和蓄积量分别占整个天山林区云杉林的 54%和 62%，整个林区的景观格局具有鲜明的中亚山地森林特征。巩留林区经营总面积 1.78×10^5 hm^2，林业用地面积 9.67×10^4 hm^2，活立木总蓄积约 1.46×10^7 m^3，森林覆盖率为 32.04%，林区内有恰西国家森林公园。林区内森林资源大多分布在海拔 1500～2800 m 的阴坡和半阴坡上，呈林地与牧草地交错分布的状态。林龄结构分布不均衡，成熟林所占比重较大，而中幼龄林比重较小，林区林型简单，树种单纯，以天山云杉纯林为主，在较低海拔及半阳坡分布有少量针阔混交林与阔叶林。云杉林面积占林区总面积的 98.70%，蓄积占 99.60%，而杨桦林面积占 1.30%，蓄积仅占 0.40%。

本书使用遥感、地理信息系统等学科的原理和方法，分别建立基于光学影像、雷达影像以及联合光学和雷达影像的 3 种数据源的多元逐步回归、BP 神经网络和 Cubist 天山云杉林小班郁闭度估测模型，并开展精度验证评价分析，技术路线如图 4-1 所示。

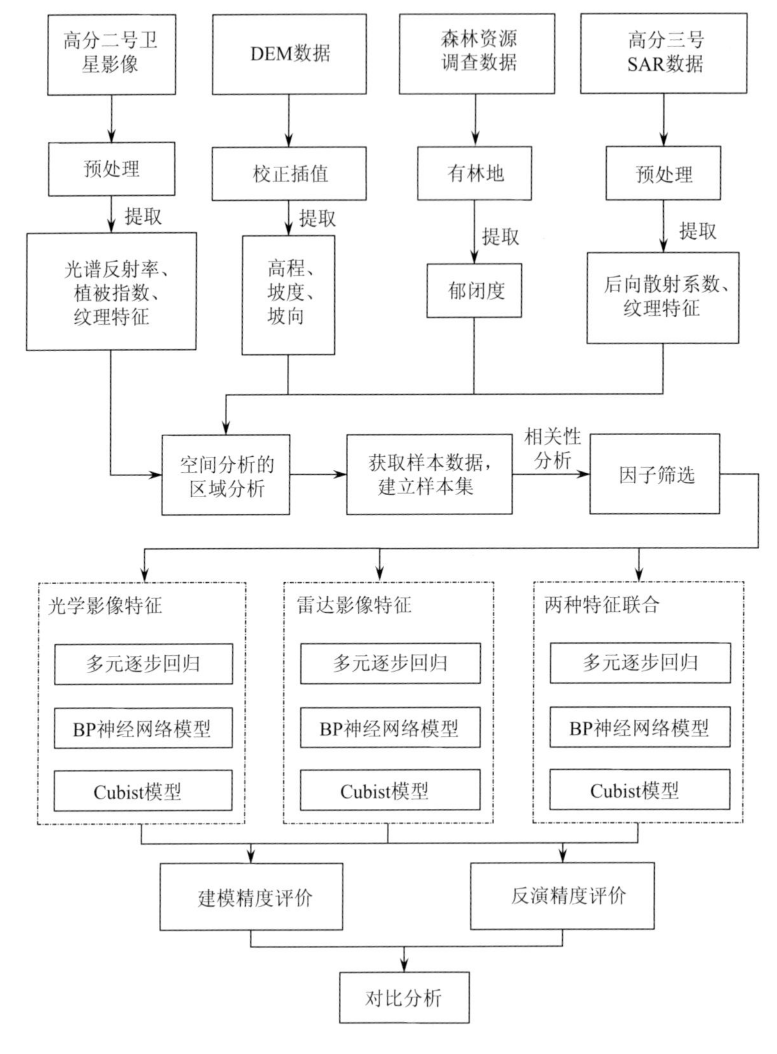

图 4-1　技术路线图

首先，进行数据收集和预处理，其次，进行特征值提取、因子筛选和样本集的构建，然后，利用多元逐步回归模型、BP 神经网络模型和 Cubist 模型 3 种方法进行模型的构建，最后，对模型精度进行验证，选取估测研究区天山云杉林小班郁闭度估测的最优模型。

4.2　数据源及数据处理

本书主要收集了高分二号和高分三号卫星影像数据、DEM 数据、森林资源调查数据及基础地理信息数据等。高分二号卫星影像的预处理有辐射定标、大气校正、正射校正和图像融合等；高分三号卫星影像的预处理有数据导入、多视、滤波、地理编码和辐射定标。

4.2.1 高分二号卫星数据及预处理

本书根据载荷需求及现有卫星影像的质量情况，在中国资源卫星应用中心（http://www.cresda.com/cn/）下载了研究区内 2 景高分二号卫星影像，影像的传感器、景中心经/纬度、云量、采集时间等如表 4-1 所示。

表 4-1 高分二号卫星影像数据列表

序号	景序列号	传感器	景中心经/纬度	景 Path/Row	地面分辨率/m	云量	产品格式	采集时间
1	2753869	PMS1	82.827°E,43.265°N	97,129	1/4	0	GEOTIFF	2016-08-29
2	2753870	PMS1	82.769°E,43.088°N	97,129	1/4	0	GEOTIFF	2016-08-29

光学遥感影像的预处理通常包括对影像进行辐射定标、大气校正、正射校正和图像融合等，数据预处理对后期影像信息提取有较大的影响（胡佳，2015）。与此同时，对图像融合方法的选择也十分关键，可以直接影响数据信息提取的准确性与效率。本书对高分二号卫星数据进行的预处理流程如图 4-2 所示。

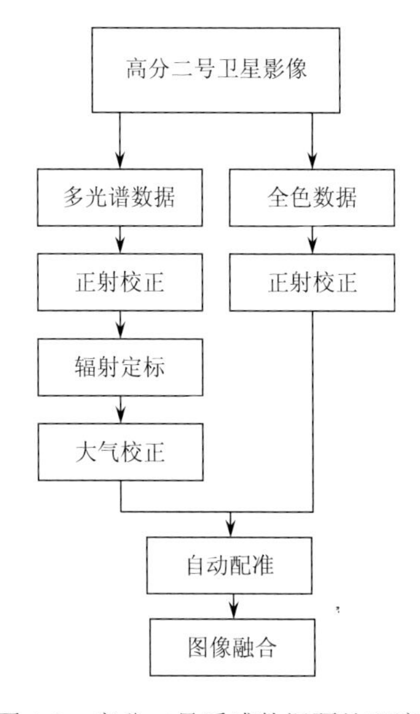

图 4-2 高分二号遥感数据预处理流程

4.2.1.1 辐射校正

辐射误差是受太阳位置、地形条件和传感器本身等因素的影响，传感器接收到的观测数值和目标辐射亮度的物理量之间产生的偏差，对辐射误差校正和消除的过程就是辐射校正。

遥感图像的辐射校正通常包括传感器的辐射定标与大气校正（贺威，2005）。辐射定标是将传感器记录的数字量化值（DN）转化为绝对辐射亮度的过程，并且不受传感器图像构成特性的影响（谢玉娟等，2011）。大气校正就是消除大气吸收和折射等因素所导致的遥感图像的失真。

4.2.1.2　正射校正

一般由于卫星运动的轨道和姿态、传感器的结构以及地球自转和地形等原因，影像上地物的几何形状和其对应的地物真实形状发生偏差，这就是所说的影像的几何畸变。正射校正可以纠正系统因素与地形引起的畸变，本书的正射校正主要是通过选取地面控制点（GCP），并结合高分二号卫星影像自带的 RPC 文件（.rpb）和影像范围内 30 m 分辨率的 DEM 数据，每一景影像的 GCP 尽量遵循均匀分布的原则。总误差严格控制在 1 个像元之内，整景影像的 GCP 数量不少于 20 个（赵文吉，2007），采用双三次卷积算法进行重采样。

4.2.1.3　图像融合

图像融合就是在规定的地理坐标系下利用算法将多源遥感影像生成新的影像（张峰，2011）。通过影像融合的方法，可以将多光谱影像和全色影像生成一幅既包含丰富的光谱信息又具有较高空间分辨率的遥感影像（赵红等，2010）。

目前的影像融合算法都有各自的优缺点，因而一般是根据实际情况与经验来选择使用何种算法（许辉熙，2009）。较为常见的影像融合算法有：HSV 融合、Brovey 融合、Gram-Schmidt 融合、基于主成分变换的融合和 NNDiffiise 融合。何志强（2018）的研究发现，HSV 融合对光谱信息的影响比较大；Brovey 融合对地物的色调影响较大；主成分融合对光谱信息保留较好，但第一主成分的信息太过集中；Gram-Schmidt 融合虽然对主成分融合中信息太过集中的问题有所改善，但其处理过程比较缓慢；NNDiffiise 融合后的图像不但光谱信息保留得很好、色彩失真度小，且处理速率高。所以，本书选择 NNDiffiise 融合算法进行高分二号图像的融合。经过正射校正、辐射定标、大气校正和图像融合后的影像如图 4-3 所示。

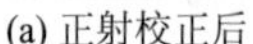

(a) 正射校正后

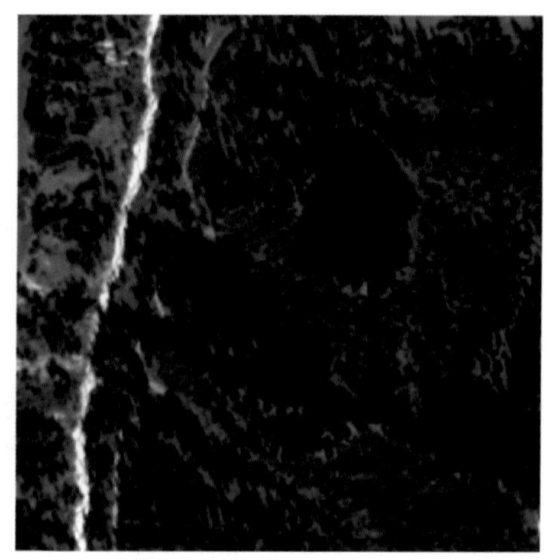

(b) 辐射定标后

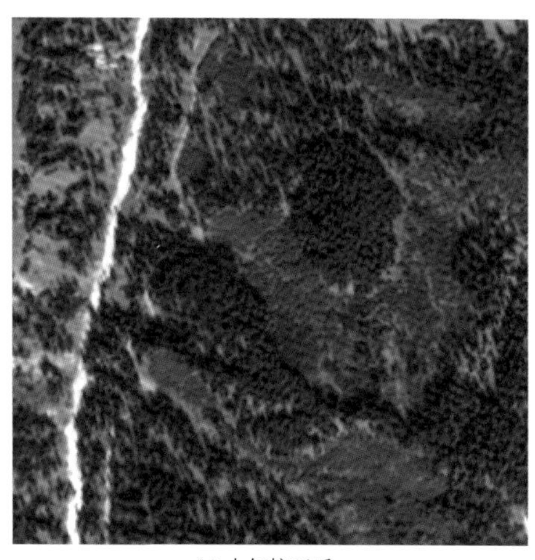
(c) 大气校正后

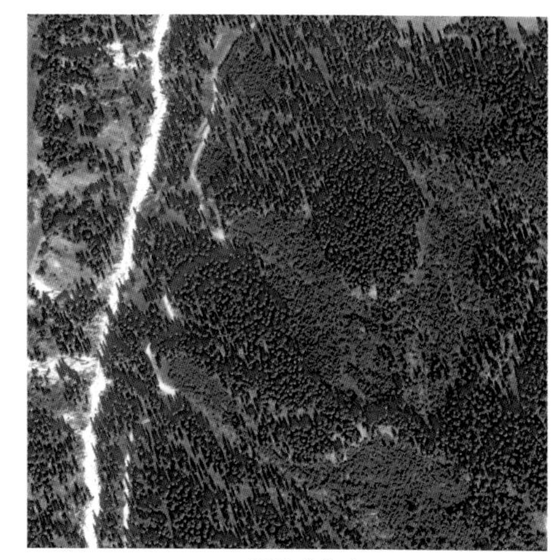
(d) 图像融合后

图 4-3　GF-2 卫星影像预处理前后对比

4.2.2　高分三号卫星数据及预处理

4.2.2.1　高分三号卫星

高分三号卫星于 2016 年 8 月 10 日在太原卫星发射中心成功发射，是我国首颗 C 波段的多极化高分辨率的合成孔径雷达卫星，其具有高分辨率、高辐射精度、大成像幅宽、多成像模式以及长时间工作的特点，可以实现对全球海洋和陆地信息的全天候、全天时监测。高分三号卫星拥有聚束、条带和扫描等 12 种成像模式，能够获取幅宽 10～500 km、分辨率 1～500 m、单极化至全极化的 SAR 图像，其单次成像最长可以连续工作 50 min。它的主要特点是高分辨率影像的获取不受天气状况的影响，同时可对地进行大幅面观测，这是因为其在微波 C 波段工作，在这个范围内，对植物和地表具有一定的穿透能力。高分三号卫星的这些特点使它在林业应用上拥有巨大的优势。高分三号卫星参数及成像模式如表 4-2、表 4-3 所示。

表 4-2　高分三号卫星参数

项目	参数
轨道类型	太阳同步轨道
轨道高度	755 km
波段	C 波段
质量	2750 kg
峰值功率	1.5 kW
入射角范围	10°～60°
天线面积	15 m×1.5 m
发射带宽	0～240 MHz
极化	单极化/双极化/全极化

续表

项目	参数
天线类型	波导缝隙相控阵
俯仰向扫描角度	±20°
分辨率	1～500 m
成像幅宽	10～650 km
寿命	8 年

表 4-3 高分三号卫星成像模式

成像模式		入射角/（°）	分辨率/m	成像幅宽	极化方式
聚束（SL）		20～50	1	10 km×10 km	单极化
超精细条带（UFS）		20～50	3	30 km	单极化
精细条带 1 （FS Ⅰ）		19～50	5	50 km	双极化
精细条带 2 （FS Ⅱ）		19～50	10	100 km	双极化
标准条带（SS）		17～50	25	130 km	双极化
窄幅扫描（NSC）		17～50	50	300 km	双极化
宽幅扫描（WSC）		17～50	100	500 km	双极化
全球观测（GLO）		17～53	500	650 km	双极化
全极化条带 1（QPS Ⅰ）		20～41	8	30 km	全极化
全极化条带 2（QPS Ⅱ）		20～38	25	40 km	全极化
波成像（WAV）		20～41	10	5 km×5 km	全极化
扩展入射角（EXT）	低入射角	10～20	25	130 km	双极化
	高入射角	50～60	25	80 km	双极化

本书在中国资源卫星应用中心下载了 1 景与高分二号卫星影像同一范围的高分三号影像，影像景序列号为 3383005，产品序列号为 2212934，成像模式为全极化条带 1（QPS Ⅰ），空间分辨率为 8 m，景中心经纬度为 82.850788°E，43.067539°N，采集时间为 2017 年 3 月 1 日。

4.2.2.2 高分三号卫星影像预处理

高分三号遥感影像的预处理主要有数据导入、多视、滤波、地理编码和辐射定标。

1. 数据导入

高分三号卫星影像原始数据的格式是 TIFF 栅格数据，不同的雷达传感器在参数、成像原理和扫描方式方面有差异，生成的数据投影参数等也存在差别。因此在处理 SAR 图像时，首先要将 SAR 图像根据传感器的参数进行数据导入，统一投影坐标，然后转换为标准格式。

2. 多视处理

单视复数数据（SLC）图像中，包含了很多噪声，多视处理是通过对图像距离向和方位向上的分辨率求平均，从而抑制了图像的原有噪声，使图像的几何特征与地物实际特征更加贴近。但是，多视处理在提高图像辐射分辨率的同时，降低了图像的空间分辨率。

3. 滤波处理

斑点噪声在雷达传感器成像过程中不可避免，对图像斑点噪声的抑制主要有两个方面：成像前的去噪、成像后的去噪。本书主要是对 SAR 图像成像后的斑点噪声进行抑制，常用的滤波算法有均值滤波、中值滤波、Frost 滤波、Lee 滤波和增强型 Lee 滤波 5 种空间域滤波算法。均值滤波可以对窗口范围内的像元起到平滑的作用，但容易造成图像细节的模糊；中值滤波在随机噪声的抑制方面有较好的效果，但在图像细节较多时，容易造成细节的缺失；Frost 滤波算法和 Lee 滤波算法可以很好地保持图像的边缘与线性特征，但会损失较多的纹理信息；增强型 Lee 滤波算法是 Lee 滤波算法的改进，该算法对图像内的区域进行了划分，可以在减少图像斑点噪声的同时保持 SAR 图像的纹理信息。由于本书要对 SAR 图像提取纹理特征，所以选用增强型 Lee 滤波算法对多视处理后的高分三号卫星影像进行滤波处理。

4. 地理编码与辐射定标

SAR 系统观测到的是电磁波入射地球表面后反射的雷达脉冲的强度与相位信息，这个信息编码到雷达坐标系统下，即斜距坐标系，被记录下来。由于 SAR 传感器的不同，其产生图像的斜距坐标系也会有所差别，地理编码就是根据一定的准则，将 SAR 图像从斜距坐标系转换为地理投影坐标的过程。

雷达传感器测量的是发射脉冲和接收信号强度的比值，这个比值称为后向散射。经过辐射定标的后向散射强度信息，不受 SAR 数据观测几何（不同 SAR 传感器或不同接收模式）的影响，相当于归一化到同一标准下，可以进行对比和分析，这个过程就是 SAR 数据的辐射定标。SAR 数据的辐射定标参数有：散射面积（A）、天线增益（$G2$）和距离传播损耗（$R3$），这些定标参数可以直接从头文件中读取。

HV 极化方式的影像经过数据导入、多视处理、滤波处理、地理编码与辐射定标后的影像如图 4-4 所示。

4.2.3　森林资源数据及预处理

森林资源调查数据为巩留分局 2015 年森林资源一类清查和二类调查矢量数据，调查内容包括地类、优势树种、林种、林分起源、森林类别、树种组成、龄组、平均树高、平均胸径、郁闭度、林木蓄积、坡度、坡位、坡向、立地等。

首先对矢量数据进行拓扑关系检查和规范化处理，然后，从巩留林区的卡西和莫合营林区及西天山自然保护区中选取较为集中的“地类”为“有林地”的小班，最后，从

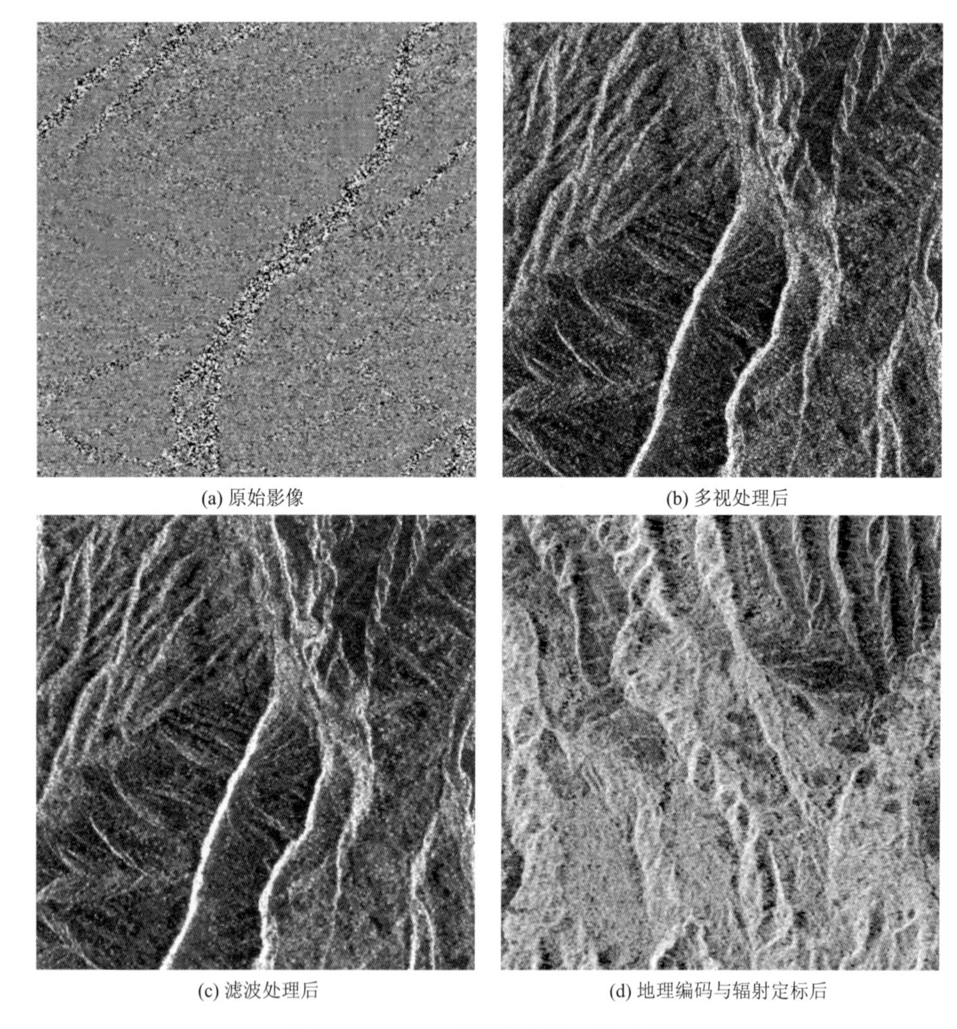

图 4-4　GF-3 卫星影像预处理前后对比

中选取优势树种为天山云杉的小班作为研究样区，研究样区的天山云杉小班数量为 500。从研究样区中按照分层抽样的原则，抽取不低于研究样区 30%小班（共 198 个）作为研究样地，从研究样地抽取 70%（共 138 个）小班作为建模样本，剩下的 30%（共 60 个）小班作为模型验证样本。由图 4-5 可知，研究样地林分郁闭度基本能够代表研究样区的林分郁闭水平。

4.2.4　其他相关数据及预处理

4.2.4.1　基础地理数据

基础地理数据来源于全国 1∶25 万基础地理数据库，从中提取出林区范围内的道路、水系、行政区划等基础地理要素图层，经数字化错误检查与更正以及裁切等处理过程，最终形成所需要的基础地理要素图层。

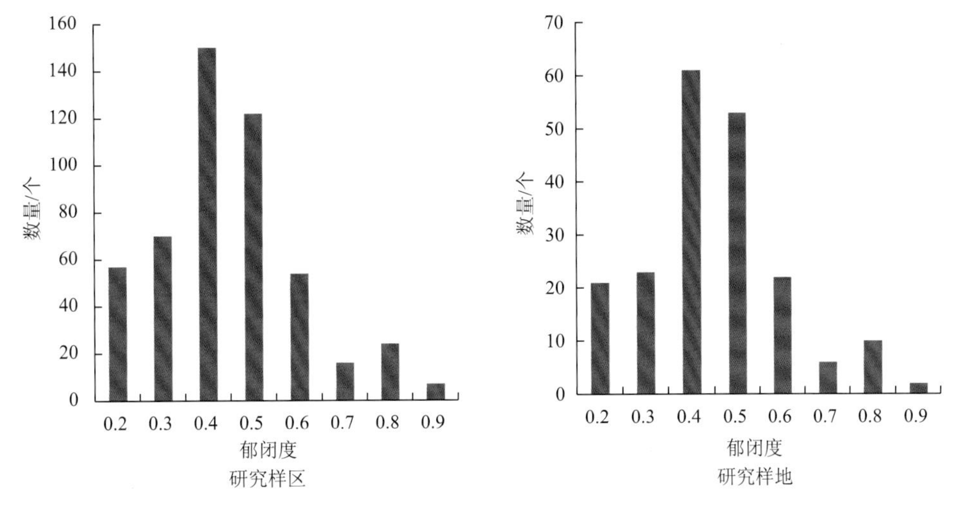

图 4-5　郁闭度分布统计图

4.2.4.2　DEM 数据

DEM 数据来源于地理空间数据云（http://www.gscloud.cn/），其空间分辨率为 30 m，首先对下载的 DEM 数据进行拼接和裁剪，得到研究区范围内的 DEM 数据，然后对研究区的 DEM 进行异常值的检验、剔除和内插。

4.3　特征因子提取及相关性分析

4.3.1　特征因子提取

4.3.1.1　光学影像特征

1. 地表反射率

在对图像进行大气校正前，先利用绝对辐射定标系数将传感器获取的 DN 值转换为地物实际辐射亮度值，通过建立地物实际辐射亮度值和 DN 值之间的线性转换关系来实现转换。本书使用通用的辐射亮度值与 DN 值之间的定标参数增益值（gain）与偏置值（offset）之间的关系来进行辐射定标（赵英时，2003），公式如下：

$$L = A \times \mathrm{DN} + B \tag{4-1}$$

式中，L 为地物实际辐射亮度值；DN 为传感器获取的记录值；A 为增益系数；B 为偏置系数。GF-2 卫星 2016 年的定标参数从中国资源卫星应用中心获得（表 4-4）。

大气校正可以将辐射亮度值或表观反射率转换为地表反射率，大气校正时加入了高精度 DEM，可以在消除大气中气溶胶对传感器成像影响的同时，消除地形对传感器成像的影响。大气校正过程中的相关参数在打开影像后从头文件中读取，地面平均海拔由影像覆盖范围内的 DEM 计算得出。利用 ENVI 软件分别提取拼接后的高分二号卫星影像数据的 4 个多光谱波段地表反射率，小班内的像元地表反射率的均值作为小班地表反射率值，提取结果如图 4-6 所示。

表 4-4　GF-2 卫星绝对辐射定标系数

卫星载荷	绝对辐射定标系数									
	Pan		Band1		Band2		Band3		Band4	
	gain	offset	gain	offset	gain	offset	gain	offset	gain	offset
GF-2PMS1	0.1503	0	0.1193	0	0.1530	0	0.1424	0	0.1569	0
GF-2PMS2	0.1679	0	0.1434	0	0.1595	0	0.1511	0	0.1685	0

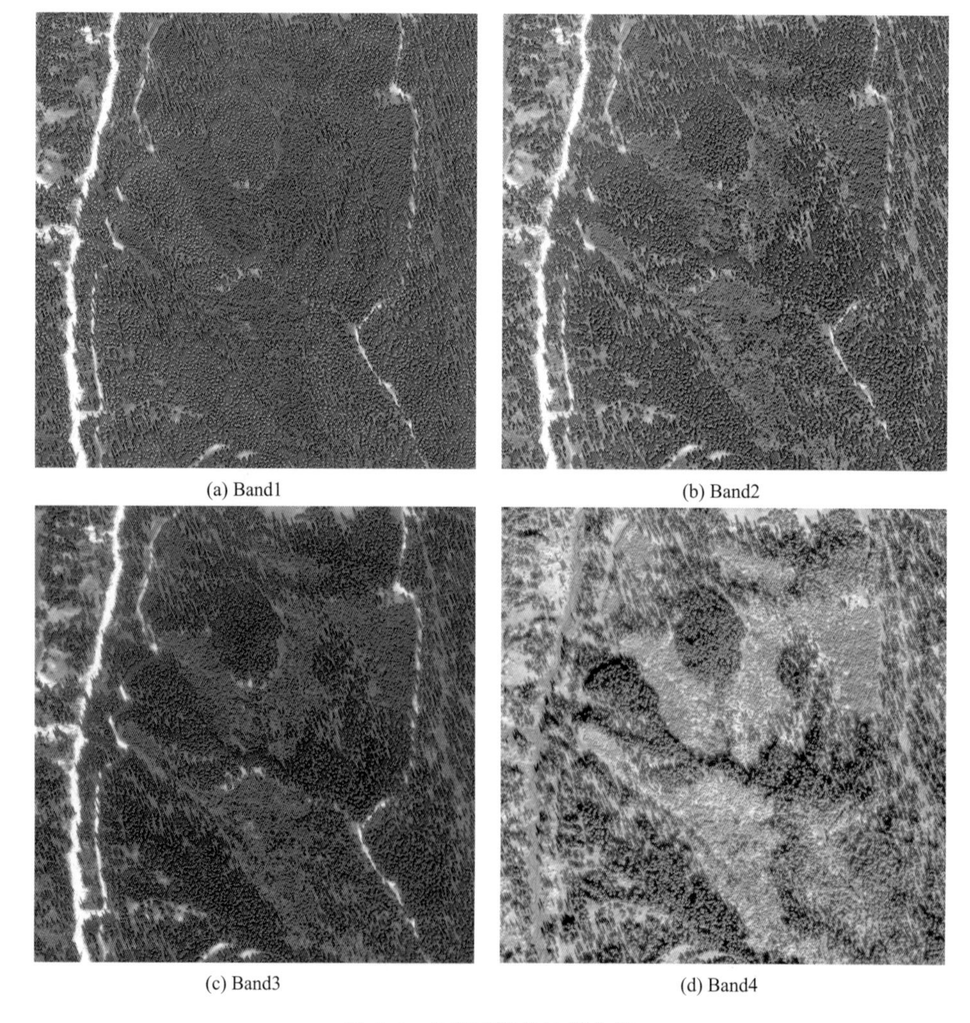

(a) Band1　(b) Band2　(c) Band3　(d) Band4

图 4-6　光学影像单波段信息

2. 植被指数

植被指数的测定可以表达植被的活力，其能够增强遥感影像的解译能力，融合了植被指数方法的森林郁闭度估测比运用单波段影像的森林郁闭度估测具有更高的灵敏度。

植被指数作为一种常用的遥感手段，已被广泛应用于植被覆盖度估测、农作物识别和森林郁闭度反演等方面。本章采用归一化植被指数（NDVI）、差值植被指数（DVI）、重归一植被指数（RDVI）、垂直植被指数（PVI）、土壤调节植被指数（SAVI）、修改型土壤调节植被指数（MSAVI）、简单比值植被指数（SRVI）、比值植被指数（RVI）共 8 种植被指数，部分植被指数在第 3 章已介绍，其中 RDVI、PVI 未提及，计算公式见表 4-5。提取的各植被指数如图 4-7 所示。

表 4-5　植被指数计算公式

植被指数 VI	计算公式
重归一植被指数 RDVI	$RDVI=\sqrt{NDVI\times DVI}$
正交植被指数 PVI	$PVI=0.939NIR-0.344R+0.095$

注：公式中，NIR 为近红外波段；R 为红波段。

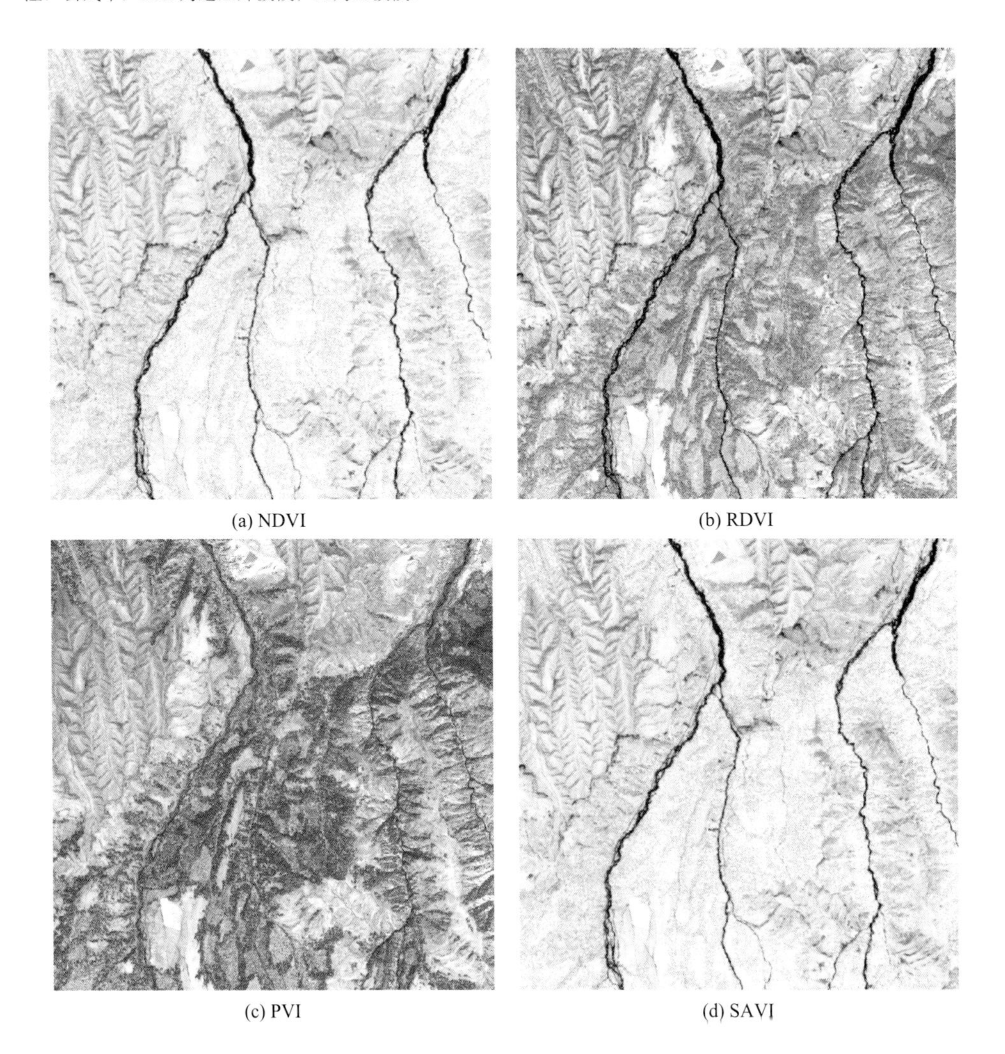

(a) NDVI　(b) RDVI　(c) PVI　(d) SAVI

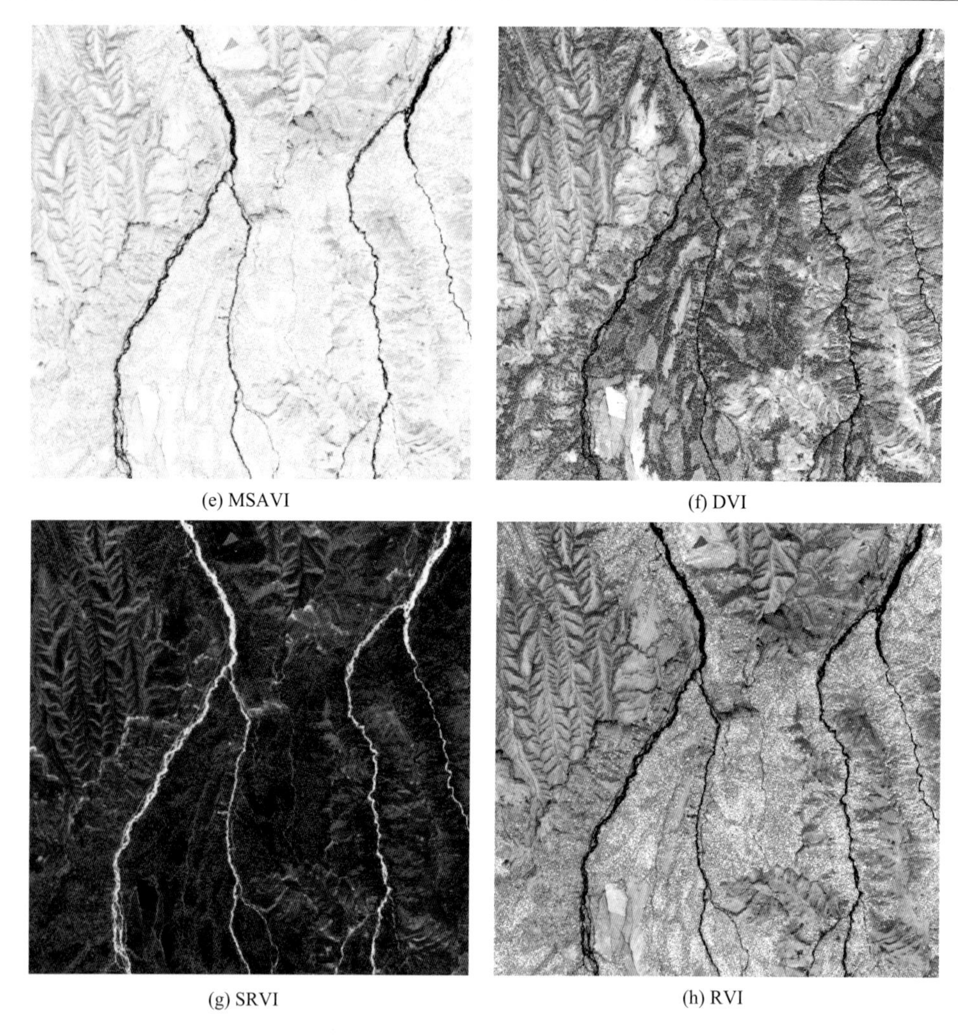

(e) MSAVI　(f) DVI

(g) SRVI　(h) RVI

图 4-7　植被指数提取结果

3. 纹理特征

通过特定的影像处理技术对影像中地物纹理特征的提取和分析，可以获得影像中反映出的地物定性或定量信息。由 Haralick（1973）提出的灰度共生矩阵（GLCM）是目前研究中应用最广的纹理特征提取方法，从灰度共生矩阵的特点而言，影像区域的纹理可以通过它得到很好的描述，但图像的纹理特征却不能直接利用灰度共生矩阵提取出来，因而专家学者们在灰度共生矩阵的基础上提出了多个特征量。常用的统计量有均值（mean，ME）、方差（variance，VAR）、同质性（homogeneity，HOM）、对比度（contrast，CON）、相异性（dissimilarity，DIS）、角二阶矩（second moment，ASM）、信息熵（entropy，ENT）和相关性（correlation，COR）8 种，具体如表 4-6。基于前人（黄昕，2009；徐辉等，2019；郝宁燕，2016）的研究，利用 ENVI 对高分二号卫星影像进行主成分分析，发现第一主成分包含 4 个波段 94.26%的信息，能够很好地反映各个波段的信息，因而对第一主成分进行 GLCM 纹理特征提取。利用灰度共生矩阵提取图像纹理特征时需要设置两个重要的参数：像元间滞后距离、方向和移动窗口大小（李明诗等，2006）。本书设置滞后距离为 1 个像元（距离越近，空间相关性越强），为了避免方向和移动窗口大小参数对纹理特征统计量提取的影响，分别计算了在 3×3、5×5、7×7、9×9、11×11 与 13×13 的窗口下 0°、90°、45°和 135°四个方向上的纹理特征统计量。利用 ENVI 提取 PCA1 的 0°方向 13×13 窗口下的 8 个纹理特征因子如图 4-8 所示。

表 4-6　GLCM 纹理特征描述及计算公式

GLCM 特征值	计算公式	描述
均值 ME	$\sum_{i,j=1}^{N-1} i \times P_{i,j}$	表示移动窗口内的灰度的平均值
方差 VAR	$\sum_{i,j=1}^{N-1} P_{i,j}(i-\mu_i)^2$	表示纹理的周期，反映灰度变化的大小；灰度变化较大时，其值也较大；灰度变化较小时，其值也较小
同质性 HOM	$\sum_{i,j=1}^{N-1} i \times \frac{P_{i,j}}{1+(i-j)^2}$	可以度量纹理的相似性，反映图像分布平滑性。均质区域对应的灰度共生矩阵元素主要在主对角线上分布
对比度 CON	$\sum_{i,j=1}^{N-1} i \times P_{i,j}(i-j)^2$	表示邻域内灰度差异，反映图像的清晰度与纹理沟纹深浅程度的关系
相异性 DIS	$\sum_{i,j=1}^{N-1} i \times P_{i,j}\lvert i-j \rvert$	用来检测图像的差异程度。当局部区域高对比变化时，相异性也随之较大
信息熵 ENT	$\sum_{i,j=1}^{N-1} i \times P_{i,j}(-\ln P_{i,j})$	体现图像的无序程度，异质性纹理区域一般有较大的熵值，当影像特征为完全随机性纹理时，其值最大
角二阶矩 ASM	$\sum_{i,j=1}^{N-1} i \times P_{i,j}^2$	可以度量图像的同质性，区域内像素值越接近，同质性越高，ASM 值越大，角二阶矩与纹理熵是相反的
相关性 COR	$\frac{\sum_{i,j=1}^{N-1} i \times j \times P_{i,j} - \mu_i\mu_j}{\sigma_i^2\sigma_j^2}$	是影像灰度线性相关的度量。线性相关的极端情况代表完全的同质性纹理

注：式中，i、j 是矩阵的行列数；N 是像素个数；μ_i、μ_j、σ_i、σ_j 是 P_i 和 P_j 的均值和标准偏差；$P_{i,j}$ 是归一化灰度共生矩阵，相关性中，$\mu_i = \sum_{i=1}^{N-1}\sum_{j=1}^{N-1} i \times P_{i,j}$，$\mu_j = \sum_{j=1}^{N-1}\sum_{i=1}^{N-1} j \times P_{i,j}$，$\sigma_i^2 = \sum_{i=1}^{N-1}\sum_{j=1}^{N-1}(i-\mu_i)^2 \times P_{i,j}$，$\sigma_j^2 = \sum_{i=1}^{N-1}\sum_{j=1}^{N-1}(i-\mu_j)^2 \times P_{i,j}$。

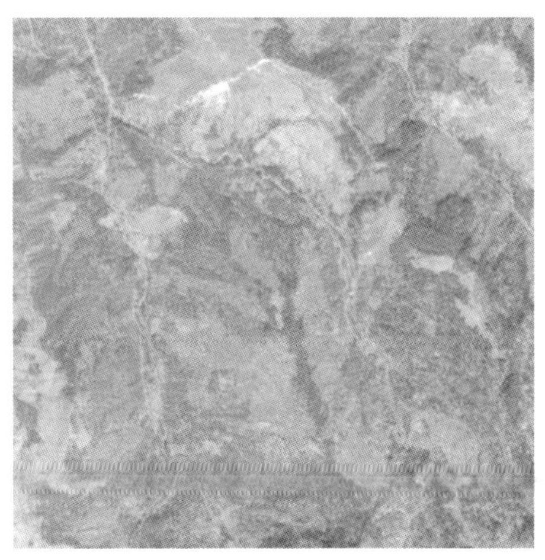

(a) ME

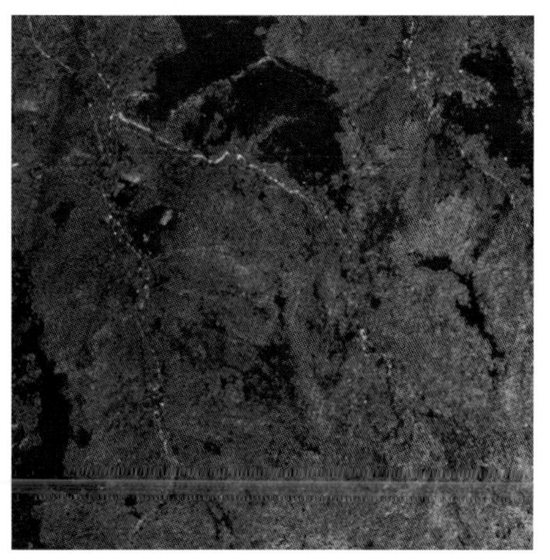
(b) VAR

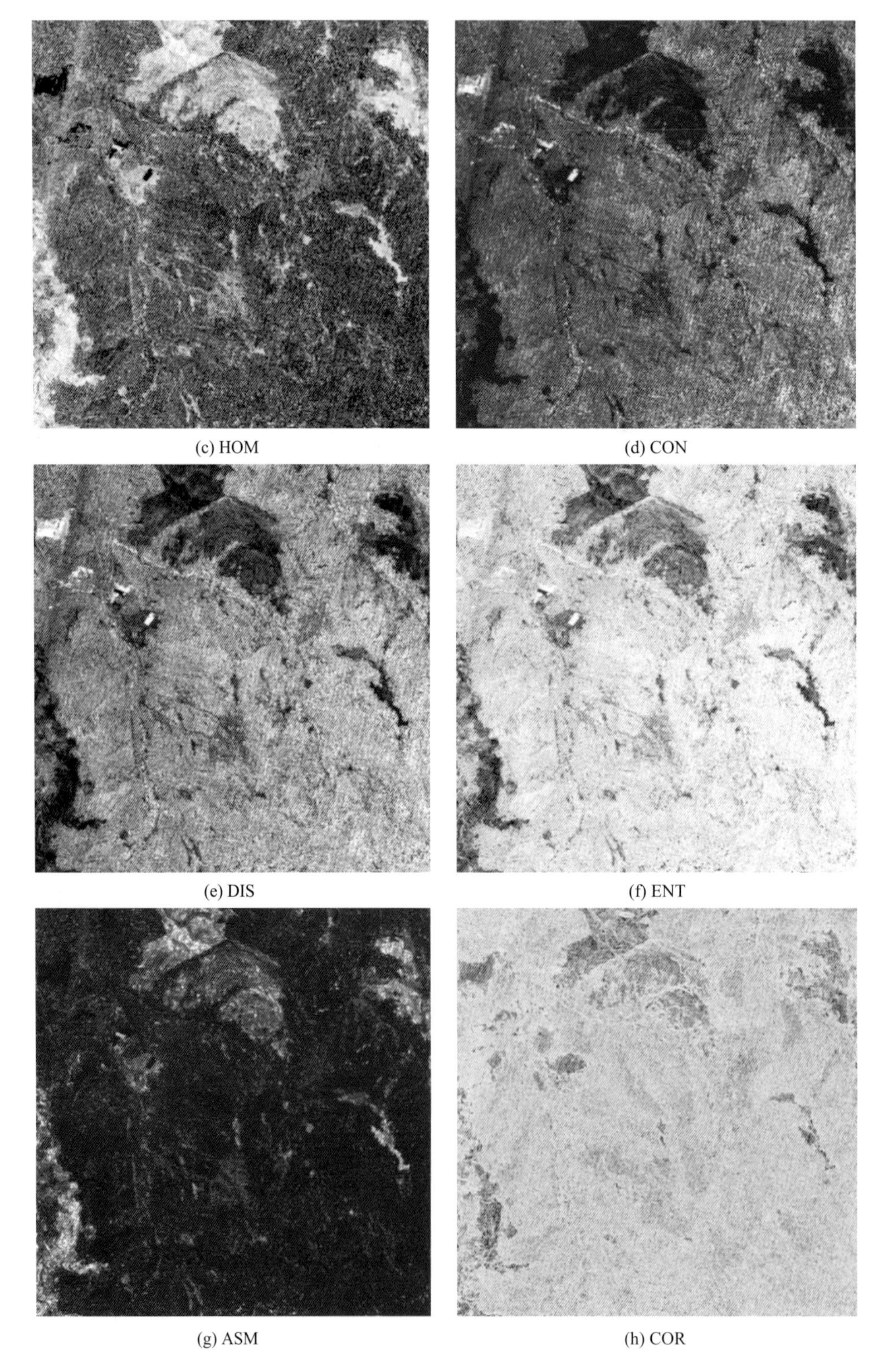

(c) HOM　(d) CON

(e) DIS　(f) ENT

(g) ASM　(h) COR

图 4-8　光学影像纹理特征提取结果

4.3.1.2　雷达影像特征

1. 后向散射系数

利用 ENVI 提取的经过数据导入、多视、滤波、地理编码和辐射定标预处理后的 4 种极化方式（HH、HV、VH 和 VV）的 3 种后向散射系数（雷达亮度系数 beta、入射角归一化的后向散射系数 gamma 和雷达强度系数 sigma）共 12 个后向散射系数（HHbeta、HHgamma、HHsigma、HVbeta、HVgamma、HVsigma、VHbeta、VHgamma、VHsigma、VVbeta、VVgamma 和 VVsigma）。其中 4 种极化方式的雷达强度系数 sigma 如图 4-9 所示。

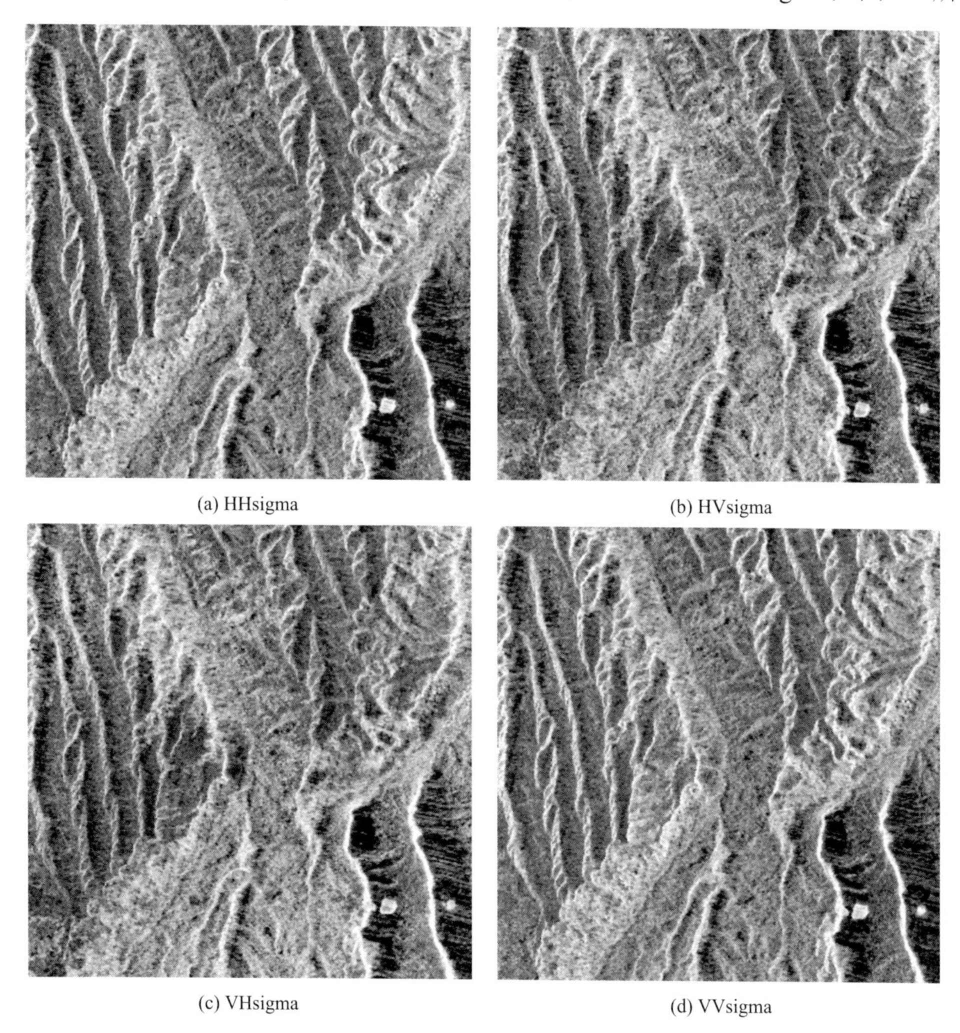

(a) HHsigma　(b) HVsigma

(c) VHsigma　(d) VVsigma

图 4-9　4 种极化方式的雷达强度系数

2. 纹理特征

与光学影像的纹理特征提取相同，同样通过灰度共生矩阵来提取纹理特征量。设置滞后距离为 1 个像元（距离越近，空间相关性越强），为了避免方向和移动窗口大小参数对纹理特征统计量提取的影响，分别计算了在 3×3 的窗口大小下 0°、90°、45°和 135°四个方向上的纹理特征统计量，0°方向的 3×3 到 13×13 的 6 个窗口下的纹理特征统计量。利用 ENVI 提取 HVsigma 的 0°方向 13×13 窗口下的 8 个纹理特征因子如图 4-10 所示。

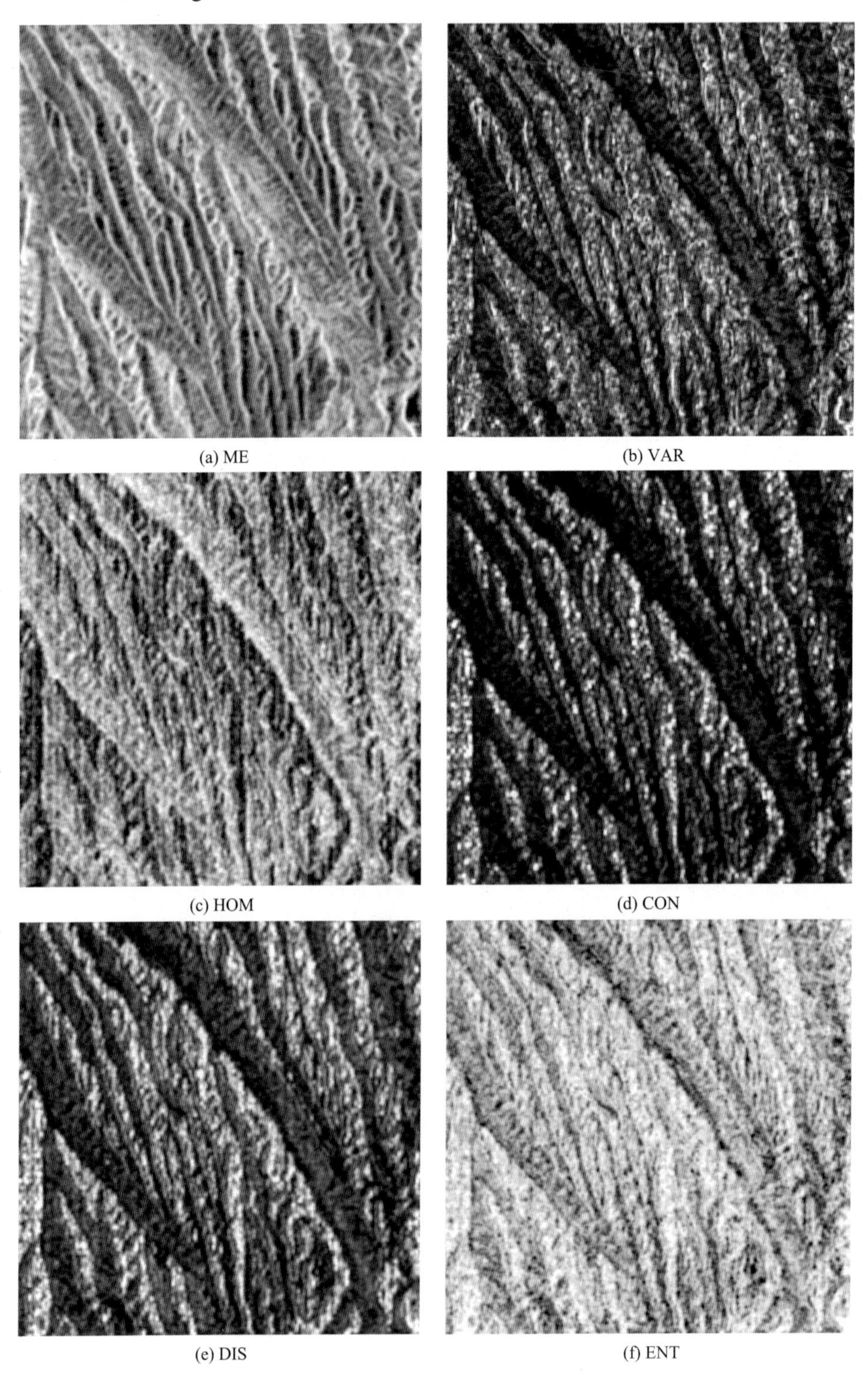

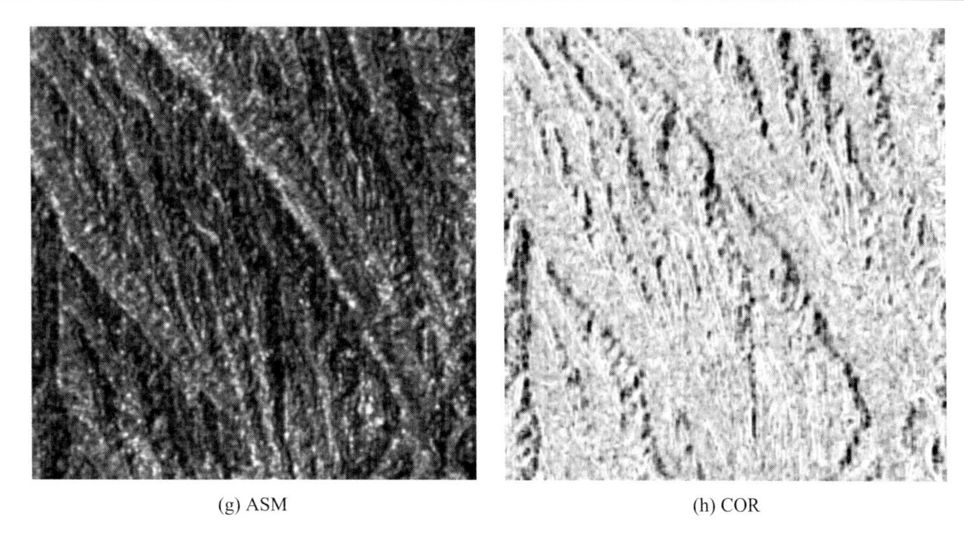

(g) ASM　　　　(h) COR

图 4-10　雷达影像纹理特征提取结果

4.3.1.3　地形特征

森林多分布在山区，森林的生长发育与繁衍会受到其生长环境中地形及气候因子的强烈制约（吴英等，2012）。由非地带性的垂直分异规律可知，海拔影响森林生长环境中的温度与降水条件，坡度和坡向对森林生长的光照条件、风化程度以及土壤的干湿度起了决定作用，从而间接说明森林郁闭度与地形因子具有较强的关联性。因此，在郁闭度的遥感估测研究中地形对郁闭度的影响不可忽视。

本书是基于 30 m 分辨率的 DEM 数据来进行地形因子的提取，利用 ArcMap 软件中的 3D 分析工具（3D analyst tool），提取研究区内海拔（altitude）、坡度（slope）与坡向（aspect）因子，并利用空间分析（spatial analyst tool）工具计算样本小班内海拔、坡度与坡向的平均值，提取结果如图 4-11 所示。

4.3.2　相关性分析

森林郁闭度的遥感机理过程较复杂，包含诸多的不确定因素，将提取的各变量因子与郁闭度进行相关性分析，从而得到各因子与郁闭度的相关系数，并从中选取相关性较好的因子作为建模参数。

4.3.2.1　光学影像特征与郁闭度相关性分析

1. 影像单波段因子和植被指数因子与郁闭度相关性分析

将提取的单波段因子第一波段（Band1）、第二波段（Band2）、第三波段（Band3）和第四波段（Band4），植被指数因子 NDVI、DVI、RDVI、PVI、SAVI、MSAVI、SRVI 和 RVI 与郁闭度进行相关性分析，相关系数矩阵如表 4-7 和表 4-8 所示。

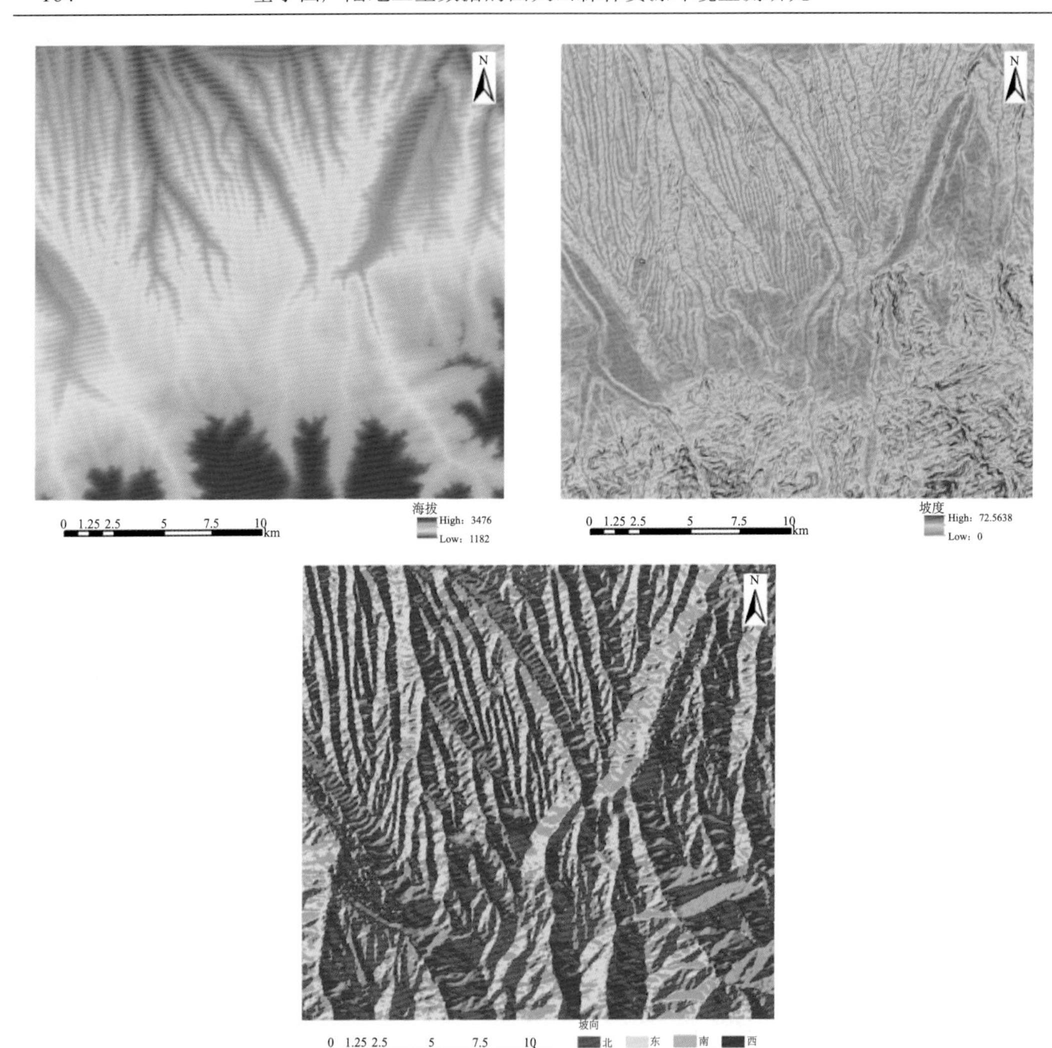

图 4-11　地形因子提取结果

表 4-7　影像单波段因子与郁闭度相关系数

		郁闭度	Band1	Band2	Band3	Band4
郁闭度	相关系数	1	−0.255**	−0.178*	−0.228**	−0.033
	显著水平		0.000	0.012	0.001	0.644
Band1	相关系数	−0.255**	1	0.967**	0.936**	0.708**
	显著水平	0.000		0.000	0.000	0.000
Band2	相关系数	−0.178*	0.967**	1	0.982**	0.809**
	显著水平	0.012	0.000		0.000	0.000
Band3	相关系数	−0.228**	0.936**	0.982**	1	0.775**
	显著水平	0.001	0.000	0.000		0.000
Band4	相关系数	−0.033	0.708**	0.809**	0.775**	1
	显著水平	0.644	0.000	0.000	0.000	

表 4-8　植被指数因子与郁闭度相关系数

		郁闭度	DVI	MSAVI	NDVI	PVI	RDVI	RVI	SRVI	SAVI
郁闭度	相关系数	1	0.115	0.321**	0.332**	0.010	0.253**	0.331**	–0.318**	0.332**
	显著水平		0.107	0.000	0.000	0.891	0.000	0.000	0.000	0.000
DVI	相关系数	0.115	1	0.173*	0.158*	0.944**	0.896**	0.151*	–0.173*	0.158*
	显著水平	0.107		0.015	0.027	0.000	0.000	0.034	0.015	0.026
MSAVI	相关系数	0.321**	0.173*	1	0.993**	–0.157*	0.588**	0.805**	–0.999**	0.993**
	显著水平	0.000	0.015		0.000	0.027	0.000	0.000	0.000	0.000
NDVI	相关系数	0.332**	0.158*	0.993**	1	–0.171*	0.576**	0.833**	–0.995**	1.000**
	显著水平	0.000	0.027	0.000		0.016	0.000	0.000	0.000	0.000
PVI	相关系数	0.010	0.944**	–0.157*	–0.171*	1	0.703**	–0.115	0.158*	–0.170*
	显著水平	0.891	0.000	0.027	0.016		0.000	0.106	0.026	0.016
RDVI	相关系数	0.253**	0.896**	0.588**	0.576**	0.703**	1	0.495**	–0.588**	0.576**
	显著水平	0.000	0.000	0.000	0.000	0.000		0.000	0.000	0.000
RVI	相关系数	0.331**	0.151*	0.805**	0.833**	–0.115	0.495**	1	–0.809**	0.833**
	显著水平	0.000	0.034	0.000	0.000	0.106	0.000		0.000	0.000
SRVI	相关系数	–0.318**	–0.173*	–0.999**	–0.995**	0.158*	–0.588**	–0.809**	1	–0.995**
	显著水平	0.000	0.015	0.000	0.000	0.026	0.000	0.000		0.000
SAVI	相关系数	0.332**	0.158*	0.993**	1.000**	–0.170*	0.576**	0.833**	–0.995**	1
	显著水平	0.000	0.026	0.000	0.000	0.016	0.000	0.000	0.000	

由表 4-7 可知，在影像单波段的 4 个因子中，Band1 和 Band3 在 0.01 水平上与郁闭度显著相关，Band2 与郁闭度在 0.05 水平上显著相关，Band4 与郁闭度无显著相关关系。第一波段蓝色波段与郁闭度相关性最强，相关系数为–0.255，其次分别为第三波段红色波段、第二波段绿色波段，相关系数分别为–0.228、–0.178。且各波段之间相关系数均大于 0.7，说明各波段之间存在较高的多重相关性。

由表 4-8 可知，在植被指数的 8 个因子中，差值植被指数（DVI）和垂直植被指数（PVI）与郁闭度无显著相关关系，这是因为研究区植被为纯云杉林，植被覆盖度较高，DVI 适用于低-中覆盖度的植被检测，而 PVI 适用于农作物的大面积监测。6 种植被指数（MSAVI、NDVI、RDVI、RVI、SAVI 和 SRVI）在 0.01 水平上与郁闭度显著相关，其中，归一化植被指数（NDVI）和土壤调整植被指数（SAVI）与郁闭度相关性最好，相关系数均为 0.332，其次为 RVI，相关系数为 0.331。与郁闭度显著相关的 6 种植被指数间在 0.01 水平上具有显著相关关系，说明各植被指数之间也存在较高的多重相关性，所以只选取植被指数中的 NDVI 参与模型的建立。

2. 光学影像纹理因子与郁闭度相关性分析

将基于光学影像第一主成分变量提取的 4 个方向（0°、45°、90°和 135°）在 6 个窗口下（窗口大小依次是 3×3、5×5、7×7、9×9、11×11 和 13×13）的 8 种影像纹理特征（ME、VAR、HOM、CON、DIS、ASM、ENT 和 COR）共 192 个因子与郁闭度进行相关性分析，分析结果如表 4-9 所示。

表 4-9　光学影像纹理信息与郁闭度相关性分析

因子	相关系数	显著水平	因子	相关系数	显著水平	因子	相关系数	显著水平	因子	相关系数	显著水平
PCA3_0ME	−0.098	0.168	PCA3_45ME	−0.098	0.168	PCA3_90ME	−0.098	0.168	PCA3_135ME	−0.098	0.169
PCA3_0VAR	0.388**	0.000	PCA3_45VAR	0.388**	0.000	PCA3_90VAR	0.388**	0.000	PCA3_135VAR	0.388**	0.000
PCA3_0HOM	−0.616**	0.000	PCA3_45HOM	−0.611**	0.000	PCA3_90HOM	−0.571**	0.000	PCA3_135HOM	−0.600**	0.000
PCA3_0CON	0.439**	0.000	PCA3_45CON	0.424**	0.000	PCA3_90CON	0.396**	0.000	PCA3_135CON	0.382**	0.000
PCA3_0DIS	0.548**	0.000	PCA3_45DIS	0.539**	0.000	PCA3_90DIS	0.510**	0.000	PCA3_135DIS	0.507**	0.000
PCA3_0ENT	0.625**	0.000	PCA3_45ENT	0.619**	0.000	PCA3_90ENT	0.618**	0.000	PCA3_135ENT	0.620**	0.000
PCA3_0ASM	−0.611**	0.000	PCA3_45ASM	−0.602**	0.000	PCA3_90ASM	−0.603**	0.000	PCA3_135ASM	−0.603**	0.000
PCA3_0COR	−0.127	0.074	PCA3_45COR	−0.106	0.137	PCA3_90COR	0.385**	0.000	PCA3_135COR	−0.187**	0.008
PCA5_0ME	−0.098	0.169	PCA5_45ME	−0.098	0.169	PCA5_90ME	−0.098	0.169	PCA5_135ME	−0.098	0.170
PCA5_0VAR	0.332**	0.000	PCA5_45VAR	0.332**	0.000	PCA5_90VAR	0.332**	0.000	PCA5_135VAR	0.333**	0.000
PCA5_0HOM	−0.616**	0.000	PCA5_45HOM	−0.612**	0.000	PCA5_90HOM	−0.572**	0.000	PCA5_135HOM	−0.601**	0.000
PCA5_0CON	0.439**	0.000	PCA5_45CON	0.425**	0.000	PCA5_90CON	0.396**	0.000	PCA5_135CON	0.382**	0.000
PCA5_0DIS	0.548**	0.000	PCA5_45DIS	0.540**	0.000	PCA5_90DIS	0.511**	0.000	PCA5_135DIS	0.507**	0.000
PCA5_0ENT	0.626**	0.000	PCA5_45ENT	0.620**	0.000	PCA5_90ENT	0.616**	0.000	PCA5_135ENT	0.621**	0.000
PCA5_0ASM	−0.599**	0.000	PCA5_45ASM	−0.589**	0.000	PCA5_90ASM	−0.591**	0.000	PCA5_135ASM	−0.591**	0.000
PCA5_0COR	0.028	0.696	PCA5_45COR	0.046	0.518	PCA5_90COR	0.426**	0.000	PCA5_135COR	−0.015	0.833
PCA7_0ME	−0.099	0.167	PCA7_45ME	−0.099	0.167	PCA7_90ME	−0.099	0.167	PCA7_135ME	−0.098	0.169
PCA7_0VAR	0.282**	0.000	PCA7_45VAR	0.282**	0.000	PCA7_90VAR	0.282**	0.000	PCA7_135VAR	0.282**	0.000
PCA7_0HOM	−0.616**	0.000	PCA7_45HOM	−0.612**	0.000	PCA7_90HOM	−0.572**	0.000	PCA7_135HOM	−0.601**	0.000
PCA7_0CON	0.439**	0.000	PCA7_45CON	0.425**	0.000	PCA7_90CON	0.397**	0.000	PCA7_135CON	0.382**	0.000
PCA7_0DIS	0.549**	0.000	PCA7_45DIS	0.540**	0.000	PCA7_90DIS	0.511**	0.000	PCA7_135DIS	0.507**	0.000
PCA7_0ENT	0.624**	0.000	PCA7_45ENT	0.619**	0.000	PCA7_90ENT	0.613**	0.000	PCA7_135ENT	0.618**	0.000
PCA7_0ASM	−0.593**	0.000	PCA7_45ASM	−0.582**	0.000	PCA7_90ASM	−0.585**	0.000	PCA7_135ASM	−0.583**	0.000
PCA7_0COR	−0.056	0.435	PCA7_45COR	0.004	0.950	PCA7_90COR	0.336**	0.000	PCA7_135COR	−0.083	0.245
PCA9_0ME	−0.099	0.166	PCA9_45ME	−0.099	0.166	PCA9_90ME	−0.099	0.166	PCA9_135ME	−0.099	0.167

续表

因子	相关系数	显著水平	因子	相关系数	显著水平	因子	相关系数	显著水平	因子	相关系数	显著水平
PCA9_0VAR	0.240**	0.001	PCA9_45VAR	0.240**	0.001	PCA9_90VAR	0.240**	0.001	PCA9_135VAR	0.240**	0.001
PCA9_0HOM	–0.617**	0.000	PCA9_45HOM	–0.612**	0.000	PCA9_90HOM	–0.572**	0.000	PCA9_135HOM	–0.601**	0.000
PCA9_0CON	0.440**	0.000	PCA9_45CON	0.426**	0.000	PCA9_90CON	0.397**	0.000	PCA9_135CON	0.382**	0.000
PCA9_0DIS	0.549**	0.000	PCA9_45DIS	0.540**	0.000	PCA9_90DIS	0.511**	0.000	PCA9_135DIS	0.508**	0.000
PCA9_0ENT	0.616**	0.000	PCA9_45ENT	0.615**	0.000	PCA9_90ENT	0.606**	0.000	PCA9_135ENT	0.612**	0.000
PCA9_0ASM	–0.589**	0.000	PCA9_45ASM	–0.577**	0.000	PCA9_90ASM	–0.580**	0.000	PCA9_135ASM	–0.578**	0.000
PCA9_0COR	–0.155*	0.029	PCA9_45COR	–0.058	0.419	PCA9_90COR	0.237**	0.001	PCA9_135COR	–0.181*	0.011
PCA11_0ME	–0.099	0.163	PCA11_45ME	–0.099	0.163	PCA11_90ME	–0.099	0.163	PCA11_135ME	–0.099	0.165
PCA11_0VAR	0.205**	0.004	PCA11_45VAR	0.205**	0.004	PCA11_90VAR	0.205**	0.004	PCA11_135VAR	0.206**	0.004
PCA11_0HOM	–0.617**	0.000	PCA11_45HOM	–0.612**	0.000	PCA11_90HOM	–0.572**	0.000	PCA11_135HOM	–0.601**	0.000
PCA11_0CON	0.440**	0.000	PCA11_45CON	0.426**	0.000	PCA11_90CON	0.397**	0.000	PCA11_135CON	0.383**	0.000
PCA11_0DIS	0.549**	0.000	PCA11_45DIS	0.540**	0.000	PCA11_90DIS	0.511**	0.000	PCA11_135DIS	0.508**	0.000
PCA11_0ENT	0.607**	0.000	PCA11_45ENT	0.607**	0.000	PCA11_90ENT	0.596**	0.000	PCA11_135ENT	0.602**	0.000
PCA11_0ASM	–0.585**	0.000	PCA11_45ASM	–0.574**	0.000	PCA11_90ASM	–0.577**	0.000	PCA11_135ASM	–0.575**	0.000
PCA11_0COR	–0.234**	0.001	PCA11_45COR	–0.113	0.113	PCA11_90COR	0.149*	0.037	PCA11_135COR	–0.261**	0.000
PCA13_0ME	–0.100	0.161	PCA13_45ME	–0.100	0.161	PCA13_90ME	–0.100	0.161	PCA13_135ME	–0.100	0.162
PCA13_0VAR	0.178*	0.012	PCA13_45VAR	0.178*	0.012	PCA13_90VAR	0.178*	0.012	PCA13_135VAR	0.178*	0.012
PCA13_0HOM	–0.617**	0.000	PCA13_45HOM	–0.612**	0.000	PCA13_90HOM	–0.573**	0.000	PCA13_135HOM	–0.602**	0.000
PCA13_0CON	0.441**	0.000	PCA13_45CON	0.427**	0.000	PCA13_90CON	0.397**	0.000	PCA13_135CON	0.383**	0.000
PCA13_0DIS	0.550**	0.000	PCA13_45DIS	0.541**	0.000	PCA13_90DIS	0.512**	0.000	PCA13_135DIS	0.508**	0.000
PCA13_0ENT	0.596**	0.000	PCA13_45ENT	0.598**	0.000	PCA13_90ENT	0.585**	0.000	PCA13_135ENT	0.591**	0.000
PCA13_0ASM	–0.582**	0.000	PCA13_45ASM	–0.570**	0.000	PCA13_90ASM	–0.573**	0.000	PCA13_135ASM	–0.571**	0.000
PCA13_0COR	–0.290**	0.000	PCA13_45COR	–0.157*	0.027	PCA13_90COR	0.077	0.283	PCA13_135COR	–0.316**	0.000

由表 4-9 可知，从提取纹理特征的方向来看，以 3×3 窗口大小为例，4 个方向（0°、45°、90°和 135°）的均值（ME）均与郁闭度不存在显著相关关系；方差（VAR）、同质性（HOM）、对比度（CON）、相异性（DIS）、信息熵（ENT）和角二阶矩（ASM）在 4 个方向均与郁闭度在 0.01 水平上存在显著相关关系，且 VAR 在 4 个方向上的相关系数均为 0.388，VAR 与郁闭度的相关性在 4 个方向上无明显差异，HOM 的相关系数依次为–0.616、–0.611、–0.571 和–0.600，CON 的相关系数依次为 0.439、0.424、0.396 和 0.382，DIS 的相关系数依次为 0.548、0.539、0.510 和 0.507，ENT 的相关系数依次为 0.625、0.619、0.618 和 0.620，ASM 的相关系数依次为–0.611、–0.602、–0.603 和–0.603，5 种特征均是在 0°方向与郁闭度相关性最好；4 个方向的相关性（COR）中，只有 90°和 135°方向的 COR 与郁闭度在 0.01 水平上存在显著相关关系，相关系数为 0.385 和–0.187，其他 2 个方向的 COR 均与郁闭度无显著相关关系。由以上可知，4 个方向上的 8 种纹理特征因子中，有 5 种因子（HOM、CON、DIS、ENT 和 ASM ）均是在 0°方向上与郁闭度相关性最好，VAR 与郁闭度相关性在 4 个方向上无明显差异，COR 在 90°方向上与郁闭度相关性最好，ME 与郁闭度不存在相关性；8 种因子中，信息熵（ENT）与郁闭度相关性最好，相关系数达 0.625，其次分别为 HOM、ASM、DIS、CON、VAR、COR。

从提取纹理特征的窗口大小来看，以 0°方向为例（COR 除外），ME 与郁闭度在 6 个窗口大小下均与郁闭度不存在相关性，VAR 在前 5 个窗口下与郁闭度在 0.01 水平上存在显著相关关系，在 13×13 窗口下与郁闭度在 0.05 水平上存在显著相关关系，VAR 在 6 个窗口下的相关系数依次为 0.388、0.332、0.282、0.240、0.205 和 0.178，随着影像纹理特征提取窗口的逐渐增大，VAR 与郁闭度的相关性随之减小；ASM、HOM、CON、DIS 和 ENT 在 6 个窗口下均与郁闭度在 0.01 水平上存在显著相关关系，ASM 在 6 个窗口下的相关系数依次为–0.611、–0.599、–0.593、–0.589、–0.585 和–0.582，随着影像纹理特征提取窗口的逐渐增大，ASM 与郁闭度的相关性随之减小；HOM 在前 3 个窗口下的相关系数均为–0.616，在后三个窗口下的相关系数均为–0.617，HOM 在 6 个窗口下与郁闭度的相关性有略微增大，无明显差异；CON 在前 3 个窗口下的相关系数均为 0.439，在 9×9 和 11×11 窗口下的相关系数均为 0.440，在 13×13 窗口下的相关系数为 0.441，随着影像纹理特征提取窗口的逐渐增大，CON 与郁闭度的相关性也是略微增大，无明显差异；DIS 在 3×3 和 5×5 窗口下的相关系数均为 0.548，在 7×7、9×9 和 11×11 窗口下的相关系数均为 0.549，在 13×13 窗口下的相关系数为 0.550，DIS 在 6 个窗口下与郁闭度的相关性差异不显著；ENT 在 6 个窗口下的相关系数依次为 0.625、0.626、0.624、0.616、0.607 和 0.596，随着影像纹理特征提取窗口的逐渐增大，ENT 与郁闭度的相关性先略微增大后减小，在 5×5 窗口下与郁闭度相关性最好；90°方向的 COR 在前 4 个窗口下均与郁闭度在 0.01 水平上存在显著相关关系，且相关系数依次为 0.385、0.426、0.336、0.237，随着影像纹理特征提取窗口的逐渐增大，COR 与郁闭度的相关性先增大后减小，在 5×5 窗口下与郁闭度相关性最好。由以上可知，随着影像纹理特征提取窗口的逐渐增大，ASM 和 VAR 与郁闭度的相关性随之减小，CON、DIS 和 HOM 与郁闭度的相关性有略微增大，差异不显著，ENT 和 COR 与郁闭度的相关性先增大后减小。

本书以 ENT 为例，分析不同窗口大小、不同方向的纹理特征因子间的相关性，3×3

窗口45°方向的ENT（PCA3_45ENT）与各方向、各窗口的相关性分析如表4-10所示。由表4-10可知，PCA3_45ENT与各方向、各窗口的ENT相关系数均大于0.95，说明各ENT之间存在严重的多重相关性。

表4-10 PCA3_45ENT与各方向、各窗口的ENT相关性分析

因子	相关系数	显著水平	因子	相关系数	显著水平	因子	相关系数	显著水平
PCA3_45ENT	1		PCA7_0ENT	0.990**	0.000	PCA11_0ENT	0.969**	0.000
PCA3_0ENT	0.999**	0.000	PCA7_135ENT	0.991**	0.000	PCA11_135ENT	0.971**	0.000
PCA3_135ENT	0.999**	0.000	PCA7_45ENT	0.996**	0.000	PCA11_45ENT	0.983**	0.000
PCA3_90ENT	1.000**	0.000	PCA7_90ENT	0.993**	0.000	PCA11_90ENT	0.977**	0.000
PCA5_0ENT	0.996**	0.000	PCA9_0ENT	0.980**	0.000	PCA13_0ENT	0.958**	0.000
PCA5_135ENT	0.997**	0.000	PCA9_135ENT	0.982**	0.000	PCA13_135ENT	0.959**	0.000
PCA5_45ENT	0.999**	0.000	PCA9_45ENT	0.991**	0.000	PCA13_45ENT	0.975**	0.000
PCA5_90ENT	0.998**	0.000	PCA9_90ENT	0.986**	0.000	PCA13_90ENT	0.966**	0.000

考虑到因子间的多重相关性，每种纹理特征因子从4个方向和6个窗口大小下选取在0.01水平上与郁闭度相关性最好且相关系数的绝对值大于0.3的因子用于模型的建立，所以光学影像的纹理信息中选取PCA3_0VAR、PCA3_0ASM、PCA5_0ENT、PCA5_90COR、PCA9_0HOM、PCA13_0CON和PCA13_0DIS共7个因子参与模型的构建。

4.3.2.2 雷达影像特征与郁闭度相关性分析

1. 影像后向散射系数与郁闭度相关性分析

将提取的后向散射系数HHbeta、HHgamma、HHsigma、VVbeta、VVgamma、VVsigma、HVbeta、HVgamma、HVsigma、VHbeta、VHgamma和VHsigma与郁闭度进行相关性分析，分析结果如表4-11所示。

表4-11 SAR影像的后向散射系数与郁闭度相关性分析

因子	相关系数	显著水平	因子	相关系数	显著水平
HHbeta	−0.031	0.661	VHbeta	0.086	0.226
HHgamma	0.054	0.447	VHgamma	0.215**	0.002
HHsigma	0.055	0.437	VHsigma	0.217**	0.002
HVbeta	0.097	0.176	VVbeta	−0.015	0.833
HVgamma	0.226**	0.001	VVgamma	0.078	0.272
HVsigma	0.227**	0.001	VVsigma	0.080	0.265

由表4-11可知，12个后向散射系数中，有4个（HVgamma、HVsigma、VHgamma和VHsigma）因子均与郁闭度在0.01水平上存在显著正相关关系，8个因子（HHgamma、HHsigma、HHbeta、HVbeta、VHbeta、VVbeta、VVgamma和VVsigma）与郁闭度无相

关性。且 4 个与郁闭度存在显著相关关系的因子中，HV 通道的强度散射系数 HVsigma 与郁闭相关性最好。由表 4-12 可知，强度散射系数 HVsigma 与各个后向散射系数均在 0.01 水平上存在极显著相关关系，且与其他 3 个与郁闭度相关性较好的因子相关系数均在 0.99 以上，考虑到提取纹理特征涉及的方向和窗口大小较多，如果与郁闭度相关的每一个后向散射系数都提取纹理特征会造成大量的数据冗余，对后期建模也有很大影响，所以本书选取与郁闭度相关性最好的强度散射系数 HVsigma 来提取纹理特征。

表 4-12 强度散射系数 HVsigma 与各极化方式后向散射系数相关性分析

因子	相关系数	显著水平	因子	相关系数	显著水平
HHbeta	0.572**	0.000	HVbeta	0.748**	0.000
HHgamma	0.859**	0.000	HVgamma	1.000**	0.000
HHsigma	0.859**	0.000	HVsigma	1	
VVbeta	0.567**	0.000	VHbeta	0.740**	0.000
VVgamma	0.862**	0.000	VHgamma	0.997**	0.000
VVsigma	0.862**	0.000	VHsigma	0.997**	0.000

2. SAR 影像纹理因子与郁闭度相关性分析

以 3×3 窗口大小为例，分析不同方向的纹理特征因子与郁闭度的相关性，将基于 HVsigma 提取的 4 个方向 3×3 窗口的 8 种影像纹理特征（ME、VAR、HOM、CON、DIS、ASM、ENT 和 COR）共 32 个因子与郁闭度进行相关性分析，分析结果如表 4-13 所示。

表 4-13 SAR 影像纹理信息与郁闭度相关性分析

因子	相关系数	显著水平	因子	相关系数	显著水平
HV3_0VAR	−0.307**	0.000	HV3_90VAR	−0.307**	0.000
HV3_0ASM	0.418**	0.000	HV3_90ASM	0.378**	0.000
HV3_0ME	0.229**	0.001	HV3_90ME	0.229**	0.001
HV3_0HOM	0.358**	0.000	HV3_90HOM	0.230**	0.001
HV3_0ENT	−0.419**	0.000	HV3_90ENT	−0.387**	0.000
HV3_0DIS	−0.328**	0.000	HV3_90DIS	−0.221**	0.002
HV3_0COR	0.081	0.254	HV3_90COR	−0.335**	0.000
HV3_0CON	−0.300**	0.000	HV3_90CON	−0.217**	0.002
HV3_45VAR	−0.307**	0.000	HV3_135VAR	−0.309**	0.000
HV3_45ASM	0.366**	0.000	HV3_135ASM	0.414**	0.000
HV3_45ME	0.229**	0.001	HV3_135ME	0.222**	0.002
HV3_45HOM	0.362**	0.000	HV3_135HOM	0.368**	0.000
HV3_45ENT	−0.365**	0.000	HV3_135ENT	−0.415**	0.000
HV3_45DIS	−0.322**	0.000	HV3_135DIS	−0.342**	0.000
HV3_45COR	0.013	0.852	HV3_135COR	0.07	0.330
HV3_45CON	−0.296**	0.000	HV3_135CON	−0.314**	0.000

由表4-13可知，在4个方向上，8种纹理特征中除相关性（COR）外均与郁闭度在0.01水平上存在显著相关关系，方差（VAR）和均值（ME）在4个方向与郁闭度相关性无明显差异，VAR和ME在0°、45°和90°方向上的相关系数均分别为–0.307和0.229，在135°方向上相关系数分别为–0.309和0.222；角二阶矩（ASM）和信息熵（ENT）均在0°方向与郁闭度相关性最好，ASM在4个方向的相关系数依次为0.418、0.366、0.378和0.414，ENT在4个方向上的相关系数依次为–0.419、–0.365、–0.387和–0.415；同质性（HOM）、相异性（DIS）和对比度（CON）均在135°方向上与郁闭度相关性最好，HOM在个4方向上的相关系数依次为0.358、0.362、0.230和0.368，DIS在4个方向上的相关系数依次为–0.328、–0.322、–0.221和–0.342；CON在4个方向上的相关系数依次为–0.300、–0.296、–0.217和–0.314；4个方向的相关性（COR）只有90°方向的与郁闭度在0.01水平上存在显著相关关系，相关系数为–0.335。由以上可知，4个方向上的8种纹理特征因子中，有2种因子（VAR和ME）与郁闭度相关性在4个方向上差异较小，2种因子（ASM和ENT）在0°方向与郁闭度相关性最好，3种因子（HOM、DIS和CON）在135°方向上与郁闭度相关性最好，COR在90°方向上与郁闭度相关性最好。8种因子中，信息熵（ENT）与郁闭度相关性最好，相关系数最大为–0.419，其次为角二阶矩（ASM），相关系数最大为0.418。

以0°方向为例，分析不同窗口下的纹理特征因子与郁闭度的相关性，将基于HVsigma提取的0°方向6个窗口的8种影像纹理特征共48个因子与郁闭度进行相关性分析，分析结果如表4-14所示。

表4-14　0°方向不同窗口大小SAR影像纹理特征与郁闭度相关性分析

因子	相关系数	显著水平	因子	相关系数	显著水平
HV3_0CON	–0.300**	0.000	HV7_0COR	0.171*	0.016
HV3_0COR	0.081	0.254	HV7_0DIS	–0.332**	0.000
HV3_0DIS	–0.328**	0.000	HV7_0ENT	–0.373**	0.000
HV3_0ENT	–0.419**	0.000	HV7_0HOM	0.364**	0.000
HV3_0HOM	0.358**	0.000	HV7_0ME	0.236**	0.001
HV3_0ME	0.229**	0.001	HV7_0ASM	0.376**	0.000
HV3_0ASM	0.418**	0.000	HV7_0VAR	–0.311**	0.000
HV3_0VAR	–0.307**	0.000	HV9_0VAR	–0.301**	0.000
HV5_0CON	–0.305**	0.000	HV9_0CON	–0.308**	0.000
HV5_0COR	0.147*	0.039	HV9_0COR	0.187**	0.008
HV5_0DIS	–0.331**	0.000	HV9_0DIS	–0.332**	0.000
HV5_0ENT	–0.395**	0.000	HV9_0ENT	–0.365**	0.000
HV5_0HOM	0.362**	0.000	HV9_0HOM	0.365**	0.000
HV5_0ME	0.232**	0.001	HV9_0ME	0.240**	0.001
HV5_0ASM	0.398**	0.000	HV9_0ASM	0.365**	0.000
HV5_0VAR	–0.314**	0.000	HV11_0CON	–0.308**	0.000
HV7_0CON	–0.307**	0.000	HV11_0COR	0.198**	0.005

续表

因子	相关系数	显著水平	因子	相关系数	显著水平
HV11_0DIS	–0.331**	0.000	HV13_0COR	0.202**	0.000
HV11_0ENT	–0.360**	0.000	HV13_0DIS	–0.331**	0.000
HV11_0HOM	0.365**	0.000	HV13_0ENT	–0.354**	0.000
HV11_0ME	0.245**	0.001	HV13_0HOM	0.365**	0.000
HV11_0ASM	0.359**	0.000	HV13_0ME	0.251**	0.000
HV11_0VAR	–0.290**	0.000	HV13_0ASM	0.352**	0.000
HV13_0CON	–0.308**	0.000	HV13_0VAR	–0.279**	0.000

由表 4-14 可知，在 6 个窗口大小下，8 种纹理特征中除 COR 外均与郁闭度在 0.01 水平上存在显著相关关系，ASM 和 ENT 在 3×3 窗口下与郁闭度相关性最好，相关系数分别为 0.418 和–0.419，随着影像纹理特征提取窗口的逐渐增大，ASM 和 ENT 与郁闭度的相关性均随之减小；VAR 随着影像纹理特征提取窗口的逐渐增大，与郁闭度的相关性先增大后减小，在 5×5 窗口下与郁闭度相关性最好，相关系数为–0.314；CON 和 HOM 与郁闭度的相关性先增大后不再发生变化，在 9×9 窗口下相关系数达到最大，分别为–0.308 和 0.365；DIS 与郁闭度在 3×3 窗口下相关系数最低为–0.328，在后 5 个窗口下相关系数稳定维持在–0.331 与–0.332 之间；随着影像纹理特征提取窗口的逐渐增大，ME 与郁闭度的相关性均随之增强；COR 在 3×3 窗口下与郁闭度不相关，在 5×5 至 13×13 窗口下均与郁闭度在 0.05 水平上存在显著相关关系，且随着影像纹理特征提取窗口的逐渐增大，COR 与郁闭度的相关性增强，且在 13×13 窗口下与郁闭度相关性最好。在 0°方向的不同窗口大小的 48 个纹理特征因子中，3×3 窗口下信息熵（ENT）与郁闭度的相关性最好，相关系数为–0.419，其次分别为 ASM、HOM、DIS、VAR、CON、ME、COR。

与光学纹理特征选取相同，考虑到因子间的多重相关性，每种纹理特征因子从 4 个方向和 6 个窗口大小下选取在 0.01 水平上与郁闭度相关性最好且相关系数的绝对值大于 0.3 的因子参与模型的建立，所以雷达影像的纹理信息中选取 HV3_0ASM、HV3_0ENT、HV3_90COR、HV3_135HOM、HV3_135DIS、HV3_135CON 和 HV5_0VAR 共 7 个因子参与模型的构建。

4.3.2.3　地形特征与郁闭度相关性分析

将基于 DEM 提取的海拔、坡度与坡向因子与郁闭度进行相关性分析，分析结果如表 4-15 所示。

由表 4-15 可知，在地形因子中，海拔和坡度因子均与郁闭度在 0.01 水平上有显著相关关系，且海拔呈显著的正相关关系，相关系数为 0.563，坡度呈显著的负相关关系，相关系数为–0.312，而坡向因子与郁闭度无显著相关性。可能的原因是在本书研究区内，随着海拔的上升，受到地形影响的降水成为天山云杉林的生长主要限制因素，而坡度影响土壤的水源涵养量和光照条件，也对天山云杉林的生长有一定的作用，而研究区天山云杉大多在北坡分布，所以坡向与郁闭度无相关性。从表 4-15 可知海拔和坡度与郁闭度相关系数的绝对值均大于 0.3，且海拔与坡度不相关，所以本书选取地形因子中的海拔和坡度参与模型的构建。

表 4-15　地形因子与郁闭度相关性分析

		郁闭度	海拔	坡度	坡向
郁闭度	相关系数	1	0.563**	–0.312**	0.087
	显著水平		0.000	0.000	0.222
海拔	相关系数	0.563**	1	–0.139	–0.015
	显著水平	0.000		0.050	0.833
坡度	相关系数	–0.312**	–0.139	1	–0.050
	显著水平	0.000	0.050		0.488
坡向	相关系数	0.087	–0.015	–0.050	1
	显著水平	0.222	0.833	0.488	

4.4　小班郁闭度遥感估测

本节主要介绍多元逐步回归模型、BP 神经网络模型和 Cubist 3 种模型的基本原理；并分析它们基于光学影像特征、雷达影像特征以及联合光学和雷达影像特征构建的 9 种建模结果，同时对模型精度进行评价和对比分析。

4.4.1　建模基本原理

4.4.1.1　逐步回归

多元逐步回归在森林参数反演中应用广泛，基本原理是把与因变量相关性较好的变量作为自变量，通过方差比来进行显著性检验，判断该变量是否被引入。具体为：在含有 n 个变量因子的集合$\{x_1, x_2, \cdots, x_n\}$中，根据变量因子 x_i 对因变量作用的大小，从大到小逐个引入回归方程，对因变量作用较小的因子可能一直不被引入回归方程，而在引入一个新的变量因子 x_{i+1} 后，还会对方程中的前 i 个变量因子进行检验，并将 x_{i+1} 引入后方程中变为不显著的某个变量 x_j（$j<i$）剔除，引入一种因子或从回归方程中剔除一种因子是逐步回归的一步，而每一步都会进行 F 检验，以确保在没有引入新因子时回归方程中只包含对因变量作用大的因子，而作用小的因子已被剔除，并将该过程交替进行，直到不能再引入新的变量和不能再从方程中剔除变量为止，从而得到自变量与因变量最优的回归方程，该方程中包含的所有变量因子对因变量的影响都是显著的。多元逐步回归方程一般为

$$y = a_0 + a_1x_1 + a_2x_2 + \cdots + a_kx_k \tag{4-2}$$

式中，a_0 为常数；x_1，x_2，$\cdots$，x_k 为变量因子；a_1，a_2，$\cdots$，a_k 为各变量因子对应系数。

将分层抽样的 138 个样本作为训练样本，4.3 节中筛选出的 17 个因子作为自变量，

小班郁闭度为因变量，置信水平为 95%，构建多元逐步回归模型。

4.4.1.2　BP 神经网络

神经网络方法是处理遥感变量错综复杂关系的另一个有效途径，BP（back propagation）神经网络的应用是神经网络方法中最广泛的。1986 年，BP 神经网络由 Rumelhart 和 McCelland 提出，它是一种多层前馈网络，通过误差反向传播算法进行训练，其基本思想是通过反向传播网络输出的误差，不断修改和调整网络的阈值和连接权值，使网络误差达到最小（胡伍生，2000）。BP 神经网络模型有着较好的分类和预测功能，BP 神经网络的基本结构如图 4-12 所示。

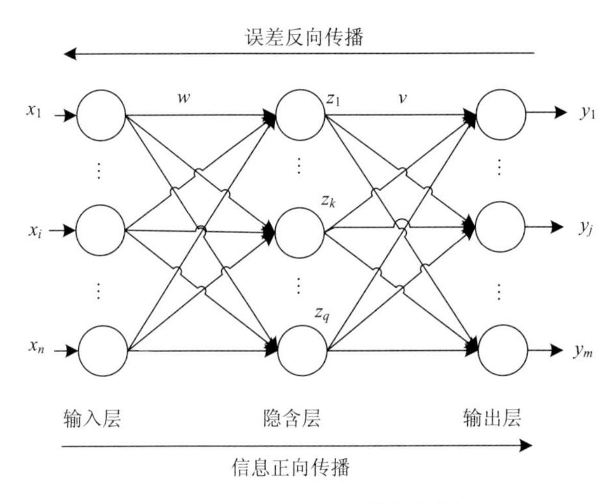

图 4-12　BP 神经网络结构图

BP 神经网络模型的结构中包含输入层、隐含层和输出层，参数主要有输入层、隐含层和输出层节点个数，以及学习速率、目标误差、激励函数、传递函数和最大迭代次数等。其中，输入层与输出层节点数等于训练样本的自变量数和因变量数，激励函数大多使用 S 型函数；学习速率、传递函数、目标误差和最大迭代次数要通过不断的试验来确定，确定依据是郁闭度的估测值和实测值间的相关系数（李崇贵等，2006）。隐含层节点数通过下面的经验公式（刘志华等，2008）确定：

$$m = \sqrt{n + l} + \delta \tag{4-3}$$

式中，m 为隐含层节点数；n 为输入层节点数；l 为输出层节点数；δ 表示 1～10 之间的某个常数。

BP 神经网络的建立包括选取合适的网络结构和有效的网络参数设置训练算法，本书利用 MATLAB 软件进行 BP 神经网络模型的建立。

4.4.1.3　Cubist 模型

Cubist 模型是一种基于规则的模型，它是 M5 模型树的扩展，该模型在连续值的预测方面较成功。模型树表达的是一种分段线性函数，它的每一条规则都被定义成一棵树的一个单独路径，在树的节点上是一系列的线性模型（Kuhn and Johnson, 2013）。模型预测时会将数据空间划分成若干个子空间，然后分别对子空间的数据建模，通过分段建立线性模型的形式拟合预测值与因子值之间的曲线模型来提高预测精度（Witten and Frank, 2005）。基于“规则”的模型本质是机器学习，能够实现对大数据的挖掘，可以在上百个因子中快速地识别与预测值相关的因子并建立模型（Kuhn and Johnson, 2013）。Cubist 模型的组织形式如下：

If ［条件］ then[线性回归模型]

例如:

Rule 1:

If

海拔≤x

NDVI≥y

Then

FCC= a_1+a_2×海拔…

Rule m:

If

海拔≥x

NDVI≤y

Then

FCC = b_1+b_2×NDVI…

式中，x，y 是自变量值；a_i 和 b_i 是线性回归模型系数。若是自变量值符合其中某一条规则，其预测值为该规则的线性模型预测值。倘若自变量值同时符合多条规则，其预测值为这些规则预测值的平均值。

Cubist 规则建立方法和回归树模型相似，通过对自变量值和训练数据集详尽地搜索遍历后找到最开始的分裂，然后通过连续减小叶节点的错误率来调节分裂结果。模型树会不断地划分，停止的条件有 2 个，一是节点的样本数少于一定数量，二是节点的样本目标属性标准差和总体样本目标属性标准差之间的比例小于某一个限定值。建立模型树后，还需修剪树枝，即对某些子树进行归并后用叶子节点替代，来提高模型树的效率与简洁性。剪枝后，还需利用平滑过程对叶子节点的不连续性进行补偿，平滑方法要考虑叶子节点的父节点，通过将叶子节点和父节点拟合方程合成一个新的线性方程来实现。Cubist 模型除了预测功能外，还具备分析变量重要性的功能，Cubist 模型结果的计算条件分裂自变量与线性模型自变量的贡献率，能够在模型结果中直接看出影响模型的主要因子。

Cubist 模型在 R 语言中利用 Cubist 数据包中的 cubist 函数实现，需要设置的参数是模型树组的数量（committees）与调整模型时需要用到的最近邻样本的数量（neighbors）。因为目前对于参数的确定并没有明确的规则，对于不同的样本集，在参数选择时通常是根据样本集进行大量参数组合的尝试来建模，然后根据所建模型的精度来确定参数组合。本书设置的参数选择范围如表 4-16。

表 4-16　Cubist 模型参数选择范围

参数	范围	步长
committees	2～10	1
neighbors	1～9	1

4.4.2　光学影像特征建模

4.4.2.1　逐步回归建模

将高分二号卫星影像因子中的 NDVI、PCA3_0VAR、PCA3_0ASM、PCA5_0ENT、PCA5_90COR、PCA9_0HOM、PCA13_0CON 和 PCA13_0DIS 及地形因子中的海拔和坡度共 10 个自变量和因变量郁闭度导入 SPSS 统计软件进行运算（由于其他因子都是无量纲因子，而海拔和坡度有量纲，需要对其进行标准化处理，以免变量回归系数特别小，达到可以忽略不计的程度），在显著性水平为 0.05 时，通过 F 的概率来筛选自变量，输入为 0.05，除去为 0.1，进行逐步回归，自变量输入/去除结果如表 4-17。

表 4-17　光学影像特征的逐步回归模型变量输入/去除表

模型	输入的变量	除去的变量	方法
1	PCA5_0ENT		步进（条件：要输入的 F 的概率 <= 0.050，要除去的 F 的概率 >= 0.100）
2	Zaltitude		步进（条件：要输入的 F 的概率 <= 0.050，要除去的 F 的概率 >= 0.100）

注：因变量为郁闭度。

由表 4-17 可知，模型中共输入了 2 个变量（PCA5_0ENT 和 Zaltitude），模型中输入了光学影像纹理特征中的 PCA5_0ENT 和地形因子中的海拔，这是因为本书研究区为西天山云杉林地，植被覆盖度较高，而植被指数在植被覆盖度较高的地区敏感度会降低；另外，在地形起伏较大的区域，地形因子对郁闭度估测的影响不容忽视，这与前人的研究相吻合。

由表 4-18 和 4-19 可知，得到的 2 个模型中，模型 2 的复相关系数 R 为 0.742，决定系数 R^2 为 0.550，调整后决定系数 R^2 为 0.543，标准估算的误差为 0.1024，显著性 Sig=0.000<0.05，所以郁闭度与模型中的 2 个变量的信息显著相关，模型的偏回归系数至

表 4-18　光学影像特征的逐步回归模型汇总

模型	R	R^2	调整后 R^2	标准估算的误差	Durbin-Watson
1	0.663[a]	0.439	0.435	0. 1139	
2	0.742[b]	0.550	0.543	0.1024	1.768

a. 预测变量：（常量），PCA5_0ENT；

b. 预测变量：（常量），PCA5_0ENT, Zaltitude。

表 4-19　光学影像特征的逐步回归模型方差分析

模型		平方和	自由度	均方	F	显著性 Sig
1	回归	1.381	1	1.381	106.524	0.000[b]
	残差	1.763	136	0.013		
	总计	3.144	137			
2	回归	1.730	2	0.865	82.554	0.000[c]
	残差	1.414	135	0.010		
	总计	3.144	137			

注：因变量为郁闭度；

b. 预测变量：（常量），PCA5_0ENT；

c. 预测变量：（常量），PCA5_0ENT, Zaltitude。

少有一个不为 0，而由 Durbin-Watson 方法检验残差的系数为 1.768，与 2 比较接近，因此可以基本说明残差之间是相互独立的。由以上可以得出，通过逐步回归可以构建线性方程，此处建立的多元逐步回归模型可以成立。

由表 4-20 可知，最终模型 2 为

$$FCC=0.352\times PCA5\_0ENT+0.058\times Zaltitude-0.348。$$

表 4-20　光学影像特征的逐步回归模型系数分析

模型		非标准化系数		标准化系数	t	显著性 Sig
		B	标准误差	Beta		
1	（常量）	–0.574	0.099		–5.770	0.000
	PCA5_0ENT	0.450	0.044	0.663	10.321	0.000
2	（常量）	–0.348	0.098		–3.566	0.001
	PCA5_0ENT	0.352	0.043	0.518	8.236	0.000
	Zaltitude	0.058	0.010	0.363	5.770	0.000

注：因变量为郁闭度。

从上式可以看出，回归方程保留了高分二号卫星影像纹理特征因子中的 PCA5_0ENT 和地形因子中的海拔。模型中保留了海拔因子说明在地形起伏较大的区域，地形因子对郁闭度估测有影响，其余 8 个因子均被剔除。由此可以看出，在植被覆盖度较高的森林地区，纹理特征值对模型构建的影响高于植被指数，这与前人的研究相符。

4.4.2.2　BP 神经网络建模

利用与多元回归建模相同的样本和因子进行建模和验证。本节构建了 4 层 BP 神经网络，其设置的初始参数分别为：输入层节点 10，输出层节点 1，第 1 层隐含层传递函数是 logsig，第 2 层隐含层传递函数为 purelin，最大迭代次数为 500，目标误差为 0.00001，学习速率为 0.1，训练函数为 trainlm，根据公式（4-3）确定隐含层节点为 4～13。在前期的研究中发现基于 Levenberg-Marquardt 算法的训练函数 trainlm 虽然会消耗较多的内存资源，但其运算速度快，且精度较高，所以本书在计算机内存较大的情况下选择使用 trainlm 作为训练函数。

首先确定学习速率，学习速率的取值范围为 0.01～0.1，经过试验可知，在本书中，学习速率变化对估测精度影响不大，所以学习速率设置为 0.1。然后对每层隐含层节点数进行设置，每层隐含层节点数的设置问题比较复杂，也一直是学术界关注的问题。设置较少的节点可能会导致网络反映的数据的信息量少，所研究的问题得不到解决；设置较多的节点不但会使学习时间过长，且误差不一定最小，易产生“过拟合”的现象，使神经网络失去了普适性。最后是 BP 神经网络模型中在隐含层的传递函数的选择，较常用的传递函数有 tansig、logsig 和 purelin 3 种，对 3 种函数两两组合（logsig 和 tansig、tansig 和 logsig、tansig 和 purelin、purelin 和 tansig、logsig 和 purelin 以及 purelin 和 logsig）共 6 种情况分别进行测试。保持其他参数不变，分别设置 6 种情况的传递函数和每层隐含层节点数进行训练，通过决定系数 R^2 和均方根误差 RMSE 来确定最佳参数。通过几百次试验，得到每一种传递函数组合对应的最优隐含层组合，由表 4-21 可知，6 种组合方式中，综合考虑 R^2 和 RMSE，当传递函数组合为 purelin 和 logsig 时，此时虽然 R^2 不是最高的，但均方根误差 $RMSE_{train}$ 和 $RMSE_{test}$ 均较小，且 $RMSE_{train}$ 和 $RMSE_{test}$ 相差较小，所以构建神经网络的传递函数组合选择 purelin 和 logsig，隐含层节点分别为 5 和 8。

表 4-21 光学影像特征的 BP 神经网络模型各传递函数组合对应最优精度

传递函数	隐含层节点	隐含层节点	R^2_{train}	R^2_{test}	$RMSE_{train}$	$RMSE_{test}$
logsig 和 tansig	8	4	0.7819	0.5940	0.0707	0.1114
tansig 和 logsig	10	2	0.6853	0.5751	0.0848	0.1060
tansig 和 purelin	7	2	0.7582	0.5703	0.0762	0.1079
purelin 和 tansig	2	9	0.6741	0.5669	0.0865	0.1048
logsig 和 purelin	6	7	0.7141	0.5912	0.0809	0.1125
purelin 和 logsig	5	8	0.7286	0.5874	0.0792	0.1066

经过以上的试验，在该 4 层 BP 神经网络中，确定的最优模型参数为：输入层节点 10，第 1 层隐含层节点数为 5，第 2 层隐含层节点数为 8，输出层节点 1，第 1 层隐含层传递函数是 purelin，第 2 层隐含层传递函数为 logsig，最大迭代次数为 500，目标误差为 0.00001，学习速率为 0.1，训练函数为 trainlm，此时模型的决定系数 R^2_{train} 为 0.7286，均方根误差 $RMSE_{train}$ 为 0.0792。

4.4.2.3 Cubist 建模

利用与多元回归和 BP 神经网络建模相同的样本和因子进行建模和验证。所建立的 Cubist 模型的自变量在分支条件（conds）及线性回归模型（model）中的使用率如表 4-22 所示。

表 4-22　光学影像特征的 Cubist 模型自变量使用率　（单位：%）

自变量	分支条件	模型
PCA3_0ASM	50	75
Zaltitude	25	70
PCA9_0HOM		93
PCA13_0CON		72
NDVI		47
PCA13_0DIS		47
PCA5_0ENT		28
ZSlope		25
PCA3_0VAR		22

根据决定系数 R^2 和均方根误差 RMSE 选定 Cubist 模型参数 committees 和 neighbors，经过不断 committees 和 neighbors 组合的试验发现 committees=4、neighbors=3 时构建 Cubist 模型 R^2 最大、RMSE 最小，此时的 R^2 为 0.6415、RMSE 为 0.0955，同时得到模型如下：

Model 1:

Rule 1/1: [138 cases, mean 0.45, range 0.2 to 0.9, est err 0.08]

FCC = –4.1 + 2.496 PCA13_0DIS – 0.449 PCA13_0CON + 2.28 PCA9_0HOM
+1.88 PCA3_0ASM + 0.377 PCA5_0ENT + 0.063 Zaltitude + 0.58 NDVI – 0.021 ZSlope

Model 2:

Rule 2/1: [124 cases, mean 0.43, range 0.2 to 0.8, est err 0.07]

if

PCA3_0ASM > 0.202067

then

FCC = 4.71 – 5.96 PCA9_0HOM–1.065 PCA13_0DIS + 1.58 PCA3_0ASM
+ 0.103 PCA3_0VAR–0.071 PCA13_0CON + 0.053 Zaltitude

Rule 2/2: [14 cases, mean 0.63, range 0.3 to 0.9, est err 0.16]

if

PCA3_0ASM <= 0.202067

then

FCC = 6.25–29.3 PCA3_0ASM

Model 3:

Rule 3/1: [124 cases, mean 0.43, range 0.2 to 0.9, est err 0.08]

if

Zaltitude <= 1.212946

then

FCC = 2.23–3.87 PCA9_0HOM + 2.21 PCA3_0ASM–0.136 PCA13_0CON

+ 0.099 Zaltitude + 0.63 NDVI

Rule 3/2: [14 cases, mean 0.59, range 0.2 to 0.8, est err 0.18]

if

Zaltitude > 1.212946

then

FCC = –3.11 + 1.991 PCA5_0ENT– 0.387 PCA13_0CON

Model 4:

Rule 4/1: [125 cases, mean 0.43, range 0.2 to 0.8, est err 0.09]

if

PCA3_0ASM > 0.201691

then

FCC = 1.29–1.44 PCA9_0HOM

Rule 4/2: [13 cases, mean 0.64, range 0.3 to 0.9, est err 0.16]

if

PCA3_0ASM <= 0.201691

then

FCC = 6.95–33.03 PCA3_0ASM

4.4.3　雷达影像特征建模

4.4.3.1　逐步回归建模

将高分三号卫星影像因子中的 HV3_0ASM、HV3_0ENT、HV3_90COR、HV3_135HOM、HV3_135DIS、HV3_135CON 和 HV5_0VAR 及地形因子中的海拔和坡度共 9 个自变量和因变量郁闭度导入 SPSS 统计软件进行运算，在显著性水平为 0.05 时，通过 F 的概率来筛选自变量，输入为 0.05，除去为 0.1，进行逐步回归，自变量输入/去除结果如表 4-23。

表 4-23　雷达影像特征的逐步回归模型变量输入/去除表

模型	输入的变量	除去的变量	方法
1	Zaltitude		步进（条件：要输入的 F 的概率 <= 0.050，要除去的 F 的概率 >= 0.100）
2	HV3_0ENT		步进（条件：要输入的 F 的概率 <= 0.050，要除去的 F 的概率 >= 0.0100）

注：因变量为郁闭度。

由表 4-23 可知，模型中共输入了 2 个变量（Zaltitude 和 HV3_0ENT），模型中输入了高分三号卫星影像纹理特征中的 HV3_0ENT，地形因子中的海拔。

由表 4-24 和表 4-25 可知，得到的 2 个模型中，模型 2 的复相关系数 R 为 0.655，决定系数 R^2 为 0.428，调整后决定系数 R^2 为 0.420，标准估算的误差为 0.1154，显著性

Sig=0.000<0.05，所以郁闭度与模型中的 2 个变量的信息显著相关，模型的偏回归系数至少有一个不为 0，而由 Durbin-Watson 方法检验残差的系数为 1.592，与 2 比较接近，因此可以基本说明残差之间是相互独立的。由以上可以得出，通过逐步回归可以构建线性方程，此处建立的多元逐步回归模型可以成立。

表 4-24　雷达影像特征的逐步回归模型汇总

模型	R	R^2	调整后 R^2	标准估算的误差	Durbin-Watson
1	0.569[a]	0.324	0.319	0.1250	
2	0.655[b]	0.428	0.420	0.1154	1.592

a. 预测变量：（常量），Zaltitude；

b. 预测变量：（常量），Zaltitude, HV3_0ENT。

表 4-25　雷达影像特征的逐步回归模型方差分析

模型		平方和	自由度	均方	F	显著性 Sig
1	回归	1.019	1	1.019	65.230	0.000[b]
	残差	2.125	136	0.016		
	总计	3.144	137			
2	回归	1.347	2	0.673	50.584	0.000[c]
	残差	1.797	135	0.013		
	总计	3.144	137			

注：因变量为郁闭度；

b. 预测变量：（常量），Zaltitude；

c. 预测变量：（常量），Zaltitude, HV3_0ENT。

由表 4-26 可知，最终模型 2 为

$$FCC=0.085\times Zaltitude-1.479\times HV3\_0ENT+3.48$$

从上式可以看出，回归方程保留了高分三号卫星影像纹理特征因子中 HV3_0ENT 和地形因子中的海拔。由此可以看出，对于 SAR 影像，影像纹理特征对天山云杉林小班郁闭度估测的影响要大于影像后向散射系数。

表 4-26　雷达影像特征的逐步回归模型系数分析

模型		未标准化系数		标准化系数	t	显著性 Sig
		B	标准误差	Beta		
1	（常量）	0.453	0.011		42.475	0.000
	Zaltitude	0.091	0.011	0.569	8.076	0.000
2	（常量）	3.480	0.610		5.702	0.000
	Zaltitude	0.085	0.010	0.531	8.112	0.000
	HV3_0ENT	–1.479	0.298	–0.325	–4.961	0.000

注：因变量为郁闭度。

4.4.3.2 BP 神经网络建模

利用与多元回归建模相同的样本和因子进行建模和验证。本书构造了 4 层 BP 神经网络，该神经网络的初始参数分别为：输入层节点 9，输出层节点 1，第 1 层隐含层传递函数是 logsig，第 2 层隐含层传递函数为 purelin，最大迭代次数为 500，目标误差为 0.01，学习速率为 0.1，训练函数为 trainlm，根据公式（4-3）确定隐含层节点为 4～13。

对 4.4.2.2 中所述的 6 种情况分别进行测试。保持其他参数一定，分别设置 6 种情况的传递函数和每层隐含层节点数进行训练，通过决定系数 R^2 和均方根误差 RMSE 来确定最佳参数。通过几百次试验，得到每一种传递函数组合对应的最优隐含层组合，由表 4-27 可知，6 种组合方式中，综合考虑 R^2 和 RMSE，当传递函数组合为 logsig 和 purelin 时，此时 R^2_{train} 和 R^2_{test} 最接近，均方根误差 $RMSE_{train}$ 和 $RMSE_{test}$ 最接近，且 $RMSE_{test}$ 是 6 种组合方式中最小的，所以构建神经网络的传递函数组合选择 logsig 和 purelin，隐含层节点分别为 5 和 4。

表 4-27 雷达影像特征的 BP 神经网络模型各传递函数组合对应最优精度

传递函数	隐含层节点	隐含层节点	R^2_{train}	R^2_{test}	$RMSE_{train}$	$RMSE_{test}$
logsig 和 tansig	5	1	0.5309	0.4402	0.1036	0.1197
tansig 和 logsig	7	5	0.4848	0.4376	0.1112	0.1196
tansig 和 purelin	5	8	0.4932	0.4540	0.1117	0.1238
purelin 和 tansig	6	7	0.4952	0.4280	0.1083	0.1203
logsig 和 purelin	5	4	0.4500	0.4469	0.1126	0.1166
purelin 和 logsig	7	2	0.4516	0.4356	0.1122	0.1179

经过以上的试验，在该 4 层 BP 神经网络中，确定的最优模型参数为：输入层节点 9，第 1 层隐含层节点数为 5，第 2 层隐含层节点数为 4，输出层节点 1，第 1 层隐含层传递函数是 logsig，第 2 层隐含层传递函数为 purelin，最大迭代次数为 500，目标误差为 0.00001，学习速率为 0.1，训练函数为 trainlm，此时模型的决定系数 R^2_{train} 为 0.4500，均方根误差 $RMSE_{train}$ 为 0.1126。

4.4.3.3 Cubist 建模

利用与多元回归和 BP 神经网络建模相同的样本和因子进行建模和验证。所建立的 Cubist 模型的自变量在分支条件（conds）及线性回归模型（model）中的使用率如表 4-28 所示。

表 4-28 雷达影像特征的 Cubist 模型自变量使用率 （单位：%）

自变量	分支条件	模型
HV3_135DIS		67
Zaltitude		67

根据决定系数 R^2 和均方根误差 RMSE 选定 Cubist 模型参数 committees 和 neighbors，经过对 committees 和 neighbors 组合的不断试验发现 committees=3、neighbors=1 时构建 Cubist 模型 R^2 最大、RMSE 最小，此时的 R^2 为 0.3818、RMSE 为 0.1189，同时得到模型如下：

Model 1:

Rule 1/1: [138 cases, mean 0.45, range 0.2 to 0.9, est err 0.09]

FCC = 0.63 + 0.087 Zaltitude – 0.059 HV3_135DIS

Model 2:

Rule 2/1: [138 cases, mean 0.45, range 0.2 to 0.9, est err 0.12]

FCC = 0.43

Model 3:

Rule 3/1: [138 cases, mean 0.45, range 0.2 to 0.9, est err 0.13]

FCC = 0.82 + 0.173 Zaltitude–0.117 HV3_135DIS

4.4.4　联合光学与雷达影像特征建模

4.4.4.1　逐步回归建模

将高分二号和高分三号卫星影像因子及地形因子共 17 个自变量和因变量郁闭度导入 SPSS 统计软件进行运算，在显著性水平为 0.05 时，通过 F 的概率来筛选自变量，输入为 0.05，除去为 0.1，进行逐步回归，自变量输入/去除结果如表 4-29。

表 4-29　联合光学与雷达影像特征的逐步回归模型变量输入/去除表

模型	输入的变量	除去的变量	方法
1	PCA5_0ENT		步进（条件：要输入的 F 的概率 <= 0.050，要除去的 F 的概率 >= 0.100）
2	Zaltitude		步进（条件：要输入的 F 的概率 <= 0.050，要除去的 F 的概率 >= 0.100）
3	HV3_0ASM		步进（条件：要输入的 F 的概率 <= 0.050，要除去的 F 的概率 >= 0.100）
4	NDVI		步进（条件：要输入的 F 的概率 <= 0.050，要除去的 F 的概率 >= 0.100）

注：因变量为郁闭度。

由表 4-29 可知，模型中共输入了 4 个变量，分别为 PCA5_0ENT、Zaltitude、HV3_0ENT 和 NDVI，模型中输入了光学影像纹理特征中的 PCA7_0ENT 和 NDVI，SAR 影像纹理特征中的 HV3_0ASM，地形因子中的海拔，与只使用光学和雷达影像单独建模的多元逐步回归模型相比，联合光学和雷达影像的模型输入了较多的因子，同时包含了植被指数、纹理特征和地形因子。

由表 4-30 和表 4-31 可知，得到的 4 个模型中，模型 4 的复相关系数 R 为 0.776，决

定系数 R^2 为 0.602，调整后决定系数 R^2 为 0.590，标准估算的误差为 0.097，显著性 Sig=0.000<0.05，所以郁闭度与模型中的 4 个变量的信息显著相关，模型的偏回归系数至少有一个不为 0，而由 Durbin-Watson 方法检验残差的系数为 1.932，与 2 比较接近，因此可以基本说明残差之间是相互独立的。由以上可以得出，通过逐步回归可以构建线性方程，此处建立的多元逐步回归模型可以成立。

表 4-30 联合光学与雷达影像特征的逐步回归模型汇总

模型	R	R^2	调整后 R^2	标准估算的误差	Durbin-Watson
1	0.663[a]	0.439	0.435	0.1139	
2	0.742[b]	0.550	0.543	0.1024	
3	0.763[c]	0.582	0.572	0.0991	
4	0.776[d]	0.602	0.590	0.0970	1.932

a. 预测变量：（常量），PCA5_0ENT；

b. 预测变量：（常量），PCA5_0ENT, Zaltitude；

c. 预测变量：（常量），PCA5_0ENT, Zaltitude，HV3_0ASM；

d. 预测变量：（常量），PCA5_0ENT, Zaltitude, HV3_0ASM, NDVI。

表 4-31 联合光学与雷达影像特征的逐步回归模型方差分析

模型		平方和	自由度	均方	F	显著性
1	回归	1.381	1	1.381	106.524	0.000[a]
	残差	1.763	136	0.013		
	总计	3.144	137			
2	回归	1.730	2	0.865	82.554	0.000[b]
	残差	1.414	135	0.010		
	总计	3.144	137			
3	回归	1.829	3	0.610	62.087	0.000[c]
	残差	1.316	134	0.010		
	总计	3.144	137			
4	回归	1.892	4	0.473	50.241	0.000[d]
	残差	1.252	133	0.009		
	总计	3.144	137			

a. 预测变量：（常量），PCA5_0ENT；

b. 预测变量：（常量），PCA5_0ENT, Zaltitude；

c. 预测变量：（常量），PCA5_0ENT, Zaltitude，HV3_0ASM；

d. 预测变量：（常量），PCA5_0ENT, Zaltitude, HV3_0ASM，NDVI。

由表 4-32 可知，最终模型 4 为

$$FCC=0.236\times PCA5\_0ENT+0.062\times Zaltitude+5.166\times HV3\_0ASM+0.654\times NDVI-1.157$$

从上式可以看出，回归方程保留了高分二号卫星影像纹理特征因子中的PCA5_0ENT和植被指数 NDVI，高分三号卫星影像纹理特征因子中 HV3_0ASM，地形因子中的海拔，其余 13 个因子均被剔除。模型中保留了地形因子中的海拔、2 种纹理特征和 NDVI，由此可以看出，与基于光学和雷达影像单独所建的模型相比，该模型同时保留了地形因子、植被指数和纹理特征，对比所建 3 个多元逐步回归模型的 R^2 和标准估算的误差可以知道，联合光学和雷达影像特征所建的多元逐步回归模型 R^2 较大、标准估算的误差较小。

表 4-32　联合光学与雷达影像特征的逐步回归模型系数分析

模型		未标准化系数		标准化系数	t	显著性
		B	标准误差	Beta		
1	（常量）	–0.574	0.099		–5.770	0.000
	PCA5_0ENT	0.450	0.044	0.663	10.321	0.000
2	（常量）	–0.348	0.098		–3.566	0.001
	PCA5_0ENT	0.352	0.043	0.518	8.236	0.000
	Zaltitude	0.058	0.010	0.363	5.770	0.000
3	（常量）	–0.857	0.186		–4.603	0.000
	PCA5_0ENT	0.307	0.044	0.452	7.022	0.000
	Zaltitude	0.058	0.010	0.367	6.028	0.000
	HV3_0ASM	4.445	1.401	0.189	3.173	0.002
4	（常量）	–1.157	0.216		–5.359	0.000
	PCA5_0ENT	0.236	0.051	0.348	4.649	0.000
	Zaltitude	0.062	0.010	0.388	6.451	0.000
	HV3_0ASM	5.166	1.400	0.219	3.690	0.000
	NDVI	0.654	0.252	0.169	2.595	0.011

注：因变量为郁闭度。

4.4.4.2　BP 神经网络建模

利用与多元回归建模相同的样本和因子进行建模和验证。本书构造了 4 层 BP 神经网络，该神经网络的初始参数分别为：输入层节点 20，输出层节点 1，第 1 层隐含层传递函数是 logsig，第 2 层隐含层传递函数为 purelin，最大迭代次数为 500，目标误差为 0.01，学习速率为 0.1，训练函数为 trainlm，根据式（4-3）确定隐含层节点为 5～14。

对 4.4.2.2 中所述的 6 种情况分别进行测试。保持其他参数一定，分别设置 6 种情况的传递函数和每层隐含层节点数进行训练，通过决定系数 R^2 和均方根误差 RMSE 来确定最佳参数。通过几百次试验，得到每一种传递函数组合对应的最优隐含层组合，由表 4-33 可知，6 种组合方式中，综合考虑 R^2 和 RMSE，当传递函数组合为 tansig 和 logsig 时，此时 R^2 不是最高，但均方根误差 $RMSE_{train}$ 和 $RMSE_{test}$ 均较小，尤其是 $RMSE_{test}$ 是 6 种组合方式中最小的，所以构建神经网络的传递函数组合选择 tansig 和 logsig，隐含层节点分别为 2 和 4。

表 4-33　联合光学与雷达影像特征的 BP 神经网络各传递函数组合对应最优精度

传递函数	隐含层节点	隐含层节点	R^2_{train}	R^2_{test}	$RMSE_{train}$	$RMSE_{test}$
logsig 和 tansig	5	9	0.6816	0.5889	0.0879	0.1064
tansig 和 logsig	2	4	0.7278	0.5739	0.0792	0.1043
tansig 和 purelin	5	4	0.7936	0.5694	0.0711	0.1201
purelin 和 tansig	2	6	0.6900	0.6194	0.0859	0.1070
logsig 和 purelin	6	5	0.6921	0.5962	0.0853	0.1048
purelin 和 logsig	12	1	0.6082	0.5786	0.0946	0.1058

经过以上的试验，在该 4 层 BP 神经网络中，确定的最优模型参数为：输入层节点 17，第 1 层隐含层节点数为 2，第 2 层隐含层节点数为 4，输出层节点 1，第 1 层隐含层传递函数是 tansig，第 2 层隐含层传递函数为 logsig，最大迭代次数为 500，目标误差为 0.00001，学习速率为 0.1，训练函数为 trainlm，此时模型的决定系数 R^2_{train} 为 0.7278，均方根误差 $RMSE_{train}$ 为 0.0792。

4.4.4.3　Cubist 建模

利用与多元回归和 BP 神经网络建模相同的样本和因子进行建模和验证。所建立的 Cubist 模型的自变量在分支条件（conds）及线性回归模型（model）中的使用率如表 4-34 所示。

表 4-34　联合光学与雷达影像特征 Cubist 模型自变量使用率　　（单位：%）

自变量	分支条件	模型
PCA3_0ASM	15	74
Zaltitude	12	85
HV3_135CON	12	2
PCA13_0DIS		74
PCA9_0HOM		62
PCA13_0CON		61
PCA5_0ENT		60
HV3_0ENT		36
HV3_135DIS		35
HV3_0ASM		24
NDVI		24
PCA3_0VAR		12
HV3_90COR		11
HV3_135HOM		11

根据决定系数 R^2 和均方根误差 RMSE 选定 Cubist 模型参数 committees 和 neighbors，经过不断 committees 和 neighbors 组合的试验发现 committees=8、neighbors=4 时构建

Cubist 模型 R^2 最大、RMSE 最小，此时的 R^2 为 0.6816、RMSE 为 0.0854，同时得到模型如下：

```
Model 1:
  Rule 1/1: [138 cases, mean 0.45, range 0.2 to 0.9, est err 0.08]
    FCC = –5.64 + 3.23 PCA13_0DIS – 0.541 PCA13_0CON + 3.62 PCA9_0HOM
          +2.57 PCA3_0ASM + 0.575 PCA5_0ENT + 0.059 Zaltitude – 0.041 HV3_135DIS
Model 2:
  Rule 2/1: [138 cases, mean 0.45, range 0.2 to 0.9, est err 0.08]
    FCC = –20.71 + 1.263 PCA13_0DIS + 36.3 HV3_0ASM – 0.301 PCA13_0CON
          + 0.963 PCA5_0ENT + 4.09 PCA3_0ASM + 6.02 HV3_0ENT+ 0.059 Zaltitude
Model 3:
  Rule 3/1: [138 cases, mean 0.45, range 0.2 to 0.9, est err 0.08]
    FCC = 0.1 + 2.151 PCA13_0DIS – 0.541 PCA13_0CON + 0.166 PCA3_0VAR
          – 0.393 PCA5_0ENT + 0.072 Zaltitude
Model 4:
  Rule 4/1: [129 cases, mean 0.45, range 0.2 to 0.9, est err 0.08]
    if
    HV3_135CON > 8.163939
    then
    FCC = 1.38 + 0.059 Zaltitude – 0.78 PCA9_0HOM – 0.26 HV3_90COR
          – 0.039 HV3_135DIS – 0.058 PCA13_0DIS + 0.08 PCA3_0ASM
          – 0.12 HV3_0ENT + 0.07 NDVI
  Rule 4/2: [13 cases, mean 0.64, range 0.3 to 0.9, est err 0.16]
    if
    PCA3_0ASM <= 0.201691
    then
    FCC = 6.61 – 30.66 PCA3_0ASM – 0.1 PCA9_0HOM – 0.021 PCA13_0DIS
  Rule 4/3: [7 cases, mean 0.4, range 0.2 to 0.8, est err 0.28]
    if
    PCA3_0ASM > 0.201691
    HV3_135CON <= 8.163939
    then
    FCC = 4.53 – 0.458 HV3_135CON – 3.27 PCA3_0ASM
……
Model 7:
  Rule 7/1: [138 cases, mean 0.45, range 0.2 to 0.9, est err 0.09]
    FCC = 2.32 – 2.75 PCA9_0HOM – 0.089 PCA13_0CON
Model 8:
```

Rule 8/1: [124 cases, mean 0.43, range 0.2 to 0.9, est err 0.08]
 if
 Zaltitude <= 1.212946
 then
 FCC = –2.26 + 0.86 PCA5_0ENT + 3.33 PCA3_0ASM + 0.133 Zaltitude
 – 0.04 HV3_135DIS
Rule 8/2: [13 cases, mean 0.64, range 0.3 to 0.9, est err 0.19]
 if
 PCA3_0ASM <= 0.201691
 then
 FCC = 7.27 – 35.26 PCA3_0ASM + 0.188 Zaltitude
Rule 8/3: [14 cases, mean 0.59, range 0.2 to 0.8, est err 0.22]
 if
 Zaltitude > 1.212946
 then
 FCC = 1.07 – 0.0195 HV3_135CON

4.4.5 模型精度评价与对比分析

4.4.5.1 模型精度评价方法

采用样本留出法，利用预留的小班郁闭度实测数据，通过计算预留样本的实测值与模型的预测值之间的均方根误差 RMSE 和估测精度 P 指标对预测结果进行检验。RMSE 是实测值与预测值之间的标准误差，RMSE 值越小，表明模型预测的效果越好；P 为估测精度，P 越大，表明模型的估测精度越高。2 个指标计算公式如下所示：

$$\mathrm{RMSE}=\sqrt{\frac{1}{n}\sum_{i=1}^{n}\left(y_i-x_i\right)^2} \tag{4-4}$$

$$P_i=\left(1-\frac{\left|y_i-x_i\right|}{y_i}\right) \tag{4-5}$$

$$P=\frac{\sum_{i}^{n}P_i}{n} \tag{4-6}$$

式中，P_i 为样点估测精度；P 为总体估测精度；y_i 为第 i 个训练样本值；x_i 为对应第 i 个训练样本的估测值；n 为样本数。

4.4.5.2 总体精度评价分析

通过构建的多元逐步回归模型、BP 神经网络模型和 Cubist 模型来估测天山云杉林小班郁闭度，使用所选样本的 30%共 60 个完全独立的样本来验证模型的精度，通过模型实测值与预测值的 RMSE 和 P 个指标，对基于 3 种数据源的多元逐步回归模型、BP 神经网络模型和 Cubist 模型进行精度评价与对比分析，基于 3 种数据源所建的 3 种模型的总体精度验证结果见表 4-35。

表 4-35　基于 3 种数据源的 3 种模型精度验证结果对比

数据源	模型/Model	RMSE	P/%
光学影像特征	多元逐步回归	0.1194	75.54
	BP 神经网络	0.1066	80.51
	Cubist	0.0997	79.45
雷达影像特征	多元逐步回归	0.1229	76.70
	BP 神经网络	0.1166	77.39
	Cubist	0.1249	76.62
联合光学与雷达影像特征	多元逐步回归	0.1135	76.51
	BP 神经网络	0.1043	79.66
	Cubist	0.1020	78.16

1. 不同数据源评价分析

从不同数据源来看，基于光学影像特征所建的模型估测精度较高，平均精度为 78.50%；联合光学与雷达影像特征所建的模型次之，平均精度为 78.11%；最后是基于雷达影像特征所建的模型，平均精度为 76.90%。其中，基于光学影像特征因子所建的 3 种模型中，BP 神经网络模型的估测精度 P 最大为 80.51%，Cubist 模型的均方根误差 RMSE 最小为 0.0997，且两个的模型的 P 差值大于 RMSE 差值，所以 BP 神经网络模型精度略高于 Cubist，多元逐步回归模型的估测精度 P 最小，RMSE 最大，估测效果最差；基于雷达影像所建的 3 种模型中，BP 神经网络的 RMSE 最小、估测精度 P 最大，RMSE 为 0.1166，估测精度为 77.39%，其次为多元逐步回归，RMSE 为 0.1229，估测精度为 76.70%，最后为 Cubist 模型，RMSE 为 0.1249，估测精度为 76.62%；联合光学影像与雷达影像特征所建的 3 种模型中，BP 神经网络模型的估测精度 P 最大为 79.66%，Cubist 模型的均方根误差 RMSE 最小为 0.1020，且两个的模型的 P 差值大于 RMSE 差值，所以 BP 神经网络模型精度略高于 Cubist，多元逐步回归模型的估测精度 P 最小，RMSE 最大，估测效果在 3 种模型中最差。

2. 不同模型精度评价分析

基于 3 种数据源所建的 3 种模型中均是 BP 神经网络模型的估测精度最高，平均精度为 79.19%，其次是 Cubist 模型，平均精度为 78.08%，最后是多元逐步回归，平均精度为 76.25%。对于多元逐步回归模型，基于雷达影像特征所建的模型估测精度 P 最大，联合光学与雷达影像特征所建的模型 RMSE 最小，且两个的模型的 P 差值小于 RMSE 差值，所以联合光学与雷达影像特征所建的模型精度略高；对于 BP 神经网络模型，基于光学影像特征所建的模型估测精度 P 最大，联合光学与雷达影像特征所建的模型

RMSE 最小，且两个模型的 *P* 差值大于 RMSE 差值，所以基于光学影像特征所建的模型精度略高；对于 Cubist 模型，基于光学影像特征所建模型估测精度 *P* 最大、RMSE 最小，估测效果最好，其次为联合光学与雷达影像特征构建的模型，最后为基于雷达影像特征构建的模型。

综上所述，基于光学影像特征所建的 BP 神经网络模型是估测巩留林区天山云杉林小班郁闭度的最优模型，其次为联合两种特征所建的 BP 神经网络模型，最后为基于雷达影像特征所建的 BP 神经网络模型。

基于光学影像特征所建模型的精度验证结果见图 4-13，基于雷达影像特征所建模型的精度验证结果见图 4-14，联合光学与雷达影像特征所建模型的精度验证结果见图 4-15。

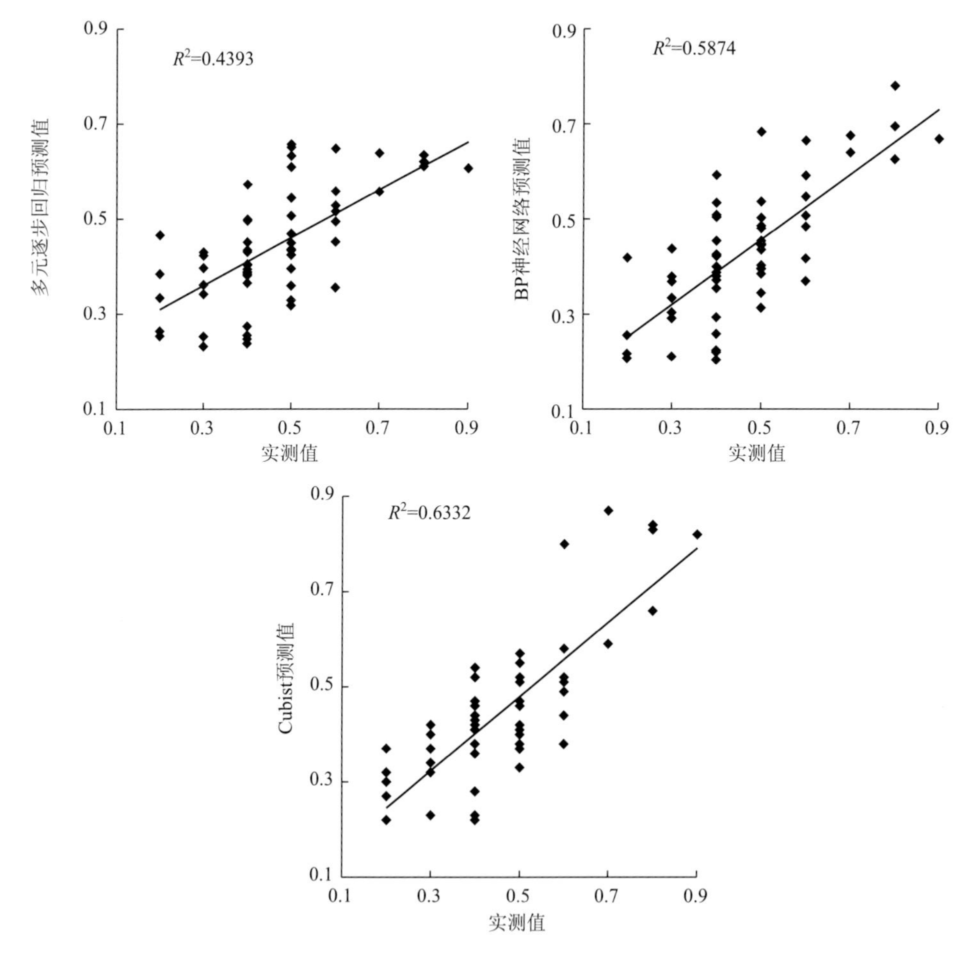

图 4-13　光学影像特征建模精度验证结果散点图

由图 4-13 可知，基于光学影像特征所建的 3 种模型中，多元逐步回归模型的低郁闭度高估和高郁闭度低估的情况最为严重，其次为 BP 神经网络模型，最后为 Cubist 模型。

由图 4-14 可知，基于雷达影像特征所建的 3 种模型都对低郁闭度和高郁闭度估测的效果较差，在中郁闭度估测方面效果较好。

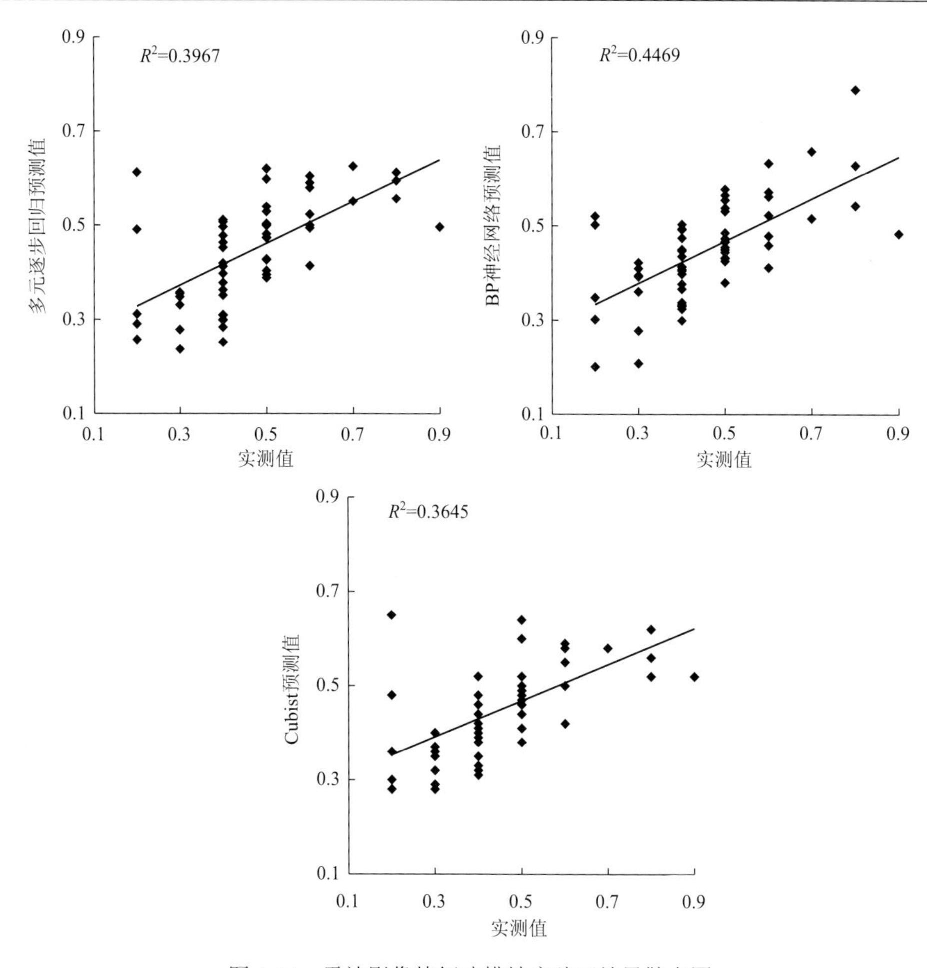

图 4-14　雷达影像特征建模精度验证结果散点图

由图 4-15 可知，联合光学与雷达影像特征所建的 3 种模型中多元逐步回归模型的低郁闭度高估和高郁闭度低估的情况最为严重，Cubist 模型对高郁闭度的估测效果较好，其次为 BP 神经网络模型；BP 神经网络模型在低郁闭度估测方面效果较好，其次为 Cubist 模型。

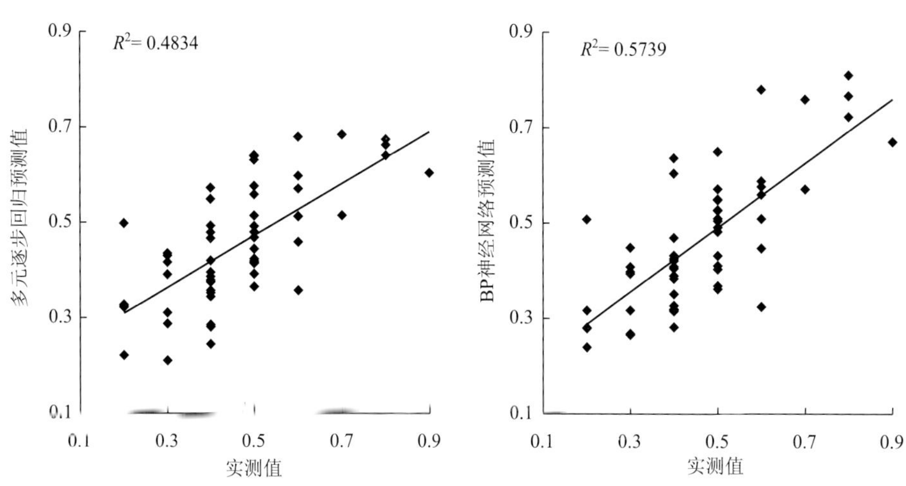

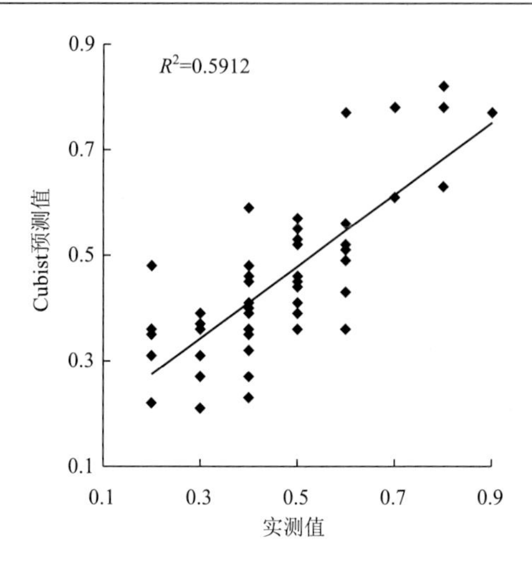

图 4-15 联合光学与雷达影像特征建模精度验证结果散点图

4.4.5.3 不同郁闭度等级精度评价分析

根据郁闭度等级的划分标准（王雪峰和陆元昌，2013），郁闭度可以划分为 3 个等级，具体如表 4-36。利用与 4.4.5.2 节中相同的 60 个完全独立的样本来验证不同郁闭度等级下模型的精度，评价结果见表 4-37。

表 4-36 郁闭度等级划分标准

等级	郁闭度大小
低郁闭度	[0.2，0.4）
中郁闭度	[0.4，0.7）
高郁闭度	[0.7，1.0]

1. 不同数据源建模精度评价分析

由表 4-37 可知，对于低郁闭度而言，基于光学影像特征所建的模型估测效果较好，其中估测精度最高的为 BP 神经网络模型，其 RMSE 最小为 0.0847，估测精度为 75.37%；对于中郁闭度而言，3 种数据源所建的 9 个模型的估测精度均在 80%以上，基于雷达影像所建的模型估测精度略高，基于雷达影像所建的 BP 神经网络模型和 Cubist 模型的估测精度差异较小，都在 87%以上；对于高郁闭度而言，联合光学与雷达影像特征所建的模型精度较高，3 个模型的估测精度均在 80%以上，其中联合光学与雷达影像特征所建的 Cubist 模型精度最高，达 89.17%，其次为 BP 神经网络模型，估测精度为 88.77%。综上所述，本书所建的基于小班尺度的天山云杉林郁闭度估测模型在中郁闭度的估测方面较稳定，各个模型对中郁闭度的估测精度均在 80%以上；对高郁闭度的估测精度最高，其中联合光学与雷达影像特征所建的 Cubist 模型精度达 89.17%；估测精度最低的为低郁闭度，除基于光学影像特征所建的 BP 神经网络模型精度为 75.37%，其他模型的估测精度均在 70%以下。

表 4-37 不同郁闭度等级下的模型精度评价结果

数据源	模型	低郁闭度		中郁闭度		高郁闭度	
		RMSE	*P*/%	RMSE	*P*/%	RMSE	*P*/%
光学影像特征	多元逐步回归	0.1247	53.19	0.1044	82.19	0.1854	78.54
	BP 神经网络	0.0847	75.37	0.1092	81.12	0.1289	87.47
	Cubist	0.0937	64.36	0.1003	83.06	0.1076	87.48
雷达影像特征	多元逐步回归	0.1538	50.39	0.0814	85.44	0.2335	73.95
	BP 神经网络	0.1530	45.59	0.0710	87.41	0.2255	77.74
	Cubist	0.1688	44.23	0.0738	87.46	0.2386	72.67
联合光学影像与雷达影像特征	多元逐步回归	0.1294	53.39	0.0955	83.19	0.1740	80.99
	BP 神经网络	0.1211	57.92	0.0966	85.21	0.1152	88.77
	Cubist	0.1235	54.87	0.0943	83.93	0.1009	89.17

2. 不同模型精度评价分析

分别验证样本郁闭度在 0.2～0.9 每一层计算样本的平均精度，以郁闭度为横轴，以郁闭度在 0.2～0.9 每一层的平均精度为纵轴，绘制精度变化曲线，基于光学影像特征的 3 种模型精度变化曲线如图 4-16，基于雷达影像特征的 3 种模型精度变化曲线如图 4-17，联合光学与雷达影像特征的 3 种模型精度变化曲线如图 4-18。

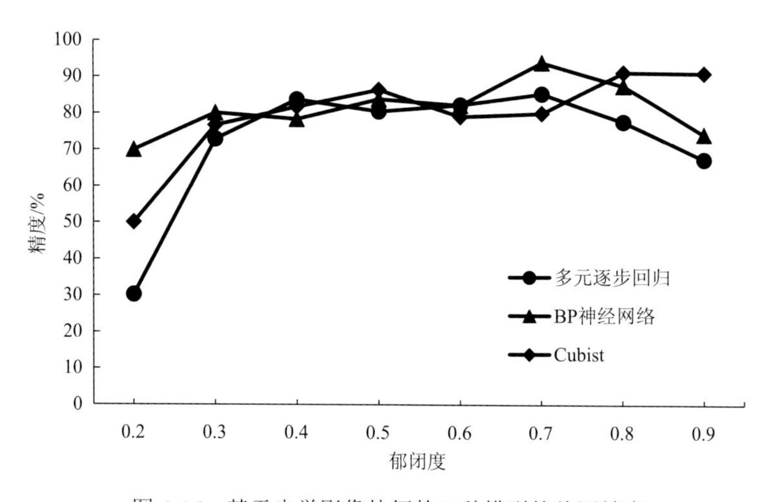

图 4-16 基于光学影像特征的 3 种模型的估测精度

由图 4-16 可知，随着郁闭度的增大，Cubist 模型估测精度逐渐增大，BP 神经网络和多元逐步回归模型估测精度先增大后减小，在郁闭度为 0.2 时 3 种模型的估测精度差异明显，BP 神经网络模型的估测精度最高，郁闭度为 0.3～0.6 时，3 种模型的估测精度差异不大，郁闭度为 0.7 时 BP 神经网络模型估测精度最高，郁闭度为 0.8 和 0.9 时 Cubist

模型的估测精度最高。

由图 4-17 可知，基于雷达影像特征的 3 种模型的估测精度均随着郁闭度的增大先增大后减小，3 种模型的估测精度的变化趋势基本相同，郁闭度在 0.4～0.7 之间的估测精度较好，且 3 种模型的估测精度差异不大，郁闭度为 0.2 时，估测的精度非常小，估测值和实测值间的误差不可接受。

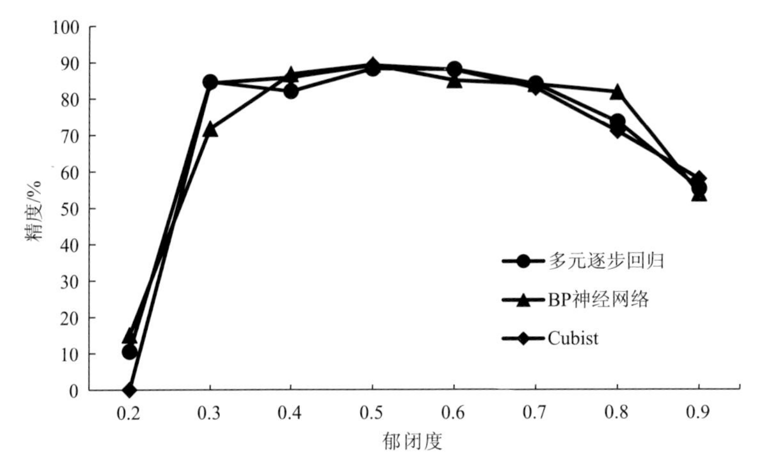

图 4-17　基于雷达影像特征的 3 种模型的估测精度

由图 4-18 可知，联合光学与雷达影像特征的 3 种模型的估测精度，3 种模型估测精度的总体变化趋势基本相同，在郁闭度为 0.2 时估测精度最低，郁闭度在 0.3～0.7 之间时估测精度差异较小，郁闭度为 0.8 时 BP 神经网络模型的估测精度最高，郁闭度为 0.9 时 Cubist 模型的估测精度最高。

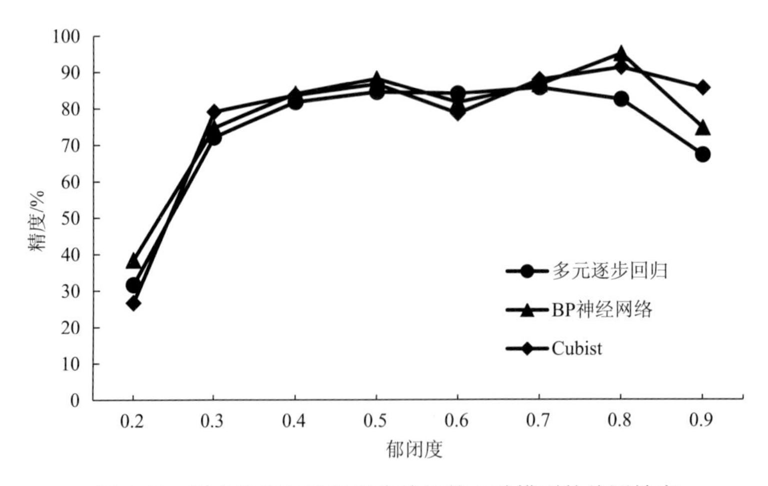

图 4-18　联合光学与雷达影像特征的 3 种模型的估测精度

4.4.6　郁闭度遥感反演制图

利用所建模型中总体精度最高的基于光学影像特征构建的 BP 神经网络模型，对研究样区云杉林小班郁闭度进行反演制图。其反演结果如图 4-19。

由图 4-19 可知，研究样区天山云杉林郁闭度的分布大多在 0.3～0.7 之间，郁闭度小于 0.3 和大于 0.7 的分布较少，表明样区内郁闭度的疏密程度分布适中，郁闭度较高和郁闭度较低的林地较少。郁闭度小于 0.3 的主要在研究样区的西北部分布，0.3～0.7 的郁闭度主要分布在研究样区的西南、东部和东北部，0.5～0.7 的郁闭度分布最多，郁闭度大于 0.7 的主要在研究样区的东部和南部与中郁闭度夹杂分布。

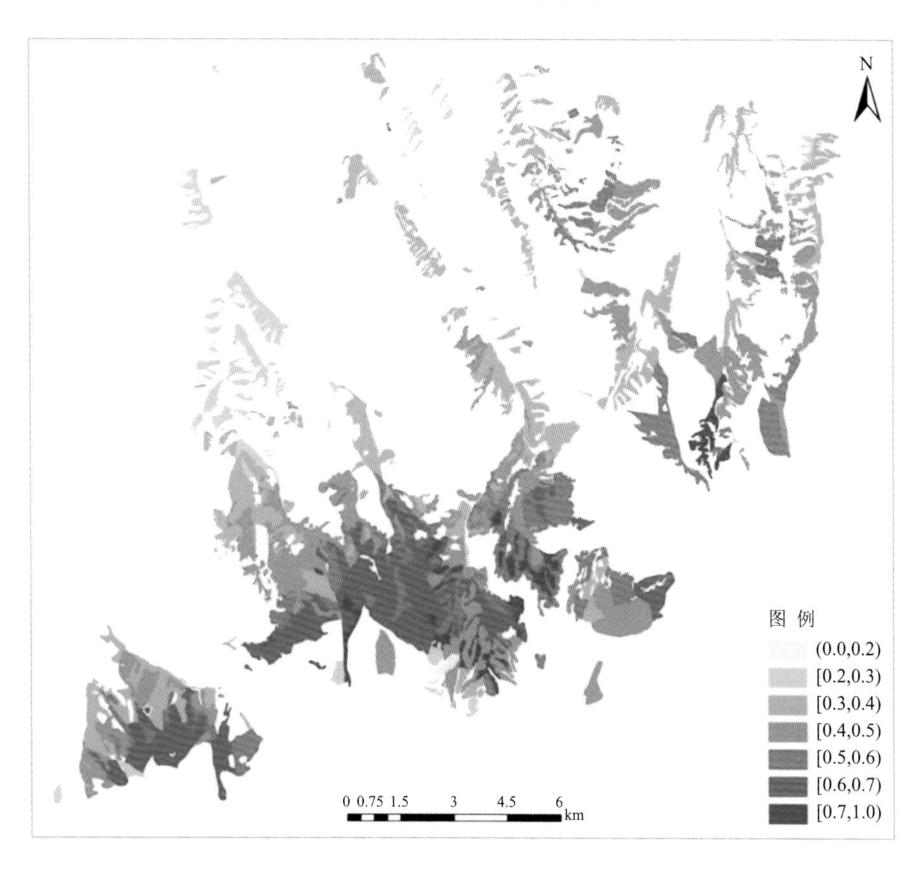

图 4-19　基于光学影像特征的 BP 神经网络模型郁闭度反演图

第 5 章　基于高分二号卫星数据的小班边界提取

虽然基础地理信息与遥感图像越来越丰富、精确，国内外诸多学者针对如何利用这些多源空间数据开展森林资源调查应用展开了许多研究，但仍然存在诸多待解决的科学与技术问题，特别是随着应用区域与环境的变化，诸多研究成果还有待进一步的检验与优化。森林资源小班区划界线的提取就是这诸多问题之一。

森林小班区划和小班边界的自动提取不但是森林资源调查中的首要任务和主要内容，而且是森林资源管理与动态监测的主体业务。小班区划界线的精度直接影响森林资源管理与动态监测结果的可靠性，甚至影响森林生态环境的监测，在林业生产经营及林业与森林生态环境等的科学研究中有着极其重要的意义。

以地形图为工作手图，实地进行“对坡勾绘”的方法，由于地形图现势性及人为主观因素的影响，精度往往比较低（黄万里，2015）。在广西南宁附近的一个大型国有林场，根据现有的小班区划规定，采用 Quick Bird 卫星图像进行目视判读解译勾绘小班，以此结果检验地形图“对坡勾绘”小班方法得到的小班精度。通过利用小班面积误差、小班中心位置移位和小班边界偏移 3 个指标来表示其精度。检验结果表明，以地形图为手图的小班“对坡勾绘”方法误差较大。这是普遍存在的现象，只是由于各种原因，过往很少进行严格检查，没有发现问题。究其原因，除了人为主观因素外，地形图上的信息量不足、信息较旧是主要的因素，限于人员和时间的限制，野外调查又难以全面细致，因此这种小班区划方法精度难免较低。因此，在小班区划时，应充分利用现实性强、分辨率较高的遥感图像作为主要数据进行小班区划。

本章旨在完成 SVM 分类器的训练，分析图像分割的各种参数对支持向量机分类性能的影响，总结得到小班边界特征信息与分割图像对象之间的非线性关系模型，形成分割机理和分割规律的模型化表达。在有效提高森林经理小班边界区划精度和效率的同时，为国产高分辨率卫星数据在森林资源调查中的业务化应用提供技术借鉴。

5.1　概　　述

本章研究区隶属新疆天山西部国有林管理局尼勒克林场，地处新疆西部中天山西段，在伊犁东北部。境跨 81.85°～84.58°E，43.25°～44.17°N 之间。东与和静县以依边哈比尔尕山、阿布热勒山分水岭为界；东南与新源县相接；南与巩留县隔巩乃斯河相望；西与伊宁县接壤；北与精河县以科古尔琴山、婆罗科努山分水岭为界；东北与乌苏市以依边哈比尔尕山、婆罗科努山分水岭为界。县境东西长 243 km，南北宽 70 km，呈柳叶状，总面积 1.03 万 km^2。

研究区位于尼勒克林场的尼东营林区，选择具有代表性的尼勒克林场山区国有公益林工程区吐乌更恰干管护所 55 林班。研究区北与精河县相望，西以公益林 54 林班为界，南与省道 S315 线相邻，东与公益林 56 林班接壤。研究区距蜂场场部所在地约 14 km，距尼勒克县县城约 109 km。地理坐标为 83°36′14″～83°36′57″E，43°42′33″～43°43′39″N，海拔高度 1760～1850 m。分布着较典型的云杉林，共有 90 个林班，林龄主要为近熟林、成熟林、过熟林，平均树高在 25 m 左右，胸径一般为 36 cm，干形通直圆满，在暗针叶林中是生产力较高的一种。

以新疆天山西部国有林管理局的尼勒克林场为研究区，采用高分二号数据，辅以地形数据、森林资源二类调查及野外补充调查数据，按照“森林信息的图像特征分析→图像多尺度分割→森林小班边界提取与精度分析”为主线（图 5-1）。在对其进行数据预处理与特征因子提取的基础上，借助空间数据探索性分析方法对影响小班区划的地形因子进行分析，对不同植被类型、不同森林类型、不同树种等光谱、纹理的图像特征进行分

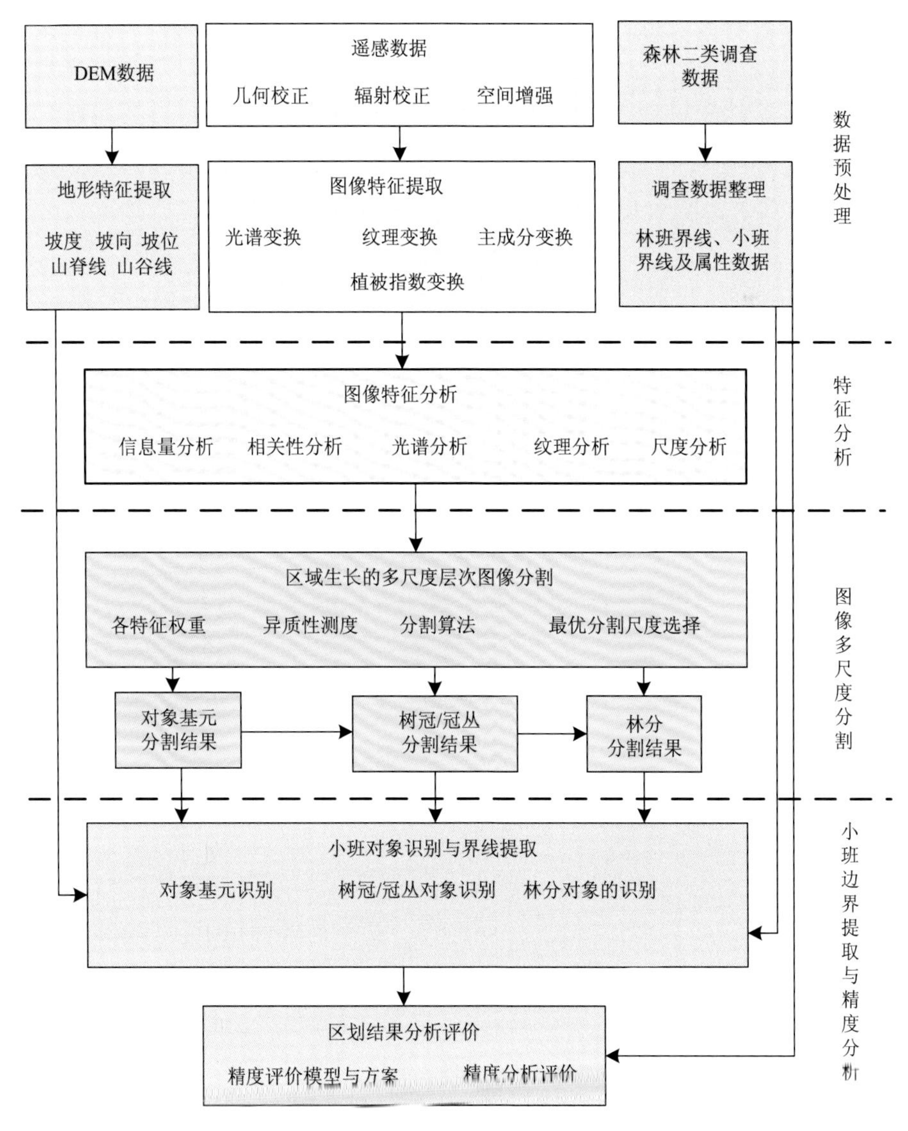

图 5-1　森林小班提取技术路线

析；根据对研究区的不同空间尺度的森林对象的遥感图像特征分析，从图像对象的色调、纹理及空间特征着手，设计满足森林对象多尺度层次等级表示要求的图像分割方法，并选择不同尺度森林对象的最佳图像分割结果，对森林对象基元、冠幅/冠丛、林分等尺度森林对象进行图像表达。对对象基元、冠幅/冠丛、林分 3 个具有层次关系的不同尺度图像分割结果进行对象识别，设计基于多尺度层次分割结果的森林小班对象的高分遥感识别模型，进行小班对象/边界的识别与提取，对结果进行验证与评价分析。

5.2　数据源及数据处理

5.2.1　遥感数据源及预处理

收集的遥感数据为我国的高分二号数据，高分二号卫星是我国自主研制的首颗空间分辨率优于 1 m 的民用光学遥感卫星，可在遥感集市平台中查询到。高分二号卫星搭载有两台高分辨率 1 m 全色、4 m 多光谱相机，具有亚米级空间分辨率、高定位精度和快速姿态机动能力等特点，有效地提升了卫星综合观测效能，达到了国际先进水平，高分二号卫星轨道和姿态控制参数见表 5-1，高分二号卫星有效载荷技术指标见表 5-2。

表 5-1　高分二号卫星轨道和姿态控制参数

参数	指标
轨道类型	太阳同步回归轨道
轨道高度	631 km（标称值）
倾角	97.9080°
降交点地方时	10:30 AM
侧摆能力（滚动）	±35°，机动 35°的时间≤180 s

表 5-2　高分二号卫星有效载荷技术指标

<table>
<tr><th>参数</th><th colspan="2">1 m 分辨率全色/4 m 分辨率多光谱相机</th></tr>
<tr><td rowspan="5">光谱范围</td><td>全色</td><td>0.45～0.90 μm</td></tr>
<tr><td rowspan="4">多光谱</td><td>0.45～0.52 μm</td></tr>
<tr><td>0.52～0.59 μm</td></tr>
<tr><td>0.63～0.69 μm</td></tr>
<tr><td>0.77～0.89 μm</td></tr>
<tr><td rowspan="2">空间分辨率</td><td>全色</td><td>1 m</td></tr>
<tr><td>多光谱</td><td>4 m</td></tr>
<tr><td>幅宽</td><td colspan="2">45 km（2 台相机组合）</td></tr>
<tr><td>重访周期（侧摆时）</td><td colspan="2">5 d</td></tr>
<tr><td>覆盖周期（不侧摆）</td><td colspan="2">69 d</td></tr>
</table>

高分二号卫星于 2014 年 8 月 19 日成功发射，8 月 21 日首次开机成像并下传数据。这是我国目前分辨率最高的民用陆地观测卫星，星下点空间分辨率可达 0.8 m，标志着我国遥感卫星进入了亚米级“高分时代”。主要用户为自然资源部、住房和城乡建设部、交通运输部等部门，同时还将为其他用户部门和有关区域提供示范应用服务。

在对影像分类之前，要先对影像进行精校正，有利于分类精度的提高。高分二号影像进行了辐射定标、大气校正、正射校正、几何校正、图像融合和裁剪等预处理。

定标是将遥感器所得的测量值变换为绝对亮度或变换为与地表反射率、表面温度等物理量有关的相对值的处理过程（赵英时，2013）。辐射定标是将传感器记录的电压或数字值转换成绝对辐射亮度的过程（梁顺林，2009）。高分二号辐射定标利用绝对定标系数将卫星图像 DN 值转换为辐亮度：

$$L_e（\lambda_e）=\text{Gain}\cdot\text{DN}+\text{Offset} \tag{5-1}$$

式中，$L_e（\lambda_e）$为转换后辐亮度，单位为 $W\cdot m^{-2}\cdot sr^{-1}\cdot \mu m^{-1}$；DN 为卫星载荷观测值；Gain 为定标斜率，单位为 $W\cdot m^{-2}\cdot sr^{-1}\cdot \mu m^{-1}$；Offset 为绝对定标系数偏移量，单位为 $W\cdot m^{-2}\cdot sr^{-1}\cdot \mu m^{-1}$。其中，高分二号卫星绝对辐射定标系数见表 5-3。

表 5-3 高分二号卫星各载荷的绝对辐射定标系数

卫星载荷	波段号	Gain	Offset
PMS1	Pan	0.1630	–0.6077
	Band1	0.1585	–0.8765
	Band2	0.1883	–0.9742
	Band3	0.1740	–0.7652
	Band4	0.1897	–0.7233
PMS2	Pan	0.1823	0.1654
	Band1	0.1748	–0.5930
	Band2	0.1817	–0.2717
	Band3	0.1741	–0.2879
	Band4	0.1975	–0.2773

在 ENVI 5.1 里利用 Apply Gain and Offset 工具进行辐射定标，下一步在 FLAASH 模型下进行大气校正。目前，在 ENVI5.1 软件中，不能自动读取高分二号头文件，所以要手动添加各波段的中心波长。取波谱响应值为 1 的波长为各波段对应中心波长，依次为 514 nm、546 nm、656 nm、822 nm。图 5-2 为大气校正前后对比图。

正射校正影像是指改正因地形起伏和传感器误差而引起的像点位移的影像。做正射校正需要用 DEM。在 ENVI5.1 里利用 RPC Orthorectification Workflow 工具进行校正。并根据研究区的需要分别在多光谱影像和全色影像上选取 12 个控制点（图 5-3），这些控制点均匀分布在影像上。

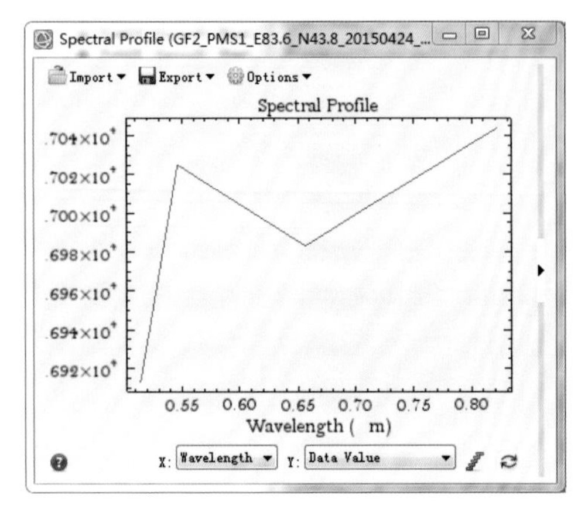

大气校正前

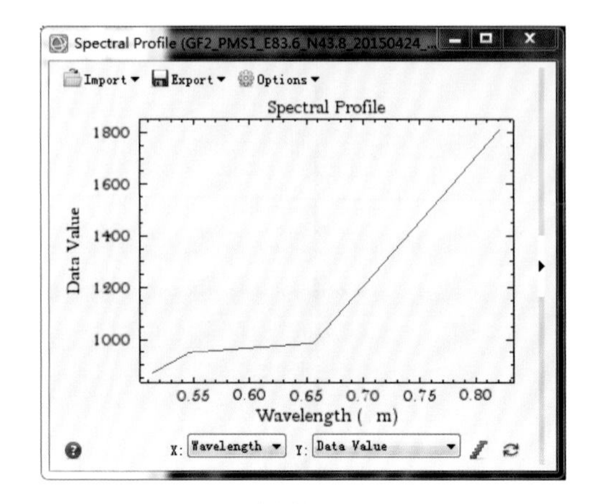

大气校正后

图 5-2　大气校正前后光谱对比

POINT_ID	POINT_NAME	MAP_X	MAP_Y	ELEV_HAE	IMAGE_X	IMAGE_Y
1	GCP 1	83.610831	43.70925	1809	5801.827977	5731.133634
2	GCP 2	83.627224	43.74505	2030	5906.509135	4417.125298
3	GCP 3	83.518703	43.780362	1871	2921.032415	3868.772931
4	GCP 4	83.44662	43.800894	1766	967.311442	3601.83666
5	GCP 5	83.492699	43.722894	1680	2757.698628	5972.278475
6	GCP 6	83.450815	43.737889	1641	1599.152862	5715.630404
7	GCP 7	83.661214	43.705699	1771	7084.228843	5546.577088
8	GCP 8	83.630574	43.71228	1824	6265.676601	5500.712697
9	GCP 9	83.60967	43.716269	1826	5715.773894	5496.136162
10	GCP 10	83.608297	43.711374	1776	5723.024103	5669.985408
11	GCP 11	83.558712	43.71686	1788	4446.862743	5784.193582
12	GCP 12	83.406298	43.759659	1612	316.166551	5240.574773

多光谱影像校正控制点

POINT_NAME	MAP_X	MAP_Y	ELEV_HAE	IMAGE_X	IMAGE_Y
GCP 1	83.610831	43.70925	1809	23207.484127	22921.025656
GCP 2	83.627224	43.74505	2030	23632.035516	17672.354274
GCP 3	83.518726	43.780354	1869	11697.741838	15478.986867
GCP 4	83.44665	43.800918	1766	3880.445732	14409.965016
GCP 5	83.492656	43.722895	1680	11027.839471	23893.517058
GCP 6	83.450938	43.737935	1641	6400.574263	22859.367916
GCP 7	83.668292	43.705703	1779	29039.56059	22015.008516
GCP 8	83.607346	43.705746	1752	22988.543005	23468.757609
GCP 9	83.60791	43.715457	1839	22717.431839	22139.860394
GCP 10	83.608297	43.711363	1775	22893.576419	22680.938451
GCP 11	83.415674	43.755738	1621	2318.464017	21276.699971
GCP 12	83.472825	43.803101	1853	6394.409446	13476.484864

全色影像校正控制点

图 5-3　影像校正控制点

在 ENVI5.1 里利用 SPEAR Pan Sharpening 进行融合，这个模块先对 0.8 m 影像和 3.2 m 影像进行自动配准，然后利用 GS 法进行融合，效果较好。 融合后的遥感影像见图 5-4。

在融合后的遥感影像上裁剪出感兴趣区，在尼东营林区选取郁闭度比较高的阿尔桑萨依所在林班，图 5-5 为裁剪的感兴趣区。

图 5-4　融合后标准假彩色卫星遥感影像图

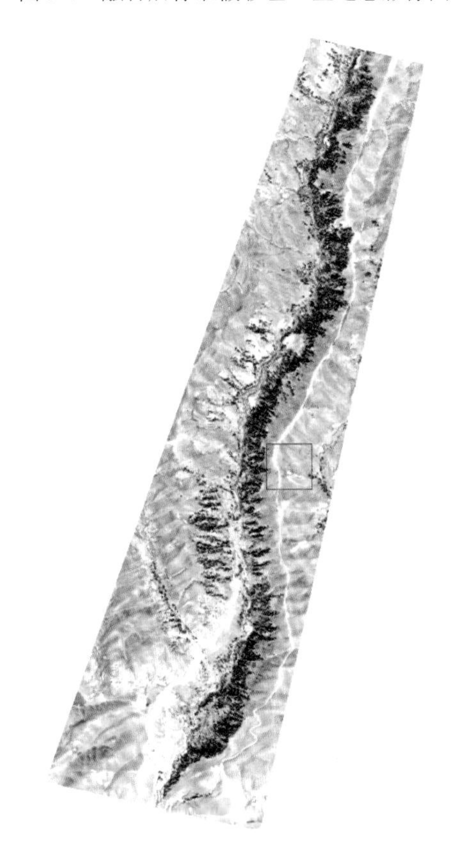

图 5-5　裁剪出的高分二号遥感影像感兴趣区

5.2.2　实测光谱数据及预处理

在草木生长茂盛的7月，在尼勒克唐布拉地区进行野外实测采集数据，主要测量了植被的光谱数据，为分类打下基础。研究区的优势树种为云杉林，野外测量了大量的云杉光谱数据，还有密叶杨、山柳、稠李、花楸、草地、水体和道路等的光谱数据，部分光谱数据采样点的特征见表5-4。

表5-4　部分光谱采样点特征描述

观测日期	采集时间	林班小班	北纬	东经	天空状况	观测物	地类
2015.7.15	10:30	70-2	43.7188740°	83.8482572°	晴朗无云	草地	河谷林
2015.7.15	10:50	70-3	43.7187228°	83.8488368°	晴朗无云	密叶杨	河谷林
2015.7.15	11:53	56-30	43.7392064°	83.8414520°	晴朗无云	云杉	河谷林
2015.7.15	11:58	56-30	43.7585977°	83.8346972°	晴朗无云	草地	河谷林
2015.7.15	13:52	62-3	43.7030240°	83.6609183°	晴朗无云	云杉	河谷林
2015.7.15	14:26	62-2	43.7065692°	83.6526150°	晴朗无云	密叶杨	河谷林
2015.7.15	14:34	62-2	43.7069145°	83.6513485°	晴朗无云	云杉	河谷林
2015.7.16	10:04	55-18	43.7195661°	83.6107617°	晴朗无云	草地	山地林
2015.7.16	10:07	55-18	43.7194110°	83.6111693°	晴朗无云	云杉	山地林
2015.7.16	10:12	55-18	43.7200598°	83.6113905°	晴朗无云	云杉	山地林
2015.7.16	10:43	55-18	43.7256282°	83.6150601°	晴朗无云	云杉	山地林
2015.7.16	10:50	55-18	43.7258058°	83.6150661°	晴朗无云	云杉	山地林
2015.7.16	11:12	55-18	43.7260829°	83.6154756°	晴朗无云	道路	山地林
2015.7.16	11:14	55-18	43.7262876°	83.6157648°	晴朗无云	水	山地林
2015.7.16	12:30	70-30	43.6277375°	83.8584485°	晴朗无云	云杉	山地林
2015.7.16	12:37	70-30	43.6287261°	83.8583876°	晴朗无云	云杉	山地林
2015.7.17	11:29	62-45	43.6736000°	83.6579000°	晴朗无云	稠李	草类云杉林
2015.7.17	11:31	62-45	43.6735000°	83.6583000°	晴朗无云	山柳	草类云杉林
2015.7.17	11:32	62-45	43.6736000°	83.6575000°	晴朗无云	云杉	草类云杉林
2015.7.17	12:06	62-11-1	43.6768000°	83.6590000°	晴朗无云	云杉	草类云杉林
2015.7.17	12:09	62-11-1	43.6768000°	83.6586000°	晴朗无云	花楸	草类云杉林
2015.7.17	12:20	62-6	43.6768000°	83.6572000°	晴朗无云	云杉	草类云杉林
2015.7.17	12:33	62-6	43.6767000°	83.6573000°	晴朗无云	云杉	草类云杉林

本次地面光谱数据采集是利用AvaField-3便携式高光谱地物光谱仪（Avantes公司的最新产品，Avantes公司是世界上微型光纤光谱仪的领导者之一，公司的总部位于荷兰），

光谱范围是 300～2500 nm，其中，300～1100 nm 的光谱分辨率是 1.4 nm，采样间隔是 0.6 nm，波长精度是±0.5 nm；1000～2500 nm 的光谱分辨率是 15 nm，采样间隔是 6 nm，波长精度是±1 nm，积分时间最短是 2.2 ms。

每到一个样地，分别记录观测时间、GPS 位置、实地照片。选择无风晴朗天气，测定时间为 10:00～14:00（北京时间），传感器探头垂直向下测量，每次测量前都要进行白板校正并存下暗背景值，距离植被冠层高度 1.5 m 左右，地面视场范围直径 0.5 m 左右，视场角是 15°，有利于集中该植被冠层测量（童庆禧等，2006；苏理宏等，2003；童庆禧和田国良，1990；田庆久等，2000）。在野外测量时受当地环境和地面辐射的影响较大，所以在对原始测量数据处理时，剔除一些反射率超过 100%的无效数据，确保数据的有效性，对光谱曲线进行滤波和平滑处理，并把数据的 asc 格式转为普通的文本格式，以便进行数据处理（唐延琳等，2004；周兰萍等，2013；崔耀平等，2010；丁建丽等，2008；林文鹏等，2010）。以 10 个光谱为一采样光谱，每个观测点记录 10 个采样光谱，取其平均值作为该观测点的光谱反射率值。由于大气中水汽的影响，数据存在大量的噪声，水汽影响严重波段是 1350～1416 nm、1796～1970 nm 和 2470～2500 nm（钱育蓉等，2013；林文鹏等，2006；岳跃民等，2012；潘佩芬等，2013）。在分析数据时，把这些范围内的波段和反射率超过 100%的波段剔除掉，更加真实地反映植被的生长情况。图 5-6 为处理后的地物光谱曲线图。

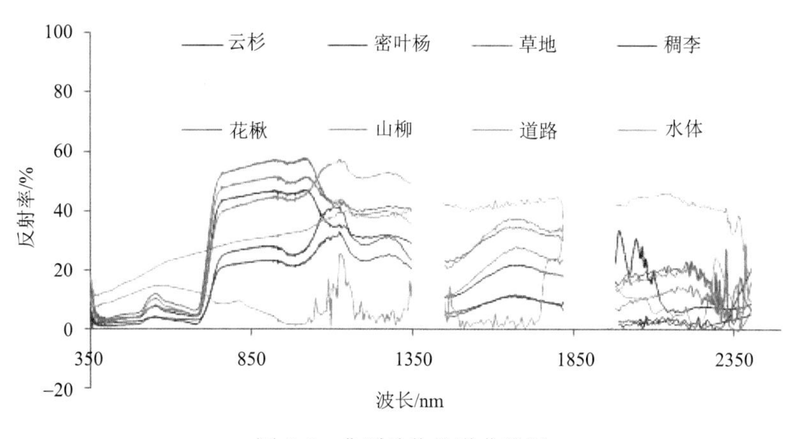

图 5-6　典型地物光谱曲线图

5.2.3　森林资源数据收集及预处理

森林资源数据使用的是 2013 年的调查成果，林相专题图包括林班矢量图层、小班矢量图层及小班属性数据库和相关的地形要素等，图 5-7 为研究区林相图。属性数据库包括森林二类调查因子，如所属单位、营林区、林班号、小班号、林种、地类、森林类型、优势树种、林龄、平均树高、郁闭度、面积等因子，部分小班调查因子如表 5-5。

表 5-5　部分小班调查因子数据

林班号	小班号	所属单位	营林区	林种	地类	森林类型	优势树种	林龄	平均树高/m	郁闭度	面积/hm^2
55	25	天山西部国有林管理局	尼东	水土保持林	针叶林	公益林	云杉	成熟林	19	0.6	9.58
55	24	天山西部国有林管理局	尼东	水土保持林	针叶林	公益林	云杉	成熟林	19	0.4	19.77
55	23	天山西部国有林管理局	尼东	水土保持林	疏林地	公益林	云杉	成熟林	16	0.1	41.64
55	19	天山西部国有林管理局	尼东	水土保持林	针叶林	公益林	云杉	成熟林	20	0.6	62.37
55	18	天山西部国有林管理局	尼东	水土保持林	针叶林	公益林	云杉	近熟林	17	0.2	14.99
62	1	天山西部国有林管理局	尼东	水源涵养林	混交林	公益林	云杉	成熟林	19	0.3	18.55
70	30	天山西部国有林管理局	尼东	水土保持林	针叶林	公益林	云杉	过熟林	21	0.3	13.82
70	34	天山西部国有林管理局	尼东	水土保持林	针叶林	公益林	云杉	过熟林	21	0.4	24.42
54	13	天山西部国有林管理局	尼东	水土保持林	针叶林	公益林	云杉	成熟林	19	0.3	72.98
64	27	天山西部国有林管理局	尼东	水土保持林	针叶林	公益林	云杉	过熟林	21	0.4	15.75
50	9	天山西部国有林管理局	尼东	水土保持林	针叶林	公益林	云杉	成熟林	17	0.4	50.54
52	9	天山西部国有林管理局	尼东	水土保持林	针叶林	公益林	云杉	成熟林	23	0.4	62.07
60	16	天山西部国有林管理局	尼东	水源涵养林	针叶林	公益林	云杉	成熟林	24	0.5	48.9
80	7	天山西部国有林管理局	尼东	水源涵养林	针叶林	公益林	云杉	成熟林	24	0.4	63.8
81	10	天山西部国有林管理局	尼东	水源涵养林	针叶林	公益林	云杉	过熟林	22	0.5	121.8
84	9	天山西部国有林管理局	尼东	水源涵养林	针叶林	公益林	云杉	过熟林	20	0.4	60.05
83	46	天山西部国有林管理局	尼东	水源涵养林	针叶林	公益林	云杉	过熟林	16	0.4	114.69
80	22	天山西部国有林管理局	尼东	水土保持林	针叶林	公益林	云杉	近熟林	20	0.4	95.11
73	4	天山西部国有林管理局	尼东	水源涵养林	针叶林	公益林	云杉	成熟林	22	0.6	65.84
78	8	天山西部国有林管理局	尼东	水土保持林	针叶林	公益林	云杉	过熟林	22	0.6	33.3
83	19	天山西部国有林管理局	尼东	水源涵养林	针叶林	公益林	云杉	成熟林	17	0.3	30.88
74	2	天山西部国有林管理局	尼东	水土保持林	针叶林	公益林	云杉	成熟林	22	0.2	37.52
83	16	天山西部国有林管理局	尼东	水源涵养林	针叶林	公益林	云杉	过熟林	20	0.5	134.01
83	44	天山西部国有林管理局	尼东	水源涵养林	针叶林	公益林	云杉	过熟林	17	0.5	132.21
56	31	天山西部国有林管理局	尼东	水土保持林	针叶林	公益林	云杉	成熟林	21	0.3	93.49
79	10	天山西部国有林管理局	尼东	水土保持林	针叶林	公益林	云杉	成熟林	22	0.4	54.33
78	14	天山西部国有林管理局	尼东	水源涵养林	针叶林	公益林	云杉	成熟林	21	0.2	11.86
67	11	天山西部国有林管理局	尼东	水土保持林	针叶林	公益林	云杉	过熟林	20	0.3	45.9

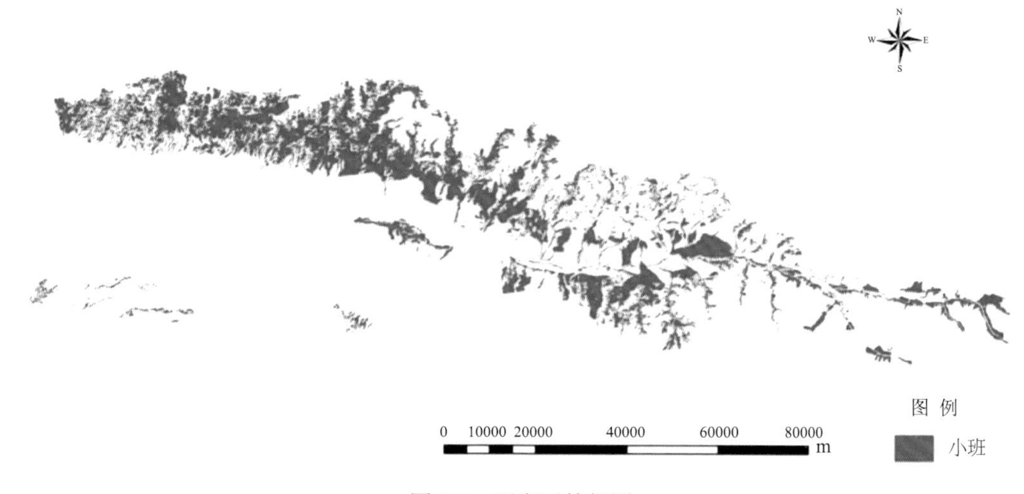

图 5-7　研究区林相图

5.3　天山云杉林遥感图像特征分析

天山云杉广泛分布于天山及相邻的山地，是中亚山地森林最主要的建群树种之一。天山云杉属乔木，树形高大，树冠窄长，呈细圆柱形或尖塔形（图 5-8），在最适宜的立地条件下树高达 60～70 m，一般 20～30 m。天山云杉主干粗壮笔直，犹如收拢的巨伞拔地而起，层层叠叠。天山云杉树皮暗褐色，块状开裂，小枝下垂，一二年生枝呈淡灰黄色或淡黄色，无毛或有细短毛，老枝暗灰色。

图 5-8　天山云杉现地照片

天山云杉在高分辨率遥感图像上具有以下特点：

（1）遥感图像上最容易识别和反映森林信息的部位是树冠，天山云杉的树冠形状呈圆柱形或尖塔形，它在高分辨率卫星遥感图像上的成像呈圆形或近圆形图斑（星下点位置）。

（2）天山云杉属天然林种，在下部低山带及上部亚高山带，林分密度较小，林木低矮稀疏，多呈散生状态，表现在高分辨率卫星遥感图像上为一个一个的孤立圆或近圆形状；中海中山带是云杉林最适宜生长区，林冠郁闭，林木呈现聚集分布状态，林分密度较大，在高分辨率卫星遥感图像上表现为粘连在一起的连片区域（图 5-9）。

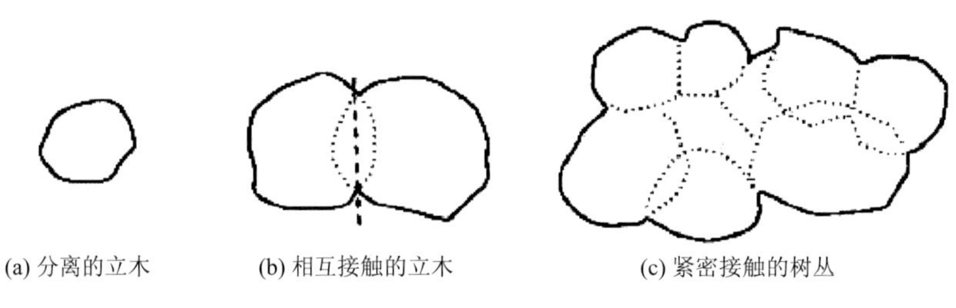

图 5-9　树冠在遥感图像上的几何特征（Brandtberg and Walter，1998）

（3）天山云杉树干高大挺拔，笔直地矗立在山间，在高分辨率遥感图像上成像时不可避免会伴随有影子出现，特别是当太阳高度角较小时，图像上天山云杉的影子会拉得很长，这在一定程度上影响了地物识别和信息提取。

5.3.1　光谱特征

光谱特征是遥感图像地物识别和信息提取中最直接，也是最重要的解译元素。遥感图像中每个像元的亮度值是地物光谱特征的直接反映，代表了该像元中地物反射或发射辐射能量的大小。由于物质组成和结构不同，地表各种地物都具有独特的波谱反射和辐射特性，在遥感图像上表现为各类地物亮度值的差异，可依据此差异来识别不同的地物。

5.3.1.1　光谱统计特征

从 GF-2 遥感图像的蓝、绿、红、近红外 4 个多光谱波段直方图（图 5-10）可看出，图像的蓝、绿、红 3 个波段的直方图形状、位置极为相似，特别是红色波段和蓝色波段，而且可见光的 3 个波段直方图比较细高、而近红外波段的直方图相对扁平，这也可以从表 5-6 图像数据各波段 DN 值的标准差大小得到印证，近红外波段和 3 个可见光波段的差异较大。因此 3 个可见光波段可能具有较强的相关性，造成信息冗余，近红外可能是研究区识别地物差异的有效波段。表 5-7 协方差与相关系数，从定量的角度进一步说明可见光 3 个波段具有较强的线性相关性，近红外与可见光波段相关性小，而且近红外波段的总体均方差比可见光 3 个波段大很多。

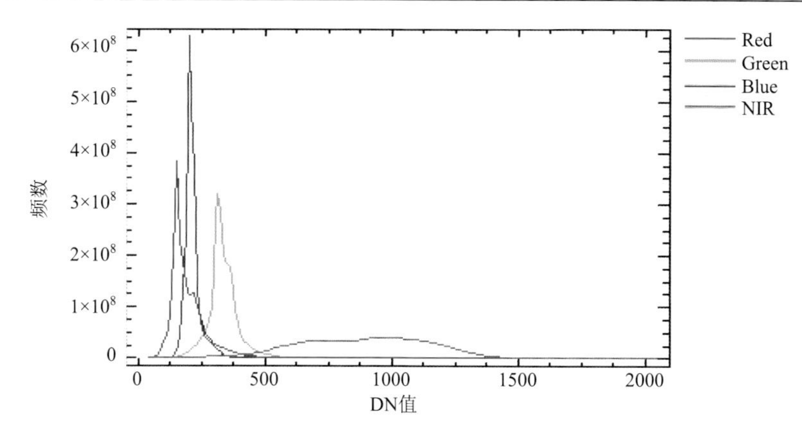

图 5-10　原始图像多光谱各波段直方图

表 5-6　原始图像数据（DN 值）

波段	Min	Max	Mean	基于样本估算标准偏差
Blue	106	2047	216.6	31.6
Green	120	2047	337.3	59.4
Red	38	2047	196.3	67.4
NIR	41	2047	890.9	249.0

表 5-7　整景原始图像数据协方差与相关系数

波段	协方差				相关系数			
	Blue	Green	Red	NIR	Blue	Green	Red	NIR
Blue	999.24	1791.17	2066.53	–745.02	1	0.95	0.97	–0.09
Green	1791.17	3526.60	3787.93	1206.92	0.95	1	0.95	0.08
Red	2066.53	3787.93	4540.85	–3157.20	0.97	0.95	1	–0.19
NIR	–745.02	1206.92	–3157.20	62007.20	–0.09	0.08	–0.19	1

5.3.1.2　实测地物光谱特征

研究区主要地物为林地、草地、建设用地和水体，其中林地主要以云杉林为主，建设用地以道路为主。图 5-11 为野外实测的研究区 4 种典型地物反射光谱曲线。云杉和草地的光谱反射率符合植被的光谱反射特征，总体上草地的反射率要比云杉的反射率高。在 480 nm 附近有个吸收谷，但二者均不太明显，云杉的反射率为 2.53%，草地的反射率为 3.86%。在 680 nm 附近有吸收谷——“红谷”比较明显，云杉反射率为 3.07%，草地反射率为 4.38%，这符合植被光谱的一般特征。在 680～760 nm 之间反射率增加比较迅速，在光谱研究中被称为植物红边。在近红外波段 760～930 nm 之间反射率较高并保持平稳，云杉的反射率在 27%左右，草地的反射率在 50%左右。二者在 970 nm 处有一个吸收谷，在近红外波段 970～1350 nm 反射率增长很快，并在 1110 nm 附近达到了一个峰值（贾旖旎等，2009），云杉反射率最高达到了 41.57%，草地并没有出现此现象。在 1416～

1796 nm 之间，云杉和草地的反射率明显下降了很多，在 1670 nm 附近二者皆有一个小的反射峰，云杉的反射峰值为 11.91%，草地的反射峰值为 28.24%。在 1970～2470 nm 波长范围内，云杉和草地的反射率更低，云杉反射率仅在 3%左右，草地反射率在 10%左右。道路在 350～1350 nm、1416～1796 nm、1970～2300 nm 这些波长范围内，反射光谱曲线一直保持上升趋势，但增长缓慢，在 2300～2470 nm 波长范围内，道路反射率下降较快，下降最低为 19.52%。在这 4 种地物中，由于水体的吸收能力较强，水体的整体反射率是最低的，在 350～1000 nm 之间，水体的光谱反射率曲线先上升后下降，在 570 nm 附近处有一个反射峰，峰值为 15.06%。在 1000～1350 nm 之间，反射曲线变化剧烈，在 1120 nm 附近，反射率达到最大值为 24.71%。在 1416～1796 nm 波长范围内，反射率比较低，从 1740 nm 附近，反射率从平均 3%迅速增加到 24.53%。在 1970～2470 nm 范围内，反射率从比较平稳变化到持续上升，反射率从 2%增加至 12.10%。这 4 种地物，光谱反射特征差别较大，有利于做分类研究。

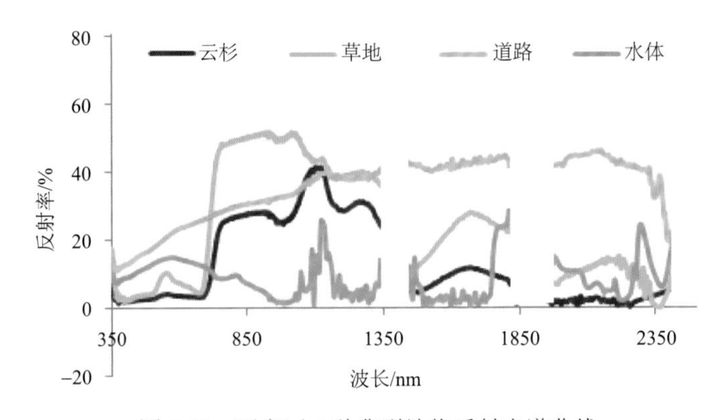

图 5-11　研究区 4 种典型地物反射光谱曲线

5.3.1.3　图像地物光谱特征

在处理后的遥感影像上选取相邻的不同地物，制作出图像光谱（DN 值）剖面曲线。可以很直观地、大尺度地从剖面曲线上看出不同地物的图像光谱特征以及两种地物过渡情况。

如图 5-12 所示的草地-云杉光谱剖面曲线和对应影像图，影像为真彩色，显示波段为 321，红、绿、蓝 3 波段，3 波段的 DN 值走势相似，从图上可以看出，草地的光谱比较平稳且 DN 值比较高。云杉的光谱变化很剧烈，是云杉林中间的草地空隙和树阴影引起的剧烈变化，在草地和云杉过渡的地带，光谱变化也非常显著，为后续分类打下基础。

如图 5-13 所示的云杉-水体-草地-建设用地光谱剖面曲线和对应影像图，研究区分为林地、草地、水体和建设用地，林地优势树种为云杉，从光谱图中可以看出，云杉变化剧烈，草地 DN 值曲线较平稳，水体的 DN 值很高，变化剧烈，较容易区分。从草地到道路过渡时，DN 值变化剧烈，明显升高，4 种地物均具有较明显的光谱特征，为分类提取小班奠定了良好的基础。

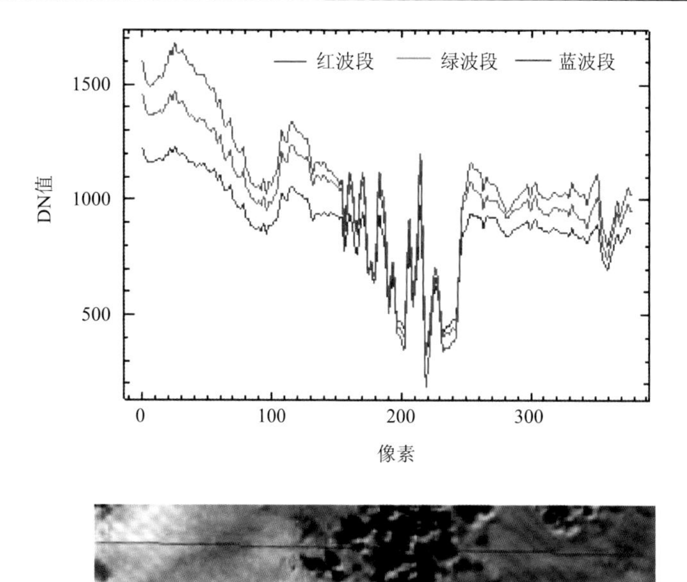

图 5-12　草地-云杉光谱剖面曲线和对应影像图

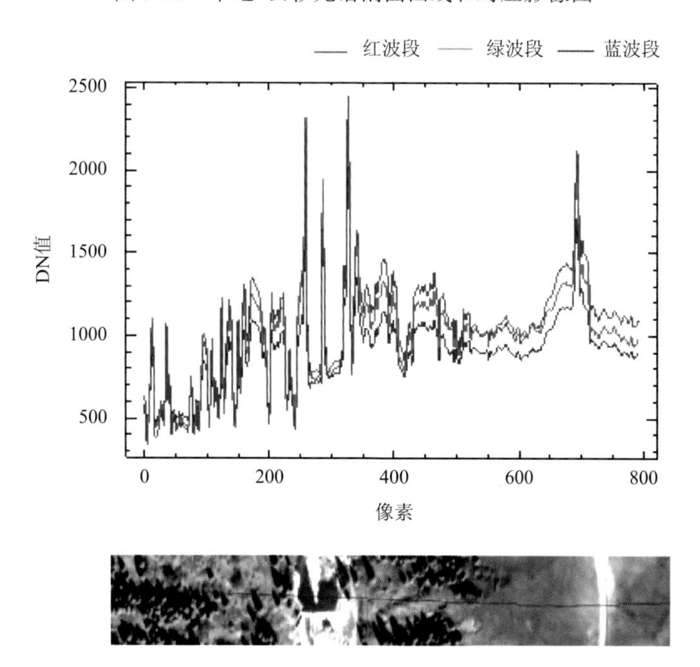

图 5-13　云杉-水体-草地-建设用地光谱剖面曲线和对应影像图

5.3.1.4　全色波段的响应特征

高分辨率卫星遥感的优势在于，它有一个空间分辨率更高的全色波段，全色波段的波段宽度较大，表现在图像上的光谱响应是有效波段宽度内的累积平均值。所谓从高分辨率卫星遥感图像上识别树冠，其实主要是从高分辨率卫星遥感图像的全色波段上进行识别，为此，对高分二号卫星遥感影像全色波段的光谱响应特征进行了分析。

从高分辨率全色波段图像云杉、下垫面及阴影区当中随机选择若干个点，进行光谱响应值的统计，并对各不同地物的光谱响应值的平均值进行比较分析，结果如图 5-14 所示。天山云杉和阴影的光谱响应差异较大，可以很容易区分，但其与下垫面（草地）的光谱响应几乎是一致的，在图像上很难区分。

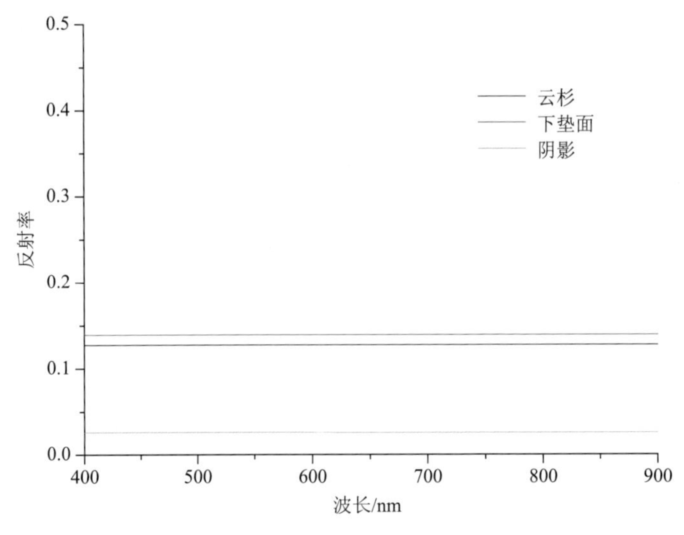

图 5-14　天山云杉及背景的光谱响应比较

图 5-15 为天山云杉在全色波段的光谱响应三维模拟图，从图上可以看出，天山云杉树冠的光谱反射率表现出中间高四周低的特征，树冠不同部位的光谱反射率有差异，但差异值不大，当太阳天顶角较小（也就是太阳高度角较大）时，在靠近树冠中心的位置出现光谱反射率最大值，可以认为这个最大值点即为树冠顶点。

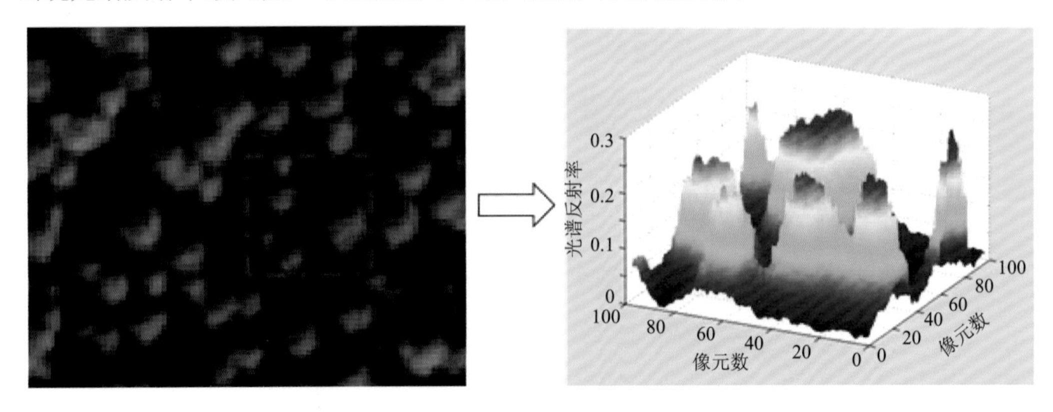

图 5-15　天山云杉树冠光谱反射率分布示意图

5.3.2　纹理特征

纹理是图像的基本特征，是进行图像分析、图像理解的关键信息，特别是对于自然场景而言它是一个极其重要的信息源。与其他图像特征相比，纹理反映了图像灰度模式的空间分布，包含了图像的表面信息及其与周围环境的关系，更好地兼顾了图像的宏观结构与微观结构，在图像分析中日益受到人们的关注。

5.3.2.1　纹理特征分析方法

纹理也称结构（texture），是一个重要但难以描述的属性，虽然人类视觉系统具有较强的纹理感知能力，且难以用准确的语义或定量描述。加上其形式的广泛性与多样性，至今没有明确、统一的定义。金飞（2013）总结了目前具有代表性的 14 种定义，并结合遥感图像的特点，提出纹理的定义：纹理是有规则排列的地物在图像上的反映，是由相似纹理基元构成的均匀区域，且各基元具有一定的差异性和随机性。并指出纹理具有方向性、区域性、周期性、层次性、确定与随机二重性、平移不变形 6 个特点。

纹理是人们识别地物的一种重要标志，也是遥感图像解译的重要解译标志之一。随着遥感图像空间分辨率的提高，纹理细节显示得更加清晰，同时也使纹理表现出多尺度特性。传统遥感图像目视解译方法，解译者依据经验和知识可以很好地理解和识别纹理信息。随着遥感向自动化、定量化方向发展，计算机软件如何有效表达、提取和使用遥感图像的纹理信息，成为研究图像分割、识别与应用的关键问题与热点之一。国内外学者在计算机视觉、计算机图形学、遥感图像解译等领域进行了广泛而深入的研究，提出百余种纹理特征的提取方法（金飞，2013）。这些方法大致可以分为 4 类：结构分析方法、统计方法、基于纹理模型的方法和数学变换（信号处理）方法（刘龙飞等，2003）。结构分析方法典型的代表有相关函数法、局部二值模式、Tamura 纹理等，该类方法假设纹理是由纹理基元（构成纹理模式的最小像素集）按某种规则排列形成的，比较适用于规则的纹理，对于反映自然地物的遥感图像，其纹理具有很大的随机性，提取效果不理想；纹理模型分析方法典型的代表有自相关模型、Markov 随机场模型和分形模型等，该类方法认为像素间存在某种相互关系，通过设定模型参数来定义纹理，纹理的质量很大程度上取决于模型的参数（刘龙飞等，2003）；数学变换（有的文献称为信号处理、频域或频谱）纹理分析方法主要是通过将图像从空域变换到频域，在此基础上进行多尺度分析与时频分析，主要有傅里叶变换、Gabor 小波变换和小波变换等。

1. 空间域一阶统计量

图像的局域窗口（大小一般设置为 3×3、5×5 或 7×7）的均值、方差、标准差和熵等一阶统计量，可以反映出图像的纹理信息。不少学者对一阶统计量的纹理特征进行相关的研究与评估，如 Irons 和 Petersen（1981）对 Landsat MSS 数据采用 3×3 移动窗口进行 11 种局域纹理特征提取；Gong 等（1992）基于灰度级均值与标准差 2 个 Hsu 氏测度提出熵纹理测度；Mumby 和 Edward（2002）及 Ferro 和 Warner（2002）的相关研究均发现，加入方差纹理测度，可提高信息提取的精度。这些学者的研究发现，标准差是最好的纹理特征统计测度，但与基于二阶灰度级统计量的灰度共生矩阵的相关测度比较，其效果性会差一些。

2. 灰度共生矩阵

基于局域窗口提取的一阶灰度级统计量的纹理特征在空间位置上是无关的，这些特征没有反映图像领域像素的空间依赖性。Haralick 等提出基于二阶灰度级统计量的灰度共生矩阵 GLCM（gray level co-occurrence matrix）的一组测度，可反映像素间的空间依赖性（Haralick，1973；Haralick and Shanmugan，1974；Haralick，1979）。灰度共生矩阵是由图像灰度级之间的联合概率密度 $P(i, j, d, \theta)$ 构成的矩阵，反映出图像中任意两点间灰度的空间相关性。间隔为 d，方向为 θ 的灰度共生矩阵 $[P(i, j, d, \theta)]_{L\times L}$，$P(i, j, d, \theta)$ 为灰度共生矩阵 i 行 j 列元素的值，它是以灰度级 i 为起点，在给定空间距离 d 和方向 θ 时，出现灰度级 j 的概率。L 为灰度级的数目，θ 一般取 0°、45°、90°和 135°四个方向（马莉和范影乐，2009）。

灰度共生矩阵不能直接用于描述图像的纹理特征，需在灰度共生矩阵的基础上定义一些统计量来提取它所反映的纹理特征，常用的统计量有相关性、均质、熵、能量、对比度、均值、方差等。

GLCM 纹理特征广泛应用于多光谱图像分割与分类中（Franklin et al.，2001；Maillard et al.，2003；金飞，2013）。GLCM 纹理特征从不同侧面反映图像的纹理特征，这些纹理特征之间存在一定的相关性，在实际应用中应根据实际情况进行适当的筛选。为了获取分割或分类的最优 GLCM 纹理特征，通常需要根据具体的图像数据的光谱、辐射和空间分辨率、自然景观的纹理特点，选择最合理的光谱波段进行纹理提取，同时在提取时应具体分析空间组分（距离和角度）、纹理图像的量化等级、分析窗口大小等对纹理特征提取结果的影响及采用哪些纹理特征参与分割、分类。

5.3.2.2 典型地物 GLCM 纹理特征分析

1. 纹理分析波段/特征的选择

为获得最佳的纹理效果，本章以研究区的 14 林班为实验区，在 Quick Bird 图像 4 个波段的基础上，提取 NDVI 及经主成分变换后的得到的 4 个主成分特征，将这 8 个波段/特征数据统一线性拉伸为 8 位数据（即取值标准化为 0～255），再分别统计均方差（结果如图 5-16），选取均方差最大的近红外波段（NIR）作为纹理分析的波段/特征。

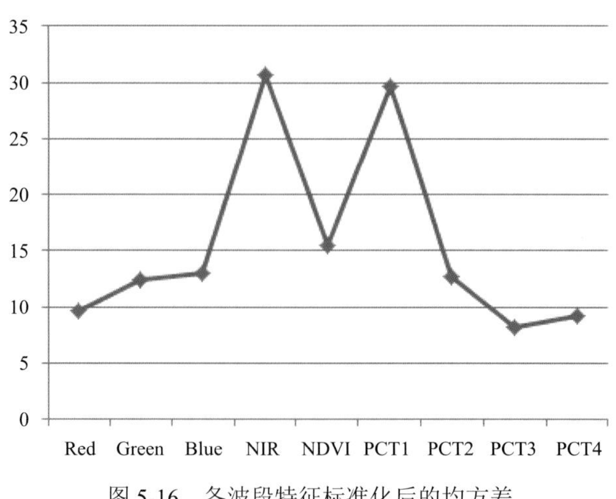

图 5-16　各波段特征标准化后的均方差

2. 纹理特征分析

从近红外波段中选取 400m×400m 大小的云杉林针叶林、草地和疏林地为典型区域，分别利用 1～5 的步长，在 0°、45°、90°与 135°四个方向进行量化等级为 16 的灰度共生矩阵生成与纹理特征计算，将计算结果按 4 个方向（1 代表 0°、2 代表 45°、3 代表 90°、4 代表 135°）和 5 个步长表达各个纹理特征的结果，图 5-17～图 5-22 为云杉针叶林、草地、疏林地的典型 GLCM 纹理特征，各图的步长图例均与图 5-17 相同。

图 5-17 为 3 类典型地物的均值纹理特征，反映 3 类地物的灰度平均值，其数值的大小说明近红外波段的灰度值可以比较好区分这 3 类地物，但从图 5-17 的灰度空间剖面曲线上看区分度不是很大，说明这 3 类地物需要有一定的空间粒度对其求平均灰度值才能较好的区分。从图上还可看出，步长对该特征值的计算影响不大，云杉林和草地在 45°方向的均值纹理较其他方向有一定的区别，总体上偏大，而且步长变化带来的影响更不明显；而疏林地的这些特征表现在 0°方向上。

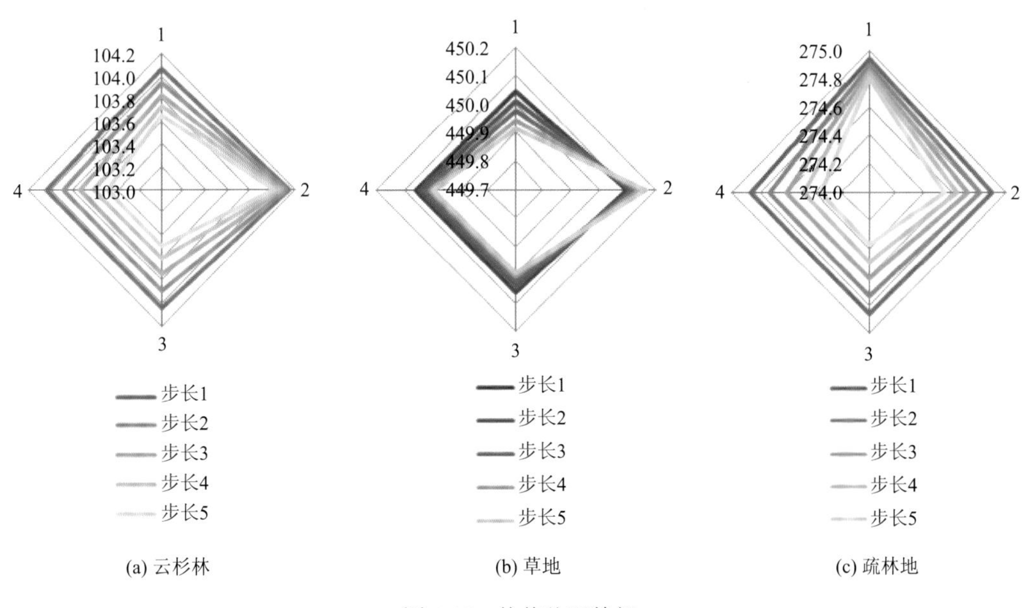

图 5-17　均值纹理特征

从图 5-18 的方差纹理特征可以看出 3 类典型地物具有较大的区分度，说明方差纹理或者分割后的对象的方差可以很好区分这 3 类地物。

从图 5-19 可看出 3 类典型地物的均质纹理特征都具有一定的方向性，而且步长为 5 时的值明显减小，说明均质纹理计算时步长参数对其影响较明显，从数值大小看，均质纹理较难区分这 3 类典型地物。

从图 5-20 的对比度纹理特征可以看出，3 类地物该纹理特征值的数值差别明显，具有较好的区分度，另外对比度的大小都随着步长的增加而增加。云杉林在 45°方向上的对比度明显比其他 3 个方向小，而草地在 135°方向上的对比度明显比其他 3 个方向大，疏林地的对比度在 0°和 45°方向上比其他两个方向大，因此对比度纹理特征对这 3 类地物的方向敏感性不一样。

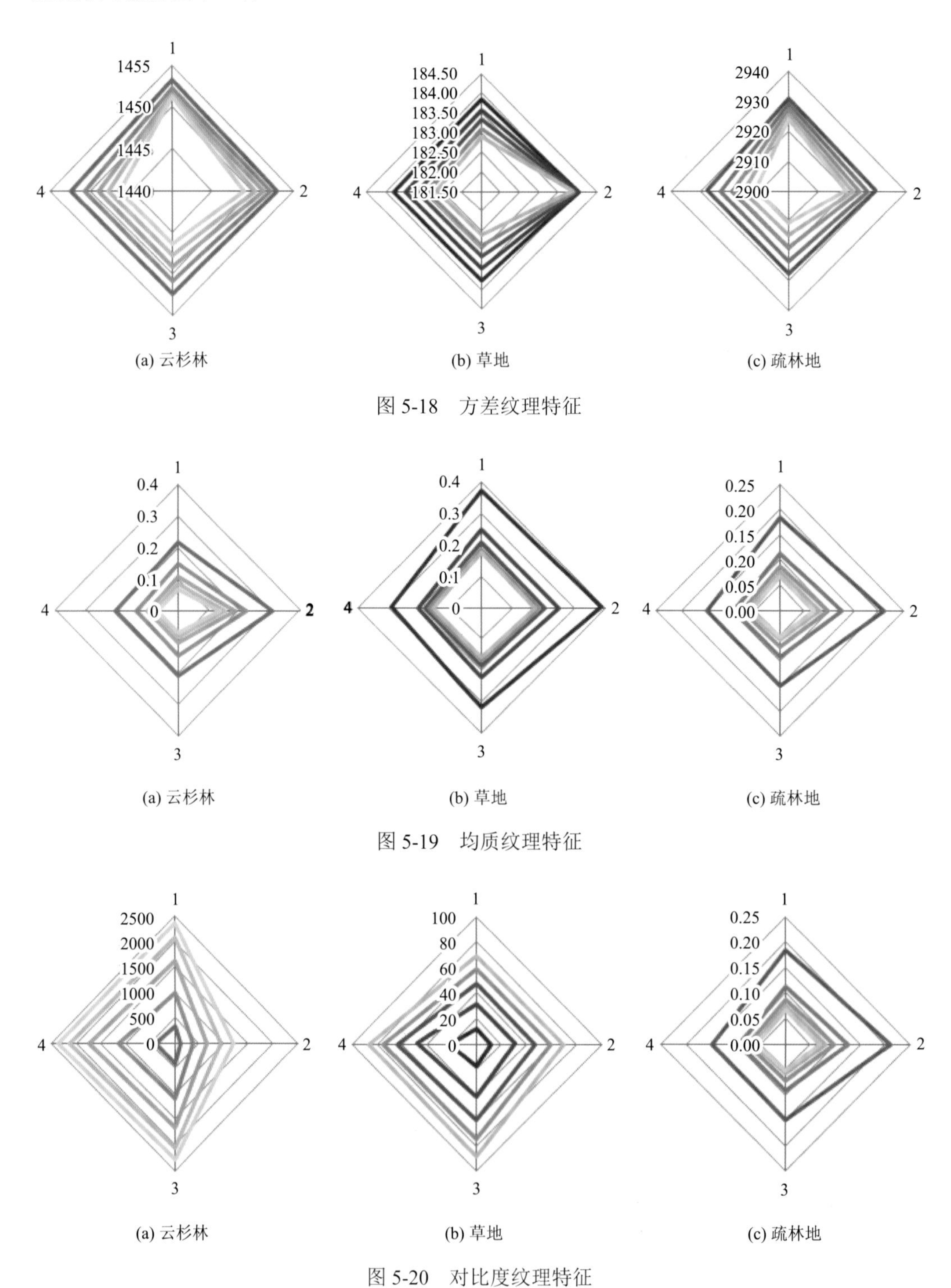

(a) 云杉林　(b) 草地　(c) 疏林地

图 5-18　方差纹理特征

(a) 云杉林　(b) 草地　(c) 疏林地

图 5-19　均质纹理特征

(a) 云杉林　(b) 草地　(c) 疏林地

图 5-20　对比度纹理特征

从图 5-21 可看出 3 类典型地物的熵纹理特征在步长为 1 时都具有一定的方向性，而随着步长的加大，到步长为 5 时 3 类地物的熵纹理特征不具有方向性。从数值大小看，3 类地物的熵纹理比较接近，较难区分这 3 类典型地物。

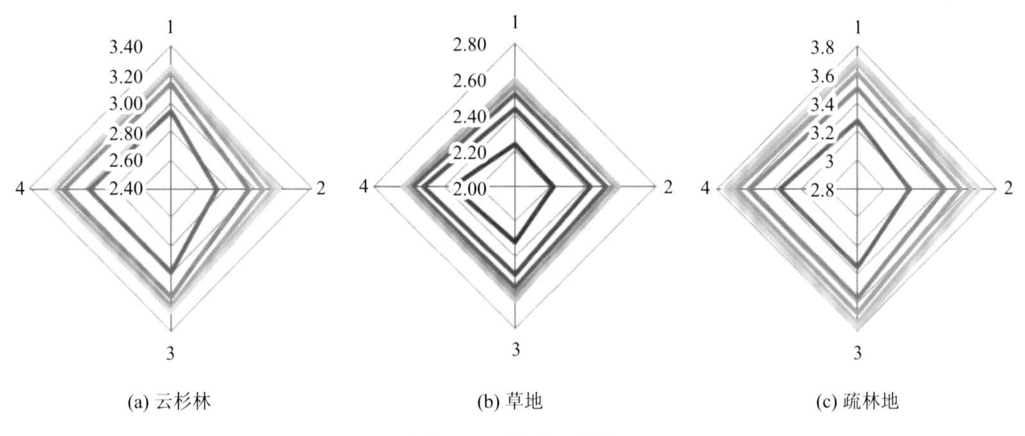

图 5-21　熵纹理特征

从图 5-22 可看出 3 类典型地物的能量纹理特征步长对其计算值的影响明显，且 3 类地物都具有一定的方向性，特别是云杉林的 45°方向与其他 3 个方向的数值差异较大，草地和疏林地在 0°和 45°方向上与 90°和 135°也存在明显差异。从数值大小看，云杉林要大于草地和疏林地特别是在步长为 5 时，因此能量纹理可以较好区分云杉林与草地、疏林地，但疏林地与草地较难用能量纹理区分。

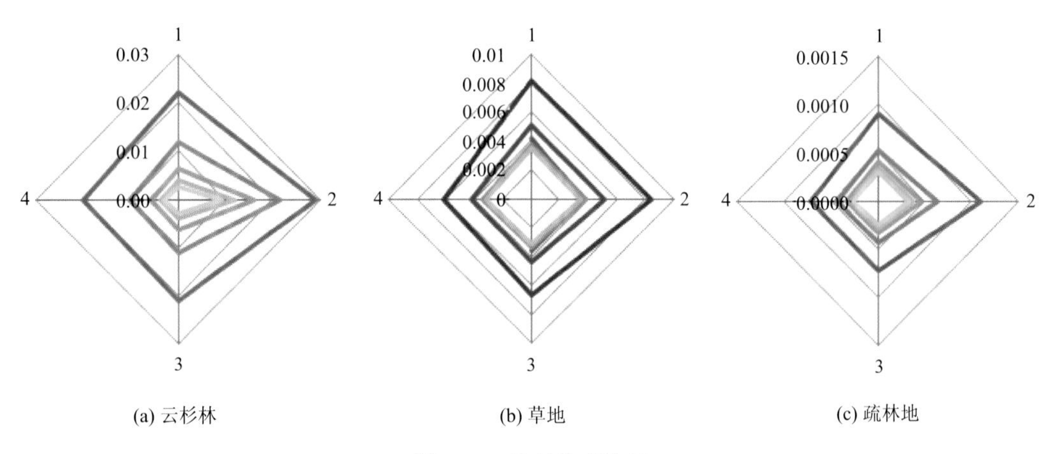

图 5-22　能量纹理特征

从图 5-23 相关性纹理特征可以看出，云杉林的相关性纹理特征随着步长的增加而减小的趋势明显，且 45°方向的相关性要比其他 3 个方向的相关性大；草地和疏林地的相关性纹理特征无明显的方向性，而且随着步长的增加相关性增大的趋势不明显。

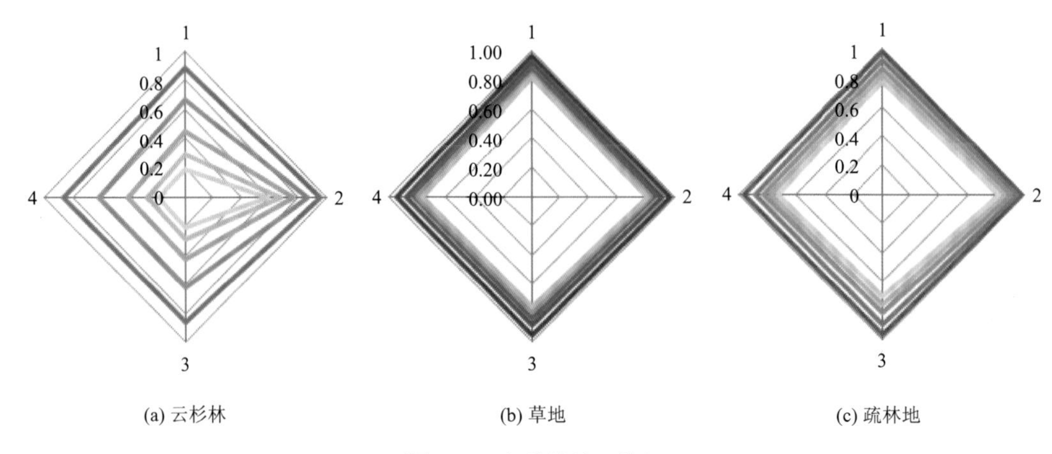

图 5-23　相关性纹理特征

图 5-24 为步长为 5 的 3 类地物的各方向纹理特征值对比图。根据该图提供的信息及前面的分析可知在 3 类地物中区分度较大的纹理特征主要有均值、对比度、方差和能量等，区分度较小的主要有均质、熵和相关性等。

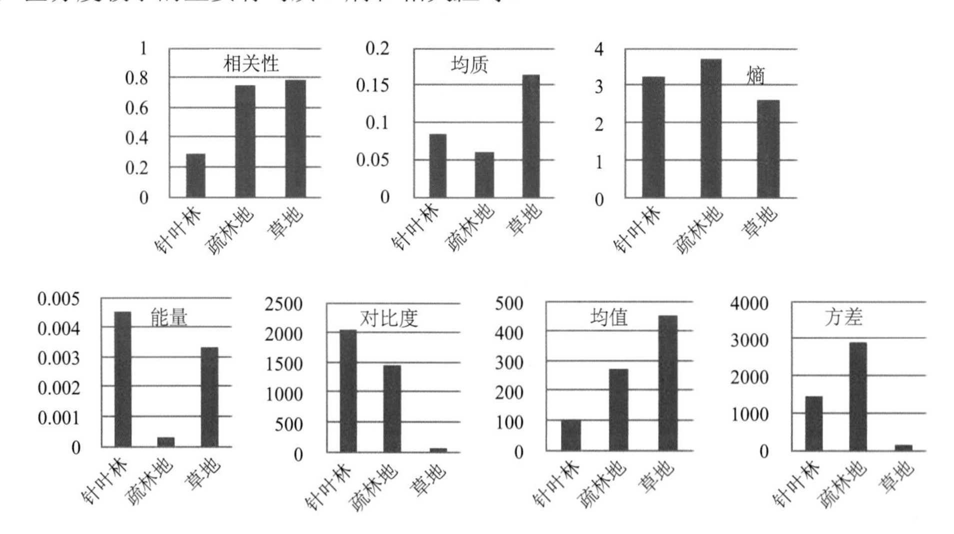

图 5-24　步长为 5 的各方向平均值的 GLCM 纹理特征

5.3.3　植被归一化指数提取

归一化植被指数（NDVI）是指在遥感影像中，近红外波段的反射值与红光波段的反射值之差比上两者之和，具体公式见式（3-22）。

归一化植被指数用来判定研究区的植被覆盖程度，植被的生长的状态以及周围环境，把计算后的 NDVI 数据作为一个波段和融合裁剪后的数据进行合成，生成 5 个波段的影像数据。合成后的数据第一个波段是 NDVI 波段，后 4 个波段依次是裁剪后的数据的 1～4 波段。图 5-25 为合成后的高分二号遥感影像图。

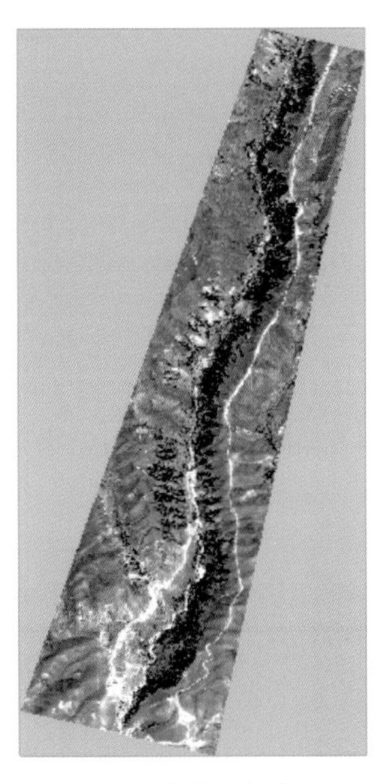

NDVI合成前321波段

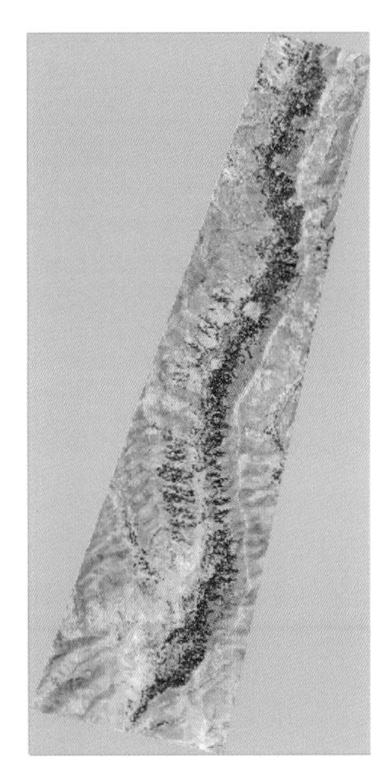

NDVI合成后123波段

图 5-25　NDVI 合成前后遥感影像

5.3.4　主成分分析

主成分分析法的本质就是降维，它借助正交变换把原本相关的数据成分转变为不相关的变量，减少数据的冗余。这在代数上表现为将原随机向量的协方差阵变换成对角形阵，在几何上表现为将原坐标系变换成新的正交坐标系，使之指向样本点散布最开的 p 个正交方向，然后对多维变量系统进行降维处理，使之能以一个较高的精度转换成低维变量系统，再通过构造适当的价值函数，进一步把低维系统转化成一维系统。在所有的线性组合中选取特征值最大的为第一主成分，如果第一主成分不足以代表原来 p 个指标的信息，再考虑特征值第二大的第二主成分，就这样依次类推，根据自己研究数据所需选取几个主成分。

主成分分析是通过使用 ENVI 里的 Principal Components 选项生成互不相关的输出波段，达到隔离噪声和减少数据集的维数的方法（李天文等，2004）。对 NDVI 合成后的遥感影像进行主成分分析，筛选出第一主成分、第二主成分和第三主成分波段，利用这 3 个波段进行分类并提取森林小班边界。表 5-8 为主成分分析后 NDVI 合成遥感影像统计结果，从表 5-8 可以看出，第一主成分为 NDVI 波段，特征值最大，第二主成分为蓝波段，第三主成分为绿波段，利用前 3 个主成分数据进行影像分割和分类，结果如图 5-26 所示。

表 5-8 主成分分析后 NDVI 合成遥感影像统计结果

波段	最小值	最大值	平均值	标准差	特征值
NDVI	–1.21067	0.876543	0.12139	0.149508	976133171.1
Blue	272	32767	18887.14	15779.61	40020.78455
Green	225	32767	18939.52	15720.42	2100.996439
Red	83	32767	18955.91	15702.06	262.637851
NIR	–79	32767	19328.59	15280.48	0.000583

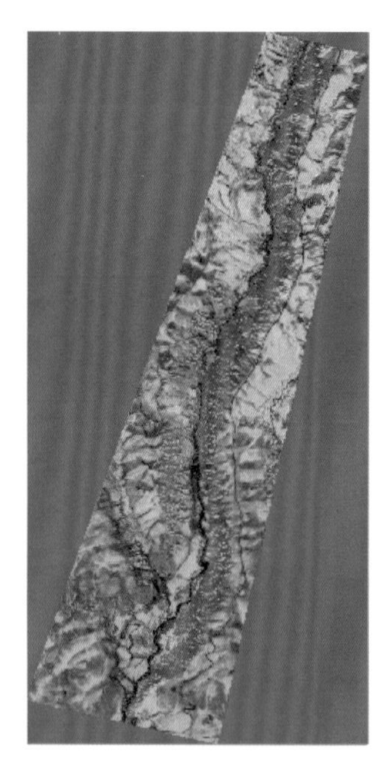

图 5-26 主成分分析后的遥感影像

5.4 云杉林遥感图像多尺度分割

遥感图像上的最小对象为像元，像元的大小和图像的空间分辨率直接关联，常常是实际对象的一部分或者是多个对象的不同部分的组成。随着高空间分辨率遥感图像（一个地物由多个像元组成）分辨率的不断提高，实际对象或对象的一部分由图像中的多个像素组成，这一个对象或对象的一部分的多个像素把他们准确分割成同一个区域，可以提供比单个像素更丰富及与实际地物更接近的信息。

由于遥感图像反映的地物复杂多样，同一幅遥感图像存在不同大小、形状、色调和纹理粗糙度的地物，无法用同一尺度将不同的地物分割出来，而且，随着应用目的的差异，需要从图像上提取的地物自身的尺度也会随之变化。例如，有的应用需要从遥感图像上获取冠幅信息，有的需要获取地类信息，这些信息本身就是不同尺度的。在利用遥感图像进行小班识别中，主要是依据图像上反映的林学特征差异划出不同的林分地段，以明显的地物界线为界。不同的林学特征只有在相应的尺度才能展现，因此，为了获得各种尺度下的林学特征，需要对图像上反映的森林对象进行多尺度的层次图像分割。

5.4.1　图像分割方法构建

图像分割是指将图像划分成若干个互不重叠的小区域，小区域内的像素在某种意义下具有共同属性。若 X 为图像像素集合，R 为选定区域特征一致性准则，图像分割就是依据 R 将 X 划分成多个子集$\{X_1,X_2,\cdots,X_n\}$，这些子集满足以下 5 个条件（张桂峰，2010；肖鹏峰，2012）：

（1）$X=\sum_{i=1}^{n}X_i$；

（2）$\forall i=1,2,\cdots,n$，X_i 是一个连通的区域；

（3）若 $i\neq j$，$X_i\cap X_j=\phi$；

（4）对所有子集 X_i，R（X_i）=true，即分割区域中的像素具有某种相似性；

（5）若 $i\neq j$，且 X_i 与 X_j 相邻，则 R（$X_i\cup X_j$）=false，即分割结果中相邻区域的像素具有某种相异性。

从上述条件可知，图像分割是将像素划分到指定的区域中，划分后的区域互不重叠。同一区域的像素具有某种相似性（或称一致性、同质性），而相邻区域具有某种相异性（或称分离性、异质性）。

区域生长与合并方法可以结合多种特征，它首先选取一定量的种子像素点并定义合并差异度准则，然后通过区域生长方法实现图像分割，其分割尺度参数可以定义为分割结果中斑块的平均面积或生长前后对象的异质性变化量。该算法主要包括 3 个步骤：①具体对象分析；②具体对象大尺度变换；③基于面积约束的区域增长或者基于标记的分水岭变换（Hay et al.，2001；Burnett and Blaschke，2003）。

5.4.1.1　区域生长方法分析

区域生长（也称区域增长）图像分割方法以某一种子像元或区域（图像对象）为基础，通过不断合并相邻像元或区域，实现两两区域归并，是一种自底向上图像分割方法。区域生长时判断其归并前后区域的某种异质性差异是否超过设定的阈值或者判断生长后的对象的均质性是否满足设定的阈值，若超过阈值则终止生长。其基本思想和实现过程可以归纳为以下 4 个步骤（肖鹏峰，2012）：

（1）选定种子点：根据分割图像的某些特征（如灰度、颜色等）确定某种准则自动选定种子点，或使用交互式人为选定或随机选定一个或多个种子点。

（2）确定生长准则：根据待分割图像的灰度（颜色或光谱）、纹理、矩等特征，确定对象间的均质性或异质性测度。

（3）区域生长：根据相似性准则与生长策略，将与种子点相邻的对象归并。

（4）终止生长：根据某种特征确定终止条件，满足条件即结束区域生长过程。

区域生长图像分割方法中种子点的选取、均质性（或异质性）测度、生长策略与终止条件直接影响区域生长图像分割效率与质量，也是设计不同区域生长图像分割算法主要考虑的因素。

5.4.1.2　分割方法构建

首先利用区域生长的方法，根据选择的种子点及局部最优的生长策略进行图像的初始分割，在初始分割的结果上构建区域邻接图，在此基础上以局部相互最优的策略进行区域合并，根据设置不同的相似性阈值，获取多尺度分割结果，总体流程如图 5-27 所示。

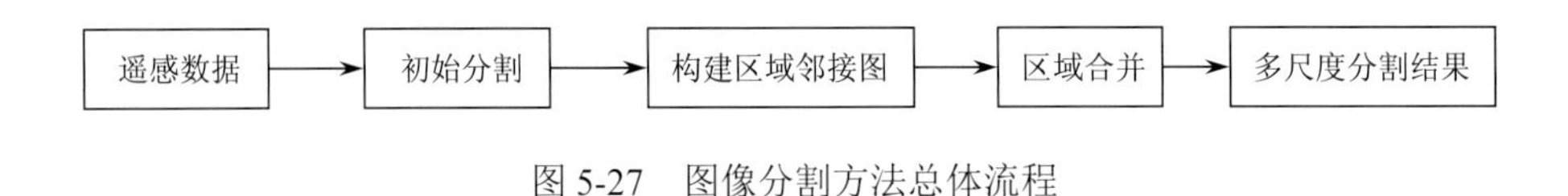

图 5-27　图像分割方法总体流程

5.4.1.3　最优分割参数选择

多尺度层次图像分割在遥感图像应用中存在的最主要问题是“最优”尺度及分割参数的选择。因此，在对高分辨率遥感图像进行多尺度的层次分割时，如何选择合适的分割尺度对应的分割结果来提取对应尺度的林学特征，是利用遥感图像进行小班对象提取的关键。

由于遥感图像上地物目标的复杂多变，再加上图像分割算法中的尺度参数大多没有明确的含义或难以和实际的地物尺度建立起明确的关系，难以建立客观、有效的最优分割尺度选择方法。在此情况下，用户常常需要通过对图像进行一系列的分割，选择“最佳”的分割结果。这种依靠人的视觉系统进行主观、定性的尺度选择的“试错法”来选择合适的分割结果或尺度参数（Hay et al.，2003；Meinel and Neubert，2004），可以在一定程度上解决应用中尺度选择的问题，但是该方法存在费时、费力、主观性强、难以准确获取最优分割尺度等问题。在研究与应用中，需要有客观、定性的方法来准确选择最优的分割结果及其对应的分割参数。

目前“最优”分割结果及其分割参数的定量选择方法主要是借助分割评价的实验评价法，即基于差异度监督评价和优度值非监督评价两种方法来选择合适的分割尺度（章毓晋，2012）。差异度监督评价通过对一系列的分割结果与参考图做比较，判断相对最优的分割结果，并选择其对应的参数与分割结果为“最优”分割参数与结果；优度值非监督选择以分割结果的优度值作为指标，计算一系列分割结果的优度值，选择最佳的优度值对应的分割结果和参数作为“最佳”分割结果和参数。

5.4.2　森林对象多尺度分割

5.4.2.1　对象基元分割

对象基元是遥感图像分割后生成的具有明显空间特征的区域，该区域是一个像素的集合体，具有相同或相似的光谱、纹理等特征（黄慧萍，2003），即根据特定的特征测度度量的异质性最小的邻接像元构成的集合（刘建华，2011）。本书提取的对象基元要求具有较高的区域内部一致性，对应实际对象或对象的一部分，在基元的基础上进一步进行多尺度的层次分割，分割出粒度更大的对象，满足不同尺度的图像分析。因此，对象基元的分割对冠丛尺度、林分尺度及小班对象的提取至关重要。

对象基元是后续较大尺度图像分割的基础，要求对象基元内部的区域均质性较高。对于多尺度图像分割，确定合适的分割尺度是获取合适的对象基元的关键。在多尺度图像分割的过程中，不同分割参数的选择会产生过分割、正确分割和欠分割的不同结果，不同分割结果的区域内部的均方差会发生比较大的变化。下面对单棵树和裸地模拟过分割、正确分割和欠分割分析区域方差的变化，图 5-28 是模拟分割示意图，图 5-29 是各波段灰度值标准差的变化情况，从图中可以看出，从过分割到欠分割，蓝、绿、红及近红外波段的灰度值标准差存在从小到大再到小的变化过程。

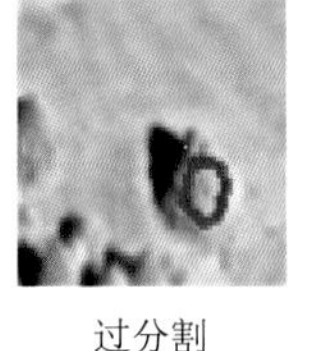
过分割

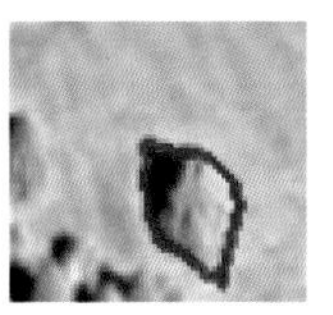
正确分割

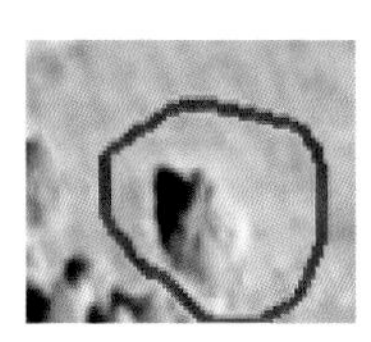
欠分割

(a) 单树模拟分割

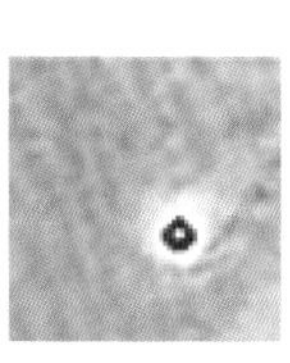
过分割

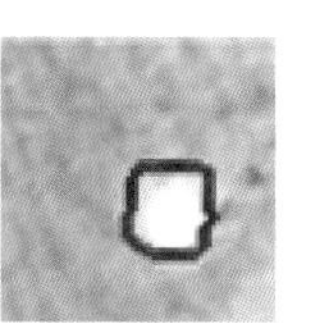
正确分割

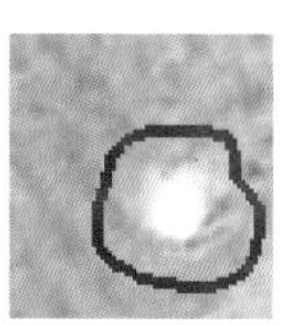
欠分割

(b) 裸地模拟分割

图 5-28　模拟分割示意

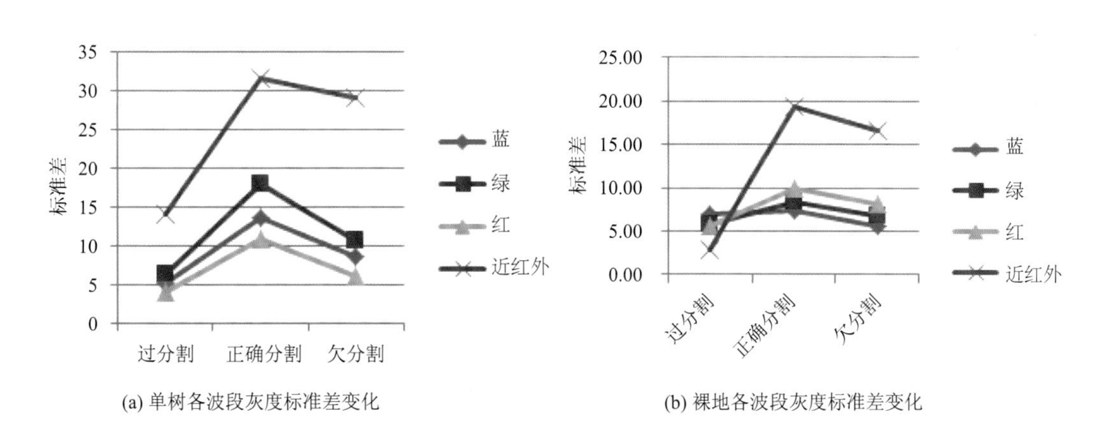

(a) 单树各波段灰度标准差变化　　(b) 裸地各波段灰度标准差变化

图 5-29　模拟分割区域内标准差变化

图像分割区域的均方差是反映图像内部均质性的一个很好的指标，根据以上的分析及 Kim 和 Hong（2008）的研究结论可以得出，不同尺度分割结果的总体平均均方差的变化是指示图像过分割、正确分割与欠分割的一个指标，因此，本书通过不同尺度的分割结果的总体平均均方差的变化来选择合适的基元对象分割参数，最佳分割尺度参数为总体平均均方差由大变小的尺度。

1. 对象基元分割参数选择

在利用区域合并图像分割时，先将光谱权重与紧凑度权重设置为固定值，设置多个异质性测度 HC 的阈值，对待分割图像进行一系列尺度的分割，对每个尺度的分割结果计算所有分割区域的平均均方差，根据以上分析，将对象基元的分割尺度参数选择在总体平均均方差小于等于下一个尺度时的尺度参数。为此。从 Quick Bird 遥感图像中选择研究区中的 14 林班中包含单树、树丛及草地等类型的区域的子图像（图 5-30）进行多尺度分割对象基元选取实验。图像的大小为 417×333 像素，包含蓝、绿、红及近红外 4 个波段。考虑到森林景观中对象的几何形状变化大，光谱信息是区分不同对象的主要特征，在多尺度分割时首先将光谱的权重设置为 0.9，紧凑度的权重设置为 0.5，各个波段赋予相同的权重，以步长为 1 从 1～100 进行 100 个尺度的分割（这里的尺度值即为异质性测度 HC 的阈值），分别计算每个分割尺度的总体平均均方差，其结果如表 5-9 所示，按照前述的尺度选择准则，该图像的对象基元的最佳分割尺度为 33，即表中加灰色背景的单元格对应的尺度。从表中亦可看出随着尺度的增大，分割区域大小增加、数量减少，区域内的均质性变化变缓，总体平均均方差会在一定的尺度范围内保持不变。

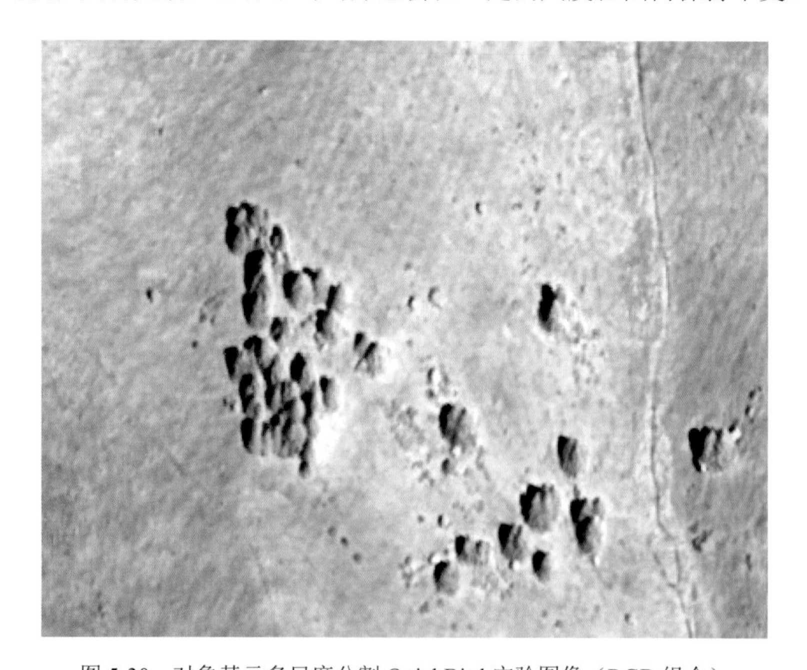

图 5-30　对象基元多尺度分割 QuickBird 实验图像（RGB 组合）

图 5-31 为实验图像对象基元的分割结果，总共分割出 91 个对象基元，从图中可以看出，该尺度的分割基本上可以将树的阴影/树冠阴面、独立树的树冠、冠丛或冠丛的一部分正确分割出来。草地上的一些零星、幼小的单株树被分割到较大的草地区域。但还存在一些局部区域有过分割和欠分割的问题，如图 5-31 中红色虚线的区域左上角一部分的树丛被分割到阴影/树冠阴面区域，下方树的阴影部分未被正确分割出来。

表 5-9　GF-2 多尺度分割结果的平均均方差

尺度	平均均方差	尺度	平均均方差	尺度	平均均方差	尺度	平均均方差	尺度	平均均方差
1	0.15667	21	4.16019	41	6.21181	61	7.56905	81	6.80829
2	0.67652	22	4.13238	42	6.16159	62	7.56905	82	6.80829
3	1.13652	23	4.27053	43	6.22640	63	7.56905	83	6.80829
4	1.46619	24	4.51323	44	6.27258	64	7.56905	84	7.09545
5	1.73632	25	4.73421	45	6.29111	65	7.56905	85	7.09545
6	1.97333	26	4.62875	46	6.36712	66	7.56905	86	7.33877
7	2.19764	27	4.87644	47	6.43193	67	7.74428	87	7.33877
8	2.36465	28	4.94421	48	6.46715	68	7.97439	88	7.33877
9	2.53481	29	5.10547	49	6.37493	69	7.97439	89	7.33877
10	2.72534	30	5.25734	50	6.48976	70	7.97439	90	7.33877
11	2.90168	31	5.35416	51	6.59451	71	7.97439	91	7.60737
12	3.08304	32	5.40104	52	6.69017	72	8.09144	92	7.60737
13	3.20219	33	5.50116	53	6.73342	73	8.26540	93	7.60737
14	3.38439	34	5.49397	54	6.84301	74	8.26540	94	7.60737
15	3.47123	35	5.55703	55	6.84301	75	8.26540	95	7.60737
16	3.59734	36	5.66438	56	6.84301	76	8.46368	96	7.60737
17	3.66583	37	5.80182	57	7.13502	77	8.46368	97	7.60737
18	3.78037	38	5.82620	58	7.24797	78	6.80829	98	7.60737
19	3.91249	39	5.92607	59	7.44592	79	6.80829	99	7.69853
20	3.94914	40	6.02204	60	7.49486	80	6.80829	100	7.69853

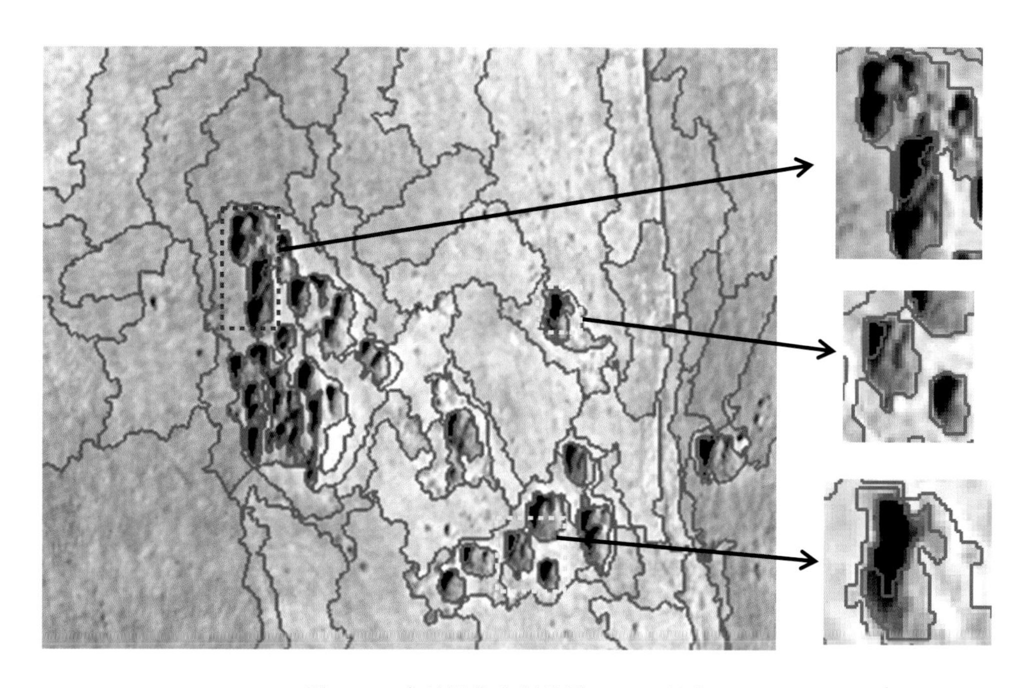

图 5-31　实验图像分割结果（RGB 组合）

HC=33,$w1$=0.9,$w2$=0.5

为了进一步提高对象基元分割精度，在尺度确定的情况下，通过利用不同的紧凑度参数进行实验，提高分割结果的几何精度。在尺度参数为 33，光谱权重为 0.9 的情况下，以 0.01 为步长，紧凑度的权重从[0,1）进行实验分割，计算每次实验分割结果的平均均方差，将结果以紧凑度权重为横轴、平均均方差为纵轴绘制变化曲线（图 5-32），反映总体均质性随紧凑度权重的变化情况，选择平均均方差最小的紧凑度权重 0.32 作为最佳的对象基元分割的紧凑度权重参数，以保证对象基元较高的均质性。对应的分割参数的分割结果如图 5-33 所示，分割得到 94 个对象基元，所有对象基元的平均均方差为 5.13976。

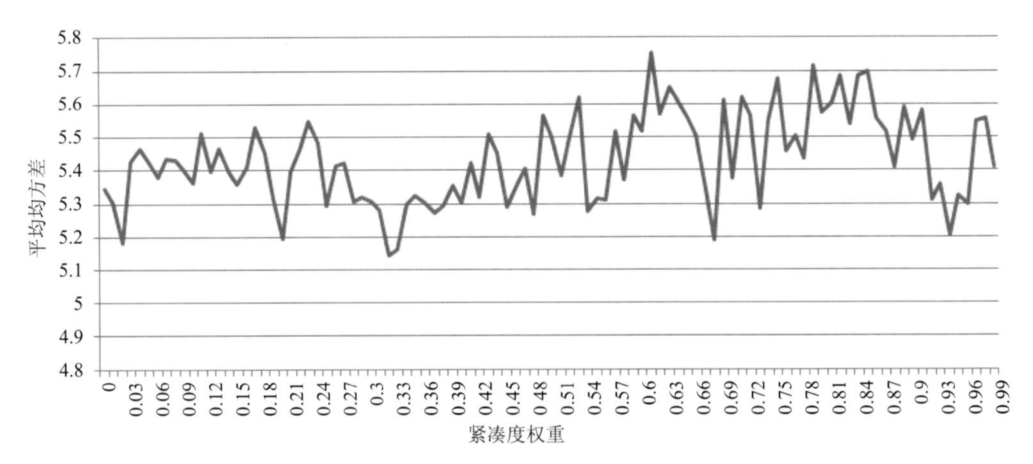

图 5-32　不同紧凑度分割结果的总体均质性

HC=33，$w1$=0.9

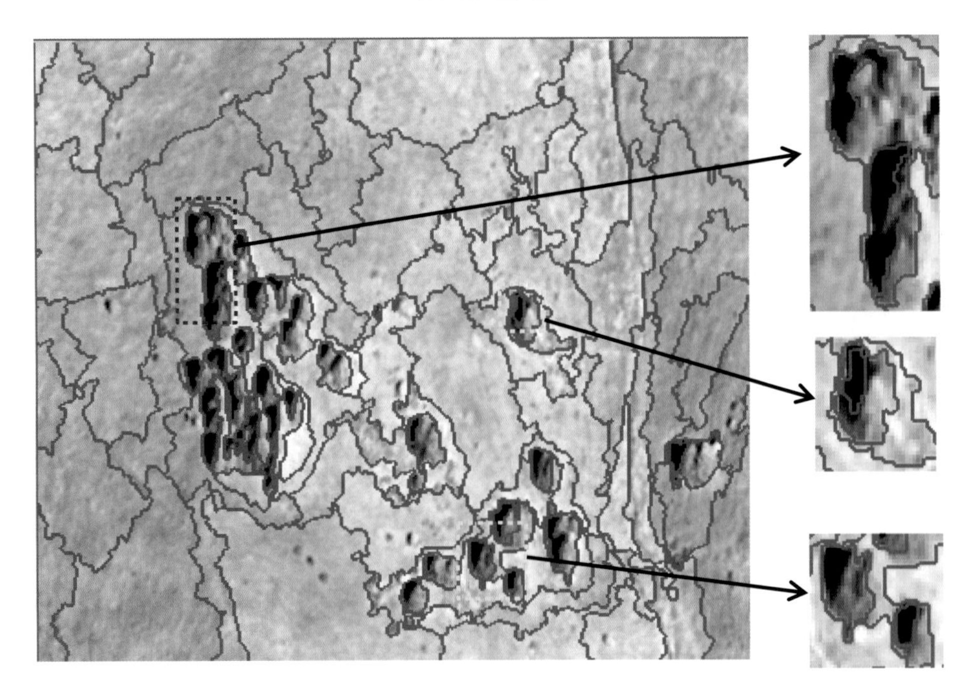

图 5-33　实验图像分割结果（RGB 组合）

HC=33，$w1$=0.9，$w2$=0.32

从图 5-33 的分割结果可以看出原来红色虚框部分欠分割和过分割的区域已经被正确分割出来，但也有一些原来分割出来的较小的阴影被分割到树丛区域中（如图 5-33 中下面黄色虚框部分的左上角树丛的阴影），但总体对象基元的分割从视觉的信宿判断分割的效果较好。由此可见，在基于总体平均均方差突变点选择分割尺度的基础上，通过最小平均均方差的均质性选择准则，在不同紧凑度与光滑度的权重的一系列分割结果中，选择最小的平均均方差的分割参数，可以得到较好的对象基元分割结果。

2. 不同波段不同权重对象基元提取的影响分析

为了判断在图像分割时，对遥感图像的不同波段赋予不同权重对对象基元分割的影响，本书采取对不同的波段按照波段均方差的大小确定权重的方式，确定出最佳对象基元分割参数，分析其对象基元分割的效果。

同样以图 5-30 为实验图，计算出蓝、绿、红与近红外的标准差分别为 5.76、6.81、4.05、22.57，将这些值作为相应波段的权重，进行图像的分割与最优对象基元分割参数的选择，最终确定的分割参数为：尺度参数 HC=30、光谱权重 $w1$=0.9、紧凑度权重参数 $w2$=0.09。根据这些参数进行对象基元分割，结果如图 5-34 所示，共分割出 158 个对象基元，对象平均均方差为 4.1139。

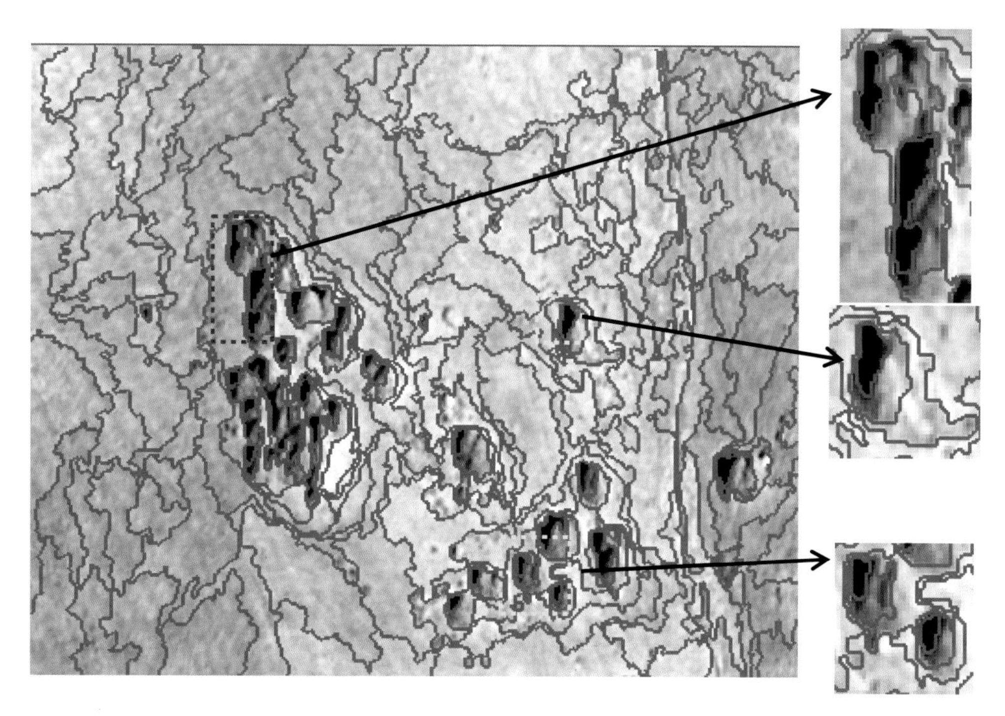

图 5-34　实验图像均方差赋权对象基元分割结果（RGB 组合）

HC=30，$w1$=0.9，$w2$=0.09

从图 5-34 所示的分割结果可以看出，基本不存在欠分割的区域，阴影/树冠阴面、冠丛或冠丛的一部分均被正确分割出来，分割区域数目较多、图像面积较小，但这符合对象基元的提取要求，即与现实世界的对象相比，允许有一定的过分割、但不能出现欠分割。因此，对各波段采取均方差赋权的方式进行图像的分割，在此基础上按照平均均方差突变点选择分割尺度参数，并以最小平均均方差选择紧凑度参数，可以获得较好的对象基元分割参数。

3. 不同地类及图像大小的对象基元分割

为了试验区域生长的方法分割的对象基元的适应性，采用同样的方式确定分割参数，对从 14 号林班提取的不同植被类型、不同覆盖范围大小的 6 个区域进行试验，选取的试验图像分布情况如图 5-35 所示。

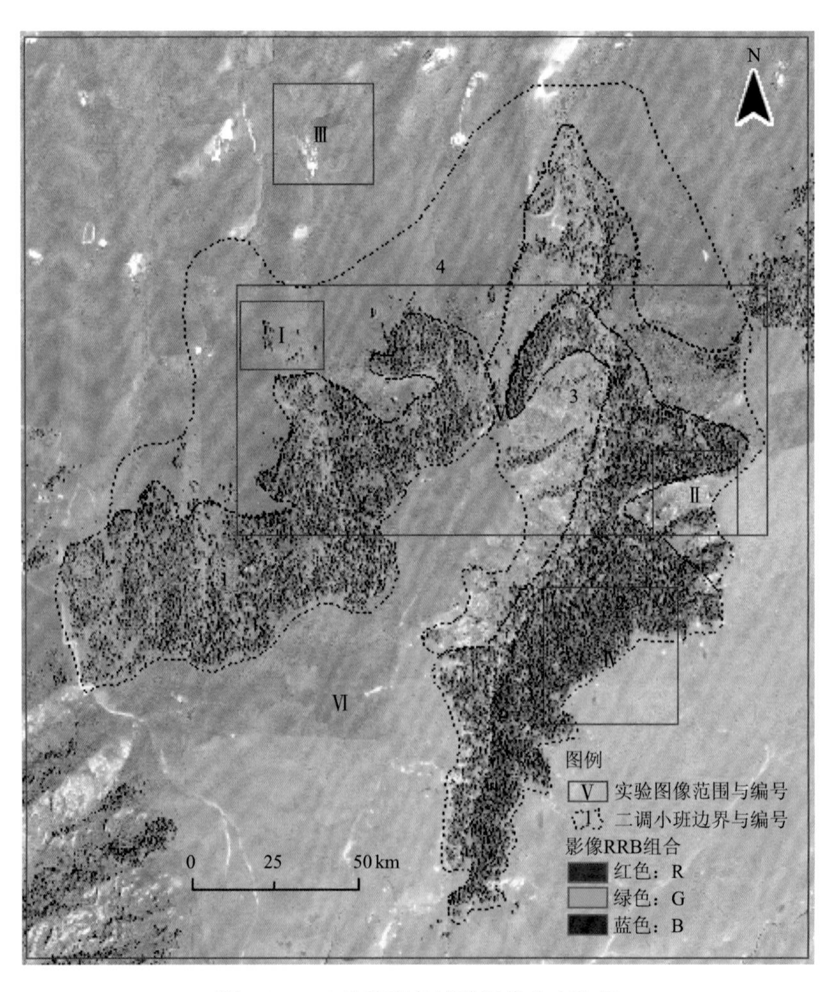

图 5-35 14 号林班各试验图像分布位置

各试验图像的具体大小见表 5-10。其中Ⅰ号试验图像为本书前面对象基元分割参数选择的试验图像（图 5-30），包含单树、树丛及草地等类型，其中草地占绝大部分面积；Ⅱ号试验图像主要包含云杉林/针叶林、疏林地、草地和裸露地；Ⅲ号试验图像为园地、草地和建设用地 3 类地类构成，其中草地占绝大部分；Ⅳ号试验图像为云杉林/针叶林和草地，林地占一半多一些；Ⅴ号试验图像包含云杉林/针叶林、疏林地、草地和裸露地等地类相对复杂、范围较大的图像；Ⅵ试验图为包含 14 号林班的 1、2、3 和 4 号小班及邻近林班的部分区域的最大试验图像。图 5-36 为各试验图像以光谱权重为 0.9，形状特征的紧凑度权重为 0.5，按 HC 阈值间隔为 1、在（0,100] 之间各个尺度的分割，计算分割结果的平均方差得到的平均方差随尺度变化的曲线图。从图中可以看出，总体上平均均方差随着尺度的变大而逐渐变大。

表 5-10　各实验图像分割参数及其分割区域统计

编号	大小	分割参数	区域数量	区域面积（像素）			区域 DN 值平均均方差		
				最小	最大	平均	最小	最大	平均
Ⅰ	417×333	HC=30, $w1$=0.9, $w2$=0.09	158	21	4514	879	1.297	10.585	4.114
Ⅱ	417×416	HC=45, $w1$=0.9, $w2$=0.03	159	32	10413	1091	2.685	17.641	8.525
Ⅲ	500×500	HC=42, $w1$=0.9, $w2$=0.06	143	64	7552	1748	1.687	20.716	4.107
Ⅳ	667×667	HC=55, $w1$=0.9, $w2$=0.17	237	29	18115	1877	2.186	37.759	8.599
Ⅴ	2644×1219	HC=79, $w1$=0.9, $w2$=0.46	977	95	30648	3299	1.736	22.228	8.952
Ⅵ	3917×4500	HC=83, $w1$=0.9, $w2$=0.08	3433	67	50832	5134	1.803	42.848	7.797

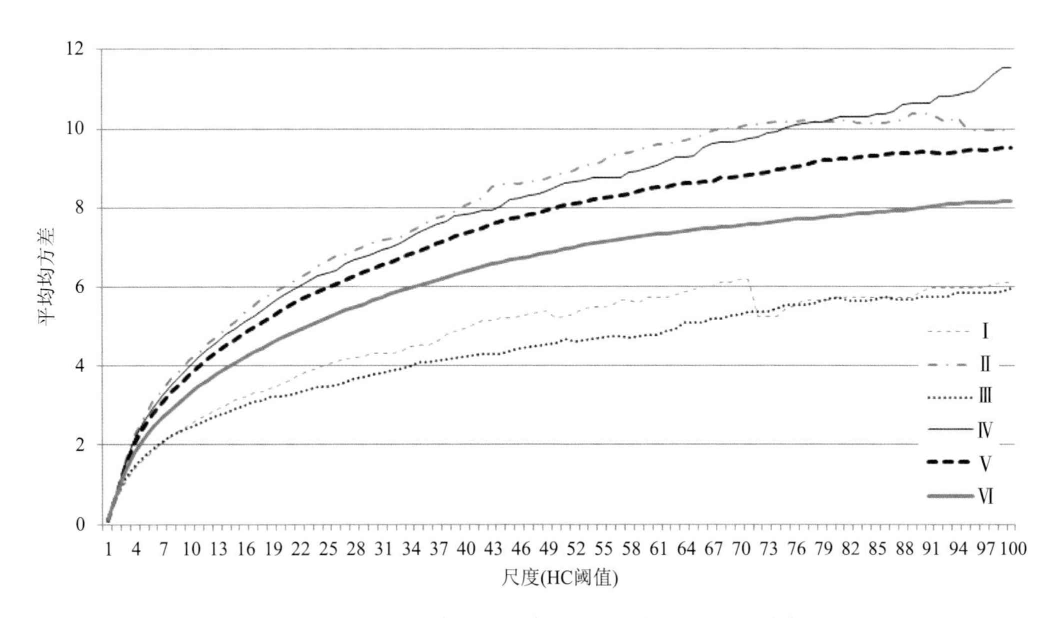

图 5-36　各试验图像不同尺度分割结果的平均均方差变化

$w1$=0.9，$w2$=0.5

表 5-10 为各试验图像的大小、分割参数、分割结果的区域数量、最小面积、最大面积、平均面积、最小均方差、最大均方差、平均均方差等信息。从中可以看出，除了Ⅲ号非林地试验图像，其余的 4 个试验图像根据平均方差突变点选择的基元分割尺度随着分割图像的变大而变大，分割得到的斑块的平均面积也是呈现逐步增大的趋势。

图 5-37 为同一区域（宜林地中的树丛）在 3 个实验图像中按区域生长的方法获取的分割参数分割得到的对象基元，从图中可以看出随着研究尺度（范围）的变大，所获得的对象基元的尺度也变大，这时获得的对象是连片的冠丛或孤立的冠丛。说明按这种方式获得分割参数进行图像分割，得到的对象基元会随着观测尺度的变大而变大。但是对于冠丛来说，Ⅴ号图获得的结果基本与Ⅵ图获得的结果一致，这两幅实验图的大小与分割尺度参数都不一样，说明冠丛对象基元的分割在一定的观测尺度和分割尺度范围是不变的，在这几个分割尺度内冠丛的分割区域的均方差是不变的，如果该分割图像冠丛是主体对象，在这几个尺度的分割结果的总体平均方差也应该变化不大，当由图 5-37 中的Ⅰ号图的分割结果过渡到Ⅴ或Ⅵ图的分割结果，分割的总体平均方差应该会有一个突变，这个突变点应该就是冠丛分割尺度，而且在之后一定尺度范围内对冠丛的分割结果保持不变。

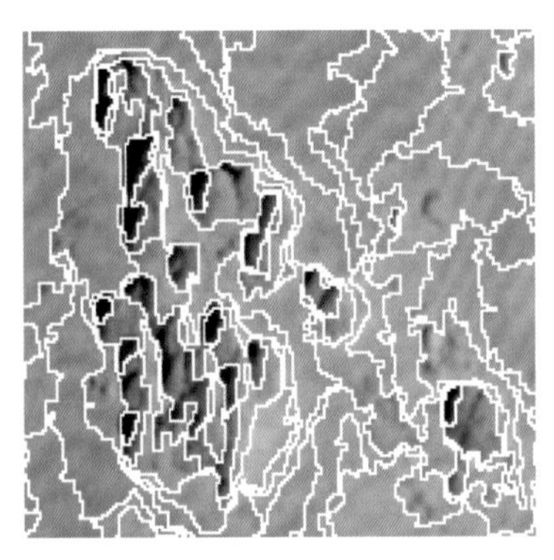

Ⅰ号图(HC=30)

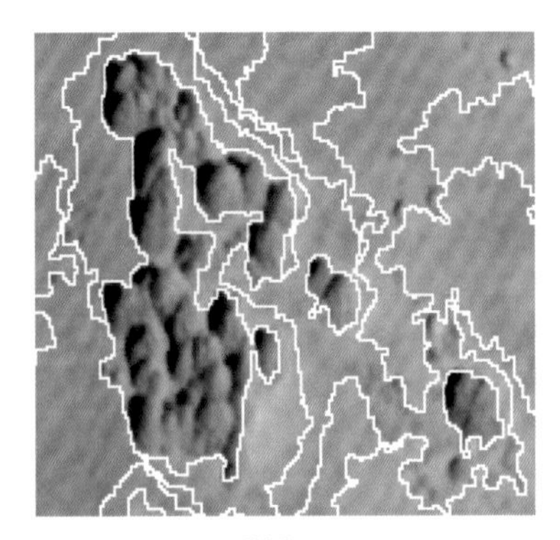

Ⅴ号图(HC=79)

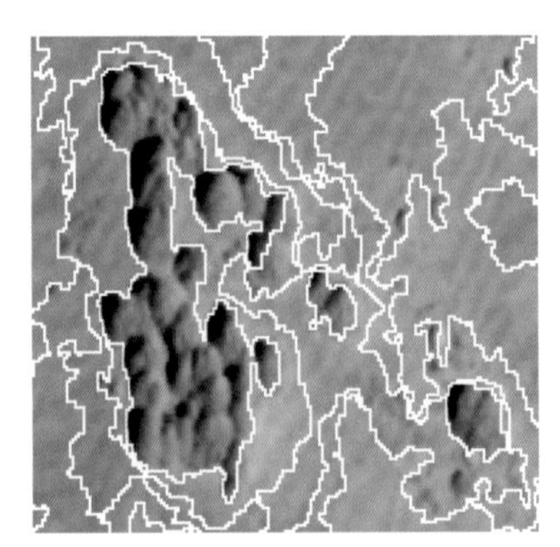

Ⅵ号图(HC=83)

图 5-37　同一区域不同图像大小方差变异点获得的分割结果

图 5-38 的Ⅰ号试验图的平均均方差随尺度变化的曲线，发现其在尺度 71～72 之间出现明显的下降突变，之后又缓慢上升。将Ⅰ号试验图的尺度 71 分割结果和尺度 72 的分割结果对比发现，主要是在Ⅰ号图的右下方的树木由独立树分割成一个整体的林分，其变化结果如图 5-39 所示。

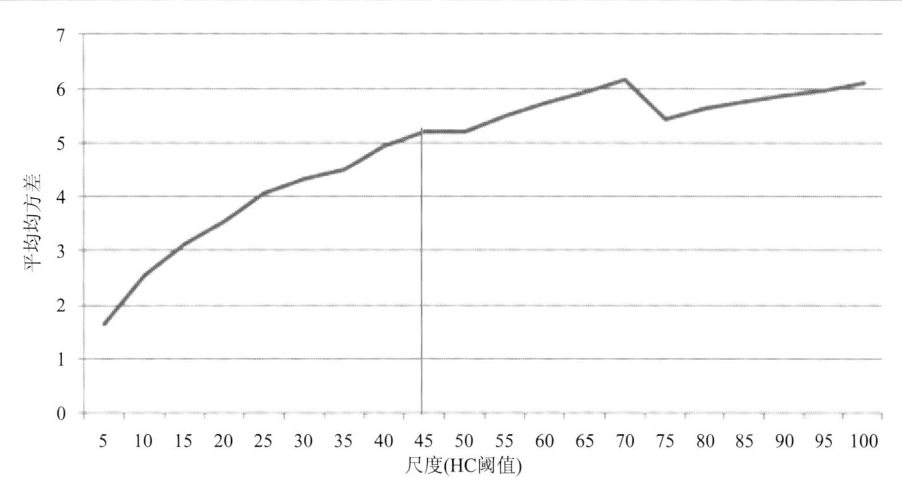

图 5-38　Ⅰ号实验图的分割

尺度间隔 5，$w1$=0.9，$w2$=0.5

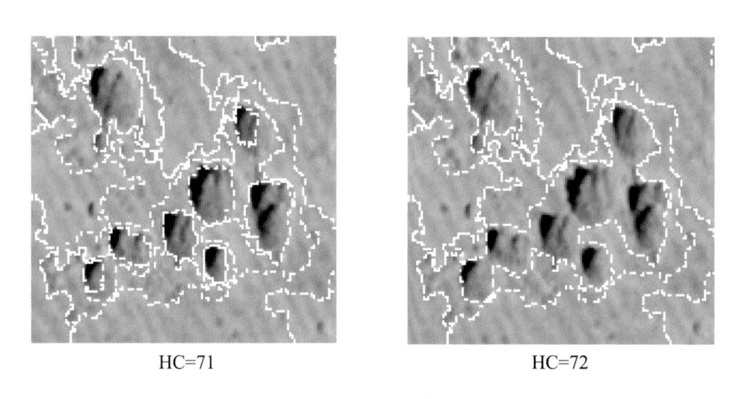

图 5-39　Ⅰ号试验图方差突变点分割结果对比

$w1$=0.9，$w2$=0.5

5.4.2.2　冠丛与林分尺度分割

从Ⅰ号试验图的分割结果方差与尺度变化的变化曲线可知，曲线中的一些方差变化较大的点，是图像中不同尺度对象分割的变化点，如何探测出这种较大的变化点是关键。将Ⅰ号实验图的分割尺度间隔变成 5 或 10 对其进行不同尺度的分割，得到的结果计算其整体平均均方差与尺度的关系曲线，如图 5-38 和图 5-40 所示，以尺度间隔为 5 的，在尺度 45 过渡到 50 时出现第一次方差变小；以尺度间隔为 10 的，在尺度 70 过渡到 80 时出现第一次方差变小。这种放大分割间隔的方式找到的方差突变点的尺度，可以反映出分割尺度变化的位置。

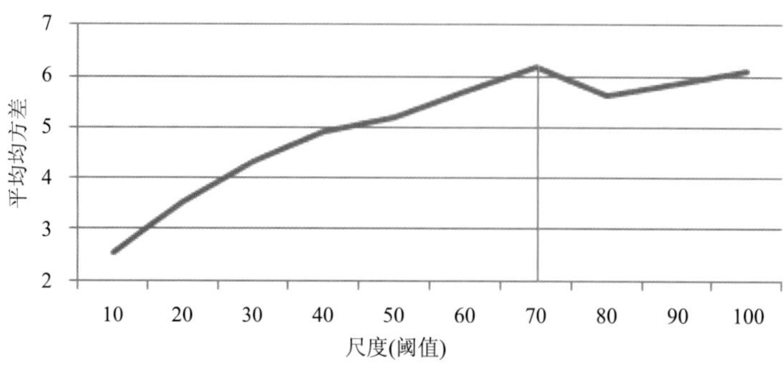

图 5-40　Ⅰ号实验图的分割

尺度间隔 10，$w1$=0.9，$w2$=0.5

按此方法对Ⅵ号图像，即包含 14 号林班的 1、2、3、4 号小班的较大图像，分别按尺度间隔为 5 和 10 进行多尺度的分割，分割结果的尺度与均方差变化图分别如图 5-41 和图 5-42 所示，选择出均方差随尺度变化中变平或下降的尺度分别为 150 过渡到 155 和 260 过渡到 270 的位置。结合以尺度 1 为间隔的探测的均方差随尺度变化中变平或下降的尺度为 83 过渡到 84 的尺度。因此，冠丛和林分的分割尺度应该 83 或 150 或 260 的这 3 个尺度点。以Ⅰ号图选择的对象基元分割尺度，对 14 林班的图像进行分割，并以分割的结果为对象基元，进行层次分割，得到 83、150 和 260 这 3 个尺度的分割结果，从这 3 个尺度的分割结果判断，尺度 83 适合作为冠丛尺度的分割点，尺度 150 分割的结果适合作为林分尺度的分割点，尺度 260 分割的结果有一部分会出现混合林分，比较适合作为分割森林作为一大类的分割。

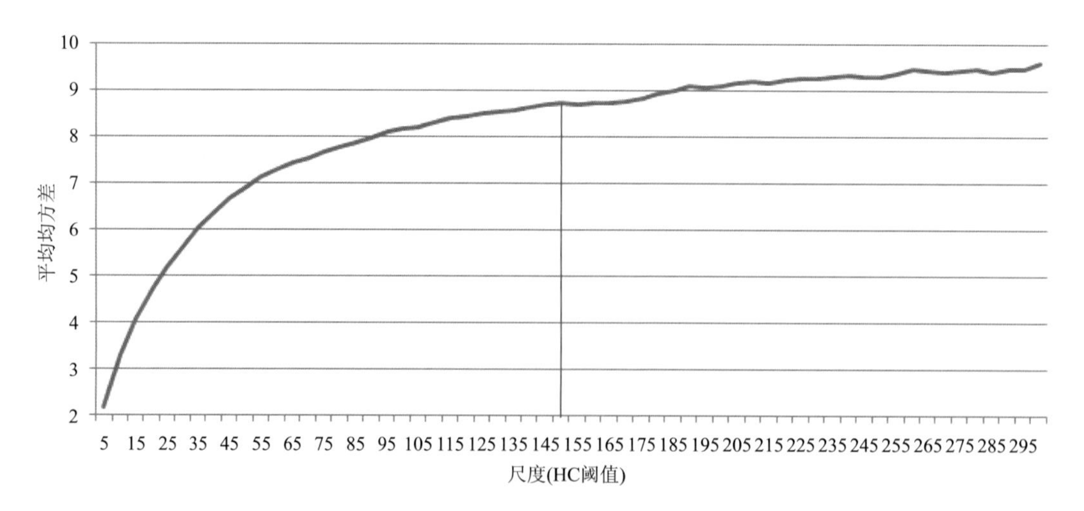

图 5-41　Ⅵ号实验图的分割

尺度间隔 5，$w1$=0.9，$w2$=0.5

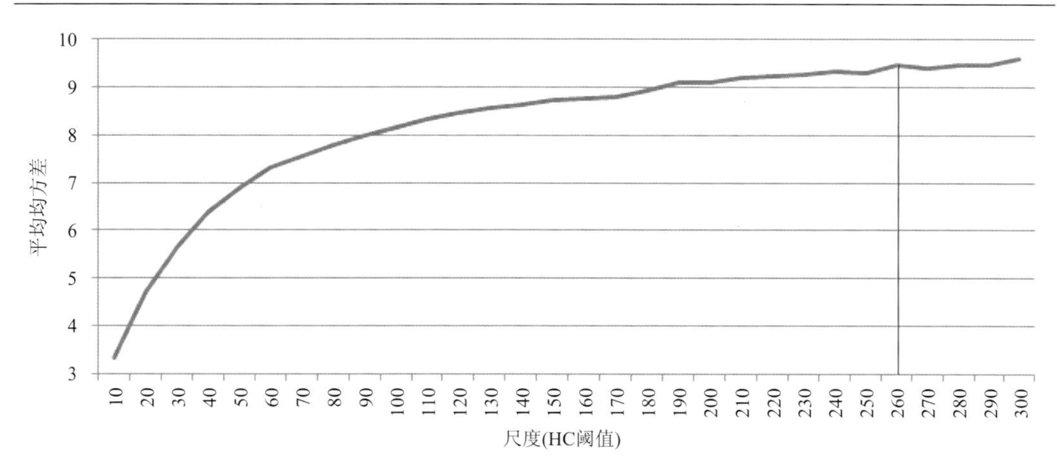

图 5-42　Ⅵ号实验图的分割

尺度间隔 10，$w1$=0.9，$w2$=0.5

5.5　基于 SVM 的小班边界提取

5.5.1　样本集构建

所选影像包括 4 类地物：林地、草地、建设用地和水域。研究小班里主要是云杉林，还有少许草类，这给小班边界提取带来一些困难。经过大量的实验验证，将小班矢量数据中面积较大的草地剔除掉后作为样本，分类后的数据和小班实际边界最为接近。图 5-43 为剔除草地后的小班边界矢量，在 ENVI 软件里将 shp 格式转为 roi 格式，用于分类。表 5-11 为样本的解译标志。

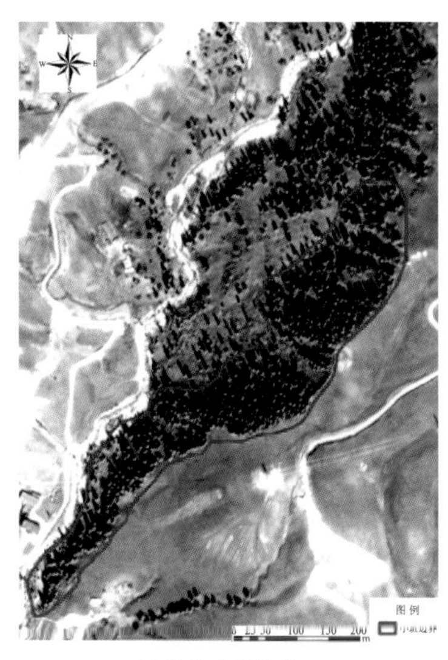

处理前小班边界

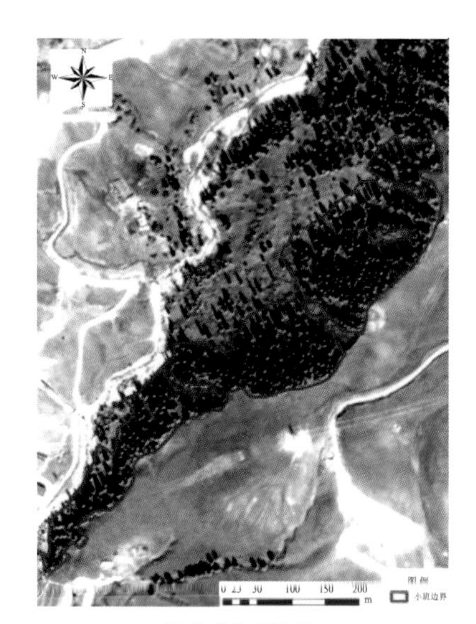

处理后小班边界

图 5-43　处理前后的样本小班边界矢量

表 5-11　样本解译标志

地物	地物特征	解译标志
林地	颜色为黑色树荫边的点坑	
草地	颜色为绿色，形状与地形走势相似，成片状分布	
水域	颜色为淡蓝色，河流形状	
建设用地	道路颜色为白色，房屋颜色为蓝色或灰色，形状较规整	

5.5.2　影像分割

影像分割是将图像中特定区域按照某种规则或算法提取出来的过程。这些特征可以是图像的原始特征，如图像的亮度值或光谱特性、物体轮廓和纹理等，也可以是空间频谱等，如直方图特征。影像分割质量的高低、区域界限定位的精度对后续的区域描述以及影像的分析和解译有直接影响，是影像处理、分析、解译中一个至关重要的技术环节。

在 ENVI5.1 软件里将主成分分析后的数据进行 Edge 法的分割和 Full Lambda Schedule 法合并。森林小班里包含些许草类，在分割影像时对云杉林进行适当的欠分割。分割尺度在 75 左右比较合适，合并尺度 95 为最佳，以 5 为步长，试验了[75，85]范围内的分割尺度，超过 85，欠分割就太严重了。如图 5-44 所示，分割尺度 75 时分割的比较细碎，把云杉林里的大部分草地分割出来了；尺度 80 时，分割相对比较完整，把云杉林

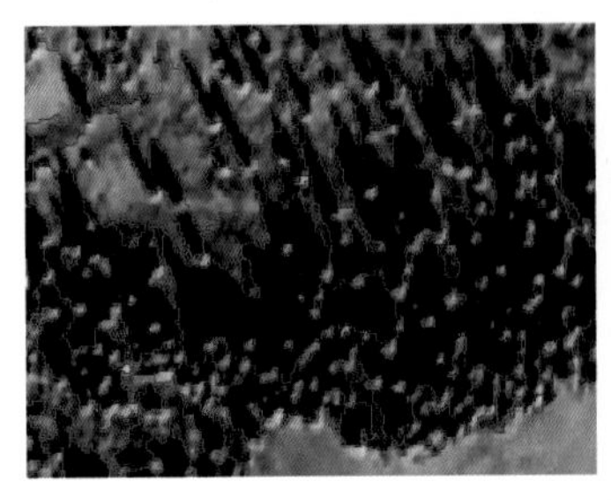

(a) 分割尺度75

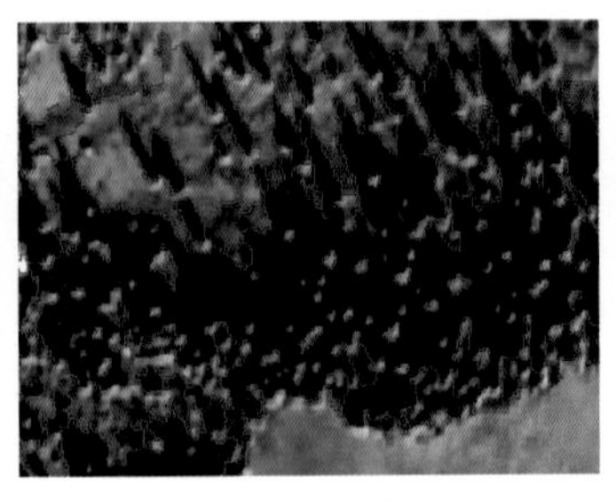

(b) 分割尺度80

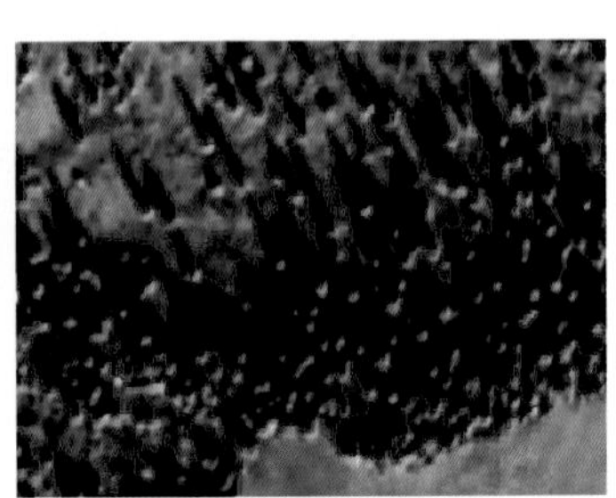

(c) 分割尺度85

图 5-44　影像分割对比图

里的少部分草地分割出来了；尺度为 85 时，能基本把云杉林里的草地和林地分割到一起，这样有利于把小班边界提取出来。因此，最佳的分割组合为分割尺度 85，合并尺度 95。

5.5.3　影像分类

基于 SVM 的高分辨率影像分类首先要进行核函数和相关参数的选取，然后进行分类。选取核函数的评价指标为面积相对误差，面积相对误差是指测量面积所造成的绝对误差与真实面积之间的比值，见公式（5-2）。绝对误差是指测量面积和真实面积之间的差值。

$$\delta=|a-A|/A\times 100\% \tag{5-2}$$

式中，δ 为面积相对误差，a 为测量面积，A 为小班真实面积。

5.5.3.1　核函数和参数的选取

SVM 法目前主要使用 4 种核函数：线性核函数、多项式核函数、径向基核函数和 Sigmoid 核函数。利用实验法进行核函数的选取，在 ENVI 软件里进行基于 SVM 的不同核函数的分类，整体分类结果见图 5-45。由图 5-45 可知，4 种核函数的分类结果差异并不大，线性核函数和多项式核函数分类结果相对较零碎，径向基核函数和 Sigmoid 核函数分类结果完整性较好。分类后栅格数据转为矢量数据，获得分类矢量，从分类矢量中提取小班边界，分类提取小班边界与实际小班边界对比图见图 5-46。由图 5-46 可知，这 4 种核函数分类提取小班边界和实际小班边界轮廓相似，比实际小班边界粗糙，实际小班边界的划分比较复杂，包含了林地中的草类，而分类提取小班和林地范围比较拟合，所以面积均比实际小班边界面积小。从中选取 4 种核函数分类结果中面积最大的为最佳核函数。分类结果面积计算统计表见表 5-12，从表中可知，实际小班面积为 95801.38 m^2，线性核函数分类提取后的小班面积为 83021.59 m^2，与实际小班面积相差 12779.79 m^2，面积相对误差为 13.34%，分类精度为 86.66%；多项式核函数分类提取后的小班面积为 82929.91 m^2，与实际小班面积相差 12871.47 m^2，面积相对误差为 13.44%，分类精度为 86.56%；径向基核函数的分类提取小班面积为 84009.88 m^2，与实际小班面积相差 11791.50 m^2，面积相对误差为 12.31%，分类精度为 87.69%；Sigmoid 核函数分类提取后的小班面积为 83744.51 m^2，与实际小班面积相差 12056.87 m^2，面积相对误差为 12.59%，分类精度为 87.41%。4 种核函数中径向基核函数的分类提取小班面积最大，与实际小班面积相差最少，面积相对误差最小，分类精度最高。故 SVM 分类选取的最佳核函数为径向基核函数。

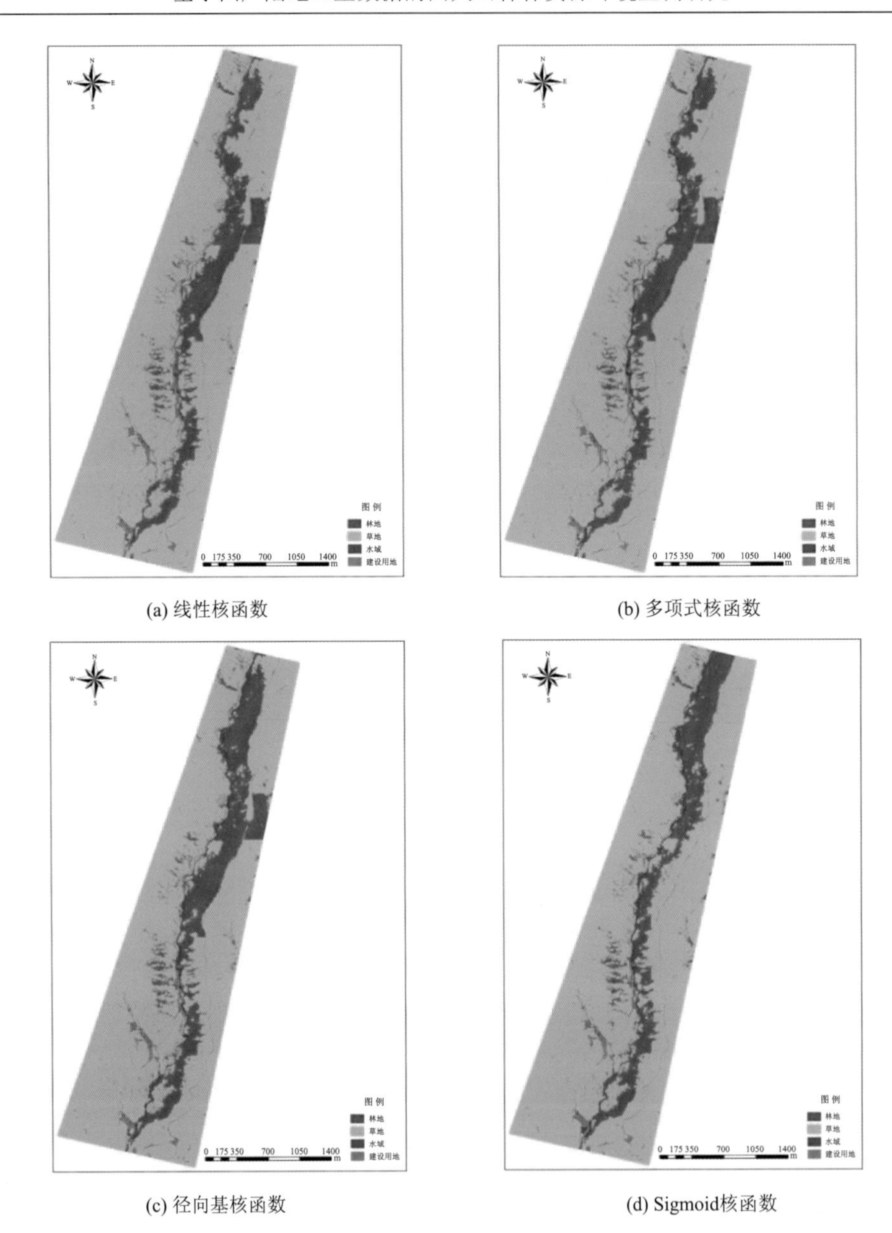

(a) 线性核函数　　(b) 多项式核函数

(c) 径向基核函数　　(d) Sigmoid核函数

图 5-45　SVM 法 4 种核函数分类结果图

表 5-12　4 种核函数分类结果表

核函数	原小班面积/m^2	分类后提取小班面积/m^2	二者面积相差数据/m^2	面积相对误差/%	分类精度/%
线性核函数	95801.38	83021.59	12779.79	13.34	86.66
多项式核函数	95801.38	82929.91	12871.47	13.44	86.56
径向基核函数	95801.38	84009.88	11791.50	12.31	87.69
Sigmoid 核函数	95801.38	83744.51	12056.87	12.59	87.41

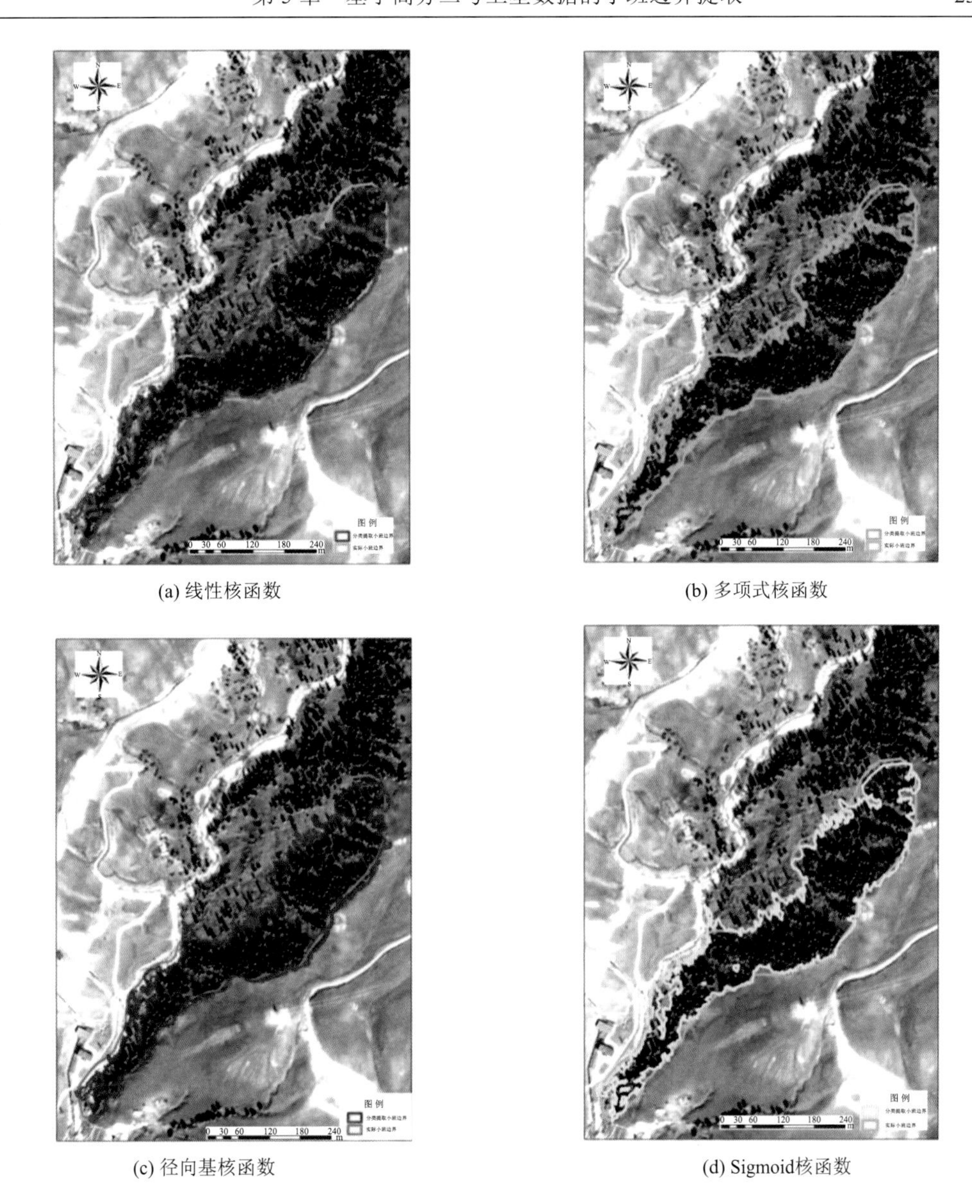

(a) 线性核函数　　(b) 多项式核函数

(c) 径向基核函数　　(d) Sigmoid核函数

图 5-46　SVM 法 4 种核函数分类提取小班边界与实际小班边界对比图

径向基核函数有两个很重要的核函数参数，惩罚系数 C 和不敏感系数 g，利用 libsvm3.2 在 MATLAB 平台里编程进行交叉验证网格法寻优，将选取的训练样本分为 P 个子集，将其中（P–1）个样本子集作为训练集，剩余的一个子集用于测试；重复进行，使所有的样本子集都参加测试，最终获得最佳惩罚系数 C 和不敏感系数 g。将 SVM 分类样本分为 10 个子集进行交叉验证参数寻优，得到的最佳惩罚系数为 C=32，不敏感系数为 g=0.125。

5.5.3.2　以实际小班边界作为样本的 SVM 分类

以实际小班边界、草地、建设用地和水域为样本，并利用分割后的影像在 SVM 分类器里进行分类，分类结果是较规整的，基本没有“椒盐现象”（图 5-47）。分类后的小班边界线与云杉林边界比较吻合，和实际小班边界线相差不大。

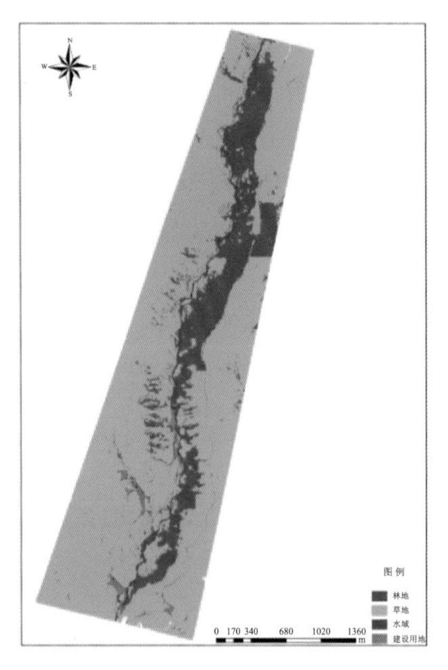

图 5-47 实际小班边界作为样本的 SVM 分类结果

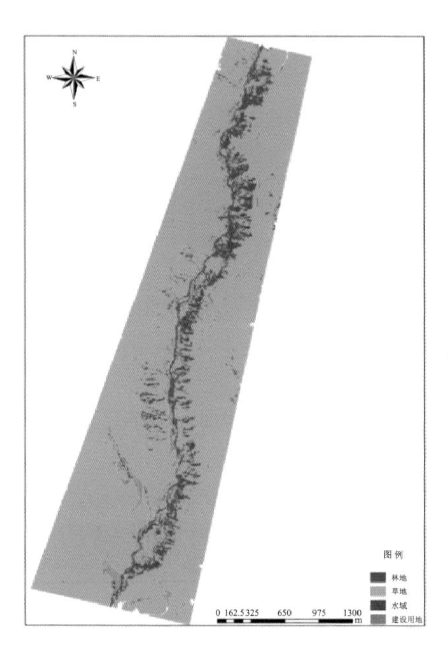

图 5-48 以地物为样本的 SVM 分类结果

5.5.3.3 以影像地物为样本的 SVM 分类

以林地、草地、建设用地和水域为样本分类后的结果，“椒盐效应”比较严重，小班比较零碎，没有明显的小班边界线，和实际小班边界线相差较大（图 5-48）。

5.5.3.4 其他分类算法的分类

最大似然法是监督分类法中一种典型的分类方法，它的原理是基于概率的，第一步计算某像元属于研究区各地类的概率，第二步把该像元分到概率最大的地类中。最大似然法假设每个波段中各类训练数据都呈正态（高斯）分布，直方图具有两个或 n 个波峰的单波段训练数据达不到要求。在这种情况下，各个波峰作为分离的训练类单独训练和标识。分类应该是得到满足正态分布要求的单峰、高斯型训练类统计量。

神经网络法是根据人体的神经元传播信息的方式而发明的，信息是通过神经元上的兴奋模式分布存储在神经网络上；信息处理是通过神经元之间相互作用的动态过程来完成的。它从信息处理角度对人脑神经元网络进行抽象，建立某种简单模型，按不同的连接方式组成不同的网络。神经网络是一种运算模型，由大量的节点（或称神经元）相互连接构成。每个节点代表一种特定的输出函数，每两个节点间的连接都代表一个对应通过该连接信号的加权值，称之为权重，这相当于人工神经网络的记忆。网络的输出则随网络的连接方式、权重值和激励函数的不同而不同。

马氏距离（Mahalanobis distance）是由印度统计学家马哈拉诺比斯（P. C. Mahalanobis）

提出的，表示数据的协方差距离。它是一种有效的计算两个未知样本集的相似度的方法，独立于测量尺度。马氏距离法是指计算输入图像到各训练样本的马氏距离。

如图 5-49 中 3 种分类方法分类结果图所示，最大似然法分类结果较完整，但很多把草地误分为了林地；神经网络法分类结果中没有把水域和建设用地分出来，分出来的林地“椒盐效应”比较明显；马氏距离法分类结果中 4 种地物全被分出，“椒盐效应”也较明显，林地提取小班边界和实际小班边界差距较大。

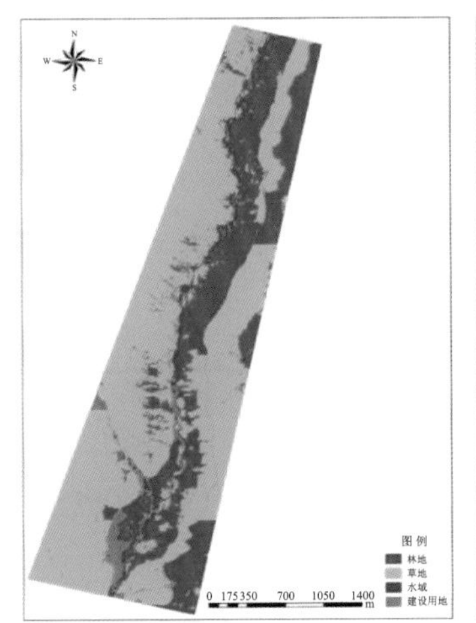

(a) 最大似然法分类结果图

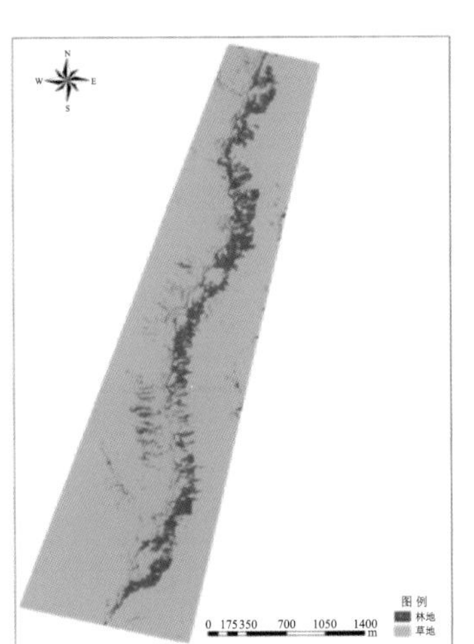

(b) 神经网络法分类结果图

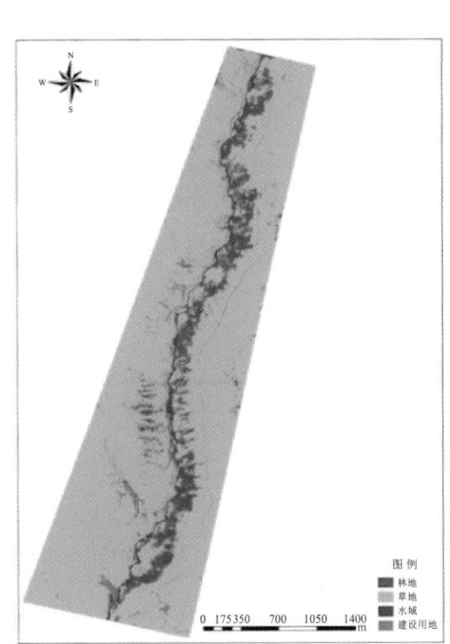

(c) 马氏距离法分类结果图

图 5-49　3 种分类方法结果图

5.5.4　精度评价

小班的形状以林地的分布为依据，分类提取小班形状和实际小班形状相近，故面积是分类提取小班的最重要指标，分类精度评价选取的评价指标为面积相对误差。精度评价分为两类，一类是以实际小班边界作为样本的 SVM 分类与最大似然法、神经网络法和马氏距离法 3 种分类方法结果精度比较；另一类是以实际小班边界作为样本的 SVM 分类和以影像地物为样本的 SVM 分类小班提取数据的比较。

5.5.4.1　两种样本 SVM 分类小班提取的比较

两种样本 SVM 分类提取小班与实际小班比较图如图 5-50 所示，以实际小班边界线为样本的 SVM 法提取的小班和实际小班最相近，面积为 84009.88 m^2，和实际小班面积 95801.38 m^2 相差 11791.50 m^2，面积相对误差为 12.31%，分类精度为 87.69%（表 5-13）。与以实际小班边界线为样本的 SVM 分类相比，以影像地物为样本的分类提取小班边界线的结果较差，只是把林地分出来了，小班比较零碎，小班边界很粗糙，小班面积要比实际小班面积小很多，分类后的小班面积为 54946.08 m^2，二者相差 40855.3 m^2，面积相对误差为 42.65%，分类精度为 57.35%，分类精度较低（表 5-13）。

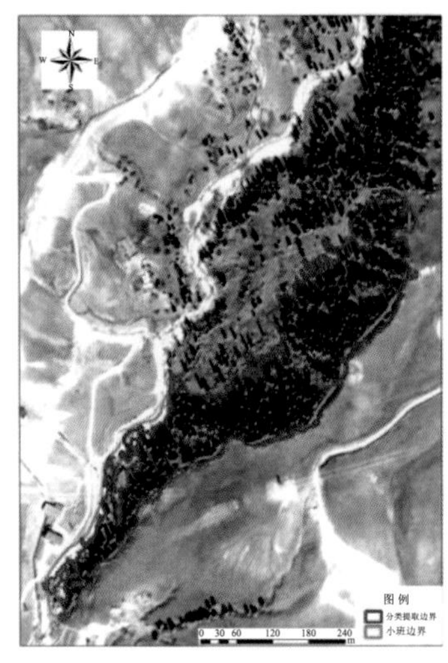

(a) 以实际小班边界为样本

(b) 以影像地物为样本

图 5-50　两种样本的 SVM 分类提取小班与实际小班比较图

表 5-13　两种分类方法分类结果精度评价

方法	原小班面积/m^2	分类后提取小班面积/m^2	二者面积相差数据/m^2	面积相对误差/%	分类精度/%
以实际小班作为样本分类	95801.38	84009.88	11791.50	12.31	87.69
以影像地物样本分类	95801.38	54946.08	40855.30	42.65	57.35

5.5.4.2　与其他分类算法的比较

4 种分类方法提取小班边界与实际小班边界对比图（图 5-51）和 4 种分类方法分类结果精度评价表（表 5-14）所示，SVM 法提取的小班和实际小班最相近，面积为 84009.88 m^2，和实际小班面积 95801.38 m^2 相差 11791.50 m^2，面积相对误差为 12.31%，分类精度为 87.69%，是 4 种方法中分类精度最高的小班提取方法。最大似然法和 SVM 法提取的小班面积很相近，面积为 83783.98 m^2，和实际小班面积相差 12017.40 m^2，面积相对误差为 12.54%，分类精度为 87.46%，比 SVM 法分类精度低 0.23%。神经网络法提取出的小班均一性比较差，小班中有较多的草地，剔除草地后面积变得更小，小班面积为 79131.19 m^2，和实际小班相差 16670.19 m^2，面积相对误差为 17.40%，分类精度为 82.60%，比 SVM 法和最大似然法精度低较多。马氏距离法是和实际小班面积相差最多的一种分类方法，提取小班面积为 77964.44 m^2，和实际小班面积相差 17836.94 m^2，面积相对误差为 18.62%，分类精度为 81.38%，是 4 种方法中分类精度最低的一种方法。故森林经理小班边界的提取选取的最佳分类方法为 SVM 法。

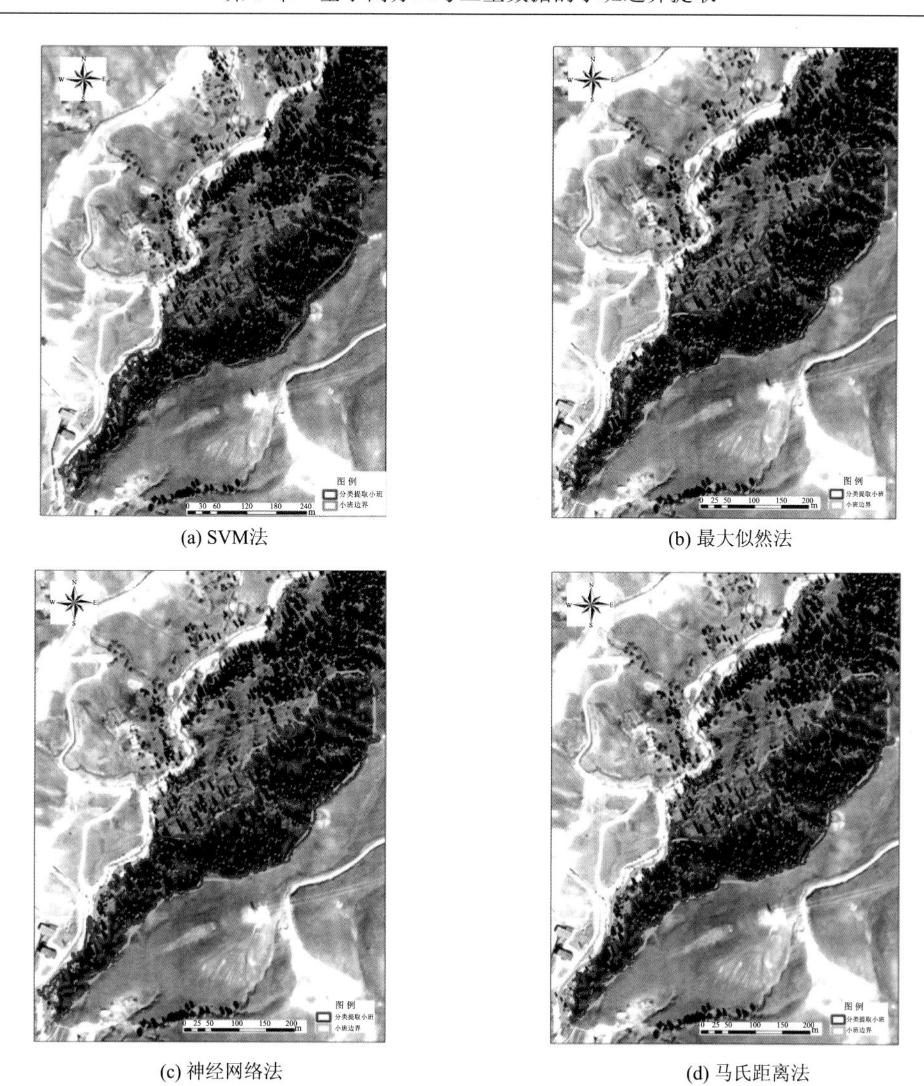

(a) SVM法　(b) 最大似然法

(c) 神经网络法　(d) 马氏距离法

图 5-51　4 种分类方法提取小班边界与实际小班边界对比图

表 5-14　4 种分类方法分类结果精度评价表

分类方法	原小班面积/m^2	分类后提取小班面积/m^2	二者面积相差数据/m^2	面积相对误差/%	分类精度/%
SVM 法	95801.38	84009.88	11791.50	12.31	87.69
最大似然法	95801.38	83783.98	12017.40	12.54	87.46
神经网络法	95801.38	79131.19	16670.19	17.40	82.60
马氏距离法	95801.38	77964.44	17836.94	18.62	81.38

第6章　高分大数据平台与森林资源环境监测系统

6.1　总 体 设 计

6.1.1　设计思路

根据新疆森林资源的产业规模、种植面积、分布区域及产业信息化程度，结合目前国内高分卫星遥感、北斗导航系统、卫星通信系统在农业领域的应用现状与应用技术发展趋势，形成高分大数据平台与森林资源环境监测系统的建设思路。

1. 一体化对接

重视天空地一体化对接、应用系统与数据中心对接、技术与应用对接以及科学目标与工程目标、产业化目标对接，形成天空地一体化系统的综合应用，使我国应用卫星与卫星应用有效对接，每种数据资源可服务不同领域，每项应用可利用多种卫星资源。在应用中强调业务应用与产品的对接、应用领域内各部分的对接、应用领域间的对接、科研与业务运行的对接、军民间的对接、国内与国际各类计划的对接。注重信息化与工农业发展的集成，体现信息化的带动性。系统建设要体现出各类任务的有机集成，按照工程方式加以实现。针对数据流程各个环节的特点，建设应用系统，充分体现天空地一体化的指导思想。

2. 强调自主创新和科技引领作用

超前布局，开展共性关键技术研究，完善试验验证条件和数据库基础设施建设，解决新型数据带来的应用技术问题。充分重视数据高水平应用所带来的挑战，克服原始数据到信息和知识转换中存在的问题。政府主导，开展共性关键技术攻关和基础性科学研究，生产具有广泛应用需求的专题产品。开展自主信息源应用基础支撑条件建设，克服现有自主信息源应用服务能力不强的弱点，促进从民用航天向其他应用领域的转型。

3. 需求牵引导向

重视国家战略需求，支持行业遥感应用系统升级改造，服务区域经济发展需求，满足重大突发事件应急监测与信息服务需求。体现应用的普及性及实用性，做好与各领域应用的接口，支持行业应用系统能力升级，加大生产各类应用产品，提高专题信息规模化提取与应用水平。通过国家与用户共同投入，支持国家战略综合应用、对各领域业务的信息服务、区域综合应用与应急信息服务，体现信息化对国家经济建设的促进作用，并促进政府管理效能提高，提升执政水平。

4. 促进产业发展

建立空间信息市场商业模式，打通产业链，吸引社会化投资，扶持遥感应用企业规模化发展。突破数据和技术市场应用中的技术瓶颈，建立产业化基地，形成信息服务企业集群，使空间信息产业成为国民经济新的强劲增长点。

5. 重视机制创新

联合国内遥感应用优势科技力量，建立产学研长效合作机制，实现遥感应用技术资源共享与信息互联互通服务；通过应用技术体系，充分利用行业、区域遥感应用业务化系统与企业商业化服务系统技术资源，推进我国遥感应用整体水平的提升。统筹科研、应用、产业，加强军民合作，确保应用系统长期稳定及可持续发展。

6.1.2　设计模式

开展并完成新疆区域内基于云服务的空间数据信息地球综合服务平台设计与研制，建立公共基础平台、产品生产平台、业务集成平台以及共享服务平台组成的综合服务平台，通过固定终端、移动设备、有线和无线网络为区内的党政机关、行业、科研机构、个人等提供信息服务。

综合服务平台以共同经营一个基于国产遥感数据的共享数字地球（新一版的Google Earth）作为基本理念和目标，构建基于SPID[软件（software）、平台（platform）、基础设施（infrastructure）、数据（data）]的数据信息服务地球，分享卫星数据资源，提供卫星影像数据和信息产品、遥感影像处理的工具系统以及硬件环境等，形成丝绸之路经济带中亚数字走廊，共同推动国产遥感卫星在中亚区域的应用推广。

6.1.3　总体功能结构与流程

高分大数据平台与森林资源环境监测系统旨在促进高分卫星在产业中的规模化应用，满足新疆维吾尔自治区在林业、国土等区域资源监测领域对卫星遥感应用的需求，推动要素整合和技术集成，通过“数据-信息-知识-智慧-作业”的闭环滚动，显著提升新疆卫星遥感技术在资源监测等领域的应用水平和应用规模，提升卫星遥感应用产业的创新发展能力，切实贯彻落实党的十八大提出的生态文明建设要求，通过技术的进步促进相关领域的创新发展，其总体功能结构与流程见图6-1及图6-2。

1. 业务流程

中心节点将共性技术成果、信息产品、标准样本数据等存储于中心综合数据库，通过遥感应用综合服务系统向各应用节点信息产品处理、验证、服务系统提供技术与信息服务；按照共享要求，通过专项门户网站为社会公众提供服务；行业、区域数据与专题产品存储于行业、区域系统专题数据库。综上所述，业务流程主要包括数据产品获取流程、信息产品与应用流程以及对于企业和公众的云服务流程等。

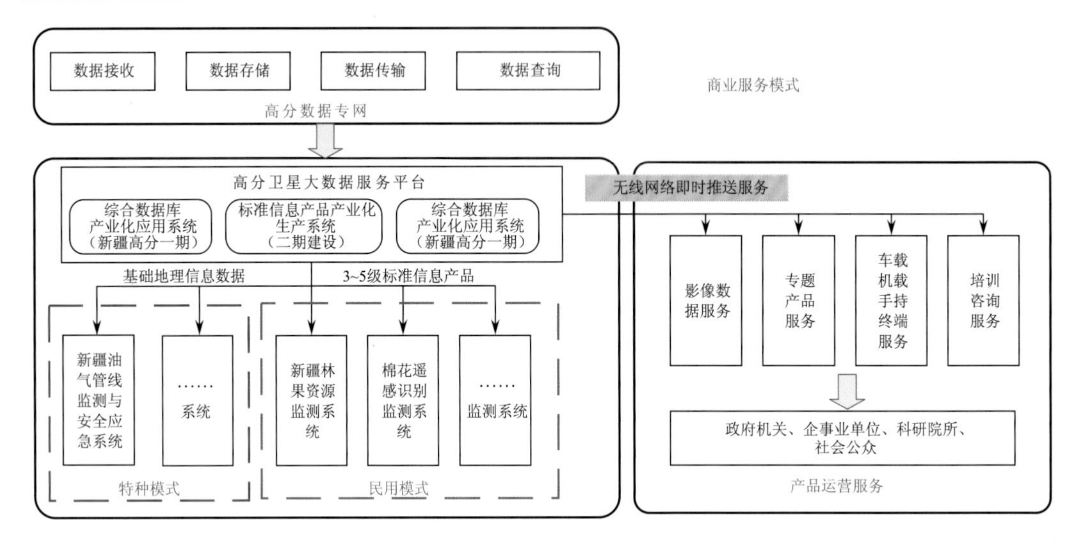

图 6-1　总体功能结构

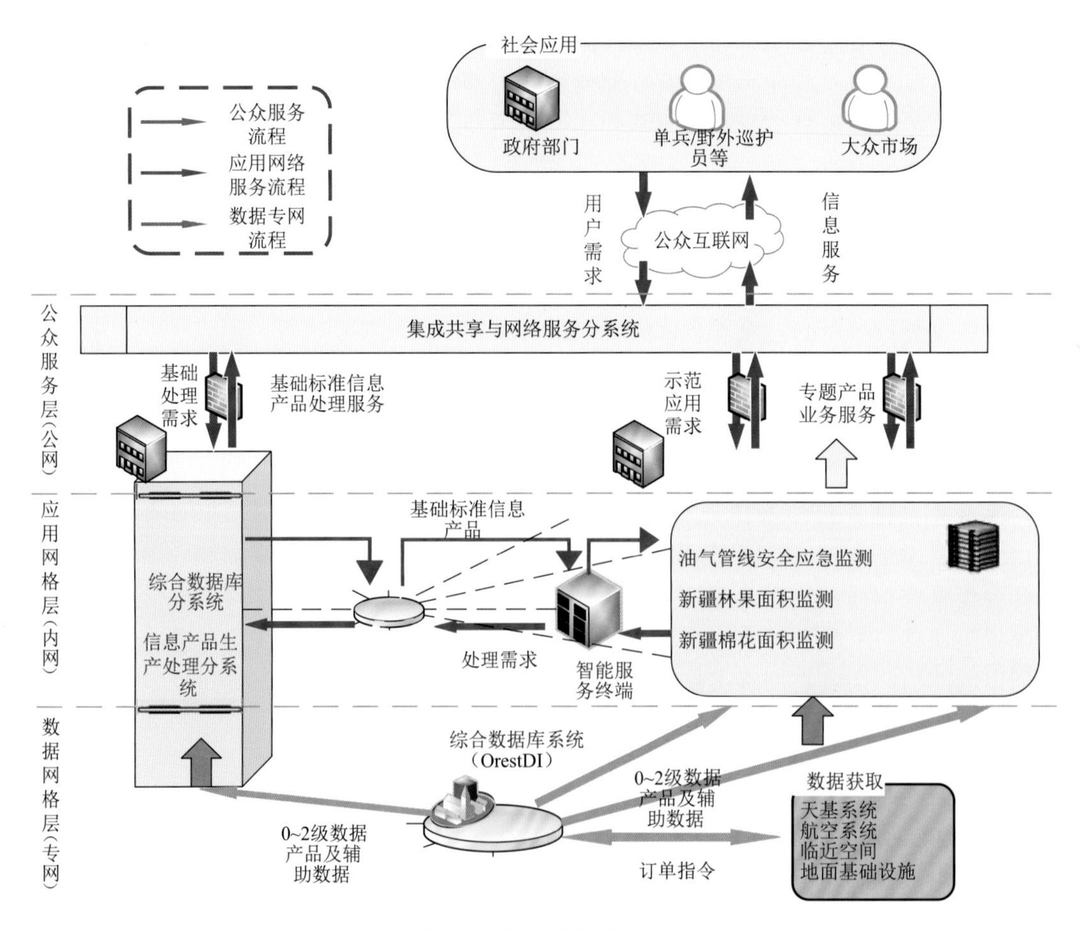

图 6-2　总体系统流程图

2. 技术流程

系统通过数据中心接收 1～2 级数据产品，并通过辐射/几何精校正处理、真实性检验技术、信息提取与分类技术、定量信息反演处理等生成基础信息产品，存储于综合数据库，再通过专题处理技术、专题产品模型算法处理生成专题产品，存储于产品数据库。

3. 产品流程

数据中心将 1～2 级数据产品提供给应用系统，应用系统通过共性技术研发与服务系统实现基础信息产品的处理，并通过信息共享与集成平台再返回给应用系统，由应用系统生成专题产品。

6.1.4 总体部署

为了实现高分卫星产业化应用的目标，在高分专项区域应用示范项目的先期示范攻关和一期阶段，对高分数据服务平台进行升级改造，建设具有产业化数据生产能力和商业化服务能力的新疆高分卫星大数据服务平台，通过移动 4G/5G 通信网络或卫星通信网络，实现海量高分遥感数据即时推送服务，满足森林资源监测对本底遥感数据、即时更新数据等空间信息的需求。其中，升级改造后的高分卫星大数据服务平台实现“海量”空间信息数据业务化快速处理及高频次、大规模数据检索与传输服务；探索构建移动终端空间信息即时推送服务体系，网络连接依托电信网络服务，形成规模化、业务化的数据传输渠道；为各个应用单位分别搭建森林资源监测专题系统，专题系统通过森林资源环境监测系统构建的空间信息即时推送服务体系，将海量专题信息快速推送至专题移动终端，形成基于“云-端”的高分卫星移动终端服务模式。

6.1.5 实施途径

1. 系统设计先行

设立系统总体，组织国内遥感应用领域专家和咨询顾问，通过需求论证，开展应用系统顶层设计、信息产品体系设计、生产线设计，制定应用系统技术规程，以利于有效组织任务分解和成果集成。

2. 数据源优化利用

最大限度地用好数据，同时结合我国卫星发射计划和国际对地观测体系数据，综合使用各类数据源，保证专项和整体产业规模提升目标的实现。

3. 关键技术攻关

组织国内优势科技力量，切实做好科技攻关，有效解决载荷应用中的海量数据处理、多类型影像融合、多星协同参数反演、高精度自动化信息提取、数值同化等关键技术问题，提升我国卫星综合应用科技水平，增强在模型算法方面的核心技术储备，提高新疆卫星综合应用水平。

4. 系统研制

建立基于国产高分卫星数据、北斗导航系统、卫星通信等卫星综合应用的新疆重点行业原型系统。

5. 业务化应用

为促进空间信息在区域应用、社会公众服务方面的整体能力，利用区域应用原型系统，开展区域专题应用。

6. 产业化推进

应用系统形成的成熟技术带动信息产品加工、软件产品生产、空间信息服务型企业快速增长，形成服务于国产卫星数据应用的产业化基地和企业集群，带动空间信息社会化应用服务水平提升。

以新疆森林资源监测为目标，采用国产高分卫星载荷数据，面向丝绸之路经济带社会安全、资源与环境安全、可持续发展等国计民生重大问题，通过“高分+”承载模式，与卫星通信、北斗导航等应用结合，融合大数据、云计算、移动互联网等新一代信息技术、创新服务和产品，针对新疆区域的森林资源监测业务，开展高分专项新疆高分卫星大数据平台建设与产业化应用建设工作，使整个高分大数据平台与森林资源环境监测系统具备集群化综合应用服务能力。开发终端应用，辅助新疆政府科学决策，为新疆政府和大众提供增值服务和内容，形成长效综合服务模式，提升高分专项规模化应用能力和水平。高分大数据平台与森林资源环境监测系统的主要思路如下。

1）技术现状调研与原型系统功能需求分析

技术现状调研主要是对目前国内外有关的森林资源监测系统、多源异构数据关联组织技术、大数据地理空间信息承载应用技术、目标信息精细化提取、高分数据与实时监控视频融合以及专题时间的态势分析和推演进行现状调研和分析，对已有类似系统技术实现方式和应用情况、高分遥感数据服务与林业产业化现状等情况进行摸底，理清目前国内外技术情况和应用现状；原型系统功能需求分析主要是在现状分析的基础上，进行业务需求与功能需求差距分析，明确提出技术研究方向、原型系统架构设计、系统能力需求、业务应用需求、指标体系要求等内容，为高分大数据平台与森林资源环境监测系统关键技术研究和原型系统研制提供依据。

2）关键技术攻关

主要是在大量现状调研的基础上，结合目前的技术水平以及应用方向，提出针对高分大数据平台与森林资源环境监测系统的技术解决思路，通过获取高分遥感数据，结合具体业务数据及模拟仿真数据，开展多源异构数据关联组织技术、大数据地理空间信息承载应用技术、目标信息精细化提取及专题分析和推演等关键技术的攻关。

3）原型系统设计与研制

在关键技术研制的基础上，结合业务流程进行原型系统框架设计，原型系统的设计要确保先进性、易用性以及可实现性。之后开展原型系统的研制，按照原型系统的功能设计、流程设计以及系统框架设计情况，开发系统实现的源代码，在开发实践中不断优化系统操作流程以及框架构成。

4）业务化验证

开展针对典型区域的演示验证，以高分多源卫星数据、各个业务部门等相关数据资源作为输入，设计一个演示验证方案，对原型系统进行验证，验证关键技术的先进性以及指标完成情况，系统架构设计的合理性以及功能完成情况。

6.2 指 标 体 系

指标体系的建立包括指标因子的提取、监测尺度的建立以及相应的技术标准规范等内容。在高分专项区域应用示范项目的先期示范攻关与一期阶段，已就高分区域应用在林业、冰雪、草地、应急安全等领域建立了系统总体与各应用领域的指标体系。高分大数据平台与森林资源环境监测系统的指标体系建设方案是在前期工作的基础上，根据高分系统升级改造、专题产品数据推送、移动终端数据更新等要求，结合通信、导航、数据信号传输与处理要求，综合归纳而成。

6.2.1 数据指标体系

产品等级说明来源于《面向应用的航天遥感科学论证理论、方法与技术》一书，如表 6-1 所示。

表 6-1　产品等级说明（顾行发等，2018）

分级	名称	定义	示例
0	原始数据信号	地面站接收到的，未经任何处理的卫星遥感数据信号	
	原始影像数据产品	卫星载荷原始数据及辅助信息。经过数据解包、元数据检核、分景分幅，但未做任何校正	
1	影像系统辐射校正产品	经过系统辐射校正、波谱复原处理，未进行几何校正的影像编码产品。包括数据解析、均一化辐射校正、去噪、MTFC、CCD 拼接、波段配准处理等	基于原始数据的经辐射校正（光谱定标、辐射定标、暗电流校正）的数据
2A	影像系统几何校正产品	在 1 级产品的基础上，进行了系统几何校正（一般通过 RPC 或严密几何成像模型校正）的影像编码产品，或映射到指定的地图投影坐标下的产品数据	以景为单位的数据产品
2B	影像几何校正产品	1 级数据加通过传感器高精度校正 RPC，RPC 按照辅助数据进行提供	加高精度 RPC 文件的以景为单位的 1 级数据
3A	影像几何精校正产品	经过系统辐射校正，同时采用地面控制点和相应的改正模型来提高产品几何精度的地理编码产品	高精度定位图

续表

分级	名称	定义	示例
3B	影像正射校正产品	经过系统辐射校正，同时采用数字高程模型（DEM）、控制点校正了地势起伏造成的视差的正射校正地理编码产品	正射图
3C	影像融合产品	光学全色与多光谱数据融合后的产品	突出纹理特征的图，一般由 3A 数据经融合处理后生成
3D	影像匀色镶嵌产品	匀色纠正的地理编码产品	大区域影像图，一般由 3B 数据经拼接形成
3E	影像数字正射校正产品	专业 DOM、DEM、DLG、DSM 产品等	
4A	目标表观辐射产品	经过定标处理，得到入瞳处辐亮度场，形成的表观辐亮度数据产品	表观辐亮度产品
4B	目标辐射产品	观测目标基础遥感辐射特性参数产品	NDVI 产品、地表反射率产品、地表亮温产品、大气光程产品、水色、透明度、光谱吸收峰产品等
4C	云目标掩模产品	经过云检测处理，检测出的厚云分布掩模产品	
4D	目标变化检测产品	发现识别性的变化监测处理产品	变化监测
4E	目标分类产品	确认分类监测处理产品	土地覆盖分类
5A	目标理化类产品	固、液、气物理化学类状态参数	温度、生物量、PM_{10} 浓度、化学需氧量（COD）等
5B	目标轮廓产品	固、液、气几何形状产品	长宽高、叶面积系数、体积、形状等
5C	目标规律知识性专题级产品	开展多源数据同化或结合社会经济数据、行业专家知识综合分析产生的、反映观测对象变化规律的专题信息产品	洪涝灾害风险评估报告、粮食估产报告、天气预报、污染监测报告
6	面向应用的专题产品	按照应用需求的融合性产品。行业编码参见 6 级产品行业编码	

6.2.2　应用指标体系

建设具有自主知识产权的高分卫星大数据服务平台，形成遥感、导航、通信卫星数据空间技术应用支撑能力，打造卫星综合应用服务模式，向各类用户提供全流程、一站式服务，为新疆森林资源监测应用提供空间信息数据融合和集成应用服务。建设移动终端空间信息即时推送服务体系，为专题用户提供基于无线网络的数据推送服务。

6.2.3　平台建设指标体系

（1）空间信息基础数据库：遥感应用特征库具备新疆区域覆盖的多级、多分辨率的辐射特征底库、无云特征底库、匀色特征底库；遥感数据信息库具备 PB 级数据规模自主遥感信息产品的组织、管理、存储、检索功能。

（2）空间信息即时通信能力：具备向多层次用户提供公益和商业两种服务的能力；具备终端和在线等应用环境的信息提取、分析与技术支持能力；面向新疆区域卫星应用部门和其他用户，开展相关共性技术培训服务；具备与互联网、电子政务外网、专线连接能力；实现各级用户节点链路信道传输效率优于 85%，要素信息产品传输带宽优于 $0.5GB·s^{-1}$，能同时支持不低于 2000 个用户并发访问，支持不少于 1000 个外部用户在线下载数据产品，具备向丝绸之路经济带沿线国家用户服务能力；3G 网络连接成功率 99.62%、3G 无线掉线率 0.15%、2G 无线系统接通率 98.63%、2G 掉话率 0.2%。

（3）高分卫星移动终端综合应用服务端系统与客户端软件：接收卫星广播遥感信息、卫星移动通信、北斗导航定位能力，蓝牙、WIFI 手机通信；接口 USB，可扩展；应用安装 5000 台移动终端，平台具备支持 1 万台以上移动终端定位处理能力。基于 IP 服务的北斗移动终端应用服务系统：定位请求平均响应时间优于 100 ms；日平均调用服务 100 万次；各系统具备与新疆高分卫星大数据平台接口，具备对标准景遥感数据进行处理能力。

6.3　高分卫星大数据服务平台

6.3.1　综合数据库分系统升级

6.3.1.1　系统升级后主要功能

以“新疆高分一期”项目建设的新疆高分综合应用管理服务平台为基础，面向卫星产业化应用“互联网+”的移动终端服务模式，对系统进行升级改造，提升综合数据库系统面向规模化遥感数据综合处理所需的 PB 级数据快速存储与服务能力，支持海量多源异构空间数据分析与应用需求，提高从海量复杂数据分析与快速获取知识的能力，支持多源异构信息融合、海量异构数据一体化组织存储与管理，作为大系统的综合数据库基础框架，为大系统提供数据的存储、管理与快速服务支撑。

综合数据库系统作为大数据处理分析服务系统中重要的核心部分，起着数据、信息的承载体与运行维护基础设施的重要作用，为保证各分系统稳定、高效地运行与服务，主要包含以下功能。

（1）多源异构数据标准化整编处理：对各类型多源异构数据进行标准化处理、组织，整编，形成一个逻辑上统一、应用上相互关联支撑，覆盖空间信息数据、模型、方法、知识等的综合性数据信息仓库，即遥感应用时空综合信息仓库。

（2）海量时空信息云存储：基于云的多源数据集成与透明访问技术建立地域上分离的资源管理逻辑中心；解决分布式环境下的海量空间数据和模型方法等信息的快速存取算法，针对不同类型数据、不同用途、不同时空尺度和使用频度等信息提供相应的最佳存取策略。

（3）海量时空信息云交换与共享：与各分系统进行数据、信息、模型方法的交换存储与共享应用；实现不同来源、不同数据类型等信息数据的透明访问、检索与互操作；依据数据质量检查标准对包括元数据信息在内的数据进行完整性匹配；提供标准交换格式和接口满足不同的数据需求。

（4）时空信息处理服务链调度：对数据处理任务类型进行划分，依据任务需求将所请求的数据按照不同的优先级、最优数据节点选择等方式传输数据信息，支撑其业务运行需要，并对推送过程进行监控。

（5）遥感应用时空综合信息仓库集成控制管理：监控所有节点的数据资源、存储资源、任务资源以及任务指令的执行情况，为整个综合数据库系统的性能分析和优化调整、网络负载均衡与调度以及故障检测和恢复提供支持；实现多源元数据管理，更新维护等功能。

（6）遥感应用时空综合信息仓库安全保障：建立基于时空的动态云审计策略与用户可信度访问控制；提供海量空间数据冗余多备能力等；提供数据加密功能，确保数据存储、传输的安全；通过数据完整性验证有效地确定在云存储系统中保管数据的完整性和有效性。

6.3.1.2　系统模块升级改造

在“新疆高分一期”项目建设的新疆高分综合应用管理服务平台的综合数据库分系统原有功能模块基础上，对各个模块进行针对卫星应用“互联网+”移动终端服务模式的升级改造。综合数据库系统主要负责组织、存储、维护和支撑海量空间信息分析、应用与服务，其系统组成主要包括两个部分。

1. 遥感应用时空综合信息仓库

遥感应用时空综合信息仓库包括基础空间地理信息、模型算法、遥感应用特征、试验验证、数据产品、信息产品、运行管理和信息服务等专题数据库，主要建设内容包括标准规范设计、数据库库体设计、数据结构设计以及相应数据的标准化整编处理与入库工作，如图 6-3 所示。

其中，基础空间地理信息库有 DEM 库、DOM 库、DLG 库、DRG 库、控制点库、社会经济数据库等组成，为海量空间信息分析、应用与服务提供空间基底、高精度控制和专题背景数据支撑。

模型算法库由数据处理模型数据、参数反演模型、信息提取算法、试验验证模型等组成，主要存储技术文档和软件代码，为信息产品生产系统、试验验证系统和信息集成与共享服务系统相关模型算法、技术文档和软件代码提供存档和应用支撑。

遥感应用特征库由陆地特征数据、大气特征数据和水体特征数据组成，为遥感空间信息提取与分析所需的模型算法研发及遥感3～5级信息产品生产提供遥感应用特征数据支撑。其中陆地特征数据包括地物波谱数据、纹理图斑数据、目标特征数据、地学图谱数据、地表参数数据；大气特征数据包括大气参数数据和光学特征数据；水体特征数据包括水色数据、水体光学数据、水文要素数据、水动力要素数据和水资源基础数据。

数据产品库由 1～2 级遥感数据产品构成，为生产 3～6 级专题遥感信息产品提供原始数据，具体数据产品分级参考产品体系分级定义表。

信息产品库由 3～6 级专题遥感信息产品构成，涉及陆、海、气相关产品，为信息集成与共享服务系统长期储备信息产品，具体数据产品分级参考产品体系分级定义表。

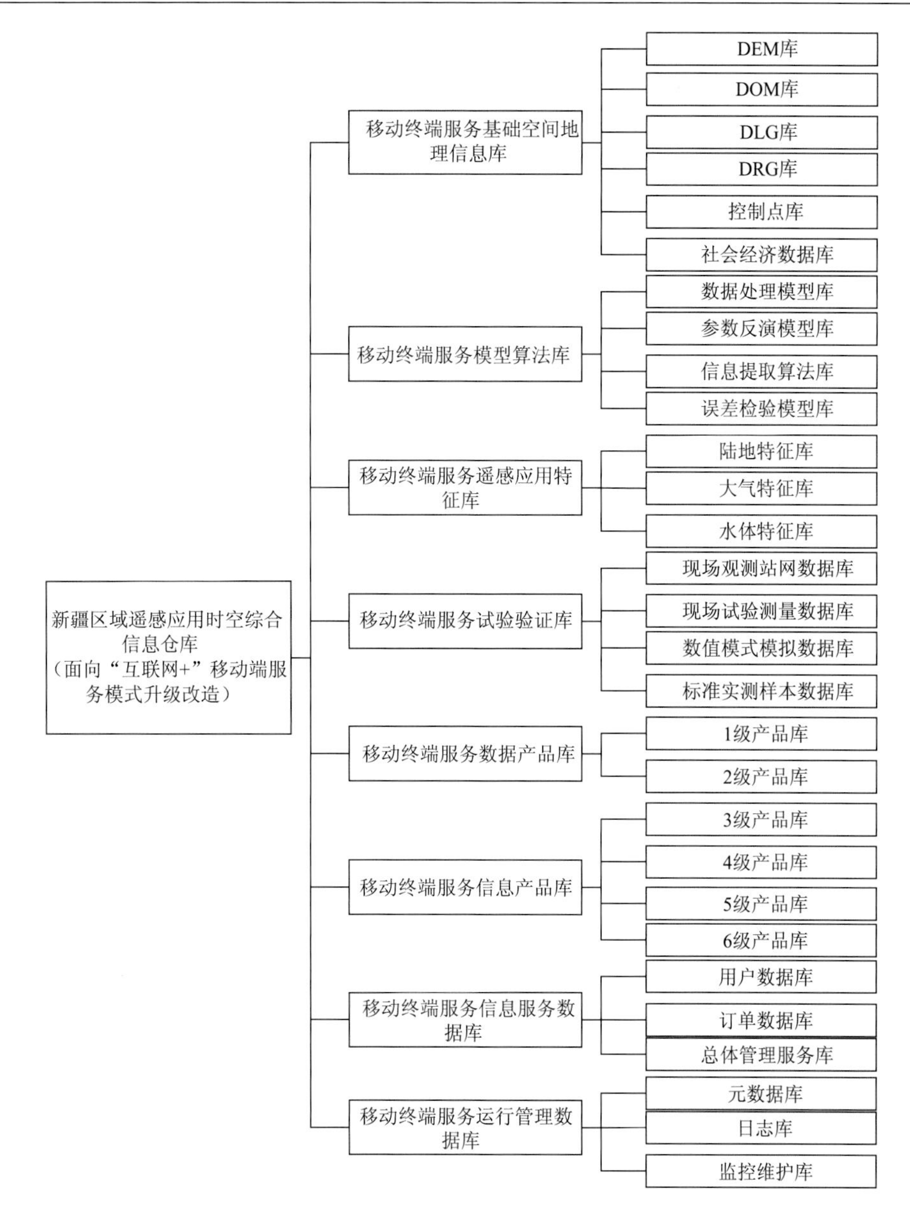

图 6-3　遥感应用时空综合信息仓库

信息服务库由用户数据、订单数据和系统管理服务数据等组成，为信息共享服务系统运行提供支撑。

运行管理库由元数据、日志数据、监控维护数据以及其他相关功能所需的基本数据等组成，为综合数据库系统的稳定运行提供支撑。

2. 遥感应用时空综合信息仓库运行与服务支撑系统

遥感应用时空综合信息仓库运行与服务支撑系统基于分布式架构由数据智能检索子系统、数据交换服务子系统、海量数据云存储子系统、数据汇集整编子系统、数据库安全管理子系统以及综合数据库运行管理子系统构成，如图 6-4 所示。

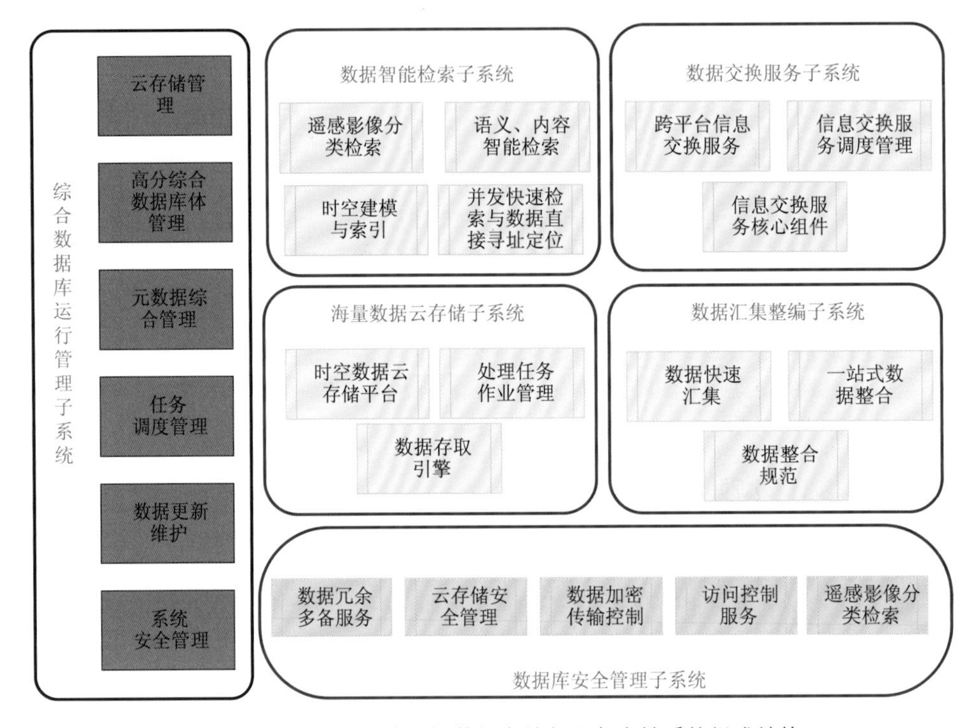

图 6-4　海量多源异构空间数据存储与服务支撑系统组成结构

数据智能检索子系统支持海量时空序列挖掘、数据分类检索、内容语义检索等，通过构建时空数据建模、并发检索和数据直接寻址定位技术，为系统提供遥感应用时空综合信息仓库智能快速检索支撑。

数据交换子系统负责系统内各云存储节点间的数据共享交换，是综合数据库系统对外提供数据高速交换服务的关键支撑系统。它主要在分布式、多源异构的时空数据资源环境下提供数据汇聚、数据发现、数据访问和数据服务等功能，为用户和应用系统提供广泛有效的信息数据共享和交换支撑服务。

海量空间数据云存储子系统主要负责分布式海量存储节点的组织和管理。基于云存储技术，实现对分布式存储节点的有效管理和安全控制，针对空间数据有着数据来源广、结构多样、数据实时性强等特点，提供空间数据快速存取功能。

数据汇集整编子系统通过搭建一站式的数据汇集整编体系架构，针对不同来源、不同格式的空间数据资源，采用统一的数据产品汇集、整理、管理标准规范体系进行标准化处理。

数据库安全管理子系统基于云环境的安全保障体系，从基础安全防护、服务限制、数据保护三个方面实现了综合数据库的安全机制，确保数据存储的保密性、完整性、可用性和不可抵赖性。

综合数据库运行管理子系统是整个综合数据库系统的业务控制中心，也是系统向外部提供数据库内部状态、数据库资源调配管理的唯一可视化媒介，它针对海量多源异构空间数据的特征，依托空间数据云存储服务，提供数据归档管理、数据检索、数据自组织、数据库维护等功能操作，实现多用户、多级、不同权限下的并行高速数据访问与管理。

6.3.2　信息产品生产处理分系统升级

6.3.2.1　系统升级后主要功能

以“新疆高分一期”项目建设的新疆高分综合应用管理服务平台为基础，面向卫星产业化应用“互联网+”的移动终端服务模式，对系统进行升级改造，满足海量遥感信息产品生产、处理、质检、分析等需求，集成遥感影像分析处理、编辑、交互过程监管、产品质量检查、数据加载及入库等功能于一体，提供流程化操作图像处理、数据处理工具、分类工具等功能，实现数据转换、显示增强、常规分析处理、影像编辑、镶嵌配准处理，有效进行数据生产作业调度和可视化监控。

6.3.2.2　系统模块升级改造

面向“互联网+”移动终端服务模式，加强具备自动化、标准化和业务化遥感数据处理模式和人工交互模式的高性能大数据处理系统，其中计算节点自动执行多项任务，简化对服务器、存储器、网络及其他资源的管理与配置流程，提供标准产品的高自动化生产系统，可用性、容量和性能能够动态扩展的业务处理系统。具备对大数据信息进行实时或近实时处理能力，标准信息产品生产系统功能模块结构如图 6-5 所示。

6.3.3　集成共享与网络服务分系统升级

6.3.3.1　系统升级后主要功能

以“新疆高分一期”项目建设的新疆高分综合应用管理服务平台为基础，面向卫星产业化应用“互联网+”的移动终端服务模式，对系统进行升级改造，通过专网和公众传输网络，加强分布式的海量遥感数据资源检索、管理、分发与信息产品生产与检验服务，加强多源数据、产品、模型、算法等资源的共享与发布，为用户提供统一资源共享目录，加强多级信息产品的可视化查询、检索、订购、高速下载业务化服务水平；加强集群计算服务共享业务化能力，为用户提供在线综合分析与服务流程定制，提供多种在线数据挖掘与分析模型。同时系统针对不同类型的用户需求分别提供基于 B/S 的服务模式与基于移动终端的服务模式，满足不同权限级别用户实现个性化的信息资源服务等。

6.3.3.2　系统模块升级改造

在“新疆高分一期”项目建设的新疆高分综合应用管理服务平台的集成共享与服务分系统原有功能模块基础上，对各个模块进行针对卫星应用“互联网+”移动终端服务模式的升级改造。完整的平台功能结构设计如图 6-6 所示，根据系统设计方案，部分功能需要根据用户的需求在不同的时期分阶段实施。

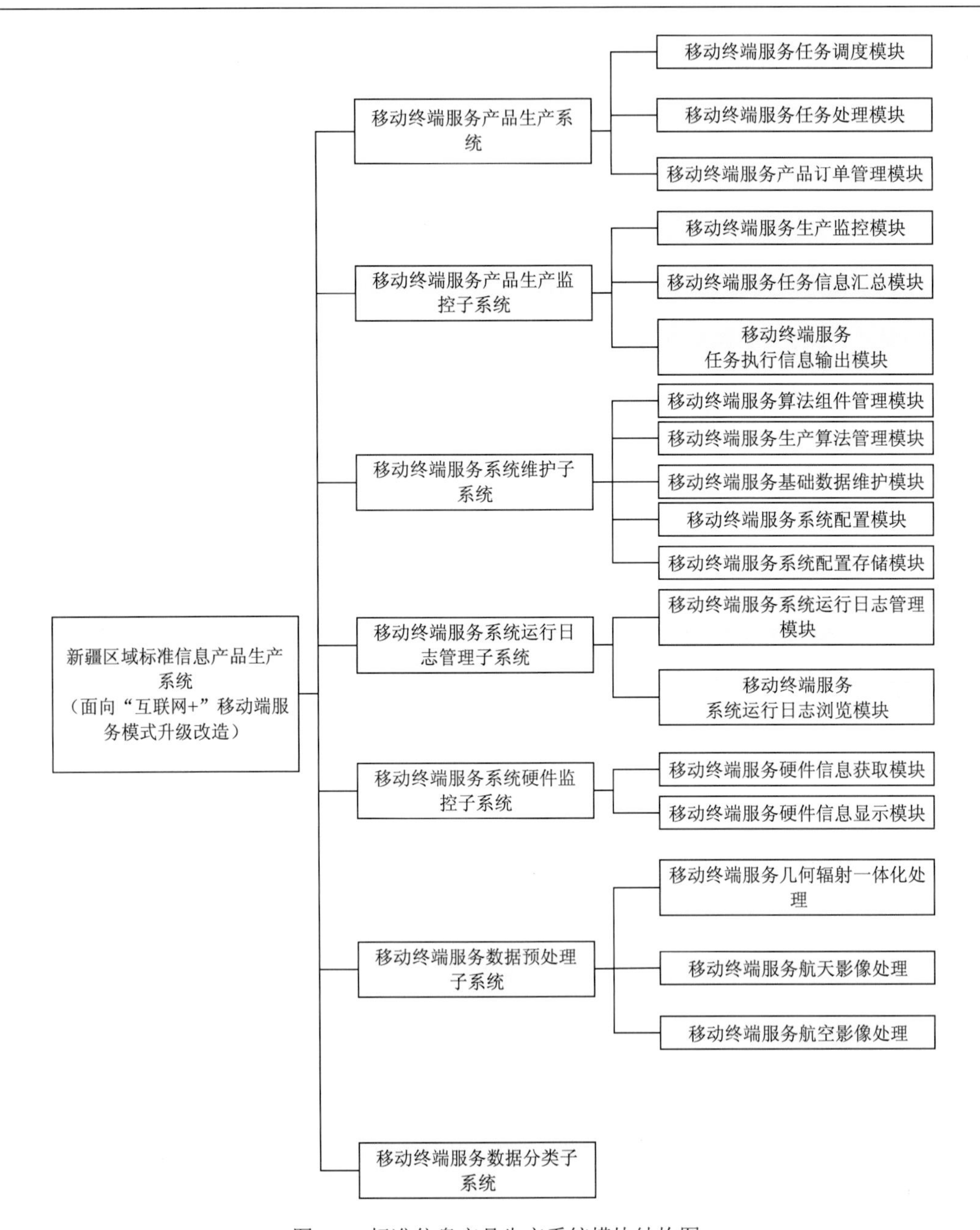

图 6-5　标准信息产品生产系统模块结构图

5 大功能系统平台与用户关系如图 6-7 所示。

应用集成服务平台属于遥感应用综合服务系统中的一个基础平台，与应用信息共享平台和应用资源协同平台等其他 4 个平台互相交互共同支持遥感应用综合服务系统的正常运行。设计时采用 B/S 模式。

应用信息共享平台负责将综合数据库中已有的成品，包括基础地理数据、产品、模型等通过该平台对外发布，达到应用技术中心所有资源共享。设计时采用 B/S 模式。

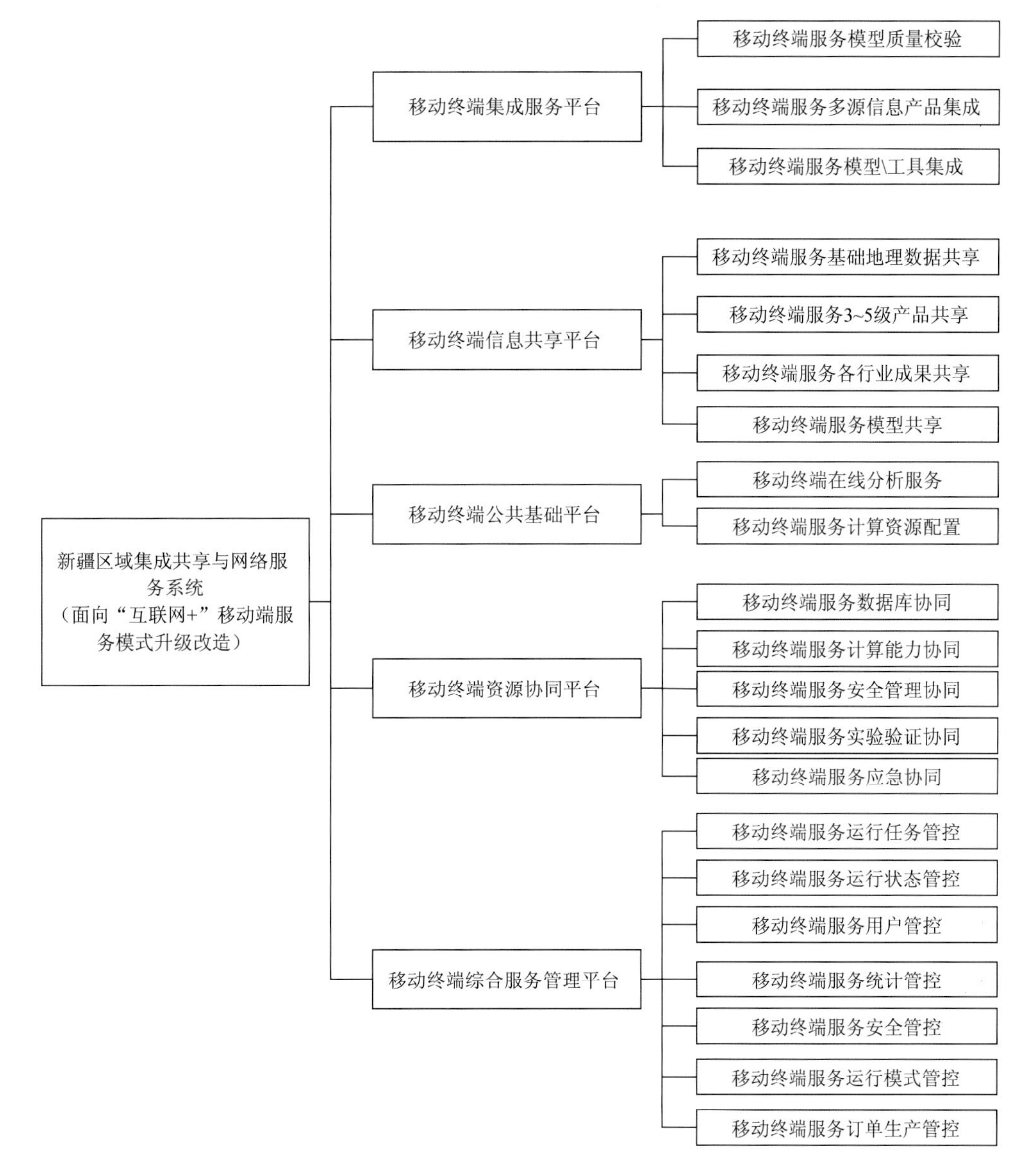

图 6-6　卫星数据信息综合服务系统

应用公共基础平台利用三维数字地球的可视化基底和成熟的第三方空间信息处理平台，移植积累的遥感图像处理软件成果，为不同行业用户提供基础的服务，为整个遥感应用综合服务系统的完整、稳定、快速运行提供强有力的保障。设计时采用 B/S 模式。

应用资源协同平台提供对各种资源的协同调度。设计时采用 C/S 模式。

应用综合服务管理平台主要是对服务的过程进行管理和控制。设计时采用 C/S 模式。

集成服务平台主要完成基于网格和网络环境下分布式模型资源、信息数据库资源等应用部门的资源集成。

集成服务平台主要是针对“新疆高分一期”项目成果数据、标准地理信息数据等类型数据进行有效和快速的集成，方便行业区域用户进行数据的收集与提交。应用集成服务平台集成自主产权的遥感、空间信息软件系统等，在应用共享与集成服务原型系统中提供集成服务。该平台由集成校验、成果集成以及模型\工具集成 3 个子系统组成。

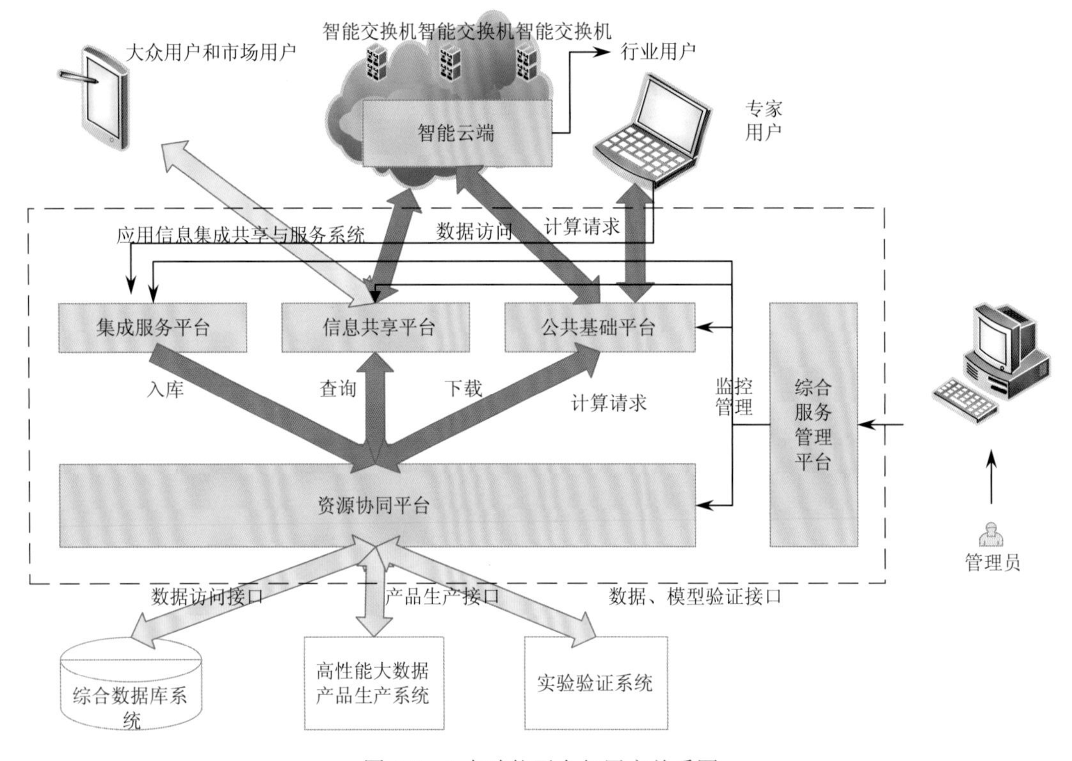

图 6-7　5 大功能平台与用户关系图

信息共享平台主要是完成对综合数据库中已有成品，包括基础地理数据、产品、模型、算法等服务发布与资源共享。

信息共享平台对用户提供基础地理数据共享、3～5 级产品共享、行业集中式成果共享和模型共享。基础地理数据共享实现用户从用户界面中获取空间信息可视化基础地理数据，将数据进行展示和基础地理数据下载操作。3～5 级产品共享实现用户从资源协同平台到综合数据库中进行数据检索，并将检索到的结果进行二维/三维展示和下载。行业集中式成果共享通过资源协同平台到综合数据库中将检索到的结果进行集中展示，并提供行业集中式成果下载操作。模型共享实现用户通过资源协同平台到综合数据库将检索到的模型进行选择并将需要的模型进行下载操作。

公共基础平台实现用户的在线分析与产品深加工功能，用以实现用户在线功能需求。公共基础平台在常规模式的情况下可以进行计算资源的协同调度。调用在线分析功能，实现部分产品的在线分析和生产。公共基础平台主要实现网络在线公共会商、在线分析和在线工具 3 个子系统的功能。其中在线公共会商（视频会议）实现在线的分布式遥感信息的实时交互；在线分析则是实现在线可视化分析、多格式文档浏览和统计分析同方面的功能。

实现综合服务系统内部协同与流程管控，通过用户多点统一登录、分布授权等手段，支持行业、专家、企业、公众等用户信息服务管理，提供综合服务系统软硬件实时监控与系统安全保障。

应用综合服务管理平台提供了运行管理、用户授权、安全管理、统计分析管理和运行模式管理 5 大功能，这些功能是贯穿于整个遥感应用综合服务系统整个流程中的。运行管理模块负责系统在接收到任务时，启动任务监控，并对任务进行解析；整个过程中系统都对任务进行状态监控，在监测到故障时实时进行故障诊断恢复；在任务执行完毕后，对整个任务和结果进行评审考核。用户授权模块要求用户首先进行用户注册，并对用户进行角色分配和权限分配。

6.4　森林资源数据库构建

新疆西天山森林资源林地征占监测背景数据库是面向多源异构空间数据而研制的数据快速存储与服务系统，可服务于拥有海量空间数据分析与应用需求的领域，提高从复杂数据分析与快速获取知识的能力，支持多源异构信息融合、海量异构数据一体化组织存储与管理，特别适用于海量非结构化空间数据的存储、管理与快速服务需求。

6.4.1　总体技术路线

森林资源背景数据库总体建设技术流程主要包括数据服务分析、综合数据库设计、数据建库、功能开发、运维模式研发以及应用优化等 6 个步骤，流程图如图 6-8 所示。

1. 数据服务分析

结合数据调研成果和标准规范，开展必要的数据分析和基础设施调研时系统建设的先决条件和重要的设计基础。其中，数据分析包括了对现有数据的类型、格式、分类、存储模式等内容的调研，以及对系统建成后所容纳新增数据的类型、格式、分类等内容的分析。

2. 综合数据库设计

在调研分析的基础之上，开展海量空间信息综合数据库的设计工作，为综合数据库建设提供重要的建库和开发依据。其主要包括了 4 方面的设计。

逻辑结构，在数据分析调研的基础之上，对综合数据库所容纳的数据进行梳理整理，结合分布式数据存储特点，设计海量空间信息高分应用综合数据库的概念模型、数据模型等逻辑结构。

物理结构，结合逻辑结构设计和硬件平台建设特点，为海量空间信息综合数据库确定合理的存储结构和存取方法。

软件环境，软件环境包括了综合数据库的主要功能模块，是综合数据库建设和对外服务的具体执行单位，其设计包括了系统框架、功能单元划分、接口设计、开发规范等内容，是海量空间信息综合数据库功能模块开发的重要依据和参考。

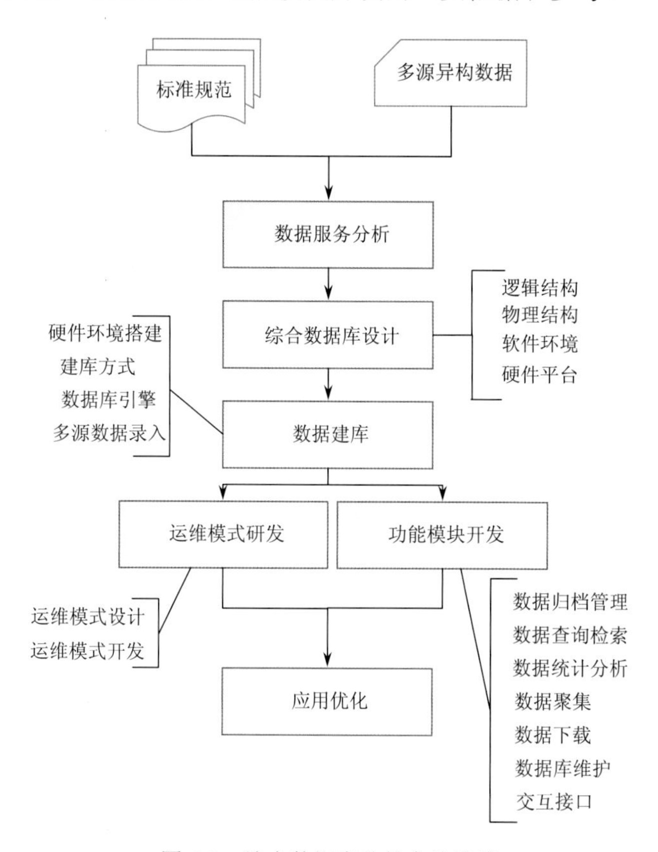

图 6-8　综合数据库总体实施路线

硬件平台，硬件平台的建设是海量空间信息综合数据库建设的基础，其设计的成功直接影响到了综合数据库性能的可靠性，尤其是数据的可获取性。

3. 数据建库

依据数据库设计方案，开展数据建库工作，包括各数据节点地理位置选取、硬件环境平台选型、数据库表等内容设计与建设；并开展已有数据的录入管理工作，形成数据统一管理能力。

4. 功能开发

在数据建库的基础之上，依据海量空间信息综合数据库结构设计，结合信息网络服务架构，进行综合数据库运行管理子系统的功能开发，完成综合数据库的建设，形成一个具有高运行效率的数据支撑能力，实现遥感及其他相关数据入库、存储管理，保证信息查询与数据下载的透明、便捷和安全，实现数据库群的分布式管理与集成。

5. 运维模式

通过研究和设计综合数据库的运维模式，充分发挥综合数据库系统的社会效益及经济效益，从而保障综合数据库系统的长久运作。

6. 应用优化

随着综合服务平台运行服务，根据海量空间信息综合数据库的统计分析，进行系统的维护和优化工作，使之性能达到最优化。

6.4.2　数据库体系结构

森林资源背景数据海量多源异构空间数据存储与交换支撑系统的体系结构如图 6-9 所示。系统设计分为 5 层，自下而上分别为：物理层、云平台层、基础层、交互层，以及横跨多个层次的服务组合、服务监控、虚拟资源管理、任务调度及计量、计费等。下面将对各层的功能进行简单论述。

（1）物理层：该层是高分综合数据库体系架构的最底层，可以由普通 PC 或者高性能服务器搭建。

（2）云平台：是海量信息综合数据库体系的核心，可分为 4 个部分，自下而上分别是：操作系统、云平台环境、数据、管理层。

其中操作系统包括客户操作系统（Guest OS）及宿主操作系统（Host OS），为支持虚拟环境宿主操作系统上需安装虚拟机管理软件，而客户操作系统上可以安装系统运行环境，包括 GIS 运行环境，数据库，甚至可以是 Hadoop Slave 环境（用于 Hadoop 的分布式存储和分布式计算）等。

云平台环境包括两部分：虚拟化管理工具和分布式存储、分布式计算环境。该云平台环境拟采用 Eucalyptus 作为虚拟化管理工具，并使用 Hadoop 作为分布式存储、分布式计算环境，由 Eucalyptus 统一调度资源。

存储数据内容包括遥感数据、基础地理空间数据、数据产品数据、信息产品数据、试验验证数据、遥感特征数据及服务信息数据等。依据不同的应用场景和信息类型，这些数据选择不同的存储方式，持久化的存储可选择直接存储到 Hadoop 的分布式文件系统中，而临时租用的则可以选择存储到虚拟环境，临时租用空间在使用完成后将被还原。

管理层负责管理上述所有需要调度管理的内容，具体包括提供高分综合数据分布式存取接口、虚拟资源管理接口、高性能计算管理接口、云平台功能整合接口等。

（3）基础层：针对遥感时空数据应用需求，提供数据快速建模、检索、挖掘等服务，包括时空数据建模、时空数据语义检索、时空序列建模、并发快速检索与直接寻址等。

（4）交互层：主要包括系统运行管理交互、数据信息查询交换服务、数据一体化标准处理等应用交互模块，提供访问接口和视图交互接口，包括数据整编、基于透明方式的综合数据存取接口、综合数据检索服务、元数据服务、安全控制服务、资源监控服务、综合数据浏览服务、数据库管理服务等。

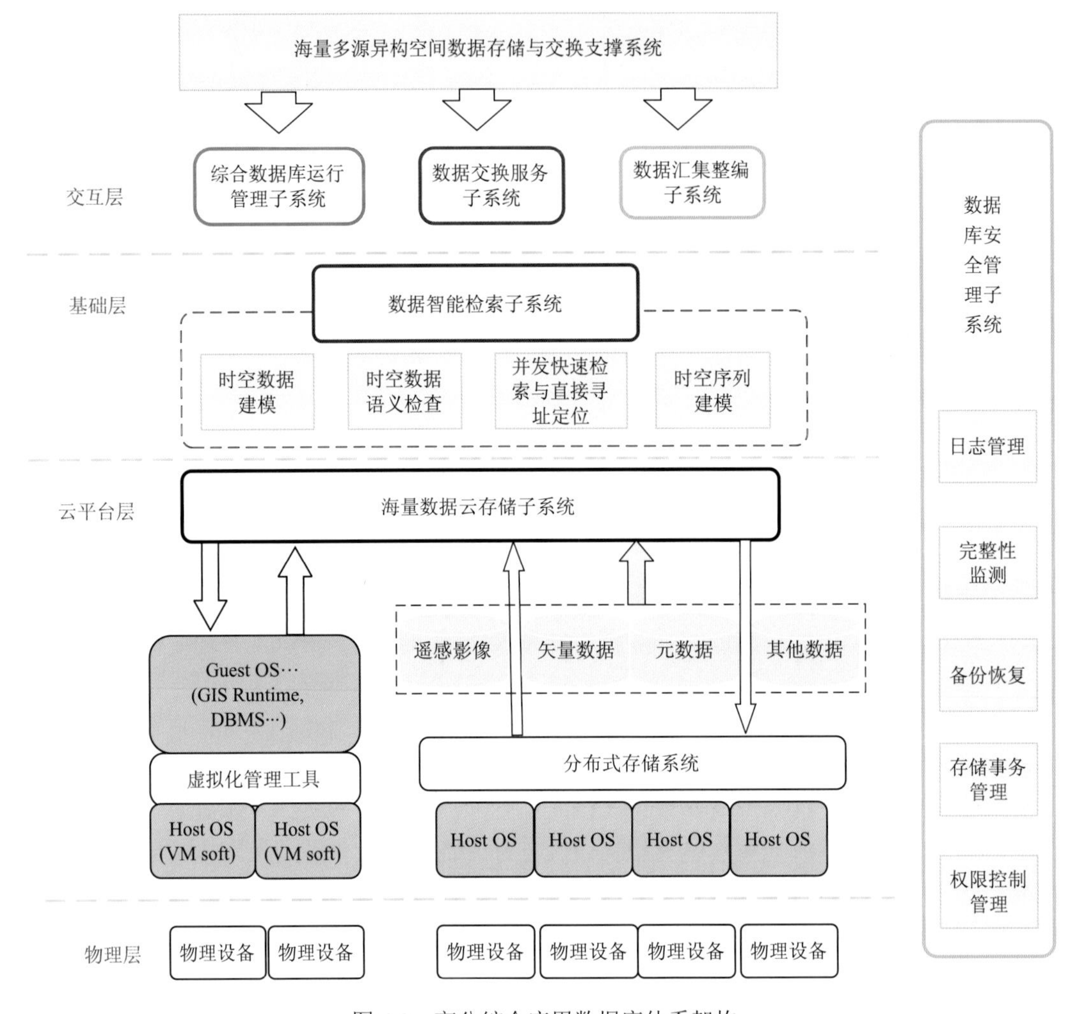

图 6-9 高分综合应用数据库体系架构

6.4.3 数据库组织结构

针对遥感应用中所涉及的数据类型多而复杂的特点，数据库进行数据组织遵循以下基本要求。

（1）数据库中的数据组织考虑矢量数据、栅格数据、多媒体数据等多源数据格式的管理要求。

（2）采用分区域、分图幅、分专题、分要素相结合的方法组织数据入库。

（3）考虑临时数据、当前应用数据和历史数据不同的应用需求，合理组织不同类型的数据库。

（4）分专题和分要素组织数据时，应与数据分类相吻合。

（5）对于存储在矢量、栅格空间数据，应采用性能可靠、高效的空间数据库引擎管理。

（6）在保证用户访问效率的情况下，对于数据量不是很大的数据，按照物理无缝的方式组织数据。

（7）对于数据量很大的矢量、栅格数据，可采用分区、分块、分幅的方法，通过数据索引表，建立逻辑上无缝的数据库。

（8）元数据库需要建立起与相应数据的对应关系，以方便实现数据与元数据的统一管理和相关查询。

（9）数据库所关联的外部文件类型数据，文件存储的目录需要有合理的组织结构，文件的命名要符合一定的规则要求。

遥感应用综合数据库组织结构如图6-10所示。

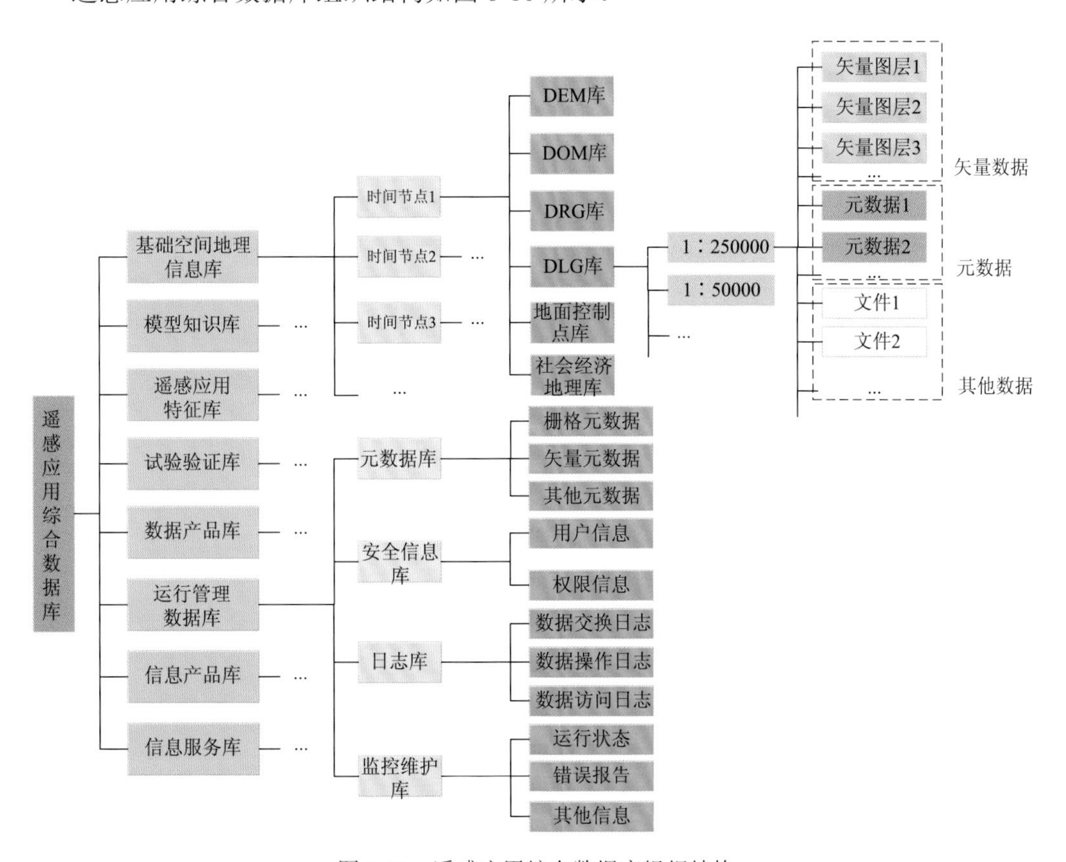

图6-10　遥感应用综合数据库组织结构

1. 空间数据的分层组织

当前空间信息系统使用空间数据时，普遍采用空间数据分层的方式来组织空间数据。数据分层时，首先按照空间信息的类别，把相同类别的空间数据组织到同一数据层中，另外，矢量数据按照类型分为点、线、面3种基本类型，矢量数据的分层伴随着分类，每一层中只能存储一种数据类型。

数据库中，空间数据层有不同的类型，主要分为矢量数据层和栅格数据层两大类。不同比例尺的矢量空间数据组织在不同的数据层中。当矢量数据层数据量不大，采用无缝的方式组织空间数据，即将连续的空间数据组织到一个数据层中，但当矢量数据层数据量很大时则将该数据层的数据进行分割，形成多个彼此相邻的数据块，并将这种彼此相邻关系存储到空间数据库中，形成空间数据索引。

数据库中的栅格数据层一般都是以影像金字塔方式存储在空间数据库中的栅格数据，如影像数据、DEM 数据等。海量的栅格数据也可以文件方式存储，为了提高数据的访问效率，要将数据进行分块存储，同时结合不同分辨率的数据，形成基于文件系统的影像金字塔。以分块文件方式存储数据时，不同数据块文件之间存在相邻关系，这种相邻关系可存储在空间数据库中，形成栅格数据索引。

2. 空间数据的格网索引

对于海量的栅格数据和数据量非常大的空间数据图层，由于数据处理和数据传输能力的限制，要采用格网对数据进行划分。栅格数据的数据格网将完整的数据分为不同的数据块，对每个小的数据块进行编号，并在数据库中建立数据块编号和数据块之间的对应关系，数据块可存储在数据库中或是存储在文件系统中。对于大范围、大数据量的矢量图层，为了提高数据的访问效率和实际使用的方便，采用地理格网划分的方法建立格网索引是目前主流的处理方式，本系统拟采用基于经纬网格的多源遥感数据一体化组织模型对数据进行组织，并构建格网索引。

基于经纬网格的多源遥感数据一体化组织模型（五层十五级的影像组织模型）摒弃了传统的四叉树影像金字塔对层数无特殊要求的做法，制定了遥感影像的分层标准，该标准从大的范围划分为五个层，小的范围内每一层有三个级别总级数一共为十五级。每一层内的级别按照 5∶2.5∶1 的比例进行排列，上层的最后一级与下层的第一级之间的比例为 2∶1。对于传统的金字塔来说，分层的层数越多数据的冗余量就越大，占用更多的磁盘空间。相比之下采用五层十五级的影像数据组织模型一是保证了影像数据的金字塔结构不变，二是充分考虑实际应用当中对分块数据的需求，合理划分层级标准，在整体划分保证数据梯度（影像的分辨率）大致均匀分布的前提下将冗余数据控制在一定的范围之内，同时又可使各级的切片数据在空间属性上对应到一个简单数上，且符合统一的换算公式。

3. 数据文件的组织

在数据库中，有很多类型的数据可以通过数据文件的方式存储在文件系统中，数据库中只记录该数据文件的文件路径编号，此类数据文件可在数据交换场合下直接应用。数据的存储方式和交换文件格式取决于数据的类型，矢量数据按照“图库-子库-图层-要素”的层级结构组织存储在数据库中；影像数据的数据量较大时直接存储在文件系统中，否则可直接存储在数据库的栅格数据层。

6.4.4 已完成的数据库

已完成的新疆森林资源林地征占监测背景数据库包括：影像数据库、地物光谱数据库、基础地理信息数据库、森林资源背景数据库，如图 6-11 所示。

地物光谱数据库.gdb
基础地理信息数据库.gdb
android
林场基础数据
kuangdian
nileke_diming
nileke_forestCompartment
nileke_ForestFarm
nileke_guanhusuo
nileke_guanhuzhan
nileke_linbanquhua
nileke_river
nileke_road
nileke_shulindi
nileke_shulindi_point
nileke_subCompartment
nlk1990_2013_2j_xd2m_zyjz
疏林地标注
新疆边界
林地征占基础数据
森林资源背景数据库.gdb
影像数据库.gdb

图 6-11　已完成的森林资源数据库

6.5　软件模块算法

6.5.1　文件管理模块

1. 功能描述

文件管理主要用于打开森林防火信息系统文件，设置专题图初始路径及文档的存储、输出、打印等工作，为此系统的专业模块提供基础的文件管理功能。

2. 输入输出项

文件管理模块输入输出项，如表 6-2 所示。

表 6-2　文件管理模块输入输出项

项名称	输入/输出	说明	类型
新数据	输入	基础数据	字符串
产品	输出	纸质打印图表等	字符串

3. 接口

内部接口主要为数据库读写、文件读写等接口，系统接口设计依托接口设计原则进行。

6.5.2 森林调查因子提取模块

1. 功能描述

以影像图作为输入，输出冠幅、郁闭度、小班边界。

2. 输入输出项

森林调查因子提取模块输入输出项，如表 6-3 所示。

表 6-3 森林调查因子提取模块输入输出项

项名称	输入/输出	说明	类型
新数据	输入	影像数据	栅格数据
产品	输出	冠幅、郁闭度、小班边界专题图	栅格数据

3. 算法流程

森林调查因子提取主要包括冠幅、郁闭度、小班边界的提取。

4. 接口

内部接口主要为数据库读写、文件读写等接口，系统接口设计依托接口设计原则进行。

6.5.3 森林资源动态监测模块

1. 功能描述

根据输入的 DEM（数字高程模型）数据，进行坡度、坡向和地形起伏度的自动提取；实现对 HJ-1 影像中土壤类型、土地利用类型以及植被类型的查询和地图定位；识别森林类别；通过边界自动提取功能实现分类结果边界线的自动提取。

2. 输入输出项

森林资源动态监测模块输入输出项，如表 6-4 所示。

表 6-4 森林资源动态监测模块输入输出项

项名称	输入/输出	说明	类型
新数据	输入	遥感影像数据、DEM 数据等	字符串
产品	输出	森林类别、森林立地因子等	矢量、栅格数据

3. 算法流程

森林资源动态监测主要流程包括林区坡度、坡向和地形起伏度的立地因子自动提取，然后采用面向对象的分类方法对高分辨率遥感影像的森林类别进行识别，在分类时不仅依靠地物的光谱特征，更多的是要利用其几何信息、结构信息以及空间语义关系等，充分利用对象和周围环境之间的联系等因素，借助对象特征知识库来完成对影像信息的提取，可以采用基于异质性最小原则的区域合并算法对高分辨率遥感影像进行多尺度分割，以识别森林树种。该算法从像元开始，由下至上逐渐进行区域合并，经过多次迭代运算，同质区域由小变大，最终变成分割后得到的多边形对象。从影像中任意一个像元开始，首先将性质类似的相邻的单个像元合并成较小的影像对象，之后将较小的影像合并成较大的多边形对象，在这个过程中，影像对象不断增长，但是其内部异质性必须达到最小，该算法流程如图 6-12 所示。

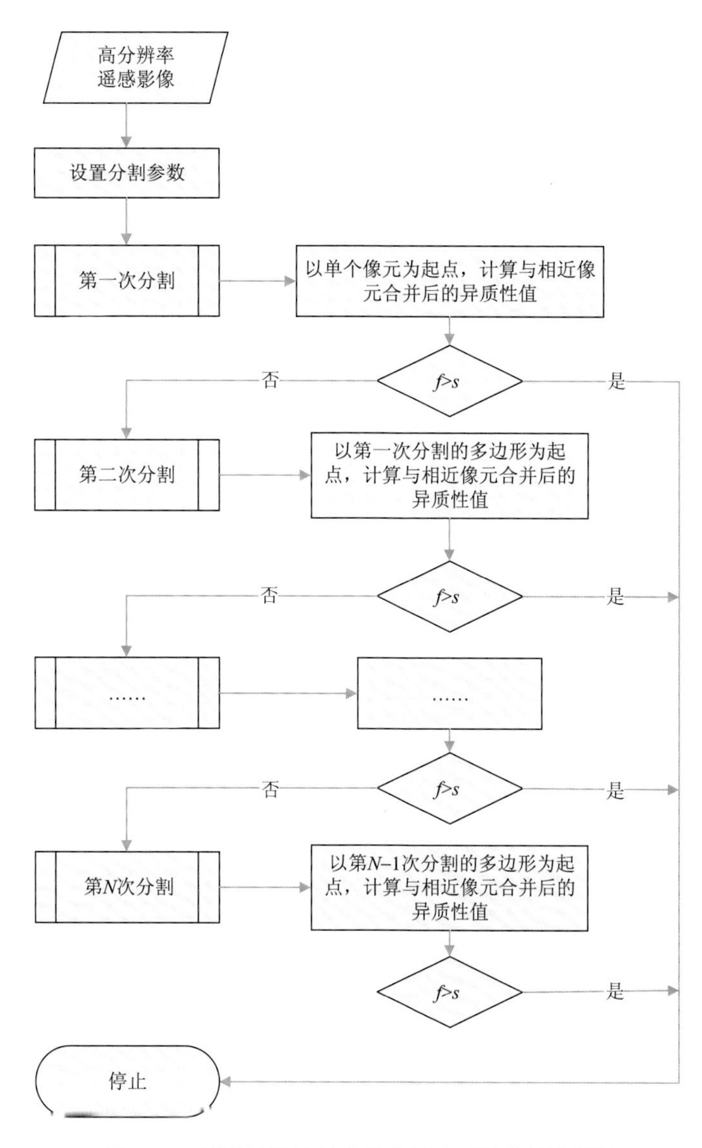

图 6-12　基于异质性最小的多尺度区域分割流程图

f 为异质性值，*s* 为分割尺度的阈值

4. 接口

内部接口主要为数据库读写、文件读写等接口，系统接口设计依托接口设计原则进行。

6.5.4　林地征占监测模块

1. 功能描述

可以查看天山西部云杉林光谱监测的样地描述表、典型植被光谱曲线、云杉林光谱曲线、可见光波段光谱曲线特征表、近红外波段光谱曲线特征表以及区分不同龄级云杉林有效特征表；实现归一化植被指数和比值植被指数的计算以及定量地估计生物量。植被分类的精度直接影响着生物量的估算结果。不同植被种类，其植被指数与生物量之间的关系是不一样的，甚至相差悬殊。即使同一植被类型，不同的生长状况，即使 MSAVI 相同，其生物量也存在着一定的差异。本功能模块中对生物量的估计结合了龄级这一要素，能够更好地反映生物量的现状和动态变化。

2. 输入输出项

林地征占监测模块输入输出项，如表 6-5 所示。

表 6-5　林地征占监测模块输入输出项

项名称	输入/输出	说明	类型
新数据	输入	基础数据	字符串
产品	输出	生物量现状和动态变化等	栅格、矢量数据

3. 接口

内部接口主要为数据库读写、文件读写等接口，系统接口设计依托接口设计原则进行。

6.5.5　森林火灾应急与辅助决策模块

1. 功能描述

热点管理，对热点信息进行数据库管理操作，并可将已保存的热点信息根据热点编号和经度、纬度地理坐标信息进行查询。

一般收到热点信息之后，需要进行实地核查。“核查处理”模块的功能主要是管理热点的核查信息，对热点核查数据进行数据库操作及计算热点的核查位置与热点接收的地理位置之间的误差距离。

“热点定位”模块，允许用户根据热点的经纬度信息或热点编号信息，在当前视图中定位，并标识出来。用户可以以热点为圆心，以一定的标识距离为半径，将圆的范围勾绘在地图上，并搜索得到距离当前热点最近的地名信息。此外，本模块还提供热点定位信息制图、输出、打印的功能。

实现对火势线、无烟区、火烧迹地以及火场的标绘，这些要素的标绘，可以用于辅助森林火灾应急决策。

2. 输入输出项

森林火灾应急与辅助决策模块输入输出项，如表 6-6 所示。

表 6-6　森林火灾应急与辅助决策模块输入输出项

项名称	输入/输出	说明	类型
新数据	输入	热点信息	字符串
产品	输出	决策信息	字符串

3. 算法流程

火灾应急与决策算法流程，如图 6-13 所示。

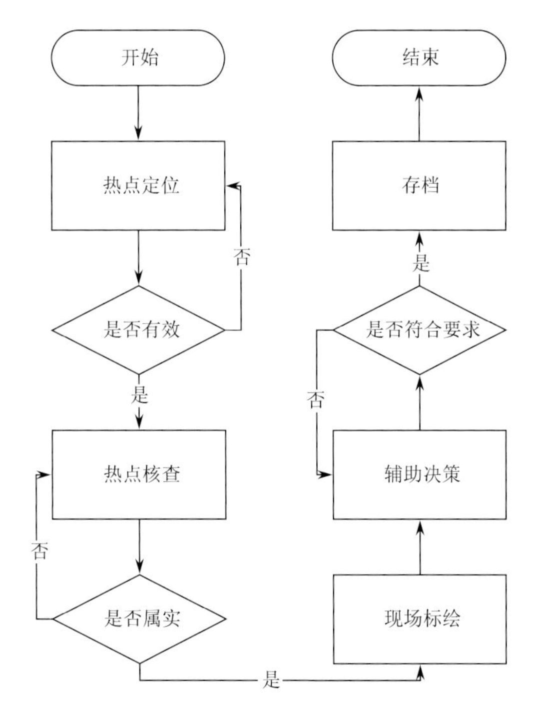

图 6-13　火灾应急与决策算法流程图

4. 接口

内部接口主要为数据库读写、文件读写等接口，系统接口设计依托接口设计原则进行。

6.5.6 GPS 点跟踪模块

1. 功能描述

根据航空记录或地面行进记录的 GPS 点，实现地图定位标识及相关属性信息关联存储。提供 GPS 点批处理功能，实现 GPS 点的批处理显示和文件管理功能。

2. 输入输出项

GPS 点跟踪模块输入输出项，如表 6-7 所示。

表 6-7　GPS 点跟踪模块输入输出项

项名称	输入/输出	说明	类型
新数据	输入	GPS 点信息等	字符串
产品	输出	定位标识等	字符串

3. 算法流程

GPS 点跟踪算法流程如图 6-14 所示。

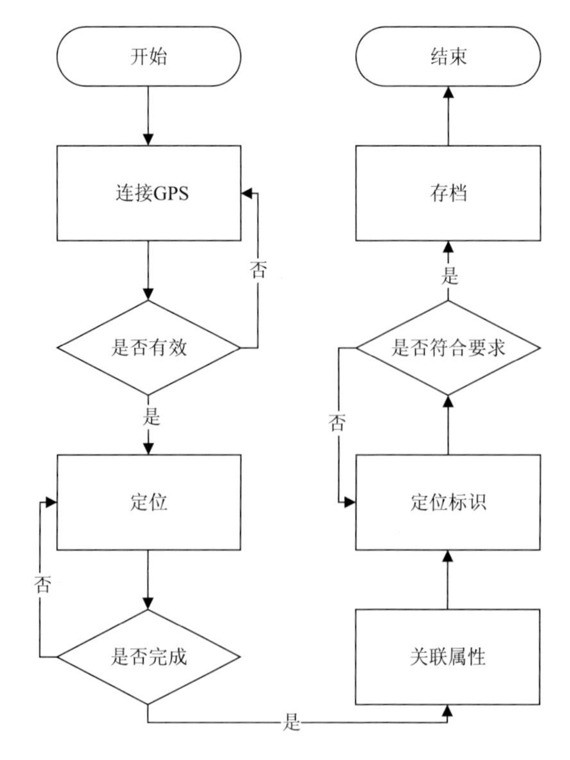

图 6-14　GPS 点跟踪算法流程图

4. 接口

内部接口主要为数据库读写、文件读写等接口，系统接口设计依托接口设计原则进行。

6.5.7　地图定位模块

1. 功能描述

地名定位：依据输入的地名查看相应地区的电子地图，并支持模糊查询。

林区定位：用户通过输入林班号及小班号，就可以实现在电子地图上高亮显示所包含的小班。

坐标定位：用户可以输入具体的坐标值（如经纬度或方里网坐标）来查看该点一定范围内的电子地图。

2. 输入输出项

地图定位模块输入输出项，如表 6-8 所示。

表 6-8　地图定位模块输入输出项

项名称	输入/输出	说明	类型
新数据	输入	地名、林班号、坐标值等	字符串
产品	输出	定位信息等	字符串

3. 算法流程

地图定位算法流程，如图 6-15 所示。

4. 接口

内部接口主要为数据库读写、文件读写等接口，系统接口设计依托接口设计原则进行。

6.5.8　信息统计模块

1. 功能描述

统计不同优势树种、地类等图班面积的百分比，并显示专题地图。

2. 输入输出项

信息统计模块输入输出项，如表 6-9 所示。

3. 算法流程

信息统计算法流程，如图 6-16 所示。

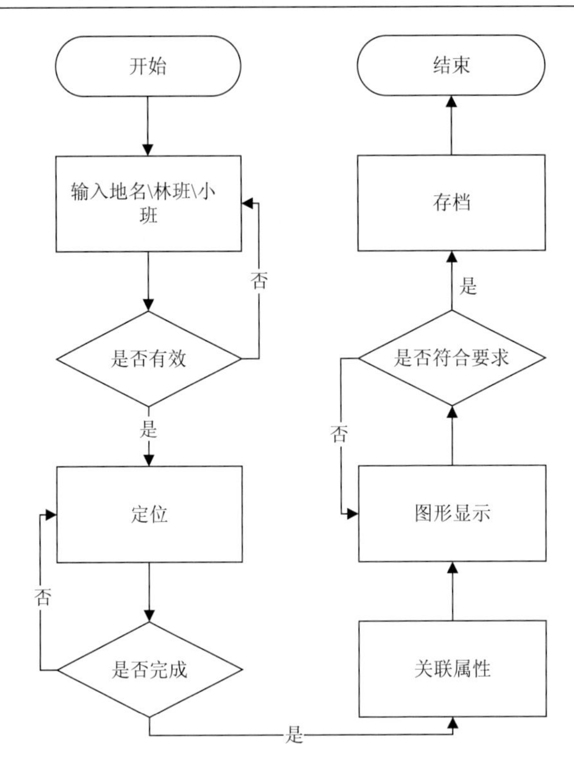

图 6-15　地图定位算法流程图

表 6-9　信息统计模块输入输出项

项名称	输入/输出	说明	类型
新数据	输入	基础数据	字符串
产品	输出	统计图表等	表数据

4. 接口

内部接口主要为数据库读写、文件读写等接口，系统接口设计依托接口设计原则进行。

6.5.9　工具模块

1. 功能描述

在“工具”菜单栏中，系统提供了各类操作地图的功能。其中，工具分为对二维地图的操作和对三维地图（电子沙盘）的操作。例如：放大、缩小、测距、标识等。由于这部分与工具栏中所提供的功能大部分一致，这里只介绍与工具栏不同的操作功能。相同功能的操作用户可查阅工具栏部分的操作说明。

2. 输入输出项

工具模块输入输出项，如表 6-10 所示。

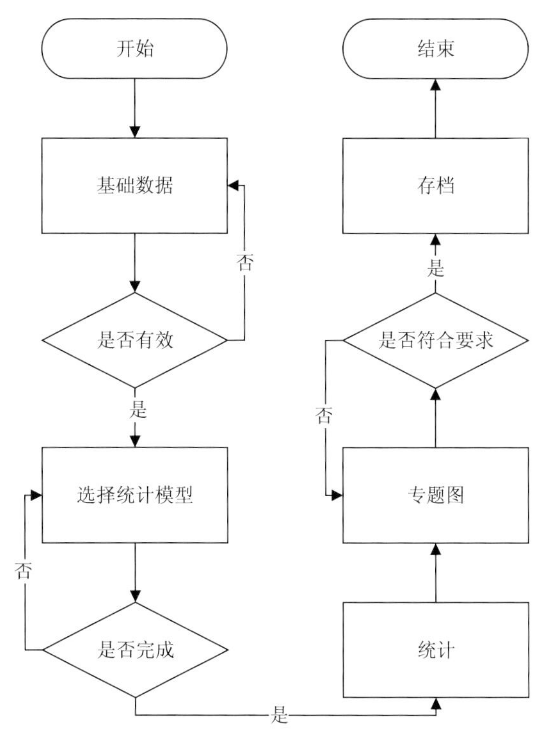

图6-16　信息统计算法流程图

表6-10　工具模块输入输出项

项名称	输入/输出	说明	类型
新数据	输入	地图等	字符串
产品	输出	工具操作结果等	字符串

3. 接口

内部接口主要为数据库读写、文件读写等接口，系统接口设计依托接口设计原则进行。

6.5.10　高分森林资源移动终端模块

1. 功能描述

基于Android智能手机，在Arcgis for android 10.2.5移动GIS软件平台上设计、开发、实现了一套自主灵活轻便的移动GIS基础软件平台——高分森林资源移动终端系统，如图6-17、图6-18所示，主要功能有：实时定位，可记录轨迹、传回位置信息；可以浏览示范区尼勒克遥感影像（高分 0.8m、2m、16m 数据，高光谱数据）覆盖情况；可以查询尼勒克森林资源现状情况；可实时采集信息并记录入库。

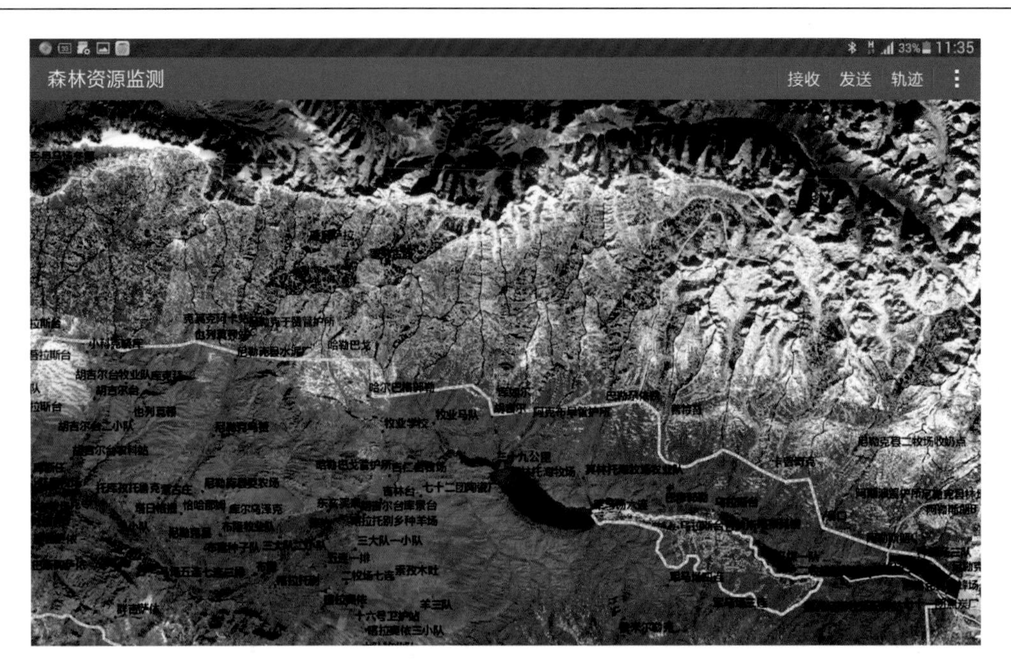

图 6-17　高分森林资源移动终端系统

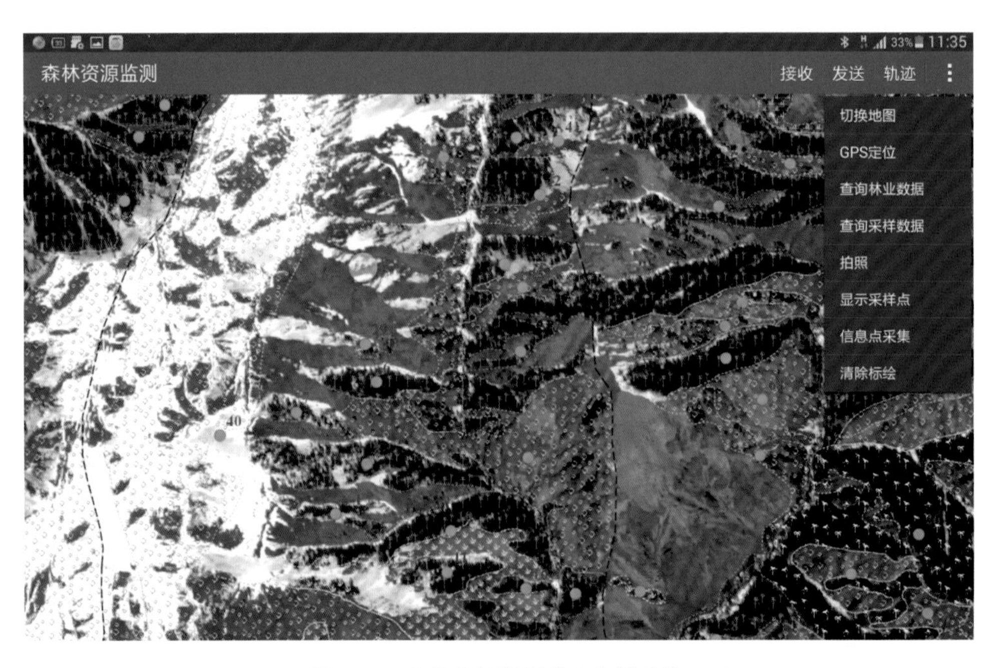

图 6-18　高分森林资源移动终端系统

2. 接口

内部接口主要为数据库读写、文件读写等接口，系统接口设计依托接口设计原则进行。

6.6 系统研发

6.6.1 系统需求与目标

新疆的森林资源主要分布于山区，共有林地面积 677.70 万 hm^2，其中森林面积 197.80 万 hm^2。活立木总蓄积量 3.1 亿 m^3，林木蓄积量 2.8 亿 m^3，占全国的 2.3%，位居全国第 11 位。

随着社会经济发展，人类对自然资源的过度利用与不合理开发，尤其是开矿、旅游等建设活动占用林地、破坏植被的情况比较严重，造成新疆山地森林、河谷林、荒漠林面积下降，天然林涵养水源功能减弱。目前亟待在整合区域应用和高分区域应用示范先期攻关成果的基础上，利用 GF-1、GF-3、GF-4、GF-5 等数据开展施业区、林班小班层面的林业作业调查设计、林地征占监测评价，为区域林地征占监测业务提供决策支持。

6.6.2 系统主要功能

新疆森林资源环境高分载荷遥感监测评价子系统的应用目标是基于 GF-1、GF-2、GF-3 和 GF-5 数据以及地面调查数据，获取不同尺度的森林资源现状信息，并研发相应的软件工具，实现示范区森林资源管理、林地征占监测专题产品生成，提升森林资源监测技术水平和效率。

新疆森林资源环境高分载荷遥感监测评价子系统的主要功能如图 6-19 所示。

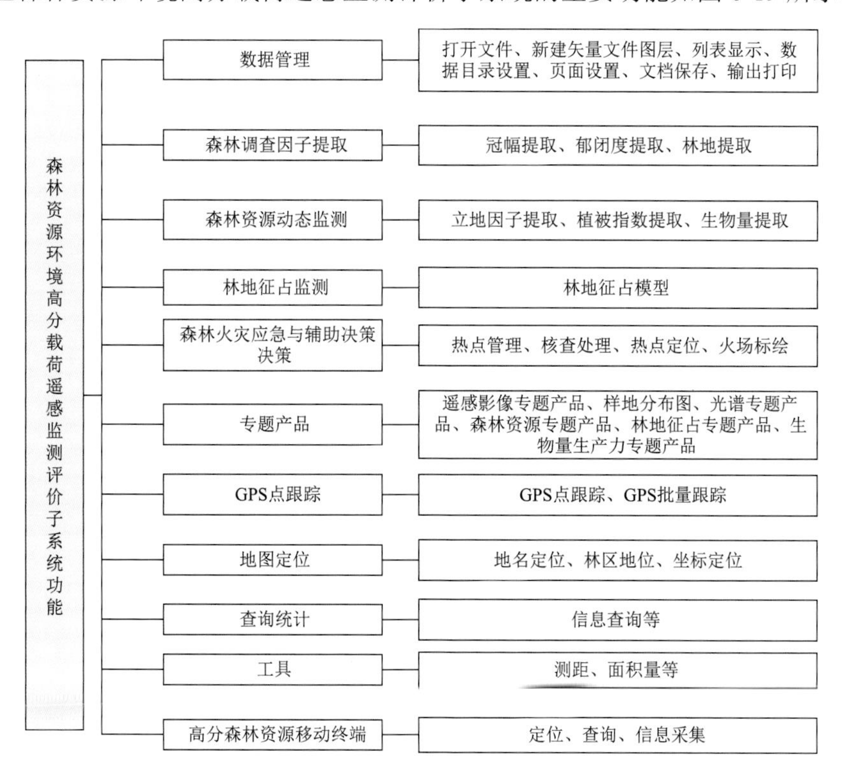

图 6-19　森林资源环境高分载荷遥感监测评价子系统功能结构图

参考文献

蔡喜琴, 曹建君, 蔡迪花, 等. 2006. 中巴地球资源卫星 CCD 影像几何纠正方法比较[J]. 遥感技术与应用, (4): 396-398.

陈冬花, 李虎, 马江林. 2007. 基于 CBERS-2 数据的新疆天山西部森林资源监测研究[J]. 国土资源遥感, (2): 86-89.

陈良富, 高彦华, 程宇, 等. 2005. 基于 CBERS-02 卫星数据和地面测量的生物量估算及其影响因素分析[J]. 中国科学 E 辑: 信息科学, (S1): 113-124.

陈宜元. 2000. 资源一号发射成功标志着我国空间技术实现了新的飞跃[J]. 中国航天, (3): 21-28.

陈志彪. 2005. 花岗岩侵蚀山地生态重建及其生态环境效应[D]. 福州: 福建师范大学.

崔耀平, 王让会, 刘彤, 等. 2010. 基于光谱混合分析的干旱荒漠区植被遥感信息提取[J]. 中国沙漠, 30(2): 334-341.

丁建丽, 张飞, 塔西甫拉提 •特依拜. 2008. 塔里木盆地南缘典型植被光谱特征分析[J]. 干旱区资源与环境, 22(11): 160-166.

宫鹏, 浦瑞良. 2000. 高光谱遥感及其应用[M]. 北京: 高等教育出版社.

龚健雅. 1999. 当代的若干理论与技术[M]. 武汉: 武汉测绘科技大学出版社, 197-199.

谷成燕. 2018. 利用几何光学模型耦合多源遥感数据的山地森林参数估测研究[D]. 北京: 中国林业科学研究院.

顾行发, 余涛, 等. 2018. 面向应用的航天遥感科学论证理论、方法与技术[M]. 北京: 科学出版社.

韩爱惠, 王庆杰, 孙向然. 2004. CBERS-02 星 CCD 数据在林业资源监测中的应用评价[J].国土资源遥感, (2): 61-64, 78.

韩春峰. 2010. 基于 HJ-1B 星的云检测及土地覆盖模式与地表温度研究[D]. 福州: 福建师范大学.

郝宁燕. 2016. 基于 GF-1 影像的森林分类及景观格局分析——以凉水自然保护区为例[D]. 西安: 西安科技大学.

何志强. 2018. 基于高分二号影像的面向对象分类技术研究[D]. 淮南: 安徽理工大学.

贺威. 2005. 传感器与遥感影像的辐射校正方法探索[D]. 秦皇岛: 燕山大学.

侯光良, 李继由, 张谊光. 1993. 中国农业气候资源[M]. 北京: 中国人民大学出版社, 62-66.

胡佳. 2015. 基于 GF-1 遥感影像的湖南省典型湿地类型信息提取研究[D]. 长沙: 中南林业科技大学.

胡伍生. 2000. 神经网络理论及其工程应用[M]. 北京: 测绘出版社.

黄慧萍. 2003. 面向对象影像分析中的尺度问题研究[D]. 北京: 中国科学院大学.

黄妙芬, 徐曼, 李坚诚, 等. 2004. 中巴地球资源 02 星数据特性分析[J].干旱区地理, (4): 485-491.

黄万里. 2015. 基于高分卫星数据多尺度图像分割方法的天山森林小班边界提取研究[D]. 福建: 福建师范大学.

黄昕. 2009. 高分辨率遥感影像多尺度纹理、形状特征提取与面向对象分类研究[D]. 武汉: 武汉大学.

霍加. 2006. 伊犁州伊犁河谷山洪灾害成因与防治思考[J]. 中国防汛抗旱, (2): 53-56.

贾旖旎, 汤国安, 刘学军. 2009. 高程内插方法对 DEM 所提取坡度、坡向精度的影响[J]. 地球信息科学学报, (1): 36-42.
金飞. 2013. 基于纹理特征的遥感影像居民地提取技术研究[D]. 郑州: 解放军信息工程大学.
金明仕 J P. 1992. 森林生态学[M]. 曹福亮译. 北京: 中国林业出版社: 144-257.
李崇贵, 赵宪文, 李春干. 2006. 森林蓄积量遥感估测理论与实现[M]. 北京: 科学出版社.
李春干, 谭必增. 2004. 基于 GIS 的森林资源遥感调查方法研究[J].林业科学, 40(4): 40-45.
李海滨, 林忠辉, 刘苏峡. 2001. Kriging 方法在区域土壤水分估值中的应用[J]. 地理研究, 20(4): 446-52.
李明诗, 谭颖, 潘洁, 等. 2006. 结合光谱、纹理及地形特征的森林生物量建模研究.遥感信息, (6): 6-9, 66.
李擎, 王振锡, 王雅佩, 等. 2019. 基于 GF-2 号遥感影像的天山云杉林郁闭度估测研究[J].中南林业科技大学学报, 39(8): 48-54.
李小春. 2005. 多源遥感影像融合技术及应用研究[D]. 郑州: 解放军信息工程大学.
李新, 程国栋, 卢玲. 2003. 青藏高原气温分布的空间插值方法比较[J]. 高原气象, 22(6): 565-573.
李镇清. 2003. 中国典型草原区气候变化及其对生产的影响[J].草业学报, 12(1): 4-10.
梁顺林. 2009. 定量遥感[M]. 北京: 科学出版社.
林文鹏, 李厚增, 黄敬峰, 等. 2010. 上海城市植被光谱反射特征分析[J]. 光谱学与光谱分析, 30(11): 3111-3114.
林文鹏, 王长耀, 储德平. 2006. 基于光谱特征分析的主要秋季作物类型提取研究[J]. 农业工程学报, 22(9): 128.
林忠辉, 莫兴国, 李宏轩, 等. 2002. 中国陆地区域气象要素的空间插值[J]. 地理学报, 57(1): 47-56.
刘纯平. 2002. 多源遥感信息融合方法及其应用研究[D]. 南京: 南京理工大学.
刘丹丹, 田静, 高延平, 等. 2018. 基于像元二分模型的森林郁闭度遥感估算[J]. 测绘与空间地理信息, 41(2): 31-33, 39.
刘建华. 2011. 基于车载传感器的路面井盖自动定位识别算法研究[J]. 计算机应用研究, 28(8): 3137-3140.
刘龙飞, 陈云浩, 李京. 2003. 遥感影像纹理分析方法综述与展望[J]. 遥感技术与应用, (6): 441-447.
刘学军, 龚健雅, 周启鸣, 等. 2004. 基于 DEM 坡度坡向算法精度的分析研究[J]. 测绘学报, 33(3): 6.
刘志华, 常禹, 陈宏伟. 2008. 基于遥感、地理信息系统和人工神经网络的呼中林区森林蓄积量估测[J]. 应用生态学报, (9): 1891-1896.
马莉, 范影乐. 2009. 纹理图像分析[M]. 北京: 科学出版社.
梅安新, 彭望禄, 秦其明, 等. 2001. 遥感导论[M]. 北京: 高等教育出版社.
莫申国, 张百平. 2007. 基于 DEM 的秦岭温度场模拟[J]. 山地学报, 25(4): 406-411.
聂斯切洛夫 B Г. 1957. 森林学[M]. 北京: 中国林业出版社, 66.
潘佩芬, 杨武年, 简季, 等. 2013. 基于光谱指数的植被含水率遥感反演模型研究——以岷江上游毛尔盖地区为例[J]. 遥感信息, 28(3): 69-73.
潘耀忠, 龚道溢, 邓磊, 等. 2004. 基于 DEM 的中国陆地多年平均温度插值方法[J]. 地理学报, 59(3): 366-374.
钱育蓉, 于炯, 贾振红, 等. 2013. 新疆典型荒漠草地的高光谱特征提取和分析研究[J]. 草业学报, 22(1) 157-166.
宋月君, 吴胜军, 冯奇. 2006. 中巴地球资源卫星的应用现状分析[J]. 世界科技研究与发展, (6): 61-65.
苏理宏, 李小文, 王锦地, 等. 2003. 典型地物波谱知识库建库与波谱服务的若干问题[J]. 地球科学进展, 18(2): 185.
谈建国, 周红妹, 陆贤, 等. 2000. NOAA 卫星云监测和云修复业务应用系统的研制和建立[J]. 遥感技术与应用, 15(4): 228-231.
谭炳香. 2006. 高光谱遥感森林类型识别及其郁闭度定量估测研究[D]. 北京: 中国林业科学研究院.
唐延林, 黄敬峰, 王秀珍, 等. 2004. 水稻、玉米、棉花的高光谱及其红边特征比较[J]. 中国农业科学, 37(1): 29-35.
田庆久, 宫鹏, 赵春江, 等. 2000. 用光谱反射率诊断小麦水分状况的可行性分析[J]. 科学通报, 45(24): 2645-2650.
童庆禧, 田国良. 1990. 中国典型地物波谱及其特征分析[M]. 北京: 科学出版社.
童庆禧, 张兵, 郑兰芬. 2006. 高光谱遥感——原理、技术、应用[M]. 北京: 高等教育出版社.
汪静, 杨媛媛, 王鸿南, 等. 2004. CBERS-1 卫星 02 星图像数据质量评价[J]. 航天返回与遥感, (2): 34-38.
王臣立. 2006. 雷达与光学遥感结合在森林净初级生产力研究中应用[D]. 北京: 中国科学院遥感应用研究所.
王峰, 曾湧, 何善铭, 等. 2004. 实现 CBERS 图像自动几何精校正的地面控制点数据库的设计方法[J]. 航天返回与遥感, (2): 45-49.
王怀义, 李大耀, 崔绍春. 2003. 我国卫星光学遥感技术的成就与新世纪展望[J]. 遥测遥控, (4): 1-6.
王惠. 2001. 多源遥感影像在目标图集制作中的应用[D]. 郑州: 解放军信息工程大学.
王雪峰, 陆元昌. 2013. 现代森林测定法[M]. 北京: 中国林业出版社.
王燕, 赵士洞. 2000. 天山云杉林生物生产力的地理分布[J]. 植物生态学报, 24(2): 186-190.
王艳霞. 2012. 高分辨率遥感数据林分郁闭度定量估计——以天山西部云杉林为例[D]. 福州: 福建师范大学.
吴英, 张万幸, 张丽琼, 等. 2012. 基于 DEM 的地形与植被分布关联分析[J].东北林业大学报, 40(11): 96-98
武轩. 1999. 希望之星——中巴地球资源卫星[J]. 中国航天, (11): 12-14.
肖鹏峰. 2012. 基于向量场模型的多光谱遥感图像分割[C]. 南京: 江苏省测绘学会, 90-93.
谢玉娟, 梁洪有, 余涛, 等. 2011. 基于沙漠场景的可见近红外遥感器辖射定标研究进展[J].安徽农业科学, 39(20): 12581-12583.
新疆森林编辑委员会. 1989. 新疆森林[M]. 北京: 中国林业出版社.
邢建军, 王勇. 2007. 浅谈基于 ERDAS IMAGINE 软件的几何精纠正方法[J]. 测绘与空间地理信息, (2): 90-93.
徐春燕, 冯学智. 2007. CBERS02 星 CCD 数据在天山西部生态公益林研究中的应用[J].遥感信息, (3): 71-74, 99.
徐辉, 潘萍, 杨武, 等. 2019. 基于多源遥感影像的森林资源分类及精度评价[J].江西农业大学学报, (5): 1-12.
徐建艳, 侯明辉, 于晋, 等. 2004. 利用偏移矩阵提高 CBERS 图像预处理几何定位精度的方法研究[J]. 航天返回与遥感, (4): 25-29.
许辉熙. 2009. 遥感影像融合方法的精度评价[J]. 测绘与空间地理信息, 32(6): 11-14.
杨存建, 倪静, 周其林, 等. 2015. 不同林分郁闭度与遥感数据的相关性[J].生态学报, 35(7): 2119-2125.
杨宏兵, 董霁红, 陈建清, 等 2012. 植被覆盖度模型研究进展[J]. 安徽农业科学, 40(12): 7580-7585.
姚国慧. 2016. 基于雷达数据的天山云杉林郁闭度信息提取[D].乌鲁木齐: 新疆农业大学.

岳跃民, 王克林, 熊鹰. 2012. 基于植被光谱监测喀斯特异质性生境可行性研究[J]. 光谱学与光谱分析, 32(7): 1891-1894.

曾湧, 王文宇, 何善铭. 2004. CBERS-1 卫星 CCD 图像高效去噪方法[J]. 航天返回与遥感, (2): 29-33.

张峰. 2011. 遥感图像融合方法探讨[J]. 环球人文地理: 理论版, (12): 32-33.

张桂峰. 2010. 粒度理论下的多尺度遥感影像分割[D]. 武汉: 武汉大学.

张庆君, 马世俊. 2008. 中巴地球资源卫星技术特点及技术进步[J]. 中国航天, (4): 13-18.

张霞, 张兵, 赵永超, 等. 2002. 中巴地球资源一号卫星多光谱扫描图象质量评价[J]. 中国图象图形学报, (6): 63-68, 108.

张新时, 张瑛山, 陈望义, 等. 1964. 天山雪岭云杉林的迹地类型及其更新[J]. 林业科学, 9(2): 167-183.

章毓晋. 2012. 中国图像工程: 2011[J]. 中国图象图形学报, 17(5): 603-612.

赵红, 贾永红, 张晓萍, 等. 2010. 遥感影像融合方法在 ALOS 影像水体信息提取中的应用研究[J]. 水资源与水工程学报, 21(3): 56-58.

赵文慧, 赵文吉, 李小娟, 等. 2007. 中巴资源二号卫星影像在土地利用变化中的应用——以包头固阳县土地利用变化为例[J]. 首都师范大学学报(自然科学版), (6): 78-82.

赵文吉. 2007. PCI 图像处理教程[M]. 北京: 中国环境科学出版社.

赵英时等. 2003. 遥感应用分析原理与方法[M]. 北京: 科学出版社.

赵英时等. 2013. 遥感应用分析原理与方法[M]. 2 版. 北京: 科学出版社.

周红妹, 杨星为, 陆贤. 1995. NOAA 气象卫星云监测方法的研究[J]. 环境遥感, 10(2): 137-142.

周兰萍, 魏怀东, 丁峰, 等. 2013. 石羊河流域下游民勤荒漠植物光谱特征分析[J]. 干旱区资源与环境, 27(3): 121-125.

朱磊, 周淑芳. 2018. 基于遥感数据云平台与机器学习的森林郁闭度自动估算方法研究[J]. 林业建设, (4): 31-34.

朱述龙, 史文中, 张艳, 等. 2004. 线阵推扫式影像近似几何校正算法的精度比较[J]. 遥感学报, (3): 220-226.

Ярошенко П Д. 1966. 地植物学: 基本概念、方向和方法[M]. 傅子祯译.北京: 科学出版社.

Allen R G, Pereira L S, Raes D, et al. 1998. Crop evapotranspiration—guidelines for computing crop water requirements[R]. FAO Irrigation and drainage paper 56(Rome: FAO—Food and Agriculture Organization of the United Nations).

Asrar G, Fuchs M, Kanemasu E T, et al. 1984. Estimating absorbed photosynthetic radiation and leaf area index from spectral reflectance in wheat1[J]. Agronomy Journal, 76(2): 300-306.

Asrar G, Myneni R B, Choudhury B J. 1992. Spatial heterogeneity in vegetation canopies and remote sensing of absorbed photosynthetically active radiation: A modelling study[J]. Remote Sensing of Environment, 41(2): 85-103.

Baret F, Guyot G, Major D. 1989. TSAVI: a vegetation index which minimizes soil brightness effects on LAI and APAR estimation[C]// 12th Canadian Symposium on Remote Sensing and IGARSS, Vanconver Canada: 10-14.

Bégué A, Myneni R.1996. Operational relationships between NOAA-advanced very high resolution radiometer vegetation indices and daily fraction of absorbed photosynthetically active radiation, established for Sahelian vegetation canopies[J]. Journal of Geophysical Research, 101(D16): 21275-21289.

Bennett R J, Haining R P, Griffith D A. 1984. The problem of missing data on spatial surfaces[J]. Annals of the Association of American Geographers, 74(1): 138-156.

Birth G S, McVey G R. 1968. Measuring the color of growing turf with a reflectance spectrophotometer[J]. Agronomy Joumal, 60(6): 640-643.

Brandtberg T, Walter F. 1998. Automated delineation of individual tree crowns in high spatial resolution aerial images by multiple-scale analysis[J]. Machine Vision and Applications, 11(2): 64-73.

Broge N H, Leblane E. 2001. Comparing prediction power and stability of broad and hyperspectral vegetation indices for estimation of green leaf area index and canopy chlorophyll density[J]. Remote Sensing of Environment, 76(2): 156-172.

Burnett C, Blaschke T. 2003. A multi-scale segmentation/object relationship modelling methodology for landscape analysis[J]. Ecological Modelling, 168(3): 233-249.

Chen J M, Pavlic G, Brown L, et al. 2002. Derivation and validation of Canada-wide coarse-Resolution leaf area index maps using high-resolution satellite imagery and ground measurements[J]. Remote Sensing of Environment, 80(1): 165-184.

Colombo R, Bellingeri D, Fasolini D, et al. 2003. Retrieval of leaf area index in different vegetation types using high resolution satellite data[J]. Remote Sensing of Environment, 86(1): 120-131.

Diemer C, Lucaschewski I, Spelsberg G, et al. 2000. Integration of terrestrial forest sample plot data, map information and satellite data[J]. Proceedings of the Third Conference "Fusion of Earth Data: Merging Point Measurements, Raster Maps and Remotely Sensed Images", 143-150.

Dinguirard M, Slater P N. 1999. Calibration of space-multi spectral imaging sensors: a review[J]. Remote Sensing of Environment, (3): 194-205.

Dixon R K, Brown S, Houguton R A, et al.1994. Carbon pools and flux of global forest eco system[J]. Science, 262:185-190.

Ebermeyr E. 1876. Die Gesamte Lehre Der Waldstreu Mit Rucksicht Auf Die Chemische Statik Des Waldbaues[M]. Berlin-Heidelberg: Springer-Verlag, 116.

Fensholt R, Sandholt L, Rasmussen M S. 2004. Evaluation of MODIS LAI, FPAR and the relation between FPAR and NDVI in a semi-arid environment using in situ measurements[J]. Remote Sensing of Environment, 91: 490-507.

Ferro C J, Warner T A. 2002. Scale and texture in digital image classification[J]. Photogrammetric Engineering and Remote Sensing, 68(1): 51-63.

Field C B. 1995. Global net primary production: combining ecology and remote sensing[J]. Remote Sensing of Environment, 51: 74-88.

Franklin J, Simons D K, Beardsley D, et al. 2001. Evaluating errors in a digital vegetation map with forest inventory data and accuracy assessment using fuzzy sets[J].Transactions in GIS, 5(4): 285-304.

Gallo K P, Daughtry C S T, Bauer M E. 1985. Spectral estimation of absorbed photosynthetically active radiation in corn canopies[J]. Remote Sensing of Environment, 73(3): 221-232.

Gong L, Kulikowski C A, Mezrich R S. 1992. Learning edge-defining thresholds for local binary segmentation[J]. Proceedings of the SPIE, 1660: 416-426.

Goovaerts P. 1997. Geostatistics for Natural Resource Evaluation[M]. New York: Oxford University Press, 483.

Goward S N, Williams D L, Peterson D L. 1994. Nasa multisensor aircraft campaigns for the study of forest ecosystems[J]. Remote Sensing of Environment, 47(2): 107-108.

Gower S T, Kucharik C J, Norman J M.1990. Direct and indirect estimation of leaf area index, fAPAR, and net primary production of terrestrial ecosystems[J]. Remote Sensing of Environment, 70(1): 29-51.

Haralick R M. 1973. Glossary and index to remotely sensed image patternrecognition concepts[J]. Pattern Recognition, 5(4): 391-403.

Haralick R M. 1979. Statistical and structural approaches to texture[J]. Proceedings of the IEEE, 67(5): 786-804.

Haralick R M, Shanmugam K S. 1974. Combined spectral and spatial processing of ERTS imagery data[J]. Remote Sensing of Environment, 3(1): 3-13.

Haralick R M, Shanmugam K, Dinstein I. 1973. Textural Features for Image Classification[J]. IEEE Transactions on Systems Man and Cybernetics , smc-3(6): 610-621.

Hatfield P L, Pinter P J. 1993. Remote sensing for crop protection[J]. Crop Protection, 403-413.

Hay G J, Blaschke T, Marceau D J, et al. 2003. A comparison of three image-object methods for the multiscale analysis of landscape structure[J]. ISPRS Journal of Photogrammetry and Remote Sensing, 57(5): 327-345.

Hay G J, Marceau D J, Dubé P, et al. 2001.A multiscale framework for landscape analysis: object-specific analysis and upscaling[J]. Landscape Ecology, 16(6): 471-490.

Heimann M, Keeling C D. 1989. A Three-Dimensional Model of Atmospheric CO_2 Transport Based on Observed Winds: 2. Model Description and Simulated Tracer Experiments[M]. Hamburg: Max Planck Institut fur Meteorologie.

Hill J, Sturm B. 1991. Radiometric correction of multitemporal thematic mapper data for use in agricultural land-cover classification and vegetation monitoring[J]. International Journal of Remote Sensing, 12, 1471-1491.

Huete A R. 1988. A soil-adjusted vegetation index(SAVI)[J].Remote Sensing of Environment, 25: 295-309.

Iron J R, Petersen G W. 1981. Texture transforms of remote sensing data[J]. Remote Sensing of Environment, 11: 359-370.

Kevin J, Jay M H, Konstantin, et al. 2001. Using ArcGIS geo-statistical analyst[J]. CA USA, Redlands, 116-162.

Kim C, Hong S H. 2008. Identification of tree species from high-resolution satellite imagery by using crown parameters[P]. Remote Sensing, 71(4): 71040N.

Kuhn M, Johnson K. 2013. Applied Predictive Modeling[M]. New York: Springer.

Liu H Q, Huete A R. 1995. A feedback based modification of the NDVI to minimize canopy background and atmospheric noise[J]. IEEE Transactions on Geoscience and Remote Sensing, 33: 457-465.

Major D J, Baret F, Guyot G.1990. A ratio vegetation index adjusted for soil brightness[J]. International Journal of Remote Sensing, 11: 727-740.

Maillard A, Domanski M, Brunet P, et al. 2003.Spectroscopic characterization of two peptides derived from the stem of rabies virus glycoprotein[J].Virus Research, 93(2): 151-158.

Markham B L, Barker J L. 1987. Thematic Mapper bandpass solar exoatmospheric irradiances[J]. International Journal of Remote Sensing, 8: 513-523.

Meinel G, Neubert M. 2004. A comparison of segmentation programs for high resolution remote sensing data[J]. International Archives of Photogrammetry and Remote Sensing, 35(B): 1097-1105.

Monteith J L. 1972. Solar radiation and productivity in tropical exosystems[J]. Journal of Applied Ecology, 9: 747-766.

Monteith J L. 1977. Climate and the efficiency of crop production in Britain[J]. Philosophical Transactions of the Royal Society B: Biological Sciences, 281: 277-294.

Mumby P J, Edwards A J. 2002. Mapping marine environments with IKONOS imagery: enhanced spatial resolution can deliver greater thematic accuracy[J]. Remote Sensing of Environment, 82(2): 248-257.

Potter C S, Randerson J T, Field C B, et al. 1993. Terrestrial ecosystem production: A process model based on global satellite and surface data[J]. Global Biogeochemical Cycles, 7(4): 811-841.

Price J C. 1987. Calibration of sate1lite radiometers and the comparison of vegetation indices[J]. Remote Sensing of Environment, 21: 15-27.

Prince S D, Goward S N. 1995. Global primary production: a remote sensing approach[J]. Journal of Biogeography, 22: 815-835.

Qi J, Chehbouni A, Huete A R, et al. 1994. A modified soil adjusted vegetation index[J]. Remote Sensing of Enivironment, 48: 119-126.

Richardson A J, Wiegand C L. 1977. Distinguishing vegetation from soil background information[J]. Photogrammetric Engineering and Remote Sensing, 43(12): 1541-1552.

Roujean J L, Breon F M. 1995. Estimating PAR absorbed by vegetation from bidirectional reflectance measurements[J]. Remote Sensing of Environment, 51: 375-384.

Rouse J W, Haas R H, Schell J A. 1974. Monitoring vegetation systems in the great plains with ERTS[C]//3rd Earth Resource Technology Satellite (ERTS) Symposium NASA. Goddard Space Flight Center, 48(1): 309-317.

Running S W, Collatz G J, Washburne J, et al. 1999. Land Ecosystems and Hydrology[M]//King M D. EOS Science Plan. National Aeronautics and Space Administration, 197-260.

Running S W, Thornton P E, Nemani R, et al. 2000. Global Terrestrial Gross and Net Primary Productivity From the Earth Observing System[M]// Sala O E, Jackson R B, Mooney H A, et al. Methods in Ecosystem Science. New York: Springer, 44-57.

Sellers P J , Tucker C J , Collatz G J, et al.1994. A global 1° by 1° NDVI data set for climate studies. Part 2: The generation of global fields of terrestrial biophysical parameters from the NDVI[J]. International Journal of Remote Sensing, 15(17): 3519-3545.

Witten I H, Frank E. 2005. Data Mining: Practical Machine Learning Tools and Techniques[M]. 2nd. San Francisco: Morgan Kaufmann.

Xiao X, Hollinger D, Aber J, et al. 2004. Satellite-Based Modeling of Gross Primary Production in an Evergreen Needleleaf Forest[J]. Remote Sensing of Environment, 89(4): 519-534.